# Matemàtiques II

2 BATXILLERAT

Aquest llibre és una obra col·lectiva concebuda, dissenyada i creada al Departament d'Edicions de Santillana, dirigit per **Teresa Grence Ruiz**.

En l'elaboració ha participat:
Sonia Alejo Sánchez
Miguel Álvaro Pérez
José Carlos Gámez Pérez
Silvia Marín García
Clara Inés Lavado Campos
Alfredo Martín Palomo
Carlos Pérez Saavedra
Domingo Sánchez Figueroa

EDICIÓ
Sonia Alejo Sánchez
Clara Inés Lavado Campos
Silvia Marín García
Type Publishing Services, SL

EDICIÓ EXECUTIVA
Carlos Pérez Saavedra

DIRECCIÓ DEL PROJECTE
Domingo Sánchez Figueroa

Les activitats d'aquest llibre no s'han de fer mai al llibre mateix. Les taules, els esquemes i altres recursos que s'hi inclouen són models perquè l'alumnat els traslladi a la llibreta.

PROJECTE construint mons

Santillana

# Índex

| | Cap a la universitat | |
|---|---|---|
| | **Matemàtiques en el món real** | **Situació d'aprenentatge** |
| • Calcular la potència d'una matriu<br>• Comprovar propietats d'algunes matrius<br>• Resoldre problemes utilitzant matrius<br>• Determinar elements perquè una matriu sigui ortogonal<br>• Calcular el rang d'una matriu que depèn d'un paràmetre<br>• Calcular la inversa d'una matriu que depèn d'un paràmetre<br>• Resoldre un sistema d'equacions matricials | **MATEMÀTIQUES I...**<br>• Apps<br>• Videojocs<br>• Criptografia<br>• Logística<br>• Economia | Calcular una ruta òptima entre dos llocs diferents |
| • Calcular un determinant segons el rang d'una matriu<br>• Estudiar el rang d'una matriu quadrada i no quadrada que depèn d'un paràmetre utilitzant determinants<br>• Comprovar si una matriu que depèn d'un paràmetre té inversa<br>• Resoldre una equació matricial del tipus $AX = C$<br>• Resoldre una equació matricial del tipus $AX + B = C$<br>• Resoldre una equació matricial en la qual s'ha de treure factor comú | **MATEMÀTIQUES I...**<br>• Astronomia<br>• Mercat<br>• Criptografia<br>• Videojocs<br>• Mecànica quàntica | Mesurar superfícies irregulars |
| • Discutir un sistema d'equacions amb paràmetres utilitzant el teorema de Rouché-Frobenius<br>• Resoldre un sistema d'equacions amb paràmetres fent servir la regla de Cramer<br>• Resoldre equacions matricials del tipus $AX = XA$ i del tipus $AX = B$<br>• Resoldre problemes mitjançant un sistema d'equacions lineals<br>• Estudiar un sistema i resoldre'l utilitzant el teorema de Rouché-Frobenius<br>• Discutir un sistema que depèn d'un paràmetre amb dues equacions i dues incògnites, amb tres equacions i tres incògnites, amb més equacions que incògnites i amb tres equacions i tres incògnites | **MATEMÀTIQUES I...**<br>• Física<br>• Economia<br>• Models econòmics<br>• Sismografia | Controlar el consum de dades |
| • Determinar els vèrtex d'un paral·lelogram<br>• Trobar les coordenades d'un vector respecte d'una base<br>• Calcular un paràmetre perquè tres vectors siguin linealment independents<br>• Determinar el mòdul d'un vector utilitzant la definició del producte escalar<br>• Calcular el valor d'un paràmetre perquè dos vectors siguin perpendiculars<br>• Determinar vectors perpendiculars a uns altres dos que compleixen determinades condicions<br>• Determinar un vèrtex d'un triangle<br>• Determinar vectors sabent condicions sobre el seu producte vectorial<br>• Calcular el producte mixt aplicant les propietats | **MATEMÀTIQUES I...**<br>• Física<br>• Geolocalització<br>• Impressió 3D<br>• Electromagnetisme | Explicar fenòmens naturals |
| • Calcular un pla perpendicular a una recta<br>• Comprovar que un punt pertany a una recta segons un paràmetre<br>• Calcular l'equació d'una recta que passa per un punt i és paral·lela a una altra recta<br>• Calcular l'equació d'un pla que conté una recta i un punt exterior<br>• Calcular l'equació d'un pla que conté dues rectes secants o dues rectes paral·leles<br>• Calcular l'equació d'un pla que passa per un punt i és paral·lel a un altre pla<br>• Calcular l'equació d'un pla que conté una recta i que és perpendicular a un altre pla<br>• Calcular l'equació de la recta perpendicular a dues rectes<br>• Determinar les posicions relatives de dues rectes segons un paràmetre<br>• Determinar les posicions relatives d'una recta i un pla segons un paràmetre | **MATEMÀTIQUES I...**<br>• Òptica<br>• Zoologia<br>• Química<br>• Geologia | Fer taules estables |
| • Determinar un pla que forma un cert angle amb un altre pla<br>• Calcular una recta perpendicular a una altra recta que passa per un cert punt<br>• Calcular un pla paral·lel a una recta que passa per un cert punt<br>• Calcular una recta simètrica respecte d'un pla<br>• Calcular el simètric d'un punt respecte d'un pla quan depèn de paràmetres<br>• Resoldre problemes de simetries<br>• Calcular el pla de simetria de dos punts<br>• Buscar punts que estan a una determinada distància<br>• Determinar una recta que està a una certa distància d'una altra recta<br>• Calcular punts d'una recta que equidisten d'uns altres dos punts | **MATEMÀTIQUES I...**<br>• Astronomia<br>• Topografia<br>• Aviació<br>• Telecomunicacions<br>• Geologia | Saber quan es pot inclinar una moto |
| • Calcular el paràmetre d'una funció si està en un límit amb indeterminació $\frac{\infty}{\infty}$<br>• Calcular el paràmetre d'una funció quan apareix en un límit amb indeterminació del tipus $1^{\infty}$<br>• Calcular el límit del quocient de dues funcions exponencials<br>• Determinar si existeix o no el límit d'una funció en un punt<br>• Resoldre una indeterminació quan apareix una expressió del tipus $\sqrt{f(x)} \pm a$<br>• Calcular el paràmetre perquè existeixi el límit d'una funció en un punt<br>• Calcular els paràmetres perquè una funció sigui contínua<br>• Determinar si una equació té arrels reals<br>• Determinar si dues corbes es tallen<br>• Decidir si una funció pren un valor determinat | **MATEMÀTIQUES I...**<br>• Informàtica<br>• Préstecs<br>• Prevenció de la salut<br>• Medicina | Explicar com es recorren distàncies completes |

# Índex

| | Cap a la universitat | |
|---|---|---|
| | **Matemàtiques en el món real** | **Situació d'aprenentatge** |
| • Determinar els paràmetres d'una funció si en coneixem l'equació de la recta tangent<br>• Estudiar la derivabilitat i la continuïtat d'una funció<br>• Estudiar la derivabilitat i la continuïtat d'una funció a partir dels seus paràmetres<br>• Aplicar la regla de la cadena<br>• Determinar la derivada d'una funció que depèn d'una altra funció desconeguda<br>• Calcular derivades mitjançant derivació logarítmica<br>• Resoldre problemes utilitzant la derivada de funcions implícites i les propietats geomètriques que poden complir | **MATEMÀTIQUES I...**<br>• Medi ambient<br>• Química<br>• Biologia<br>• Economia<br>• Sociologia<br>• Física | Explicar canvis de temperatura en qualsevol objecte |
| • Aplicar la regla de L'Hôpital en el càlcul de límits<br>• Resoldre indeterminacions dels tipus $1^\infty$, $\infty^0$ i $0^0$<br>• Determinar una funció si en coneixem els extrems relatius i un punt pel qual passa<br>• Obtenir el valor d'un paràmetre perquè una funció sempre sigui còncava<br>• Representar la funció derivada d'una funció a partir de la seva gràfica<br>• Resoldre un problema d'optimització<br>• Aplicar el teorema de Rolle a una funció definida a trossos<br>• Determinar els paràmetres d'una funció per poder aplicar el teorema del valor mitjà<br>• Determinar un paràmetre per obtenir un valor donat com a resultat d'un límit | **MATEMÀTIQUES I...**<br>• Economia<br>• Recursos Humans<br>• Biologia<br>• Física<br>• Empresa<br>• Disseny | Fabricar la llauna de refrescos més barata |
| • Representar una funció exponencial<br>• Representar una funció logarítmica<br>• Representar una funció definida a trossos<br>• Calcular el domini d'una funció composta<br>• Estudiar la simetria d'una funció composta<br>• Calcular paràmetres desconeguts a partir de les seves asímptotes<br>• Estudiar la monotonia i la curvatura d'una funció a partir de la gràfica de la seva derivada<br>• Representar la gràfica d'una funció que compleixi determinades condicions<br>• Representar gràficament una funció trobant prèviament el valor dels seus paràmetres<br>• Representar la gràfica de funcions amb un factor exponencial o logarítmic<br>• Representar una funció simètrica<br>• Representar la gràfica d'una funció en la qual apareix un factor amb un valor absolut | **MATEMÀTIQUES I...**<br>• Medicina<br>• Biologia<br>• Física<br>• Economia | Ampliar fotografies |
| • Calcular una funció de la qual se'n coneix la derivada i un punt pel qual passa<br>• Calcular una primitiva que compleix una condició<br>• Resoldre les integrals dels tipus $\int \frac{g'(x)}{\sqrt{a^2-g^2(x)}}$, $\int \sqrt{a^2-x^2}$, $\int e^{ax} \operatorname{sen} x$, $\int e^{ax} \cos x$ $\int e^{ax+b} \cdot P(x)$, $\int e^{ax+b} \cdot P(x)$, en què $P(x)$ és un polinomi<br>• Resoldre una integral utilitzant un canvi de variable per transformar-la en polinòmica<br>• Resoldre una integral utilitzant un canvi de variable per transformar-la en racional | **MATEMÀTIQUES I...**<br>• Electricitat<br>• Física<br>• Canvi climàtic<br>• Natura | Calcular beneficis màxims en casos en què el preu varia |
| • Resoldre una integral definida utilitzant un canvi de variable<br>• Calcular l'àrea limitada per una funció definida a trossos<br>• Calcular l'àrea sota una corba quan un límit d'integració és infinit<br>• Calcular l'àrea tancada sota una corba quan no es dona un interval d'integració<br>• Determinar l'àrea d'una figura delimitada per una corba<br>• Calcular l'àrea tancada sota una corba expressada amb valor absolut i una recta | **MATEMÀTIQUES I...**<br>• Física<br>• Biologia<br>• Història<br>• Empresa<br>• Bioquímica | Calcular la nostra despesa cardíaca |
| • Calcular probabilitats experimentalment<br>• Calcular probabilitats utilitzant les seves propietats<br>• Resoldre problemes de probabilitat amb successos compostos<br>• Calcular la probabilitat de la intersecció de successos utilitzant un diagrama d'arbre<br>• Utilitzar la regla del producte en experiments amb reemplaçament<br>• Calcular probabilitats fent servir el teorema de la probabilitat total<br>• Calcular probabilitats fent servir el teorema de Bayes | **MATEMÀTIQUES I...**<br>• Supermercats<br>• Medicina<br>• Sinistralitat<br>• Infeccions<br>• Idiomes | Prendre decisions amb la màxima seguretat possible d'encertar |
| • Calcular probabilitats mitjançant taules en una distribució normal<br>• Calcular probabilitats en una variable aleatòria binomial aproximant-la a una normal<br>• Calcular els paràmetres d'una variable aleatòria que segueix una distribució binomial<br>• Determinar la funció de densitat i de distribució d'una variable aleatòria contínua<br>• Calcular probabilitats amb la distribució normal $Z \equiv N(0, 1)$<br>• Calcular un punt, coneixent-ne la probabilitat<br>• Tipificar una variable aleatòria<br>• Calcular un dels paràmetres, coneixent-ne l'altre i una probabilitat<br>• Calcular la mitjana i la desviació típica, coneixent-ne dues probabilitats | **MATEMÀTIQUES I...**<br>• Radiació<br>• Educació<br>• Inundacions<br>• Medi ambient<br>• Genètica | Estudiar qualitats de poblacions molt grans |

# Itinerari didàctic

Aprendre és un camí de llarg recorregut que durarà tota la teva vida. Analitzar el món que t'envolta, comprendre'l i interpretar-lo et permetrà intervenir-hi per recórrer aquest camí **CONSTRUINT MONS** més equitatius, més justos i més sostenibles. Per fer-ho, hem pensat en:

## 1 EL PUNT DE PARTIDA: **MATEMÀTIQUES EN EL MÓN REAL**

**Introdueix** un aspecte de la vida real en el qual s'utilitzen els continguts que s'estudiaran en la unitat.

## 2 CONSTRUEIX EL TEU CONEIXEMENT: **ELS SABERS BÀSICS**

**Aprèn** a partir de textos clars i estructurats.

**Desenvolupa** el **PENSAMENT COMPUTACIONAL** utilitzant GeoGebra per investigar i manipular alguns continguts.

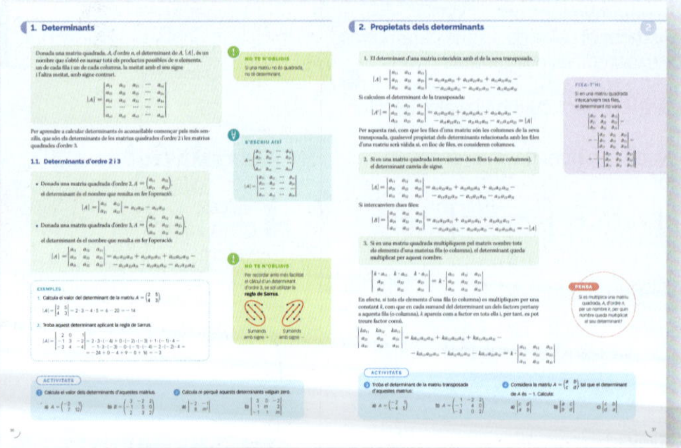


**Ajuda't** amb el raonament i **PENSA** per descobrir algunes propietats i aplicacions d'aquests sabers.

**Practica, aplica i reflexiona** sobre els coneixements que has adquirit resolent les **ACTIVITATS**.

**Consolida** els sabers bàsics aprenent, pas a pas, mètodes generals per desenvolupar les destreses bàsiques que necessites aprendre.

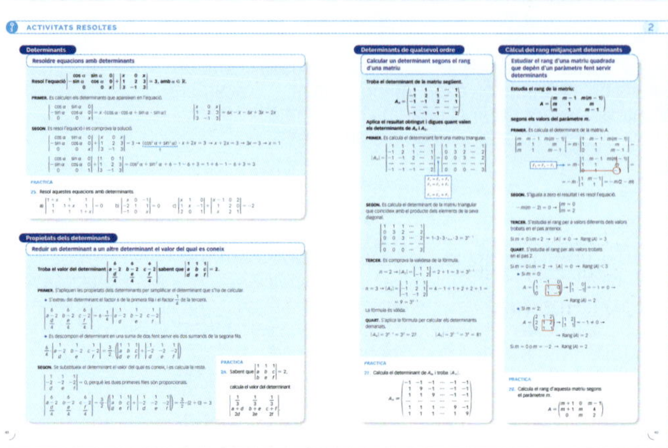

## 3 CONSOLIDA TOT EL QUE HAS APRÈS: **ACTIVITATS FINALS**

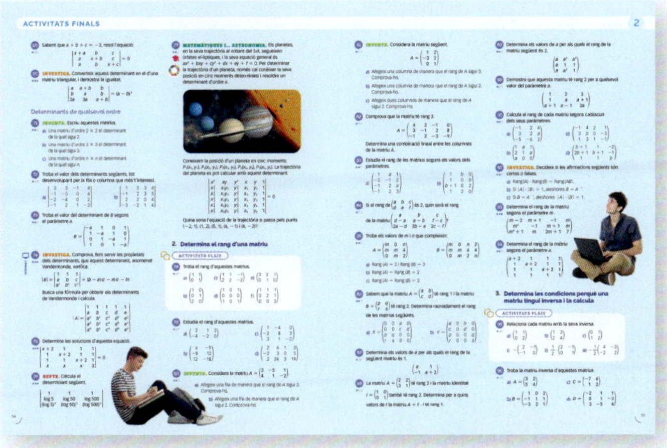

**Treballa** els continguts que has après resolent activitats de tot tipus: **INVENTA**, **INVESTIGA**, **REPTES**, **ACTIVITATS FLAIX**... Pots resoldre activitats fent servir **GEOGEBRA**, buscant algun tipus d'informació a **INTERNET**...

## 4 PRACTICA LES TEVES DESTRESES: **RESOL PROBLEMES REALS**

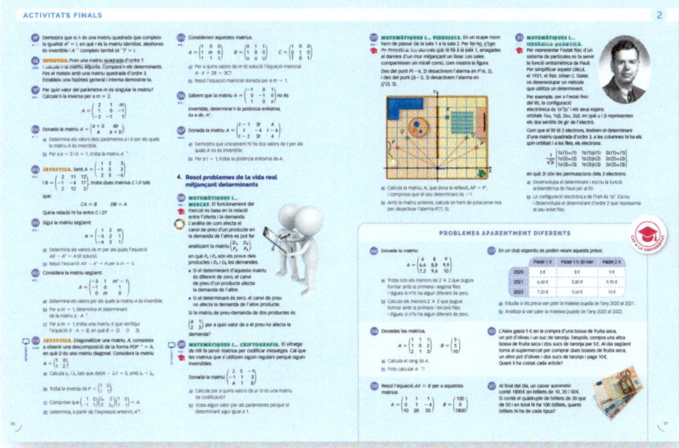

**Descobreix**, en l'apartat **Cap a la universitat**, activitats que ja saps fer i la contextualització en problemes reals que són similars als que trobaràs a la prova d'accés a la universitat.

**Aplica** els continguts que has estudiat a situacions de la vida quotidiana relacionades amb els **ODS** i amb diferents àmbits del saber: **MATEMÀTIQUES I... NATURA**, **ARQUITECTURA**, **CONSUM**, **VIDA SALUDABLE**... Moltes d'aquestes activitats són similars a les que trobaràs a la prova d'accés a la universitat.

## 5 PASSA A L'ACCIÓ: **MATEMÀTIQUES EN EL MÓN REAL**

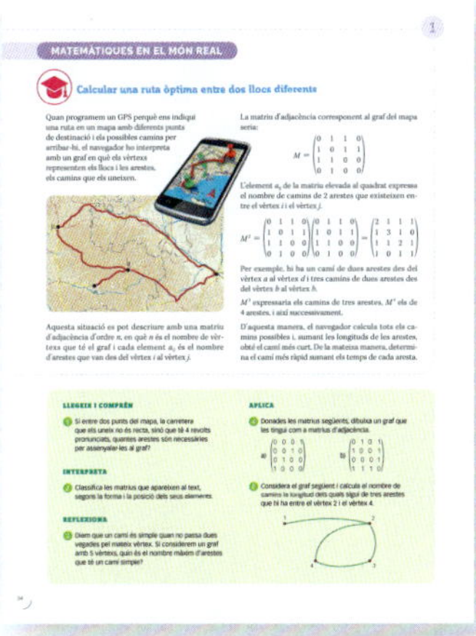

**Comprèn i analitza** situacions reals aplicant els continguts que has après.

# 1 Matrius

MATEMÀTIQUES EN EL MÓN REAL

## Funcionament del GPS

Els vehicles moderns venen equipats amb tot tipus d'opcionals que serveixen per augmentar la seguretat a l'hora de conduir com els sistemes antiderrapatge, els sensors que mesuren la pressió dels pneumàtics, els assistents de frenada, les ajudes de visió nocturna...

Els fabricants s'han bolcat també en el confort i la facilitat de conducció: assistents d'aparcament amb càmeres incorporades, sensors de llum i de pluja que automatitzen l'encesa dels llums i la posada en marxa dels eixugaparabrises... També és habitual que incloguin un navegador GPS.

Aquest accessori es va començar a utilitzar a les flotes de camions perquè s'optimitzés el temps en les entregues de mercaderies i no hi hagués cap confusió per arribar a la destinació. A més, també informava del tipus i l'estat de la via i del trànsit a la carretera.

En principi, el navegador era un article de luxe, però ara, hi ha nombroses aplicacions que es poden descarregar al mòbil i utilitzen GPS. Per això, el navegador s'ha convertit en un accessori molt quotidià, que ens informa tant del lloc on ens trobem com de la ruta més curta, més ràpida o més ecològica que podem agafar per anar d'un lloc a un altre.

El funcionament sembla fàcil i ràpid, però...

**Com tria un navegador GPS les rutes apropiades?**

Quan s'introdueix una adreça o una destinació al GPS, el dispositiu fa servir una base de dades de mapes per identificar les carreteres i els carrers disponibles de la zona. Segons aquestes dades, el GPS utilitza un algoritme per calcular la ruta més adequada entre el punt de partida i el d'arribada, tenint en compte la distància i la durada del viatge.

# 1. Matrius

GEOGEBRA

Una **matriu de $m$ files i $n$ columnes** és una taula de $m \times n$ nombres reals ordenats en $m$ files i $n$ columnes.

Els nombres $a_{ij}$ són els **elements** de la matriu; el subíndex $i$ indica la fila que ocupen, i el subíndex $j$, la columna.

La **dimensió** d'una matriu de $m$ files i $n$ columnes és $m \times n$.

$$\begin{pmatrix} a_{11} & a_{12} & a_{13} & \dots & a_{1n} \\ a_{21} & a_{22} & a_{23} & \dots & a_{2n} \\ \dots & \dots & \dots & \dots & \dots \\ a_{m1} & a_{m2} & a_{m3} & \dots & a_{mn} \end{pmatrix} \begin{matrix} \leftarrow \text{1a} \\ \leftarrow \text{2a} \\ \dots \\ \leftarrow m.^{a} \end{matrix} \text{ Files}$$

Columnes: 1a, 2a, 3a, …, $n.^{a}$

**EXEMPLES**

1. Determina la dimensió d'aquesta matriu i identifica els elements $a_{23}$ i $a_{32}$.

$$A = \begin{pmatrix} 4 & 5 & 2 & -1 \\ 0 & 2 & 1 & 5 \\ -2 & 3 & 0 & -4 \end{pmatrix}$$

La matriu $A$ està formada per 3 files i 4 columnes; per tant, la seva dimensió és $3 \times 4$.

S'observen la fila i la columna que indiquen els subíndexs.

$a_{23} = 1$ (2a fila, 3a columna)    $a_{32} = 3$ (3a fila, 2a columna)

2. La taula mostra els esports que practiquen un grup d'amics.

| | Natació | Tennis | Bàsquet |
|---|---|---|---|
| Noies | 3 | 4 | 2 |
| Nois | 2 | 1 | 5 |

Escriu i interpreta la informació de la taula en forma de matriu.

Podem escriure la taula com una matriu de dimensió $2 \times 3$.

$$A = \begin{pmatrix} 3 & 4 & 2 \\ 2 & 1 & 5 \end{pmatrix} \begin{matrix} \leftarrow \text{Noies} \\ \leftarrow \text{Nois} \end{matrix}$$

(columnes: Natació, Tennis, Bàsquet)

$a_{12} = 4 \rightarrow$ Hi ha 4 noies que practiquen tennis.

$a_{21} = 2 \rightarrow$ Hi ha 2 nois que practiquen natació.

$a_{11} + a_{12} + a_{13} =$ Nombre total de noies que hi ha al grup.

$a_{13} + a_{23} =$ Nombre d'amics que practiquen bàsquet.

$a_{11} + a_{21} + a_{12} + a_{22} =$ Nombre d'amics que practiquen natació i tennis.

$a_{11} + a_{12} + a_{13} + a_{21} + a_{22} + a_{23} =$ Nombre total d'amics.

**S'ESCRIU AIXÍ**

Per expressar abreujadament una matriu, s'escriu:

$$A = (a_{ij})$$

Si s'hi vol afegir la dimensió, s'indica:

$$A = (a_{ij})_{m \times n}$$

**ACTIVITATS**

1. Escriu una matriu que compleixi les condicions següents.
   - La seva dimensió és $3 \times 2$.
   - $a_{32} = -a_{21} = a_{11} = 1$
   - $a_{22} = a_{12} = -a_{31} = -2$

2. Escriu una matriu de dimensió $2 \times 4$ els elements de la qual per a $a_{ij}$ siguin 0 si $i + j$ és un nombre parell, i si 1 és senar.

3. Es venen pans de dues farines i dues grandàries diferents. Els pans grans i de farina de sègol costen 0,75 € i 1 € els d'espelta, mentre que els pans petits de farina de sègol costen 0,45 € i 0,60 € els d'espelta. Anota aquestes dades en forma de matriu.

## 1.1. Matrius iguals

Dues **matrius** són **iguals** si tenen la mateixa dimensió i, a més, els elements coincideixen terme a terme.

$A$ i $B$ són iguals $\rightarrow a_{ij} = b_{ij}$ per a qualsevol valor de $i, j$.

**S'ESCRIU AIXÍ**

$a_{ij} = b_{ij}$ per a tot $i, j$ significa que $a_{11} = b_{11}, a_{12} = b_{12}, \ldots, a_{mn} = b_{mn}$.

**EXEMPLE**

3. Classifica aquestes matrius. $A = \begin{pmatrix} 3 & 3 \\ 3 & 3 \\ 3 & 3 \end{pmatrix}$ $B = \begin{pmatrix} 3 & 3 & 3 \\ 3 & 3 & 3 \end{pmatrix}$ $C = \begin{pmatrix} 3 & 3 \\ 3 & x \\ 3 & 3 \end{pmatrix}$

Les matrius $A$ i $B$ no són iguals, perquè no tenen la mateixa dimensió.

Dimensió de $A \rightarrow 3 \times 2$ Dimensió de $B \rightarrow 2 \times 3$

Les matrius $A$ i $C$ tenen la mateixa dimensió i seran iguals si $x = 3$.

## 1.2. Classificació de matrius

- Una **matriu fila** és una matriu que té una sola fila i $n$ columnes. La seva dimensió és $1 \times n$.

$$A = (a_{11} \quad a_{12} \quad \ldots \quad a_{1n})$$

- Una **matriu columna** és una matriu amb $m$ files i una sola columna. La seva dimensió és $m \times 1$.

$$A = \begin{pmatrix} a_{11} \\ a_{21} \\ \ldots \\ a_{m1} \end{pmatrix}$$

- Una **matriu nul·la**, o **matriu zero**, és una matriu en la qual tots els elements són zeros. Es representa amb 0.

$$0 = \begin{pmatrix} 0 & 0 & \ldots & 0 \\ 0 & 0 & \ldots & 0 \\ \ldots & \ldots & \ldots & \ldots \\ 0 & 0 & \ldots & 0 \end{pmatrix}$$

- Una **matriu quadrada** té el mateix nombre de files que de columnes, és a dir, està formada per $n$ files i $n$ columnes. Si la seva dimensió és $n \times n$, es diu que el seu **ordre** és $n$.

$$A = \begin{pmatrix} a_{11} & a_{12} & \ldots & a_{1n} \\ a_{21} & a_{22} & \ldots & a_{2n} \\ \ldots & \ldots & \ldots & \ldots \\ a_{n1} & a_{n2} & \ldots & a_{nn} \end{pmatrix}$$

- Una **matriu rectangular** té diferent nombre de files que de columnes, és a dir, no és quadrada.

**FIXA-T'HI**

Hi ha una matriu nul·la per a cada dimensió.

$A = \begin{pmatrix} 0 \\ 0 \end{pmatrix}$ Matriu nul·la de dimensió $2 \times 1$

$B = (0 \quad 0)$ Matriu nul·la de dimensió $1 \times 2$

$C = \begin{pmatrix} 0 & 0 \\ 0 & 0 \end{pmatrix}$ Matriu nul·la d'ordre 2

**EXEMPLE**

4. Classifica les matrius següents. $A = (-2 \quad 7 \quad 0)$ $B = \begin{pmatrix} 4 \\ 2 \end{pmatrix}$ $C = \begin{pmatrix} 0 & 0 \\ 0 & 0 \\ 0 & 0 \end{pmatrix}$

$A$ és una matriu fila de dimensió $1 \times 3$.

$B$ és una matriu columna de dimensió $2 \times 1$.

$C$ és una matriu nul·la de dimensió $3 \times 2$.

**ACTIVITATS**

4 Troba el valor de cada incògnita perquè les dues matrius siguin iguals.

$$\begin{pmatrix} x+1 & 3 & 0 \\ z+1 & x+2 & z-1 \end{pmatrix} \quad \begin{pmatrix} 2 & y+1 & 0 \\ y+2 & 3 & y \end{pmatrix}$$

5 Escriu un exemple de les següents matrius.

a) Una matriu fila amb quatre columnes.

b) Una matriu columna amb quatre files.

c) Una matriu quadrada d'ordre 4.

## 1.3. Tipus de matrius quadrades

La **diagonal principal** d'una matriu quadrada està formada per tots els elements de la forma $a_{ii}$.

$$A = \begin{pmatrix} a_{11} & a_{12} & a_{13} & \dots & a_{1n} \\ a_{21} & a_{22} & a_{23} & \dots & a_{2n} \\ a_{31} & a_{32} & a_{33} & \dots & a_{3n} \\ \dots & \dots & \dots & \dots & \dots \\ a_{n1} & a_{n2} & a_{n3} & \dots & a_{nn} \end{pmatrix}$$

Diagonal principal

Segons com siguin els elements que formen una matriu quadrada, pot ser:

- **Matriu triangular superior**
  Tots els elements situats per sota de la diagonal principal són zeros.

$$A = \begin{pmatrix} a_{11} & a_{12} & a_{13} & \dots & a_{1n} \\ 0 & a_{22} & a_{23} & \dots & a_{2n} \\ 0 & 0 & a_{33} & \dots & a_{3n} \\ \dots & \dots & \dots & \dots & \dots \\ 0 & 0 & 0 & \dots & a_{nn} \end{pmatrix}$$

- **Matriu triangular inferior**
  Tots els elements situats per sobre de la diagonal principal són zeros.

$$A = \begin{pmatrix} a_{11} & 0 & 0 & \dots & 0 \\ a_{21} & a_{22} & 0 & \dots & 0 \\ a_{31} & a_{32} & a_{33} & \dots & 0 \\ \dots & \dots & \dots & \dots & \dots \\ a_{n1} & a_{n2} & a_{n3} & \dots & a_{nn} \end{pmatrix}$$

- **Matriu diagonal**
  Tots els elements situats fora de la diagonal principal són zeros.

$$A = \begin{pmatrix} a_{11} & 0 & 0 & \dots & 0 \\ 0 & a_{22} & 0 & \dots & 0 \\ 0 & 0 & a_{33} & \dots & 0 \\ \dots & \dots & \dots & \dots & \dots \\ 0 & 0 & 0 & \dots & a_{nn} \end{pmatrix}$$

- **Matriu identitat o matriu unitat**
  És una matriu diagonal en la qual tots els elements de la diagonal principal són uns. Es denota per *I*.

$$I = \begin{pmatrix} 1 & 0 & 0 & \dots & 0 \\ 0 & 1 & 0 & \dots & 0 \\ 0 & 0 & 1 & \dots & 0 \\ \dots & \dots & \dots & \dots & \dots \\ 0 & 0 & 0 & \dots & 1 \end{pmatrix}$$

**NO TE N'OBLIDIS**

Hi ha una matriu identitat de cada ordre.

$I = \begin{pmatrix} 1 & 0 \\ 0 & 1 \end{pmatrix}$ Matriu identitat d'ordre 2

$I = \begin{pmatrix} 1 & 0 & 0 \\ 0 & 1 & 0 \\ 0 & 0 & 1 \end{pmatrix}$ Matriu identitat d'ordre 3

**EXEMPLE**

5. Decideix de quin tipus és cadascuna d'aquestes matrius quadrades.

$A = \begin{pmatrix} 2 & 0 & 0 \\ 0 & -7 & 0 \\ 0 & 0 & 1 \end{pmatrix}$ Matriu diagonal

$B = \begin{pmatrix} 1 & 0 \\ 0 & 1 \end{pmatrix}$ Matriu identitat

$C = \begin{pmatrix} -3 & 0 & 0 & 0 \\ 2 & 4 & 0 & 0 \\ 7 & 5 & 1 & 0 \\ 4 & 6 & 9 & 6 \end{pmatrix}$ Triangular inferior

$D = \begin{pmatrix} 7 & -1 \\ 0 & 10 \end{pmatrix}$ Triangular superior

**ACTIVITATS**

6 Escriu matrius que compleixin les condicions següents.

a) Matriu diagonal d'ordre 4 que compleixi que $a_{ii} = 7$.

b) Matriu identitat amb tres files.

7 Escriu matrius que compleixin aquestes condicions.

a) Diagonal d'ordre 3.

b) Triangular superior amb tres columnes, de manera que els elements diferents de 0 compleixin que $a_{ij} = i + j$.

## 2. Matriu transposada

GEOGEBRA

La **matriu transposada**, $A^t$, d'una matriu $A$ de dimensió $m \times n$ és una altra matriu de dimensió $n \times m$ que s'obté de canviar a $A$ les files per les columnes o les columnes per les files.

Si $A = (a_{ij})$, llavors $A^t = (a_{ji})$.

**FIXA-T'HI**

Només si una matriu és quadrada, la seva matriu transposada té la mateixa dimensió.

**EXEMPLE**

6. Troba la transposada de la matriu $A = \begin{pmatrix} 3 & -3 & 3 \\ 0 & 1 & 2 \end{pmatrix}$ i determina'n la dimensió.

$A^t = \begin{pmatrix} 3 & 0 \\ -3 & 1 \\ 3 & 2 \end{pmatrix} \rightarrow$ La dimensió de $A^t$ és $3 \times 2$.

### Matrius simètriques i antisimètriques

- Una matriu quadrada $A$ és **simètrica** si coincideix amb la seva transposada.

$$A = A^t \rightarrow a_{ij} = a_{ji}$$

- Una matriu quadrada $A$ és **antisimètrica** si l'oposada coincideix amb la seva transposada.

$$-A = A^t \rightarrow -a_{ij} = a_{ji}$$

**FIXA-T'HI**

Només les matrius quadrades poden ser simètriques o antisimètriques.

**EXEMPLE**

7. Decideix si aquestes matrius són simètriques o antisimètriques.

a) $A = \begin{pmatrix} 3 & 5 & 3 \\ 5 & 2 & 1 \\ 3 & 1 & 6 \end{pmatrix}$ b) $B = \begin{pmatrix} 0 & 7 \\ -7 & 0 \end{pmatrix}$

a) $A^t = \begin{pmatrix} 3 & 5 & 3 \\ 5 & 2 & 1 \\ 3 & 1 & 6 \end{pmatrix} = A \rightarrow A$ és una matriu simètrica.

b) $C^t = \begin{pmatrix} 0 & -7 \\ 7 & 0 \end{pmatrix} = \begin{pmatrix} 0 & 7 \\ -7 & 0 \end{pmatrix} - C \rightarrow C$ és una matriu antisimètrica.

### Propietats

- En una matriu simètrica, els elements simètrics respecte de la diagonal principal són iguals.

$$A = \begin{pmatrix} a & m & n \\ m & b & v \\ n & v & c \end{pmatrix}$$

- En una matriu antisimètrica, els elements de la diagonal principal són zeros i els elements simètrics respecte d'ella són oposats.

$$A = \begin{pmatrix} 0 & m & n \\ -m & 0 & v \\ -n & -v & 0 \end{pmatrix}$$

**ACTIVITATS**

8 Determina la matriu transposada d'aquesta matriu.

$$A = \begin{pmatrix} 2 & -1 & 3 & 5 \\ -4 & 2 & 0 & 1 \end{pmatrix}$$

9 Donada una matriu quadrada d'ordre 3 amb $a_{12} = 1$, $a_{22} = 0$, $a_{23} = -3$ i $a_{31} = 2$, troba la resta d'elements de la matriu perquè sigui antisimètrica.

# 3. Operacions amb matrius

## 3.1. Suma de matrius

La **suma de dues matrius**, $A$ i $B$, de la mateixa dimensió es denota $A + B$, i és una altra matriu de la mateixa dimensió els elements de la qual són la suma dels elements de $A$ i $B$ que ocupen la mateixa posició.

$$A + B = C, \text{ sent } c_{ij} = a_{ij} + b_{ij}.$$

**NO TE N'OBLIDIS**

Perquè dues matrius es puguin sumar han de tenir la mateixa dimensió.

**EXEMPLE**

8. Suma, si és possible, les matrius següents.

$$A = \begin{pmatrix} 3 & -3 & 2 \\ 7 & -5 & 6 \end{pmatrix} \qquad B = \begin{pmatrix} 4 & 5 & 0 \\ -2 & 6 & -3 \end{pmatrix} \qquad C = \begin{pmatrix} 3 & 2 & 4 & 2 \\ 2 & 5 & 2 & 3 \\ 7 & 6 & 1 & 2 \end{pmatrix}$$

La dimensió de $A$ i de $B$ és la mateixa: $2 \times 3$; per tant, es poden sumar:

$$A + B = \begin{pmatrix} 3 & -3 & 2 \\ 7 & -5 & 6 \end{pmatrix} + \begin{pmatrix} -4 & 5 & -0 \\ -2 & 6 & -3 \end{pmatrix} = \begin{pmatrix} 3+4 & 3+5 & 2+0 \\ 7+(-2) & -5+6 & 6+(-3) \end{pmatrix} =$$

$$= \begin{pmatrix} 7 & 8 & 2 \\ 5 & 1 & 3 \end{pmatrix}$$

No és possible sumar $C$ amb $A$ ni amb $B$, perquè tenen diferent dimensió.

**PENSA**

Donades les matrius $A$ i $B$ amb la mateixa dimensió, quina és la dimensió de $(A + B)^t$ ?

### Propietats

Com que la suma de matrius es fa element a element, compleix propietats anàlogues a les de la suma de nombres reals.

- **Commutativa:** $A + B = B + A$
- **Associativa:** $A + (B + C) = (A + B) + C$
- **Element neutre:** l'element neutre de la suma és la matriu nul·la.

$$A + 0 = A$$

- **Element oposat:** per a cada matriu $A$, existeix la seva matriu oposada, $-A$, formada pels oposats dels elements de $A$.

$$A + (-A) = 0$$

**FIXA-T'HI**

Per restar dues matrius se suma a la primera l'oposada de la segona.

$$A - B = A + (-B)$$

**EXEMPLE**

9. Determina la matriu oposada de $A = \begin{pmatrix} -1 & 3 & 4 \\ 0 & 2 & -4 \end{pmatrix}$.

Comprova que és el seu element oposat respecte de la suma.

$$-A = \begin{pmatrix} 1 & -3 & -4 \\ 0 & -2 & 4 \end{pmatrix}$$

$$A + (-A) = \begin{pmatrix} -1+1 & 3+(-3) & 4+(-4) \\ 0+0 & 2+(-2) & -4+4 \end{pmatrix} = \begin{pmatrix} 0 & 0 & 0 \\ 0 & 0 & 0 \end{pmatrix} \rightarrow \text{matriu nul·la}$$

**ACTIVITATS**

10. Fes la següent operació amb matrius.

$$\begin{pmatrix} -1 & 2 & 1 \\ 0 & -3 & 1 \end{pmatrix} - \begin{pmatrix} -2 & -2 & 3 \\ 1 & 0 & -1 \end{pmatrix} + \begin{pmatrix} -1 & 4 & 0 \\ 2 & 2 & 1 \end{pmatrix}$$

11. Esbrina els elements que falten si $A + B = C$.

$$A = \begin{pmatrix} 3 & 4 & 5 \\ 5 & a & b \end{pmatrix} \quad B = \begin{pmatrix} 2 & c & d \\ e & 3 & -1 \end{pmatrix} \quad C = \begin{pmatrix} f & 7 & 6 \\ 1 & -1 & 0 \end{pmatrix}$$

### 3.2. Producte d'una matriu per un nombre

El **producte d'un nombre** real $k$ **per una matriu** $A$ és una altra matriu de la mateixa dimensió que $A$ els elements de la qual s'obtenen de multiplicar cadascun dels elements de $A$ per $k$.

$$k \cdot A = C, \text{ sent } c_{ij} = k \cdot a_{ij}.$$

**FIXA-T'HI**

Si una matriu és diagonal i tots els elements de la diagonal són iguals, es pot treure factor comú.

$$\begin{pmatrix} k & 0 & 0 \\ 0 & k & 0 \\ 0 & 0 & k \end{pmatrix} = k \cdot \begin{pmatrix} 1 & 0 & 0 \\ 0 & 1 & 0 \\ 0 & 0 & 1 \end{pmatrix} = k \cdot I$$

**EXEMPLE**

**10.** Donades les matrius $A = \begin{pmatrix} 3 & -3 & 3 \\ 0 & 1 & 2 \end{pmatrix}$ i $B = \begin{pmatrix} 49 & -56 \\ 21 & 50 \end{pmatrix}$, calcula.

a) $(-2) \cdot A = \begin{pmatrix} (-2) \cdot 3 & (-2) \cdot (-3) & (-2) \cdot 3 \\ (-2) \cdot 0 & (-2) \cdot 1 & (-2) \cdot 2 \end{pmatrix} = \begin{pmatrix} -6 & 6 & -6 \\ 0 & -2 & -4 \end{pmatrix}$

b) $\frac{1}{7} \cdot B = \begin{pmatrix} \frac{1}{7} \cdot 49 & \frac{1}{7} \cdot (-56) \\ \frac{1}{7} \cdot 21 & \frac{1}{7} \cdot 0 \end{pmatrix} = \begin{pmatrix} 7 & -8 \\ 3 & -0 \end{pmatrix}$

### 3.3. Producte d'una matriu fila per una matriu columna

El **producte d'una matriu fila**, de dimensió $1 \times n$, **per una matriu columna**, de dimensió $n \times 1$, és un nombre que s'obté de multiplicar els seus elements, terme a terme, i sumar els resultats.

$$(a_{11} \quad a_{12} \quad \dots \quad a_{1n}) \cdot \begin{pmatrix} b_{11} \\ b_{21} \\ \dots \\ b_{n1} \end{pmatrix} = a_{11} \cdot b_{11} + a_{12} \cdot b_{21} + \dots + a_{1n} \cdot b_{n1}$$

**NO TE N'OBLIDIS**

Per multiplicar una matriu fila per una matriu columna cal que el nombre de columnes de la primera sigui igual al nombre de files de la segona.

**EXEMPLE**

**11.** Determina si es poden fer els productes $AB$ i $CA$ sent les matrius:

$$A = (6 \quad 2 \quad 1) \qquad B = \begin{pmatrix} 2 \\ 3 \\ -1 \end{pmatrix} \qquad C = (2 \quad 1 \quad 0 \quad 4)$$

La matriu $A$ és una matriu fila de dimensió $1 \times 3$; $B$ és una matriu columna de dimensió $3 \times 1$; per tant, es poden multiplicar.

$$AB = (6 \quad 2 \quad 1) \begin{pmatrix} 2 \\ 3 \\ -1 \end{pmatrix} = 6 \cdot 2 + 2 \cdot 3 + 1 \cdot (-1) = 17$$

La matriu $C$ és una matriu fila de dimensió $1 \times 4$; per tant, només es pot multiplicar per una matriu de dimensió $4 \times 1$. No es pot multiplicar per $A$.

**ACTIVITATS**

**12** Fes les operacions indicades amb aquestes matrius.

$$A = \begin{pmatrix} 1 & 3 \\ -1 & 2 \end{pmatrix} \qquad B = \begin{pmatrix} 2 & 0 \\ -3 & -1 \end{pmatrix} \qquad C = \begin{pmatrix} -2 & 3 \\ 1 & -2 \end{pmatrix}$$

a) $2(A - B) + 3C$

b) $(-2)(A - C) - 3(B + 2C)$

**13** Calcula la següent operació amb matrius.

$$2 \cdot (3 \quad 1 \quad 4) \cdot 5 \cdot \begin{pmatrix} 0 \\ 1 \\ -2 \end{pmatrix} - 3 \cdot (3 \quad 1 \quad 4) \cdot \begin{pmatrix} 5 \\ -1 \\ 0 \end{pmatrix}$$

### 3.4. Producte de dues matrius

GEOGEBRA

El producte d'una matriu $A$, de dimensió $m \times n$, per una altra matriu $B$, de dimensió $n \times p$, és una matriu, $C$, de dimensió $m \times p$, l'element de la qual $c_{ij}$ s'obté de multiplicar la fila $i$-èsima de la primera matriu per la columna $j$-èsima de la segona.

$$A \cdot B = C, \text{ sent } c_{ij} = a_{i1} \cdot b_{1j} + a_{i2} \cdot b_{2j} + \ldots + a_{im} \cdot b_{mj}.$$

**NO TE N'OBLIDIS**

- Per multiplicar dues matrius, el nombre de columnes de la primera ha de ser igual al nombre de files de la segona.
- La matriu producte resultant té el nombre de files de la primera i el nombre de columnes de la segona.

#### Calcular el producte de dues matrius

Calcula el producte, $A \cdot B$, d'aquestes matrius.

$$A = \begin{pmatrix} 5 & -3 & 4 \\ 0 & 1 & 2 \end{pmatrix} \qquad B = \begin{pmatrix} 4 & 2 \\ 0 & 5 \\ 1 & 3 \end{pmatrix}$$

**PRIMER.** Es comprova que es poden multiplicar: el nombre de columnes de la primera ha de coincidir amb el nombre de files de la segona.

Dimensió de $A$: $2 \times 3$

Dimensió de $B$: $3 \times 2$

El nombre de columnes de $A$ coincideix amb el nombre de files de $B$, per la qual cosa les matrius es poden multiplicar.

La matriu $A \cdot B$ tindrà el mateix nombre de files que $A$ i el nombre de columnes de $B$.

$$\begin{pmatrix} 5 & -3 & 4 \\ 0 & 1 & 2 \end{pmatrix}\begin{pmatrix} 4 & 2 \\ 0 & 5 \\ 1 & 3 \end{pmatrix} = \begin{pmatrix} c_{11} & c_{12} \\ c_{21} & c_{22} \end{pmatrix}$$

**SEGON.** S'efectua el producte de la primera fila de la matriu $A$ per la primera columna de la matriu $B$ per obtenir el primer element de la matriu producte.

$$AB = \begin{pmatrix} 5 & -3 & 4 \\ 0 & 1 & 2 \end{pmatrix}\begin{pmatrix} 4 & 2 \\ 0 & 5 \\ 1 & 3 \end{pmatrix} = \begin{pmatrix} 5 \cdot 4 + (-3) \cdot 0 + 4 \cdot 1 & c_{12} \\ c_{21} & c_{22} \end{pmatrix}$$

**TERCER.** Es multiplica la primera fila de la matriu $A$ per la resta de les columnes de la matriu $B$.

$$\begin{pmatrix} 5 & -3 & 4 \\ 0 & 1 & 2 \end{pmatrix}\begin{pmatrix} 4 & 2 \\ 0 & 5 \\ 1 & 3 \end{pmatrix} = \begin{pmatrix} 24 & 5 \cdot 2 + (-3) \cdot 5 + 4 \cdot 3 \\ c_{21} & c_{22} \end{pmatrix}$$

**QUART.** Es repeteix el procés amb la resta de les files de la primera matriu i de les columnes de la segona.

$$\begin{pmatrix} 5 & -3 & 4 \\ 0 & 1 & 2 \end{pmatrix}\begin{pmatrix} 4 & 2 \\ 0 & 5 \\ 1 & 3 \end{pmatrix} = \begin{pmatrix} 24 & 7 \\ 0 \cdot 4 + 1 \cdot 0 + 2 \cdot 1 & 0 \cdot 2 + 1 \cdot 5 + 2 \cdot 3 \end{pmatrix} = \begin{pmatrix} 24 & 7 \\ 2 & 11 \end{pmatrix}$$

**FIXA-T'HI**

Perquè existeixi el producte de tres matrius, $A \cdot B \cdot C$, les dimensions han de ser d'aquesta manera:

Dimensió de $A$: $m \times n$

Dimensió de $B$: $n \times p$

Dimensió de $C$: $p \times q$

La dimensió de $A \cdot B \cdot C$ serà $m \times q$.

**ACTIVITATS**

**14** Fes els productes que siguin possibles entre les matrius $A$, $B$ i $C$.

$$A = \begin{pmatrix} 1 & 0 & 2 \\ -2 & 1 & -3 \end{pmatrix} \quad B = \begin{pmatrix} 3 & 0 \\ -1 & 2 \\ 2 & -3 \end{pmatrix} \quad C = \begin{pmatrix} -1 & 4 \\ 3 & 2 \end{pmatrix}$$

**15** Determina la dimensió de la matriu resultant d'aquesta operació i, després, comprova-ho efectuant les operacions.

$$2 \cdot \begin{pmatrix} 2 & -1 & 0 \\ 3 & 0 & 1 \end{pmatrix} + 3 \cdot \begin{pmatrix} 2 & -1 \\ 3 & 0 \end{pmatrix} \cdot \begin{pmatrix} 4 & 5 & 1 \\ 2 & 1 & 3 \end{pmatrix}$$

**EXEMPLE**

12. En un restaurant se serveixen tres tipus de menús: el senzill, el diari i l'especial. En aquestes taules es mostren els quilos que es compren setmanalment de peix, verdures i llegums per elaborar cada menú i els preus en les dues últimes setmanes de cada producte.

| | Peix | Verdures | Llegums |
|---|---|---|---|
| M. senzill | 6 | 14 | 12 |
| M. diari | 8 | 18 | 13 |
| M. especial | 12 | 26 | 15 |

| | Setmana 1 | Setmana 2 |
|---|---|---|
| Peix | 12,50 | 10,60 |
| Verdures | 16 | 11,90 |
| Llegums | 6,20 | 8,40 |

Calcula el cost setmanal que han tingut els dos menús.

Per resoldre el problema es considera cada taula com una matriu i es multipliquen.

$$\begin{pmatrix} 6 & 14 & 12 \\ 8 & 18 & 13 \\ 12 & 26 & 15 \end{pmatrix} \begin{pmatrix} 12{,}5 & 10{,}6 \\ 16 & 11{,}9 \\ 6{,}2 & 8{,}4 \end{pmatrix} = \begin{pmatrix} 373{,}4 & 331 \\ 468{,}6 & 408{,}2 \\ 659 & 562{,}6 \end{pmatrix}$$

(Columnes: Setmana 1, Setmana 2; files: ← Menú senzill, ← Menú diari, ← Menú especial)

L'elaboració dels menús ha estat més barata la segona setmana.

## Propietats

Si les dimensions de les matrius $A$, $B$ i $C$ són tals que permeten fer els seus productes, es compleixen aquestes propietats.

- **Associativa:** $(A \cdot B) \cdot C = A \cdot (B \cdot C)$
- **Element neutre:** $I_m \cdot A = A \cdot I_n = A$
- **Distributiva:** Per l'esquerra: $A \cdot (B + C) = A \cdot B + A \cdot C$
  Per la dreta: $(B + C) \cdot A = B \cdot A + C \cdot A$

En general, el producte de matrius no és commutatiu: $A \cdot B \neq B \cdot A$.

**S'ESCRIU AIXÍ**

$A \cdot B$ → $A$ multiplica $B$ per l'esquerra.

$B \cdot A$ → $A$ multiplica $B$ per la dreta.

Dues matrius, $A$ i $B$, commuten o són **commutables** si $A \cdot B = B \cdot A$.

**EJEMPLO**

13. Troba, si és possible, el producte d'aquestes matrius i comprova si és commutatiu en algun cas.

$$A = \begin{pmatrix} 3 & -3 & 3 \\ 0 & 1 & 2 \end{pmatrix} \qquad B = \begin{pmatrix} 2 \\ 3 \\ 2 \end{pmatrix}$$

La dimensió de $A$ és $2 \times 3$ i la de $B$ és $3 \times 1$, aleshores, no es pot calcular $BA$; en canvi, sí que es pot efectuar $AB$.

$$AB = \begin{pmatrix} 3 & -3 & 3 \\ 0 & 1 & 2 \end{pmatrix} \begin{pmatrix} 2 \\ 3 \\ 2 \end{pmatrix} = \begin{pmatrix} 3 \\ 7 \end{pmatrix}$$

**ACTIVITATS**

16. Siguin $A = \begin{pmatrix} 2 & 3 \\ -1 & 0 \end{pmatrix}$, $B = \begin{pmatrix} 7 & 4 \\ 0 & 6 \end{pmatrix}$ i $C = \begin{pmatrix} 3 & 1 \\ 1 & 2 \end{pmatrix}$.
   a) Comprova si $A$ i $B$ commuten.
   b) Verifica que es compleix la propietat distributiva: $A \cdot (B + C) = A \cdot B + A \cdot C$.

17. Una empresa d'autobusos té tres línies: A, B i C. Dilluns van sortir 5 autobusos de la línia A, 3 de la B i 4 de la C. Dimarts van sortir 2 autobusos de la línia A, 1 de la B i 4 de la C. Dimecres va sortir 1 autobús de la línia A, 3 de la B i 5 de la C. Representa-ho en forma de matriu.

# 4. Rang d'una matriu

## 4.1. Combinacions lineals de les files d'una matriu

Una fila no nul·la $F_i$ d'una matriu **depèn linealment** de les files $F_{j_1}, F_{j_2}, ..., F_{j_m}$ si es compleix que:

$$F_i = k_1F_{j_1} + k_2F_{j_2} + ... + k_mF_{j_m}$$

Una fila d'una matriu és **linealment independent** quan no depèn linealment d'altres files de la matriu.

**EXEMPLE**

14. Determina les files linealment independents d'aquesta matriu.

$$A = \begin{pmatrix} -2 & -3 & 1 & 7 \\ -1 & 4 & -3 & 1 \end{pmatrix}$$

Perquè $F_1$ depengui linealment de $F_2$ s'ha de complir que: $F_1 = kF_2$, és a dir, que els elements de $F_1$ siguin múltiples dels de $F_2$. Com que en aquest cas no és així, es diu que les dues files de la matriu $A$ són linealment independents.

**NO TE N'OBLIDIS**

Les mateixes definicions que es fan per a les files serveixen per a les columnes.

- Una columna no nul·la $C_i$ d'una matriu **depèn linealment** de les columnes $C_{j_1}, C_{j_2}, ..., C_{j_m}$ si es compleix que:

  $C_i = k_1C_{j_1} + k_2C_{j_2} + ... + k_mC_{j_m}$
- Una columna d'una matriu és **linealment independent** quan no depèn linealment d'altres columnes de la matriu.

## 4.2. Rang d'una matriu

El **rang d'una matriu** $A$, Rang $(A)$, és el nombre de files o de columnes no nul·les linealment independents que té la matriu.

El rang per files sempre és igual al rang per columnes.

**FIXA-T'HI**

Com que el rang per files és igual al rang per columnes, una matriu $A$ i la seva transposada $A^t$ tenen sempre el mateix rang.

**EXEMPLE**

15. Determina el rang de la matriu $A = \begin{pmatrix} 2 & 0 & 3 & -4 \\ 3 & -5 & 2 & 3 \\ 8 & -10 & 7 & 2 \end{pmatrix}$.

$F_1$ no depèn linealment de $F_2$ ni de $F_3$, i el mateix passa amb $F_2$ i $F_3$.

S'analitza si $F_1$ depèn linealment de $F_2$ i $F_3$, és a dir, si $F_1 = k_1F_2 + k_2F_3$.

Prenent els dos primers elements de les files es tindria:

$$\left.\begin{array}{l} a_{11} = k_1a_{21} + k_2a_{31} \\ a_{12} = k_1a_{22} + k_2a_{32} \end{array}\right\} \rightarrow \left.\begin{array}{l} 2 = 3k_1 + 8k_2 \\ 0 = -5k_1 + (-10)k_2 \end{array}\right\} \rightarrow k_1 = -2 \quad k_2 = 1$$

Es comprova si es compleixen la resta d'igualtats per a aquests valors de $k_1$ i $k_2$.

$$a_{13} = k_1a_{23} + k_2a_{33} \rightarrow 3 = -2 \cdot 2 + 1 \cdot 7$$

$$a_{14} = k_1a_{24} + k_2a_{34} \rightarrow -4 = -2 \cdot 3 + 1 \cdot 2$$

Per tant, $F_1 = -2F_2 + F_3$, és a dir, $F_1$ depèn linealment de $F_2$ i $F_3$.

Així, $F_2$ i $F_3$ són linealment independents i $F_1$ depèn de $F_2$ i $F_3$ →
→ Rang $(A) = 2$.

**PENSA**

Quin és el rang màxim d'una matriu que té $n$ files i $m$ columnes?

**ACTIVITATS**

18. Completa els elements que falten a la matriu perquè les files siguin linealment dependents.

$$\begin{pmatrix} 3 & -1 & b & 2 \\ -9 & a & 0 & c \end{pmatrix}$$

19. Determina el rang de les matrius següents.

a) $\begin{pmatrix} 1 & -1 & 3 & 0 \\ 2 & 1 & -1 & 1 \\ 0 & -3 & 7 & -1 \end{pmatrix}$

b) $\begin{pmatrix} 1 & -1 & 3 \\ 2 & -2 & 6 \\ 3 & -3 & 9 \end{pmatrix}$

### 4.3. Mètode de Gauss

El **mètode de Gauss** per trobar el rang d'una matriu consisteix a convertir la matriu inicial en una matriu en què els elements per sota de la diagonal siguin zeros, utilitzant les transformacions elementals adequades. El rang de la matriu serà el nombre de files no nul·les que té la matriu triangular que s'obté.

Les transformacions elementals que es poden fer a la matriu són:

- Intercanviar la fila $i$ per la fila $j$. S'escriu com a $F_i \quad F_j \leftrightarrow$
- Substituir la fila $i$ pel resultat de multiplicar o dividir tots els seus elements per un nombre $a \neq 0$. S'escriu com a $F_i = aF_i$.
- Substituir la fila $i$ o la fila $j$ per la suma de totes dues multiplicades per nombres $a$ i $b$ no nuls. S'escriu com a $F_i = aF_i + bF_j$.

### Calcular el rang d'una matriu mitjançant el mètode de Gauss

Determina el rang de la matriu $A = \begin{pmatrix} 0 & -2 & 2 & 4 \\ 2 & -1 & -1 & 1 \\ 2 & -2 & 0 & 3 \end{pmatrix}$.

**PRIMER.** Si $a_{11} = 0$, s'intercanvia la primera fila amb una fila el primer element de la qual sigui diferent de zero, si existeix. Es fan operacions a totes les files, menys a la primera, perquè el primer element de cada una sigui zero.

$$\begin{pmatrix} 0 & -2 & 2 & 4 \\ 2 & -1 & -1 & 1 \\ 2 & -2 & 0 & 3 \end{pmatrix} \xrightarrow{F_2 \leftrightarrow F_1} \begin{pmatrix} 2 & -1 & -1 & 1 \\ 0 & -2 & 2 & 4 \\ 2 & -2 & 0 & 3 \end{pmatrix}$$

El primer element de la segona fila ja és zero. Es fa zero el primer element de la tercera fila.

$$\begin{pmatrix} 2 & -1 & -1 & 1 \\ 0 & -2 & 2 & 4 \\ 2 & -2 & 0 & 3 \end{pmatrix} \xrightarrow{F_3 = F_3 - F_1} \begin{pmatrix} 2 & -1 & -1 & 1 \\ 0 & -2 & 2 & 4 \\ 0 & -1 & 1 & 2 \end{pmatrix}$$

**SEGON.** Si $a_{22} = 0$, s'intercanvia aquesta fila amb alguna altra en què el segon element no sigui zero, si existeix. Com en el pas anterior, es fa zero el segon element de cada fila, excepte el de la primera i la segona fila.

$$\begin{pmatrix} 2 & -1 & -1 & 1 \\ 0 & -2 & 2 & 4 \\ 0 & -1 & 1 & 2 \end{pmatrix} \xrightarrow{F_3 = 2F_3 - F_2} \begin{pmatrix} 2 & -1 & -1 & 1 \\ 0 & -2 & 2 & 4 \\ 0 & 0 & 0 & 0 \end{pmatrix}$$

**TERCER.** Es repeteix el mateix procés per a la resta de les files de la matriu inicial fins a obtenir-ne una en la qual tots els elements per sota de la seva diagonal siguin zeros. El nombre de files no nul·les que té la matriu és el rang de la matriu.

En aquest cas s'obtenen dues files no nul·les → Rang $(A) = 2$.

**FIXA-T'HI**

Com que el rang d'una matriu i el de la seva transposada és el mateix, si la matriu té més files que columnes es pot abreujar el procés calculant el rang de la transposada.

$$\text{Rang}\begin{pmatrix} -2 & 2 \\ 1 & 0 \\ 7 & -2 \\ 1 & -3 \end{pmatrix} = \text{Rang}\begin{pmatrix} -2 & 1 & 7 & 1 \\ 2 & 0 & -2 & -3 \end{pmatrix}$$

**ACTIVITATS**

**20** Troba el rang mitjançant el mètode de Gauss.

$$\begin{pmatrix} 1 & -3 & 5 & 7 \\ 8 & -3 & -2 & 14 \\ 2 & 1 & -4 & 0 \end{pmatrix}$$

**21** Calcula el rang de la matriu $A^t \cdot B - C^t$ en funció del paràmetre $m$.

$$A = \begin{pmatrix} 2 & -1 \\ 1 & 0 \end{pmatrix} \quad B = \begin{pmatrix} 3 & -2 \\ 0 & 5 \end{pmatrix} \quad C = \begin{pmatrix} 4 & -1 \\ 2 & m \end{pmatrix}$$

## 5. Matriu inversa

La **matriu inversa** d'una matriu quadrada $A$ d'ordre $n$ és una altra matriu $A^{-1}$ del mateix ordre que compleix que:

$$AA^{-1} = I_n \qquad A^{-1}A = I_n$$

sent $I_n$ la matriu identitat d'ordre $n$.

Les matrius que tenen matriu inversa s'anomenen **matrius regulars** o **invertibles**, i les que no en tenen, **matrius singulars**.

**FIXA-T'HI**

Si una matriu no és quadrada, no té inversa.

**EXEMPLE**

16. Calcula, si és possible, la matriu inversa de la matriu $A = \begin{pmatrix} 3 & 1 \\ 4 & 1 \end{pmatrix}$.

S'utilitza la definició de matriu inversa i es calcula el producte de matrius:

$$AA^{-1} = I_2$$

$$\begin{pmatrix} 3 & 1 \\ 4 & 1 \end{pmatrix}\begin{pmatrix} a_{11} & a_{12} \\ a_{21} & a_{22} \end{pmatrix} = \begin{pmatrix} 1 & 0 \\ 0 & 1 \end{pmatrix} \rightarrow \begin{pmatrix} 3a_{11} + a_{21} & 3a_{12} + a_{22} \\ 4a_{11} + a_{21} & 4a_{12} + a_{22} \end{pmatrix} = \begin{pmatrix} 1 & 0 \\ 0 & 1 \end{pmatrix}$$

S'igualen les matrius, element a element, i es resol el sistema en què les incògnites són els elements de la matriu inversa:

$$\left.\begin{array}{l} 3a_{11} + a_{21} = 1 \\ 3a_{12} + a_{22} = 0 \\ 4a_{11} + a_{21} = 0 \\ 4a_{12} + a_{22} = 1 \end{array}\right\} \rightarrow a_{11} = -1 \quad a_{21} = 4 \quad a_{12} = 1 \quad a_{22} = -3$$

La matriu inversa de la matriu $A$ és $A^{-1} = \begin{pmatrix} -1 & 1 \\ 4 & -3 \end{pmatrix}$.

**FIXA-T'HI**

Si el sistema no té solució, la matriu inicial no té matriu inversa.

Només les matrius quadrades poden tenir inversa; tanmateix, no totes les matrius quadrades tenen inversa.

**S'ESCRIU AIXÍ**

Una matriu és **invertible** quan existeix la seva matriu inversa.

Una matriu $A$ quadrada d'ordre $n$ només té inversa si Rang $(A) = n$.

### Propietats

- La inversa de la matriu inversa és la matriu original.

$$(A^{-1})^{-1} = A$$

- La inversa del producte de dues matrius és el producte de les inverses de les matrius canviant-ne l'ordre.

$$(AB)^{-1} = B^{-1}A^{-1}$$

- La inversa de la transposada d'una matriu és igual a la transposada de la matriu inversa.

$$(A^t)^{-1} = (A^{-1})^t$$

**PENSA**

Pots calcular la inversa de la matriu $A = \begin{pmatrix} 1 & 0 \\ 0 & 0 \end{pmatrix}$?

**ACTIVITATS**

22 Calcula, si és possible, la inversa d'aquestes matrius utilitzant la definició.

a) $\begin{pmatrix} 1 & 2 \\ 2 & 4 \end{pmatrix}$ b) $\begin{pmatrix} 3 & -5 \\ -1 & 2 \end{pmatrix}$

23 Comprova si aquesta matriu és invertible i troba'n la inversa.

$$\begin{pmatrix} 2 & -3 & 1 \\ 3 & 1 & 1 \\ 0 & 1 & 0 \end{pmatrix}$$

## Mètode de Gauss-Jordan

El **mètode de Gauss-Jordan** per trobar la matriu inversa consisteix a convertir la matriu inicial en la matriu identitat utilitzant transformacions elementals. Aplicant les mateixes transformacions a la matriu identitat s'obté la matriu inversa.

**RECORDA**

Les operacions elementals que es poden fer per trobar la matriu inversa són les mateixes que per al càlcul del rang d'una matriu.

- Intercanviar entre si la fila $i$ per la fila $j$.

$$F_i \leftrightarrow F_j$$

- Substituir la fila $i$ pel resultat de multiplicar o dividir tots els seus elements per un nombre $a \neq 0$.

$$F_i = aF_i$$

- Substituir la fila $i$ o la fila $j$ per la suma de totes dues multiplicades per nombres $a$ i $b$ no nuls.

$$F_i = aF_i + bF_j$$

### Calcular la matriu inversa amb el mètode de Gauss-Jordan

Calcula, si és possible, la matriu inversa de la matriu $A = \begin{pmatrix} 2 & -1 & 2 \\ 4 & -3 & -1 \\ -6 & 4 & -2 \end{pmatrix}$.

**PRIMER.** S'escriuen la matriu $A$ i la matriu identitat del mateix ordre que $A$ separades per una línia. Si $a_{11} = 0$, s'intercanvia la primera fila amb una fila el primer element de la qual sigui diferent de zero.

Com que $a_{11} = 2 \neq 0$, no s'intercanvien files.

**SEGON.** Es fan operacions en totes les files, menys a la primera, perquè el primer element de cada una sigui zero.

$$\left(\begin{array}{ccc|ccc} 2 & -1 & 2 & 1 & 0 & 0 \\ 4 & -3 & -1 & 0 & 1 & 0 \\ -6 & 4 & -2 & 0 & 0 & 1 \end{array}\right) \xrightarrow[F_3 = F_3 + 3F_1]{F_2 = F_2 - 2F_1} \left(\begin{array}{ccc|ccc} 2 & -1 & 2 & 1 & 0 & 0 \\ 0 & -1 & -5 & -2 & 1 & 0 \\ 0 & 1 & 4 & 3 & 0 & 1 \end{array}\right)$$

**TERCER.** Es comprova que $a_{22} \neq 0$; si no, caldria intercanviar la fila amb una fila posterior en què el segon element fos diferent de zero. Es fan operacions per convertir en zero el segon element de cada fila, excepte el de la segona fila.

$$\left(\begin{array}{ccc|ccc} 2 & -1 & 2 & 1 & 0 & 0 \\ 0 & -1 & -5 & -2 & 1 & 0 \\ 0 & 1 & 4 & 3 & 0 & 1 \end{array}\right) \xrightarrow[F_3 = F_3 + F_2]{F_1 = F_1 - F_2} \left(\begin{array}{ccc|ccc} 2 & 0 & 7 & 3 & -1 & 0 \\ 0 & -1 & -5 & -2 & 1 & 0 \\ 0 & 0 & -1 & 1 & 1 & 1 \end{array}\right)$$

**QUART.** Es repeteix el mateix procés per a la resta de les files de la matriu inicial.

$$\left(\begin{array}{ccc|ccc} 2 & 0 & 7 & 3 & -1 & 0 \\ 0 & -1 & -5 & -2 & 1 & 0 \\ 0 & 0 & -1 & 1 & 1 & 1 \end{array}\right) \xrightarrow[F_2 = F_2 - 5F_3]{F_1 = F_1 + 7F_3} \left(\begin{array}{ccc|ccc} 2 & 0 & 0 & 10 & 6 & 7 \\ 0 & -1 & 0 & -7 & -4 & -5 \\ 0 & 0 & -1 & 1 & 1 & 1 \end{array}\right)$$

**CINQUÈ.** Es divideix cada fila entre l'element que figura a la diagonal.

$$\left(\begin{array}{ccc|ccc} 2 & 0 & 0 & 10 & 6 & 7 \\ 0 & -1 & 0 & -7 & -4 & -5 \\ 0 & 0 & -1 & 1 & 1 & 1 \end{array}\right) \xrightarrow[\substack{F_2 = -F_2 \\ F_3 = -F_3}]{F_1 = \frac{1}{2}F_1} \left(\begin{array}{ccc|ccc} 1 & 0 & 0 & 5 & 3 & \frac{7}{2} \\ 0 & 1 & 0 & 7 & 4 & 5 \\ 0 & 0 & 1 & -1 & -1 & -1 \end{array}\right)$$

**SISÈ.** Els elements que figuren a la dreta de la línia formen la inversa de la matriu inicial.

$$A^{-1} = \begin{pmatrix} 5 & 3 & \frac{7}{2} \\ 7 & 4 & 5 \\ -1 & -1 & -1 \end{pmatrix}$$

**S'ESCRIU AIXÍ**

Per expressar la matriu inicial i la matriu identitat en el mètode de Gauss-Jordan s'escriu:

$$(A \mid I_n)$$

En utilitzar aquest mètode es fa aquesta transformació:

$$(A \mid I_n) \rightarrow (I_n \mid A^{-1})$$

**ACTIVITATS**

24 Calcula, pel mètode de Gauss-Jordan, la inversa d'aquestes matrius.

a) $\begin{pmatrix} 16 & 2 \\ 12 & 5 \end{pmatrix}$ b) $\begin{pmatrix} -3 & 7 \\ 2 & -5 \end{pmatrix}$

25 Troba, pel mètode de Gauss-Jordan, la inversa de la matriu:

$$\begin{pmatrix} 3 & 0 & -1 \\ 2 & 3 & 1 \\ 0 & 1 & 1 \end{pmatrix}$$

# 6. Equacions matricials

Una equació matricial és una equació en la qual tots els seus termes són matrius. Per resoldre una equació matricial cal aïllar la matriu incògnita mitjançant les operacions amb matrius.

## Resoldre equacions matricials del tipus $AX = B$

Donades les matrius $A = \begin{pmatrix} 2 & -1 \\ 0 & -1 \end{pmatrix}$ i $B = \begin{pmatrix} 0 & 2 \\ -1 & -1 \end{pmatrix}$, resol l'equació $AX = B$.

**PRIMER.** S'aïlla $X$ multiplicant per $A^{-1}$ per l'esquerra.

$$AX = B \rightarrow A^{-1}AX = A^{-1}B \xrightarrow{A^{-1}A = I} IX = A^{-1}B \rightarrow X = A^{-1}B$$

**SEGON.** Es calcula $A^{-1}$.

$$\left(\begin{array}{cc|cc} 2 & -1 & 1 & 0 \\ 0 & -1 & 0 & 1 \end{array}\right) \xrightarrow{F_1 = F_1 - F_2} \left(\begin{array}{cc|cc} 2 & 0 & 1 & -1 \\ 0 & -1 & 0 & 1 \end{array}\right) \xrightarrow[F_2 = -F_2]{F_1 = \frac{1}{2}F_1} \left(\begin{array}{cc|cc} 1 & 0 & \frac{1}{2} & -\frac{1}{2} \\ 0 & 1 & 0 & -1 \end{array}\right)$$

$$A^{-1} = \begin{pmatrix} \frac{1}{2} & -\frac{1}{2} \\ 0 & -1 \end{pmatrix}$$

**TERCER.** Es resol l'equació.

$$X = A^{-1}B \rightarrow X = \begin{pmatrix} \frac{1}{2} & -\frac{1}{2} \\ 0 & -1 \end{pmatrix} \begin{pmatrix} 0 & 2 \\ -1 & -1 \end{pmatrix} = \begin{pmatrix} \frac{1}{2} & \frac{3}{2} \\ 1 & 1 \end{pmatrix}$$

**RECORDA**

El producte de matrius no compleix la propietat commutativa; per tant, no és el mateix multiplicar per $A^{-1}$ per la dreta que per l'esquerra.

$$A^{-1}B \neq BA^{-1}$$

## Resoldre equacions matricials del tipus $XA = B$

Donades les matrius $A = \begin{pmatrix} 1 & 1 \\ 2 & 0 \end{pmatrix}$ i $B = \begin{pmatrix} 0 & 2 \\ -1 & -1 \end{pmatrix}$, resol l'equació $XA = B$.

**PRIMER.** S'aïlla $X$ multiplicant per $A^{-1}$ per la dreta.

$$XA = B \rightarrow XAA^{-1} = BA^{-1} \xrightarrow{AA^{-1} = I} XI = BA^{-1} \rightarrow X = BA^{-1}$$

**SEGON.** Es calcula $A^{-1}$.

$$\left(\begin{array}{cc|cc} 1 & 1 & 1 & 0 \\ 2 & 0 & 0 & 1 \end{array}\right) \xrightarrow{F_2 = F_2 - 2F_1} \left(\begin{array}{cc|cc} 1 & 0 & 1 & 0 \\ 0 & -2 & -2 & 1 \end{array}\right) \xrightarrow{F_2 = -\frac{1}{2}F_2} \left(\begin{array}{cc|cc} 1 & 1 & 1 & 0 \\ 0 & 1 & 1 & -\frac{1}{2} \end{array}\right) \rightarrow$$

$$\xrightarrow{F_1 = F_1 - F_2} \left(\begin{array}{cc|cc} 1 & 0 & 0 & \frac{1}{2} \\ 0 & 1 & 1 & -\frac{1}{2} \end{array}\right) \rightarrow A^{-1} = \begin{pmatrix} 0 & \frac{1}{2} \\ 1 & -\frac{1}{2} \end{pmatrix}$$

**TERCER.** Es resol l'equació.

$$X = BA^{-1} \rightarrow X = \begin{pmatrix} 0 & 2 \\ -1 & -1 \end{pmatrix} \begin{pmatrix} 0 & \frac{1}{2} \\ 1 & -\frac{1}{2} \end{pmatrix} = \begin{pmatrix} 2 & -1 \\ -1 & 0 \end{pmatrix}$$

**ACTIVITATS**

26 Donades $A$ i $B$, calcula la matriu $X$ tal que $AX = B$.

$$A = \begin{pmatrix} 1 & 1 & 1 \\ 2 & 0 & -1 \\ -1 & 0 & 1 \end{pmatrix} \qquad B = \begin{pmatrix} 2 & -1 \\ 1 & 1 \\ -1 & 2 \end{pmatrix}$$

27 Donades les matrius $A$ i $B$, resol l'equació $XA = B$.

$$A = \begin{pmatrix} -1 & 1 & 3 \\ 1 & 0 & 0 \\ -1 & 1 & 2 \end{pmatrix} \qquad B = \begin{pmatrix} 1 & 2 & -1 \\ 0 & 0 & 1 \end{pmatrix}$$

## Resoldre equacions matricials del tipus $AX + B = C$

Resol l'equació $AX + 3B = C$ amb les matrius $A$, $B$ i $C$, que són les que apareixen a continuació.

$$A=\begin{pmatrix}1&-1&-1\\-1&1&0\\2&-1&0\end{pmatrix}\qquad B=\begin{pmatrix}2&-2&0\\0&-1&2\\1&-1&-1\end{pmatrix}\qquad C=\begin{pmatrix}-3&0&2\\-1&2&1\\0&-2&-1\end{pmatrix}$$

**PRIMER.** S'aïlla la matriu $X$.

$$AX+3B=C\rightarrow AX=C-3B$$
$$\rightarrow A^{-1}AX=A^{-1}(C-3B)\rightarrow$$
$$\xrightarrow{A^{-1}\cdot A=I}X=A^{-1}(C-3B)$$

**SEGON.** Es calcula la matriu $A^{-1}$.

$$\left(\begin{array}{ccc|ccc}1&-1&-1&1&0&0\\-1&1&0&0&1&0\\2&-1&0&0&0&1\end{array}\right)\xrightarrow[F_3=F_3-2F_1]{F_2=F_2+F_1}\left(\begin{array}{ccc|ccc}1&-1&-1&1&0&0\\0&0&-1&1&1&0\\0&1&2&-2&0&1\end{array}\right)$$

$$\left(\begin{array}{ccc|ccc}1&-1&-1&1&0&0\\0&0&-1&1&1&0\\0&1&2&-2&0&1\end{array}\right)\xrightarrow{F_2\leftrightarrow F_3}\left(\begin{array}{ccc|ccc}1&-1&-1&1&0&0\\0&1&2&-2&0&1\\0&0&-1&1&1&0\end{array}\right)$$

$$\left(\begin{array}{ccc|ccc}1&-1&-1&1&0&0\\0&1&2&-2&0&1\\0&0&-1&1&1&0\end{array}\right)\xrightarrow{F_1=F_1+F_2}\left(\begin{array}{ccc|ccc}1&0&1&-1&0&1\\0&1&2&-2&0&1\\0&0&-1&1&1&0\end{array}\right)$$

$$\left(\begin{array}{ccc|ccc}1&0&1&-1&0&1\\0&1&2&-2&0&1\\0&0&-1&1&1&0\end{array}\right)\xrightarrow[F_2=F_2+2F_3]{F_1=F_1+F_3}\left(\begin{array}{ccc|ccc}1&0&0&0&1&1\\0&1&0&0&2&1\\0&0&-1&1&1&0\end{array}\right)$$

$$\left(\begin{array}{ccc|ccc}1&0&0&0&1&1\\0&1&0&0&2&1\\0&0&-1&1&1&0\end{array}\right)\xrightarrow{F_3=-F_3}\left(\begin{array}{ccc|ccc}1&0&0&0&1&1\\0&1&0&0&2&1\\0&0&1&-1&-1&0\end{array}\right)$$

$$A^{-1}=\begin{pmatrix}0&1&1\\0&2&1\\-1&-1&0\end{pmatrix}$$

**TERCER.** Es resol l'equació.

$$C-3B=\begin{pmatrix}-3&0&2\\-1&2&1\\0&-2&-1\end{pmatrix}-3\cdot\begin{pmatrix}2&-2&0\\0&-1&2\\1&-1&-1\end{pmatrix}=\begin{pmatrix}-9&6&2\\-1&5&-5\\-3&1&2\end{pmatrix}$$

$$A^{-1}(C-3B)=\begin{pmatrix}0&1&1\\0&2&1\\-1&-1&0\end{pmatrix}\begin{pmatrix}-9&6&2\\-1&5&-5\\-3&1&2\end{pmatrix}=\begin{pmatrix}-4&6&-3\\-5&11&-8\\10&-11&3\end{pmatrix}$$

$$X=\begin{pmatrix}-4&6&-3\\-5&11&-8\\10&-11&3\end{pmatrix}$$

### ACTIVITATS

**28** Resol matricialment l'equació $A^tX - B = 0$, si $A$ i $B$ són aquestes matrius.

$$A=\begin{pmatrix}0&0&1\\1&0&0\\0&1&0\end{pmatrix}\qquad B=\begin{pmatrix}3&4\\5&6\\1&2\end{pmatrix}$$

**29** Determina una matriu $X$ que compleixi l'equació $XA + A = 2A^2$, sabent que $A$ és la matriu següent.

$$A=\begin{pmatrix}1&1&1\\0&2&1\\-1&-2&-2\end{pmatrix}$$

## Operacions amb matrius

### Determinar matrius que compleixin una certa condició

**Determina totes les matrius diagonals que commuten amb la matriu $M = \begin{pmatrix} 2 & 1 \\ -1 & 0 \end{pmatrix}$.**

**PRIMER.** Es determina el tipus de matrius que compleixen la condició.

Les matrius, $A$, que es busquen han de complir el següent.

- Són matrius diagonals.

$$A = \begin{pmatrix} a_{11} & 0 \\ 0 & a_{22} \end{pmatrix}$$

- Commuten amb la matriu $M$.

$$MA = AM$$

**SEGON.** S'imposa la condició del problema.

$$MA = \begin{pmatrix} 2 & 1 \\ -1 & 0 \end{pmatrix} \cdot \begin{pmatrix} a_{11} & 0 \\ 0 & a_{22} \end{pmatrix} = \begin{pmatrix} 2a_{11} & a_{22} \\ -a_{11} & 0 \end{pmatrix}$$

$$AM = \begin{pmatrix} a_{11} & 0 \\ 0 & a_{22} \end{pmatrix} \cdot \begin{pmatrix} 2 & 1 \\ -1 & 0 \end{pmatrix} = \begin{pmatrix} 2a_{11} & a_{11} \\ -a_{22} & 0 \end{pmatrix}$$

$$MA = AM$$

$$\begin{pmatrix} 2a_{11} & a_{22} \\ -a_{11} & 0 \end{pmatrix} = \begin{pmatrix} 2a_{11} & a_{11} \\ -a_{22} & 0 \end{pmatrix}$$

**TERCER.** S'igualen les matrius, element a element, i es resol el sistema d'equacions resultant.

$$\left.\begin{aligned} \cancel{2a_{11} = 2a_{11}} \\ a_{22} = a_{11} \\ -a_{11} = -a_{22} \\ \cancel{0 = 0} \end{aligned}\right\}$$

La primera i la quarta equacions es poden eliminar perquè són igualtats.

De la segona i tercera equacions s'obté que:

$$\left.\begin{aligned} a_{22} = a_{11} \\ -a_{11} = -a_{22} \end{aligned}\right\} \to a_{11} = a_{22}$$

L'única condició seria que els elements de la diagonal fossin iguals ($a_{11} = a_{22}$).

Per tant, les matrius que compleixen la condició demanada són del tipus:

$$A = \begin{pmatrix} k & 0 \\ 0 & k \end{pmatrix}, \text{ en què } k \in \mathbb{R}$$

**PRACTICA**

**30.** Troba les matrius $A$ i $B$ quadrades d'ordre 2 que compleixin que:

- La seva suma és la matriu identitat d'ordre 2: $\begin{pmatrix} 1 & 0 \\ 0 & 1 \end{pmatrix}$.
- En restar a la matriu $A$ la matriu $B$ s'obté la transposada de la matriu $\begin{pmatrix} 1 & 2 \\ 3 & 4 \end{pmatrix}$.

## Operacions amb matrius

### Calcular les constants que fan que es compleixi una igualtat entre matrius

**Calcula $m$ i $n$ perquè es compleixi la igualtat $mA^2 + nA^t = 2I$, tenint en compte que $I$ és la matriu identitat i $A = \begin{pmatrix} 1 & -1 \\ 1 & 1 \end{pmatrix}$.**

**PRIMER.** S'efectuen les operacions del primer i segon membres de la igualtat.

$$mA^2 = m \cdot \begin{pmatrix} 1 & -1 \\ 1 & 1 \end{pmatrix} \cdot \begin{pmatrix} 1 & -1 \\ 1 & 1 \end{pmatrix} = m \cdot \begin{pmatrix} 0 & -2 \\ 2 & 0 \end{pmatrix} = \begin{pmatrix} 0 & -2m \\ 2m & 0 \end{pmatrix}$$

$$nA^t = n \cdot \begin{pmatrix} 1 & 1 \\ -1 & 1 \end{pmatrix} = \begin{pmatrix} n & n \\ -n & n \end{pmatrix}$$

$$2I = 2 \cdot \begin{pmatrix} 1 & 0 \\ 0 & 1 \end{pmatrix} = \begin{pmatrix} 2 & 0 \\ 0 & 2 \end{pmatrix}$$

**SEGON.** S'imposa la condició que s'indica en el problema.

$$mA^2 + nA^t = 2I$$

$$\begin{pmatrix} 0 & -2m \\ 2m & 0 \end{pmatrix} + \begin{pmatrix} n & n \\ -n & n \end{pmatrix} = \begin{pmatrix} 2 & 0 \\ 0 & 2 \end{pmatrix}$$

$$\begin{pmatrix} n & -2m + n \\ 2m - n & n \end{pmatrix} = \begin{pmatrix} 2 & 0 \\ 0 & 2 \end{pmatrix}$$

**TERCER.** S'igualen les matrius, element a element, i es resol el sistema d'equacions resultant.

$$\left.\begin{aligned} n = 2 \\ -2m + n = 0 \\ 2m - n = 0 \\ \cancel{n = 2} \end{aligned}\right\} \xrightarrow{n=2} -2m + 2 = 0 \to m = 1$$

S'elimina la quarta equació perquè és igual que la primera. També s'eliminaria si fos proporcional.

De les dues primeres equacions s'obté la solució $m = 1$ i $n = 2$.

Es comprova si aquesta solució és vàlida per a la resta de les equacions. Si no ho fos, el sistema no tindria solució i, en conseqüència, el problema tampoc.

$$2m - n = 0 \xrightarrow{m=1,\, n=2} 2 \cdot 1 - 2 = 0$$

La solució és vàlida; per tant, $m = 1$ i $n = 2$.

**PRACTICA**

**31.** Calcula els valors $a$ i $b$ tals que $A^3 = aA + bI$.

La matriu $A$ és $\begin{pmatrix} 1 & 0 & 0 \\ 0 & -4 & 10 \\ 0 & -3 & 7 \end{pmatrix}$ i la matriu $I$ és la matriu identitat d'ordre 3, $I = \begin{pmatrix} 1 & 0 & 0 \\ 0 & 1 & 0 \\ 0 & 0 & 1 \end{pmatrix}$.

## Operacions amb matrius

### Calcular la potència d'una matriu

GEOGEBRA

**Calcula $A^{101}$.**

$$A = \begin{pmatrix} -\frac{1}{2} & -\frac{\sqrt{3}}{2} & 0 \\ \frac{\sqrt{3}}{2} & -\frac{1}{2} & 0 \\ 0 & 0 & 1 \end{pmatrix}$$

**PRIMER.** Es calculen $A^2, A^3, A^4$...

$$A^2 = A \cdot A = \begin{pmatrix} -\frac{1}{2} & -\frac{\sqrt{3}}{2} & 0 \\ \frac{\sqrt{3}}{2} & -\frac{1}{2} & 0 \\ 0 & 0 & 1 \end{pmatrix} \begin{pmatrix} -\frac{1}{2} & -\frac{\sqrt{3}}{2} & 0 \\ \frac{\sqrt{3}}{2} & -\frac{1}{2} & 0 \\ 0 & 0 & 1 \end{pmatrix} = \begin{pmatrix} -\frac{1}{2} & \frac{\sqrt{3}}{2} & 0 \\ -\frac{\sqrt{3}}{2} & -\frac{1}{2} & 0 \\ 0 & 0 & 1 \end{pmatrix}$$

$$A^3 = A^2 \cdot A = \begin{pmatrix} -\frac{1}{2} & \frac{\sqrt{3}}{2} & 0 \\ -\frac{\sqrt{3}}{2} & -\frac{1}{2} & 0 \\ 0 & 0 & 1 \end{pmatrix} \begin{pmatrix} -\frac{1}{2} & -\frac{\sqrt{3}}{2} & 0 \\ \frac{\sqrt{3}}{2} & -\frac{1}{2} & 0 \\ 0 & 0 & 1 \end{pmatrix} = \begin{pmatrix} 1 & 0 & 0 \\ 0 & 1 & 0 \\ 0 & 0 & 1 \end{pmatrix} = I$$

$$A^4 = A^3 \cdot A = I \cdot A = A$$
$$A^5 = A^4 \cdot A = A \cdot A = A^2$$
$$A^6 = A^5 \cdot A = A^2 \cdot A = A^3 = I$$
$$A^7 = A^6 \cdot A = I \cdot A = A$$
$$A^8 = A^7 \cdot A = A \cdot A = A^2$$
$$A^9 = A^8 \cdot A = A^2 \cdot A = A^3 = I$$
$$\ldots$$

**SEGON.** Es dedueix una regla general en la qual es pugui relacionar l'exponent amb els elements de la matriu.

- Si l'exponent és múltiple de 3 → $A^{3n} = I$.
- Si l'exponent és de la forma $3n + 1$ → $A^{3n+1} = A$.
- Si l'exponent és de la forma $3n + 2$ → $A^{3n+2} = A^2$.

**TERCER.** S'aplica la regla general per calcular la potència demanada.

Com que $101 = 3 \cdot 33 + 2$, és a dir, és de la forma $3n + 2$:

$$A^{101} = A^{3 \cdot 33} \cdot A^2 = I \cdot A^2 = A^2 = \begin{pmatrix} -\frac{1}{2} & \frac{\sqrt{3}}{2} & 0 \\ -\frac{\sqrt{3}}{2} & -\frac{1}{2} & 0 \\ 0 & 0 & 1 \end{pmatrix}$$

**PRACTICA**

**32.** Donada la matriu $A = \begin{pmatrix} 1 & 1 & 1 \\ 0 & 1 & 0 \\ 0 & 0 & 1 \end{pmatrix}$, calcula $A^{101}$.

## Operacions amb matrius

### Comprovar propietats d'algunes matrius

**Sigui una matriu $M$ de dues files i dues columnes tal que verifica que $M^2 = M$.**
**Comprova raonadament que la matriu $P = I - M$ compleix la relació $P^2 = P$.**

**PRIMER.** Es desenvolupen les operacions que s'indiquen en la igualtat.

$$P^2 = (I - M)^2 = (I - M)(I - M) = I^2 - IM - MI + M^2 = I - 2M + M^2$$

**SEGON.** S'imposen les condicions de l'enunciat al resultat.

$$M^2 = M \rightarrow P^2 = I - 2M + M^2 = I - 2M + M = I - M = P$$

**PRACTICA**

**33.** Sigui una matriu $M$ de dues files i dues columnes tal que verifica que $M^2 = M$. Comprova raonadament que la matriu $P = I - M$ compleix la relació $PM = MP = 0$, sent 0 la matriu nul·la d'ordre 2.

# ACTIVITATS RESOLTES

## Operacions amb matrius

### Resoldre problemes utilitzant matrius

**La matriu següent expressa el preu unitari, en euros, al qual serveixen en un restaurant tres productes, $P_1$, $P_2$ i $P_3$, des de dues empreses diferents, $E_1$ i $E_2$.**

$$A = \begin{pmatrix} 6 & 5 \\ 5 & 8 \\ 9 & 7 \end{pmatrix}$$

**Utilitzant les operacions matricials, determina a quina empresa encarregaries cadascuna de les comandes següents.**

**a)** Comanda de 8 unitats del producte $P_1$, 5 unitats del producte $P_2$ i 12 unitats del producte $P_3$.

**b)** Comanda de 10 unitats del producte $P_1$, 15 unitats del producte $P_2$ i 7 unitats del producte $P_3$.

**PRIMER.** S'interpreta la informació que proporcionen les matrius.

Empreses → $E_1$ $E_2$

$$A = \begin{pmatrix} 6 & 5 \\ 5 & 8 \\ 9 & 7 \end{pmatrix} \begin{matrix} \leftarrow \text{Preus del } P_1 \text{ en cada empresa} \\ \leftarrow \text{Preus del } P_2 \text{ en cada empresa} \\ \leftarrow \text{Preus del } P_3 \text{ en cada empresa} \end{matrix}$$

a) $B = (8 \quad 5 \quad 12)$ → Unitats demanades de cada producte

b) $C = (10 \quad 15 \quad 7)$ → Unitats demanades de cada producte

**SEGON.** Es fan les operacions que resolen el problema i s'interpreta la solució.

a) $BA = (8 \quad 5 \quad 12)\begin{pmatrix} 6 & 5 \\ 5 & 8 \\ 9 & 7 \end{pmatrix} = (181 \quad 164)$ (Preu en $E_1$: 181; Preu en $E_2$: 164)

La comanda serà més barata en l'empresa $E_2$.

b) $CA = (10 \quad 15 \quad 7)\begin{pmatrix} 6 & 5 \\ 5 & 8 \\ 9 & 7 \end{pmatrix} = (198 \quad 219)$ (Preu en $E_1$: 198; Preu en $E_2$: 219)

La comanda serà més barata a l'empresa $E_1$.

**PRACTICA**

**34.** La matriu següent expressa els preus unitaris, en euros, de quatre articles $A$, $B$, $C$ i $D$ procedents de les fàbriques $F_1$, $F_2$ i $F_3$.

$$P = \begin{pmatrix} 34 & 40 & 46 \\ 11 & 8 & 12 \\ 23 & 27 & 32 \\ 25 & 21 & 30 \end{pmatrix}$$

Si una comanda és representada per una matriu fila $R = (x \quad y \quad z \quad t)$, què representa cada element del resultat del producte $RP$?
Si volem comprar 25 unitats de $A$, 30 de $B$, 60 de $C$ i 75 de $D$, quina de les fàbriques ens ofereix més bon preu?

## Matriu transposada

### Determinar elements perquè una matriu sigui ortogonal

**Es diu que una matriu quadrada $A$ és ortogonal si compleix que $A^tA = I$, en què $I$ denota la matriu identitat i $A^t$ és la transposada de la matriu $A$. Determina els valors de $a$ i $b$ per als quals la matriu $A = \begin{pmatrix} a & -a & b \\ a & a & 0 \\ 0 & b & -1 \end{pmatrix}$ sigui ortogonal.**

**PRIMER.** S'imposa a la matriu la condició que sigui ortogonal.

$$A^tA = I \rightarrow \begin{pmatrix} a & a & 0 \\ -a & a & b \\ b & 0 & -1 \end{pmatrix}\begin{pmatrix} a & -a & b \\ a & a & 0 \\ 0 & b & -1 \end{pmatrix} = \begin{pmatrix} 1 & 0 & 0 \\ 0 & 1 & 0 \\ 0 & 0 & 1 \end{pmatrix} \rightarrow$$

$$\rightarrow \begin{pmatrix} 2a^2 & 0 & ab \\ 0 & 2a^2 + b^2 & -ab - b \\ ab & -ab - b & b^2 + 1 \end{pmatrix} = \begin{pmatrix} 1 & 0 & 0 \\ 0 & 1 & 0 \\ 0 & 0 & 1 \end{pmatrix}$$

**SEGON.** S'igualen les matrius, element a element, i se suprimeixen les identitats i les equacions repetides.

$$\begin{matrix} 2a^2 = 1 & \cancel{0 = 0} & \cancel{0 = 0} \\ \cancel{0 = 0} & 2a^2 + b^2 = 1 & \cancel{-ab - b = 0} \\ ab = 0 & -ab - b = 0 & b^2 + 1 = 1 \end{matrix}$$

**TERCER.** Es resol el sistema d'equacions resultant. S'obtenen de les primeres equacions els valors de $a$ i $b$.

$$2a^2 = 1 \rightarrow a^2 = \frac{1}{2} \rightarrow a = \pm\frac{1}{\sqrt{2}} = \pm\frac{\sqrt{2}}{2}$$

$$ab = 0 \xrightarrow{a = \pm\frac{\sqrt{2}}{2}} b = 0$$

De la primera i la tercera equacions s'obtenen les solucions $a = \frac{\sqrt{2}}{2}, b = 0$ i $a = -\frac{\sqrt{2}}{2}, b = 0$.

Es comprova si aquesta solució és vàlida per a la resta de les equacions. Si no ho fos, el sistema no tindria solució.

$$2a^2 + b^2 = 1 \rightarrow 2\cdot\left(\pm\frac{\sqrt{2}}{2}\right)^2 + 0^2 = 1 \rightarrow 2\cdot\frac{2}{4} = 1$$

$$-ab - b = 0 \rightarrow -\left(\pm\frac{\sqrt{2}}{2}\right)\cdot 0 - 0 = 0$$

$$b^2 + 1 = 1 \rightarrow 0^2 + 1 = 1$$

Com que les solucions són vàlides:

$$a = \frac{\sqrt{2}}{2}, b = 0 \text{ i } a = -\frac{\sqrt{2}}{2}, b = 0.$$

**PRACTICA**

**35.** Troba les matrius de la forma $A = \begin{pmatrix} x & 1 \\ y & 0 \end{pmatrix}$ tals que:

$$AA^t = \begin{pmatrix} 2 & -2 \\ -2 & 4 \end{pmatrix}$$

## Rang d'una matriu

### Calcular el rang d'una matriu que depèn d'un paràmetre

**Discuteix, en funció del paràmetre $m \in \mathbb{R}$, el rang de la matriu** $A = \begin{pmatrix} 1 & 0 & m \\ m & 0 & -1 \\ 2 & -1 & 1 \end{pmatrix}$.

**PRIMER.** S'aplica el mètode de Gauss per calcular el rang de la matriu.

$$\begin{pmatrix} 1 & 0 & m \\ m & 0 & -1 \\ 2 & -1 & 1 \end{pmatrix} \xrightarrow[F_3 = F_3 - 2F_1]{F_2 = F_2 - mF_1} \begin{pmatrix} 1 & 0 & m \\ 0 & 0 & -1-m^2 \\ 0 & -1 & 1-2m \end{pmatrix} \xrightarrow{F_2 \leftrightarrow F_3} \begin{pmatrix} 1 & 0 & m \\ 0 & -1 & 1-2m \\ 0 & 0 & -1-m^2 \end{pmatrix}$$

**SEGON.** S'estudia el nombre de files no nul·les que té la matriu depenent dels valors del paràmetre.

- La primera i la segona fila són sempre no nul·les.
- La tercera fila és nul·la si $-1 - m^2 = 0 \rightarrow m^2 = -1$.

  No té solució per a cap valor de $m \in \mathbb{R}$. Per tant, la tercera fila mai és nul·la.

Rang $(A) = 3$, per a qualsevol valor de $m \in \mathbb{R}$.

**PRACTICA**

**36.** Donada la matriu $A = \begin{pmatrix} 4 & -1 & -2 & 1 \\ -2 & -3 & -8 & -7 \\ 3 & 2-a & 3 & 3+a \end{pmatrix}$, estudia, en funció del paràmetre $a$, el rang de la matriu.

## Matriu inversa

### Calcular la inversa d'una matriu que depèn d'un paràmetre

**Digues quan és invertible** $A = \begin{pmatrix} 1 & a & a \\ 1 & a & 1 \\ a-1 & a & 2 \end{pmatrix}$.

**PRIMER.** Es calcula el rang de la matriu.

$$\begin{pmatrix} 1 & a & a \\ 1 & a & 1 \\ a-1 & a & 2 \end{pmatrix} \xrightarrow[F_3 = F_3 - (a-1)F_1]{F_2 = F_2 - F_1} \begin{pmatrix} 1 & a & a \\ 0 & 0 & 1-a \\ 0 & -a^2+2a & -a^2+a+2 \end{pmatrix}$$

$$\xrightarrow{F_2 \leftrightarrow F_3} \begin{pmatrix} 1 & a & a \\ 0 & -a^2+2a & -a^2+a+2 \\ 0 & 0 & 1-a \end{pmatrix}$$

S'estudien els elements de la diagonal.

- En la tercera fila: $1 - a = 0 \rightarrow a = 1$
- En la segona fila:

  $$-a^2 + 2a = 0 \rightarrow \begin{cases} a = 0 \\ a = 2 \end{cases}$$

- En la primera fila $1 \neq 0$. Per tant:

  Si $a = 1 \rightarrow$ Rang $(A) = 2$
  Si $a = 0 \rightarrow$ Rang $(A) = 2$
  Si $a = 2 \rightarrow$ Rang $(A) = 2$

**SEGON.** Només existeix la inversa si el seu rang és igual al seu ordre.

Si $a = 0, a = 1$ o $a = 2 \rightarrow$ No existeix inversa.

**PRACTICA**

**37.** Digues quan és invertible $M = \begin{pmatrix} k+1 & 1 & 1 \\ 0 & k-2 & 1 \\ 0 & k-2 & -k \end{pmatrix}$.

## Equacions matricials

### Resoldre un sistema d'equacions matricials

**Siguin les matrius** $A = \begin{pmatrix} 3 & 1 & 0 \\ 2 & 1 & 5 \end{pmatrix}$ **i** $B = \begin{pmatrix} 3 & 4 & 2 \\ 2 & 1 & 8 \end{pmatrix}$.

**Troba les matrius X i Y que verifiquen el sistema** $\left.\begin{aligned} 3X + Y &= A \\ 4X + 2Y &= B \end{aligned}\right\}$.

**PRIMER.** Es resol el sistema.

$$\left.\begin{aligned} 3X + Y &= A \\ 4X + 2Y &= B \end{aligned}\right\} \xrightarrow{\cdot 2} \left.\begin{aligned} 6X + 2Y &= 2A \\ 4X + 2Y &= B \end{aligned}\right\}$$
$$2X = 2A - B$$

$$X = A - \frac{1}{2}B \rightarrow Y = -2A + \frac{3}{2}B$$

**SEGON.** Es calculen $X$ i $Y$.

$$X = \begin{pmatrix} 3 & 1 & 0 \\ 2 & 1 & 5 \end{pmatrix} - \frac{1}{2} \cdot \begin{pmatrix} 3 & 4 & 2 \\ 2 & 1 & 8 \end{pmatrix} = \begin{pmatrix} \frac{3}{2} & -1 & -1 \\ 1 & \frac{1}{2} & 1 \end{pmatrix}$$

$$Y = -2 \cdot \begin{pmatrix} 3 & 1 & 0 \\ 2 & 1 & 5 \end{pmatrix} + \frac{3}{2} \cdot \begin{pmatrix} 3 & 4 & 2 \\ 2 & 1 & 8 \end{pmatrix} = \begin{pmatrix} -\frac{3}{2} & 4 & 3 \\ -1 & -\frac{1}{2} & 2 \end{pmatrix}$$

**PRACTICA**

**38.** Troba les matrius $X$ i $Y$, quadrades d'ordre 2, que resolguin el sistema $\left.\begin{aligned} 2X + Y &= A^2 \\ X - Y &= A^{-1} \end{aligned}\right\}$, sent $A = \begin{pmatrix} 1 & 3 \\ 2 & 5 \end{pmatrix}$.

## 1. Fa operacions amb matrius i n'aplica les propietats

### ACTIVITATS FLAIX

**39** Classifica les matrius i determina'n la dimensió.

$$A = \begin{pmatrix} 1 & 2 & 2 \end{pmatrix} \qquad C = \begin{pmatrix} 0 \\ 1 \\ 7 \end{pmatrix} \qquad E = \begin{pmatrix} 0 & -2 & 3 \\ -4 & 3 & 1 \\ 2 & 0 & 1 \end{pmatrix}$$

$$B = \begin{pmatrix} 2 & 0 \\ 0 & 2 \end{pmatrix} \qquad D = \begin{pmatrix} 1 & 0 \\ 0 & 1 \end{pmatrix} \qquad F = \begin{pmatrix} 3 & 0 & 0 \\ 0 & 1 & 0 \\ 0 & 1 & 1 \end{pmatrix}$$

**40** Determina els valors de $x$ i $y$ perquè aquestes matrius siguin iguals.

$$A = \begin{pmatrix} 1 & x+2 & 5 \\ 2 & 3 & y \end{pmatrix} \qquad A = \begin{pmatrix} y & 4 & 2x+1 \\ 2 & 3 & 1 \end{pmatrix}$$

**41** Siguin les matrius $A_{2\times3}$, $B_{6\times2}$, $C_{3\times4}$ i $D_{4\times3}$. Determina la dimensió d'aquestes matrius.

a) $AC$ b) $A^tB^t$ c) $(C^t + D)A^t$

**42** **INVENTA.** Posa dos exemples d'aquestes matrius.

a) Matriu fila
c) Matriu quadrada
b) Matriu diagonal
e) Matriu triangular inferior

**43** Considera les matrius:

$$A = \begin{pmatrix} 1 & -1 & 4 \\ 0 & -1 & 3 \end{pmatrix} \quad B = \begin{pmatrix} 0 & 1 & 2 \\ -1 & 0 & 3 \end{pmatrix} \quad C = \begin{pmatrix} -2 & 1 & 2 \\ -1 & 4 & 3 \end{pmatrix}$$

Calcula.

a) $A + B - C$ b) $-A + B + C$ c) $A - (B - C)$

**44** Siguin les matrius $A_{m\times n}$, $B_{m\times p}$ i $C_{p\times n}$. Determina la dimensió de les matrius següents.

a) $A^tB$ b) $AC^t$ c) $B^tA - C$

**45** **INVESTIGA.** Sigui $A$ una matriu $m \times n$.

a) Existeix una matriu $B$ tal que $BA$ sigui una matriu fila? Si existeix, quina dimensió té?

b) Es pot trobar una matriu $B$ tal que $AB$ sigui una matriu fila? Si existeix, quina dimensió té?

**46** **INVENTA.** Escriu dues matrius tals que el seu producte sigui $P_{4\times2}$. Quines condicions han de complir?

**47** Comprova que qualsevol matriu d'ordre 3 compleix que $(A^t)^t = A$.

**48** Comprova que una matriu quadrada que verifiqui $a_{ij} = i - j$ és antisimètrica. Escriu una matriu d'ordre 3 amb aquesta propietat.

**49** Considera les matrius:

$$A = \begin{pmatrix} 3 & 0 \\ 4 & -8 \end{pmatrix} \quad B = \begin{pmatrix} -2 & 1 & 1 \\ -1 & 0 & 3 \end{pmatrix} \quad C = \begin{pmatrix} 4 & 1 & -2 \\ 0 & 5 & -3 \\ 0 & 0 & 2 \end{pmatrix}$$

Fes, si és possible, els productes següents.

a) $AB$ b) $BA$ c) $AC$ d) $BC$

**50** Calcula, si és possible, aquestes operacions amb matrius.

$$A = \begin{pmatrix} -1 & -3 \\ 3 & 1 \end{pmatrix} \quad B = \begin{pmatrix} 2 & -3 & 1 \\ 1 & 0 & 1 \end{pmatrix} \quad C = \begin{pmatrix} 8 & -1 \\ 0 & 3 \\ 5 & 0 \end{pmatrix}$$

a) $ABC$ b) $B^tA - C$ c) $A^tC^t$

**51** **MATEMÀTIQUES I... APPS.** En dues dimensions, la posició i els girs es descriuen amb matrius.

- En sumar $A = \begin{pmatrix} a \\ b \end{pmatrix}$ al punt $P = \begin{pmatrix} x \\ y \end{pmatrix}$, es desplaça $P$.
- En multiplicar la matriu $G = \begin{pmatrix} \cos\alpha & -\sin\alpha \\ \sin\alpha & \cos\alpha \end{pmatrix}$ per un punt $P = \begin{pmatrix} x \\ y \end{pmatrix}$, el punt queda girat $\alpha$.

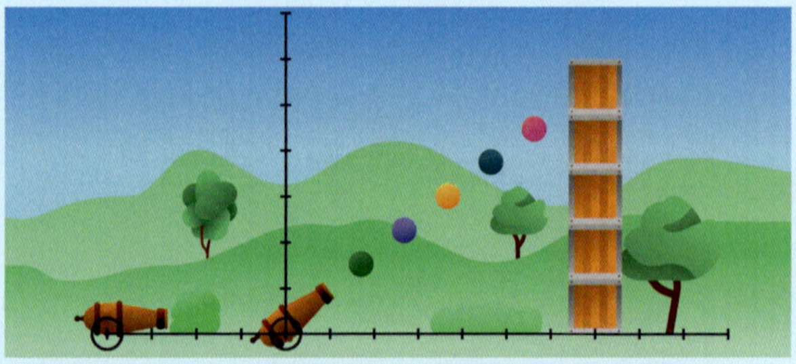

El canó ha de tirar a terra les caixes i parteix de $(-4, 0)$:

a) Aproxima el canó a la posició $(0, 0)$ per a un més bon abast, mitjançant una operació amb matrius.

b) Un cop a la posició de tir, gira la boca del canó per disparar al centre de la caixa més alta, mitjançant una operació amb matrius.

**52** Aquestes matrius, ¿són commutatives respecte del producte?

$$A = \begin{pmatrix} 2 & 1 \\ -1 & 0 \end{pmatrix} \qquad B = \begin{pmatrix} 2 & 3 \\ -3 & -4 \end{pmatrix}$$

**53** **INVESTIGA.** Troba l'expressió general de totes les matrius que commutin amb la matriu $A = \begin{pmatrix} 1 & 1 \\ 0 & 1 \end{pmatrix}$.

**54** Prova que aquestes matrius commuten, és a dir, $AB = BA$.

$$A = \begin{pmatrix} \cos\alpha & -\sin\alpha \\ \sin\alpha & \cos\alpha \end{pmatrix} \qquad B = \begin{pmatrix} \cos\beta & -\sin\beta \\ \sin\beta & \cos\beta \end{pmatrix}$$

Troba aquest producte per a $A$, $A^2$, $A^3$ i $A^n$, amb $n \in \mathbb{N}$.

**55** Sigui $C$ el conjunt de totes les matrius de la forma $C = \begin{pmatrix} a & b \\ -b & a \end{pmatrix}$ tals que $a, b \in \mathbb{R}$. Demostra que dues matrius d'aquest tipus són sempre commutables.

**56** **REPTE.** Sigui $M$ el conjunt de matrius de nombres reals de la forma $\begin{pmatrix} a & -b \\ b & a \end{pmatrix}$, amb $a^2 + b^2 = 1$. Demostra que, si es multipliquen dues matrius qualssevol de $M$, s'obté com a resultat una altra matriu del mateix conjunt.

**57** Determina el valor de $t$ perquè es compleixi:

$$\begin{pmatrix} 3 & -1 \\ 2 & 4 \end{pmatrix}^2 + t \cdot \begin{pmatrix} 1 & -1 \\ 2 & 3 \end{pmatrix} = \begin{pmatrix} 4 & -4 \\ 8 & 5 \end{pmatrix}$$

**58** Calcula el valor de $x$ perquè es compleixi la igualtat següent:

$$\begin{pmatrix} x & -1 \\ 1 & 0 \end{pmatrix} \cdot \begin{pmatrix} x & 2 & -1 \\ 1 & 0 & x-1 \end{pmatrix} = \begin{pmatrix} 8 & 2x & -5 \\ x & 2 & -1 \end{pmatrix}$$

**59** Troba un nombre real $\lambda \neq 0$ i totes les matrius $B$ de dimensió $2 \times 2$ diferents de la matriu nul·la que compleix:

$$B \cdot \begin{pmatrix} \lambda & 0 \\ 3 & 1 \end{pmatrix} = B \cdot \begin{pmatrix} 3 & 0 \\ 9 & 3 \end{pmatrix}$$

**60** Determina totes les matrius $A$ d'ordre 2 antisimètriques que verifiquin la condició $A^4 = 16I$.

**61** **REPTE.** Si $A$ i $B$ són dues matrius quadrades d'ordre 3 i $A$ és una matriu diagonal, podem assegurar que $A$ i $B$ compleixen la propietat commutativa per al producte? Com hauria de ser $A$ perquè fossin commutatives?

**62** Donada la matriu $A = \begin{pmatrix} 1 & 1 \\ 2 & 1 \end{pmatrix}$, calcula les matrius $B$ tals que $AB = BA^t$.

**63** Troba totes les matrius $M$ de la forma $\begin{pmatrix} a & b \\ b & a \end{pmatrix}$ que compleixen $M^2 - 2M = 3I$, en què $I$ és la matriu identitat.

**64** **MATEMÀTIQUES I... VIDEOJOCS.** A l'espai tridimensional, la posició i els girs queden determinats pels quaternions, que són una extensió dels nombres complexos i són tots de la forma $a \cdot I + b \cdot A + c \cdot B + d \cdot C$, en què $a$, $b$, $c$ i $d$ són nombres reals i $A$, $B$, $C$ i $I$ són matrius quadrades $2 \times 2$.

$$I = \begin{pmatrix} 1 & 0 \\ 0 & 1 \end{pmatrix}, A = \begin{pmatrix} i & 0 \\ 0 & -i \end{pmatrix}; B = \begin{pmatrix} 0 & 1 \\ -1 & 0 \end{pmatrix} \text{ i } C = \begin{pmatrix} 0 & i \\ i & 0 \end{pmatrix}$$

amb $i = \sqrt{-1}$.

a) Comprova que les matrius $A$, $B$ i $C$ compleixen que el seu quadrat és l'oposat de la matriu identitat.

b) Troba el producte: $ABC$.

**65** Sigui la matriu $A = \begin{pmatrix} 0 & 0 & 1 \\ 0 & a & 0 \\ -1 & 0 & -2 \end{pmatrix}$. Troba el valor o els valors de $a$ perquè es compleixi $A^2 + 2A + I = 0$, sent $I$ la matriu identitat d'ordre 3 i 0 la matriu nul·la d'ordre 3.

**66** Comprova que es verifica la propietat $(AB)^t = B^tA^t$ per a aquestes matrius

$$A = \begin{pmatrix} 1 & -1 & 2 \\ 3 & 0 & -5 \end{pmatrix} \quad B = \begin{pmatrix} 2 & 1 & -1 \\ 3 & -2 & 0 \\ 0 & -1 & 1 \end{pmatrix}$$

**67** Donada la matriu $A = \begin{pmatrix} 17 & 29 \\ -10 & -17 \end{pmatrix}$, calcula els valors de $m$ i $n$ per als quals es compleix que $(I + A)^3 = mI + nA$, en què $I$ és la matriu identitat.

**68** Troba els valors de $\alpha$ i $\beta$ que verifiquen l'equació $A^2 + \alpha \cdot A + \beta \cdot I = 0$, sabent que $I$ és la matriu identitat d'ordre 2 i que $A = \begin{pmatrix} 2 & 1 \\ 1 & 2 \end{pmatrix}$.

**69** El producte de $A$ i $B$, compleix la propietat commutativa?

$$A = \begin{pmatrix} 1 & 1 & -1 \\ -1 & 1 & 1 \\ 2 & 2 & 2 \end{pmatrix}$$

$$B = \begin{pmatrix} 1 & -1 & 0 \\ -1 & 1 & 1 \\ 1 & -1 & 0 \end{pmatrix}$$

**70** Considera les matrius següents.

$$A = \begin{pmatrix} 2 & 1 & 0 \\ 1 & 0 & -1 \\ -1 & 1 & 0 \end{pmatrix}$$

$$B = \begin{pmatrix} 1 & 2 & 0 \\ -3 & 0 & 1 \\ 2 & 1 & 1 \end{pmatrix}$$

Què haurien de complir $A$ i $B$ perquè es verifiqués que $(A + B)^2 = A^2 + B^2 + 2 \cdot A \cdot B$? Raona la resposta.

**71** Determina totes les matrius $A$ antisimètriques que compleixin que $A^2 = B$, en què $B$ és la matriu següent.

$$B = \begin{pmatrix} -5 & -6 & 3 \\ -6 & -10 & -2 \\ 3 & -2 & -13 \end{pmatrix}$$

**72** Troba totes les matrius possibles de la forma $\begin{pmatrix} a & b & 0 \\ c & d & 0 \\ 0 & 0 & 1 \end{pmatrix}$ que commutin amb la matriu $\begin{pmatrix} 5 & 2 & 0 \\ 2 & 5 & 0 \\ 0 & 0 & 1 \end{pmatrix}$.

D'entre totes elles, determina aquella en què la suma dels elements de la diagonal principal sigui 5 i $a_{11} = -a_{12}$.

**73** **INVESTIGA.** Troba les matrius $X = \begin{pmatrix} m & 1 & 0 \\ 0 & a & 0 \\ 0 & 0 & s \end{pmatrix}$ que verifiquen la condició $X^2 = I$, en què $I$ és la matriu identitat.

**74** Sigui la matriu $A = \begin{pmatrix} 1 & 0 \\ 2 & 1 \end{pmatrix}$, calcula $A^{41}$.

**75** **INVESTIGA.** Donada la matriu $A = \begin{pmatrix} 1 & -1 \\ 0 & 1 \end{pmatrix}$, obtingues la matriu $T_n = I + A + A^2 + \ldots + A^n$.

**76** D'una matriu $A$ sabem que verifica la condició $A^2 = 2A - I$, en què $I$ és la matriu identitat. Determina l'expressió general de la potència $n$-èsima de la matriu $A$.

**77** Demostra que les matrius $A = \begin{pmatrix} 1 & 1 \\ 1 & 1 \end{pmatrix}$ i $B = \begin{pmatrix} 1 & -1 \\ -1 & 1 \end{pmatrix}$ són conmutables i calcula $A^n$ i $B^n$.

**78** Donada la matriu $A = \begin{pmatrix} 1 & 0 \\ 1 & 1 \end{pmatrix}$, fes el següent.

a) Troba totes les matrius $B$ que commutin amb $A$.

b) Calcula la potència $n$-èsima de $A$.

**79** **INVESTIGA.** Sigui la matriu $A = \begin{pmatrix} 0 & 1 & 0 \\ 0 & 0 & 1 \\ 1 & 0 & 0 \end{pmatrix}$. Troba $A^n$ per a qualsevol nombre natural $n$.

**80** Donada la matriu $A = \begin{pmatrix} 1 & 3 \\ 0 & 2 \end{pmatrix}$, calcula totes les matrius que commuten amb $A$. Després, troba $A^4$ i $A^n$.

**81** Sigui la matriu $A = \begin{pmatrix} 1 & a \\ 0 & 1 \end{pmatrix}$, troba $A^n$ per a cada nombre natural $n$ i calcula $A^{22} - 12A^2 + 2A$.

**82** **INVESTIGA.** Donada la matriu $A = \begin{pmatrix} 1 & 1 \\ 1 & -2 \end{pmatrix}$, determina:

a) Les constants $m$ i $n$ tals que $A^2 = mA + nI$, en què $I$ és la matriu identitat.

b) $A^5$, utilitzant només l'expressió de l'apartat anterior, i sense calcular $A^3$ ni $A^4$.

INTERNET

**83** Es diu que una matriu quadrada és **idempotent** quan es compleix que el seu quadrat és igual a ella mateixa, és a dir, quan $A^2 = A$.

a) Escriu algun exemple de matriu quadrada d'ordre 3, diferent de la matriu unitat i de la matriu nul·la, que sigui idempotent.

b) Calcula el valor de $m$ perquè la matriu $A = \begin{pmatrix} 4 & 2 \\ m & -3 \end{pmatrix}$ sigui idempotent.

c) Troba totes les matrius del tipus $\begin{pmatrix} 1 & m \\ n & 0 \end{pmatrix}$ que siguin idempotents.

INTERNET

**84** Donada una matriu quadrada $A$, es defineix la seva **traça**, $Tr(A)$, com la suma dels elements de la seva diagonal principal.

a) Demostra que per a dues matrius quadrades qualssevol $A$ i $B$ es verifica que $Tr(A \cdot B) = Tr(B \cdot A)$.

b) Aplica el resultat anterior per calcular $a$, sabent que les matrius $A$ i $B$ són quadrades i que $AB = \begin{pmatrix} 7 & 5 \\ 5 & 15 \end{pmatrix}$ i $BA = \begin{pmatrix} a & 8 \\ 2 & -1 \end{pmatrix}$.

INTERNET

**85** Una matriu quadrada és **nilpotent** quan alguna de les seves potències és la matriu nul·la. En el cas que $n$ sigui l'enter positiu més petit tal que $A^n = 0$, es diu que $A$ és nilpotent de grau $n$.

a) Demostra que la matriu següent és nilpotent de grau 3.

$$A = \begin{pmatrix} 1 & 1 & 3 \\ 5 & 2 & 6 \\ -2 & -1 & -3 \end{pmatrix}$$

És a dir, $A^2 \neq 0$ i $A^3 = 0$.

b) Troba totes les matrius $B = \begin{pmatrix} 0 & a \\ b & 0 \end{pmatrix}$ nilpotents de grau 2.

## 2. Determina el rang d'una matriu

### ACTIVITATS FLAIX

**86** Calcula el rang d'aquestes matrius.

a) $A = \begin{pmatrix} 2 & 0 \\ 0 & 2 \end{pmatrix}$

b) $B = \begin{pmatrix} 1 & 2 \\ 1 & 2 \end{pmatrix}$

c) $C = \begin{pmatrix} 1 & 0 \\ 0 & 0 \end{pmatrix}$

d) $D = \begin{pmatrix} 0 & 1 \\ 2 & 0 \end{pmatrix}$

**87** Calcula el rang.

a) $A = \begin{pmatrix} 1 & -5 \\ 2 & 1 \end{pmatrix}$

b) $B = \begin{pmatrix} 9 & 6 \\ 6 & 4 \end{pmatrix}$

c) $C = \begin{pmatrix} 1 & 0 & 1 \\ 0 & 1 & 0 \\ 1 & 1 & 0 \end{pmatrix}$

d) $D = \begin{pmatrix} 1 & 2 & 3 & 4 \\ 2 & 4 & 6 & 8 \\ 3 & 6 & 9 & 12 \\ 4 & 8 & 12 & 16 \end{pmatrix}$

**88** **INVENTA.** Escriu aquestes matrius

a) De dimensió $2 \times 3$ i rang 2.

b) De dimensió $3 \times 3$ i rang 1.

c) De dimensió $4 \times 3$ i rang 2.

**89** Calcula el rang d'aquesta matriu

$$A = \begin{pmatrix} -1 & -2 & -4 & -5 \\ 4 & 5 & 6 & 7 \\ 3 & -1 & -2 & -3 \\ 5 & 3 & 6 & 7 \end{pmatrix}$$

**90** Sabent que el rang de la matriu següent és 2, determina el valor de $a$.

$$A = \begin{pmatrix} 1 & 0 & 1 \\ 7 & 2 & -1 \\ -11 & -4 & a \end{pmatrix}$$

**91** Calcula el rang de la matriu $A$ segons els valors del paràmetre $m$.

$$A = \begin{pmatrix} 3 & 1 & m \\ -1 & 2 & 0 \\ 1 & 1 & 6 \end{pmatrix}$$

**92** Sigui la matriu $M = \begin{pmatrix} a & a+3 & a+4 \\ a & a+5 & a+6 \\ a & a+7 & a+8 \end{pmatrix}$. Discuteix el rang en funció del paràmetre $a$.

**93** Calcula el rang de la matriu següent en funció del paràmetre $m$.

$$A = \begin{pmatrix} -2 & 1 & -\frac{1}{2} & -4 \\ 4 & -2 & 1 & 8 \\ 6 & -3 & \frac{3}{2} & m \end{pmatrix}$$

**94** **INVESTIGA.** Considera la matriu $A = \begin{pmatrix} 1 & 1 & 1 \\ 0 & 1 & 1 \\ 0 & 0 & 1 \end{pmatrix}$.

a) Calcula el rang de la matriu $A^n$.

b) El rang depèn de $n$?

**95** Calcula el rang de $A$ segons els diferents valors del paràmetre real $a$.

$$A = \begin{pmatrix} 2 & 0 & a & 2 \\ -1 & 0 & -1 & 3 \\ 5 & a+4 & -4 & -3 \end{pmatrix}$$

## 3. Determina si una matriu té matriu inversa i la calcula

**ACTIVITATS FLAIX**

**96** Relaciona cada matriu amb la seva inversa.

a) $A = \begin{pmatrix} 1 & 1 \\ 1 & 2 \end{pmatrix}$ b) $B = \begin{pmatrix} 1 & -1 \\ -2 & 3 \end{pmatrix}$ c) $C = \begin{pmatrix} 3 & -2 \\ -1 & 1 \end{pmatrix}$

I) $J = \begin{pmatrix} 3 & 1 \\ 2 & 1 \end{pmatrix}$ II) $K = \begin{pmatrix} 1 & 2 \\ 1 & 3 \end{pmatrix}$ III) $L = \begin{pmatrix} 2 & -1 \\ -1 & 1 \end{pmatrix}$

**97** Calcula la matriu inversa d'aquestes matrius.

a) $A = \begin{pmatrix} 1 & -5 \\ -1 & 6 \end{pmatrix}$ c) $C = \begin{pmatrix} 0 & 3 \\ -1 & 4 \end{pmatrix}$

b) $B = \begin{pmatrix} 1 & 0 & 1 \\ 0 & 1 & 0 \\ 1 & 1 & 0 \end{pmatrix}$ d) $D = \begin{pmatrix} 0 & 0 & 1 \\ 1 & 1 & 0 \\ -1 & 0 & 2 \end{pmatrix}$

**98** **INVENTA.** Escriu dues matrius invertibles de rang 2 i dues més de rang 3. Després, escriu dues matrius no invertibles i explica com les obtens.

**99** **INVESTIGA.** Donades les matrius $A = \begin{pmatrix} 1 & -3 \\ 0 & 1 \end{pmatrix}$ i $B = \begin{pmatrix} -3 & 4 \\ 1 & 0 \end{pmatrix}$, calcula.

a) $A^{-1}$ i $B^{-1}$ b) $(AB)^{-1}$

Comprova que es compleix que $(AB)^{-1} = B^{-1}A^{-1}$.

**100** Donada la matriu $A = \begin{pmatrix} -3 & -4 \\ 2 & 3 \end{pmatrix}$, calcula.

a) $A^{-1}$ b) $(A^t)^{-1}$

Comprova que es compleix que $(A^{-1})^t = (A^t)^{-1}$.

**101** **INVESTIGA.** Donades les matrius $A = \begin{pmatrix} -1 & 2 \\ 1 & 0 \end{pmatrix}$ i $B = \begin{pmatrix} 0 & -2 \\ -1 & 3 \end{pmatrix}$, calcula.

a) $(A^{-1})^{-1}$ b) $B^{-1} \cdot B$

Es compleixen aquests resultats per a qualsevol matriu?

INTERNET

**102** Es diu que dues matrius quadrades d'ordre $n$, $A$ i $B$, són semblants si existeix una matriu invertible $M$ tal que $B = M^{-1}AM$, en què $M^{-1}$ és la matriu inversa de $M$.

Determina si són semblants aquestes matrius.

$$A = \begin{pmatrix} 1 & 2 \\ 0 & 1 \end{pmatrix} \qquad B = \begin{pmatrix} 1 & 0 \\ 0 & -1 \end{pmatrix}$$

**103** Considera una matriu quadrada $A$ que compleix l'equació $A^2 - 3I = 2A$, en què $I$ denota la matriu identitat.

a) Estudia si existeix la matriu inversa de $A$ i, si és possible, determina $A^{-1}$ en funció de $A$ i $I$.

b) Determina totes les matrius $A$ de la forma $\begin{pmatrix} x & y \\ y & x \end{pmatrix}$ que compleixen l'equació $A^2 - 3I = 2A$.

**104** Sabent que la inversa d'una matriu $A$ és $\begin{pmatrix} 1 & 2 \\ 2 & 1 \end{pmatrix}$ i la inversa de la matriu $AB$ és $\begin{pmatrix} 2 & 4 \\ 5 & 3 \end{pmatrix}$, determina la matriu $B$.

**105** **INVESTIGA.** Considera la matriu $\begin{pmatrix} a & b \\ c & d \end{pmatrix}$ com una matriu genèrica d'ordre 2.

a) Determina l'expressió genèrica de la seva matriu inversa.

b) Raona per a quins casos les matrius d'ordre 2 són invertibles.

**106** Calcula $A^{-1}$ i $A^n$, sent $A$ una matriu d'ordre 3 amb tots els seus elements nuls excepte $a_{11} = a_{23} = a_{32} = \frac{1}{5}$.

**107** Si una matriu quadrada $A$ verifica que $A^2 + 7A = I$, sent $I$ la matriu unitat, calcula $A^{-1}$ en funció de $A$.

INTERNET

**108** **MATEMÀTIQUES I... CRIPTOGRAFIA.** El xifratge de Hill per codificar missatges consisteix a substituir cada lletra o espai per un nombre. S'escriu el missatge en una matriu i es multiplica per una matriu regular que s'anomena matriu de codificació, i per descodificar el missatge es multiplica per la matriu inversa.

Si fem correspondre el 0 amb un espai, l'1 amb $A$, el 2 amb $B$... i el 27 amb Z. En forma de matriu, el missatge BEAUTIFUL MATHS seria:

$$\begin{pmatrix} B & E & A \\ U & T & I \\ F & U & L \\ & M & A \\ T & H & S \end{pmatrix} = \begin{pmatrix} 2 & 5 & 1 \\ 22 & 21 & 9 \\ 6 & 22 & 12 \\ 0 & 13 & 1 \\ 21 & 8 & 20 \end{pmatrix}$$

a) Comprova que la matriu $M$ pot ser una matriu de codificació.

$$M = \begin{pmatrix} 2 & 0 & 3 \\ 5 & 1 & 1 \\ 4 & 1 & 0 \end{pmatrix}$$

b) Quin seria el missatge codificat que s'obté de multiplicar la matriu per $M$? Si en multiplicar les matrius apareixen nombres més grans que no estiguin entre 0 i 27, se suma o es resta 28 les vegades necessàries perquè estigui entre 0 i 27.

c) Calcula la matriu inversa de $M$ i comprova que has descodificat bé el missatge.

**109** Donada la matriu $A = \begin{pmatrix} 1 & 1 \\ 1 & -1 \end{pmatrix}$, comprova que $A^2 = 2I$, calcula $A^{-1}$ i troba $A^{12}$ i la seva inversa.

## 4. Resol equacions matricials

**ACTIVITATS FLAIX**

**110** Aïlla la matriu $X$ en cada equació matricial.

a) $A + X = B$ c) $AX = B$ e) $AXA = B$

b) $A - X = B$ d) $XA = B$ f) $AXB = C$

**111** Aïlla la matriu $X$ de les equacions matricials següents.

a) $AX + B = C$ b) $A^tX = B$ c) $AXA = A^2 + I$

**112** Determina, si existeix, una matriu $A$ que verifiqui:

$$\begin{pmatrix} -1 & 1 \\ 0 & 3 \end{pmatrix} \cdot A \cdot \begin{pmatrix} 1 & 2 \\ -2 & 0 \end{pmatrix} = \begin{pmatrix} 0 & 2 \\ 2 & 0 \end{pmatrix}$$

**113** Donades les matrius $A$ i $B$, determina una matriu $X$ que verifiqui aquesta condició $A - A^2 = AB - X$.

$$A = \begin{pmatrix} 1 & 0 & 1 \\ 0 & 0 & 0 \\ 1 & 0 & 1 \end{pmatrix} \qquad B = \begin{pmatrix} 0 & 1 & 0 \\ 1 & 1 & 1 \\ 0 & 1 & 0 \end{pmatrix}$$

**114** Considera les matrius.

$$A = \begin{pmatrix} -2 & 0 & 0 \\ -1 & 1 & 0 \\ 3 & 2 & -1 \end{pmatrix} \qquad B = \begin{pmatrix} 8 & 2 & 6 \\ 0 & -1 & 5 \\ 0 & 0 & -6 \end{pmatrix}$$

Calcula la matriu $X$ que verifica l'equació $AX = B$.

**115** Calcula una matriu quadrada $X$ sabent que verifica $XA^2 + BA = A^2$, sent:

$$A = \begin{pmatrix} 0 & 0 & -1 \\ 0 & -1 & 0 \\ -1 & 0 & 0 \end{pmatrix} \qquad B = \begin{pmatrix} 0 & 0 & -2 \\ 0 & -2 & 0 \\ -2 & 0 & 0 \end{pmatrix}$$

**116** Donada la matriu $A = \begin{pmatrix} 1 & 2 & m \\ -5 & 2 & 1 \\ -4 & 3 & 1 \end{pmatrix}$.

a) Determina els valors de $m$ per als quals l'equació $AX - A^t = A$ té solució.

b) Resol l'equació $AX - A^t = A$ per a $m = 0$.

**117** Donades $A = \begin{pmatrix} 1 & 3 \\ 0 & 2 \end{pmatrix}$ i $B = \begin{pmatrix} -4 & 2 & -2 \\ -3 & 3 & 3 \end{pmatrix}$, calcula una matriu $X$ que verifiqui l'equació $X + XA = B^t$.

**118** Donada la matriu $A = \begin{pmatrix} 7 & 1 \\ -1 & 0 \end{pmatrix}$, calcula la seva inversa i resol l'equació $AXA = A^2 + A$.

**119** **INVENTA.** Escriu dos possibles valors de les matrius $X$ i $Y$ perquè es compleixin les equacions.

a) $X + Y = \begin{pmatrix} 1 & -1 \\ 3 & 1 \end{pmatrix}$  b) $X + 3Y = \begin{pmatrix} 3 & 5 \\ 7 & 9 \end{pmatrix}$

**120** Resol els següents sistemes matricials.

a) $\left.\begin{aligned} 2X + Y &= \begin{pmatrix} 2 & 1 \\ 0 & 3 \end{pmatrix} \\ X - Y &= \begin{pmatrix} 1 & -4 \\ 3 & 0 \end{pmatrix} \end{aligned}\right\}$

b) $\left.\begin{aligned} 3X + Y &= \begin{pmatrix} 5 & -1 \\ 2 & 3 \end{pmatrix} \\ X - 2Y &= \begin{pmatrix} 4 & -5 \\ 3 & -6 \end{pmatrix} \end{aligned}\right\}$

**121** Siguin $A$, $B$ i $C$ les matrius següents.

$$A = \begin{pmatrix} 1 & 2 \\ -1 & 0 \end{pmatrix} \qquad B = \begin{pmatrix} 1 & -4 \\ -2 & -1 \end{pmatrix} \qquad C = \begin{pmatrix} 6 & 7 \\ -2 & -5 \end{pmatrix}$$

Calcula les matrius $X$ i $Y$ que verifiquen aquest sistema d'equacions matricials.

$$\left.\begin{aligned} AX + BY &= C \\ AX &= Y \end{aligned}\right\}$$

**122** **REPTE.** Troba les matrius $A$ i $B$.

$$A + B = \begin{pmatrix} 2 & 1 & 0 \\ 2 & 0 & 0 \\ -1 & 0 & 2 \end{pmatrix}$$

$$A^2 - AB + BA - B^2 = \begin{pmatrix} -2 & 0 & 0 \\ 0 & 2 & 0 \\ 2 & -1 & 0 \end{pmatrix}$$

**123** Siguin les matrius $A = \begin{pmatrix} \mu & 1 \\ -\mu & 2 \end{pmatrix}$ i $B = \begin{pmatrix} 1 & -2 & -1 \\ 3 & 0 & 2 \end{pmatrix}$.

a) Calcula el valor de $\mu$ per al qual $A^{-1} = \dfrac{1}{6}A$.

b) Per a $\mu = -3$, resol l'equació $A^tX = B$.

**124** Sigui la matriu $A = \begin{pmatrix} 0 & 1 & 0 \\ 0 & 0 & 1 \\ 1 & 0 & 0 \end{pmatrix}$.

a) Troba la seva inversa.

b) Calcula $A^n$.

c) Troba la matriu $X$ que verifica l'equació $X(A^4 + A^2 - A) = \begin{pmatrix} 4 & 3 & 2 \\ 1 & 1 & 1 \end{pmatrix}$.

## 5. Utilitza el llenguatge matricial per representar dades i resoldre problemes

**125** El llautó és un aliatge de coure i zinc. Una fàbrica produeix llautó de tres tipus: $A$, amb un 30 % de zinc; $B$, amb un 40 %, i $C$, amb un 50 %. El proveïdor $M$ ven el coure a 6,50 €/kg i el zinc a 1,50 €/kg, i $N$, ven el coure a 6,70 €/kg i el zinc a 1,10 €/kg. Per produir 100 t de llautó $A$,550 t de $B$ i 50 t de $C$, a quin proveïdor haurà de comprar?

**126** **MATEMÀTIQUES I... LOGÍSTICA.** Quan es planifiquen rutes de repartiment o de transport de viatgers, les destinacions de parada i els camins a seguir es poden representar amb matrius, en què l'element $a_{ij}$ de la matriu representa el nombre de rutes que va directament des de la parada $i$ fins a la $j$.

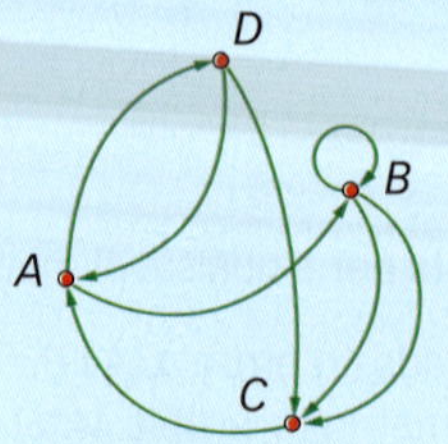


La matriu que representa aquesta situació és

$$M = \begin{pmatrix} 0 & 1 & 0 & 1 \\ 0 & 1 & 2 & 0 \\ 1 & 0 & 0 & 0 \\ 1 & 0 & 1 & 0 \end{pmatrix}, \text{ en què}$$

$a_{23} = 2$ indica que hi ha dos camins per anar de $B$ a $C$.

La matriu $M^2$ dona el nombre de camins amb 2 arestes des d'un punt a un altre, $M_3$ els camins amb 3 arestes, i així successivament.

a) Troba $M^2$ i $M^3$.

b) Quants camins hi ha per arribar de $C$ a $D$ amb 3 arestes?

127 **MATEMÀTIQUES I… ECONOMIA.** Les matrius de decisió s'utilitzen com a eina per actuar davant de diferents opcions en funció dels possibles resultats. En aquesta taula es recullen els beneficis esperats en milers d'euros de tres botigues *A*, *B* i *C*, si la situació econòmica és millor, igual o pitjor.

| | Millor | Igual | Pitjor |
|---|---|---|---|
| *A* | 120 | 70 | 40 |
| *B* | 160 | 60 | 30 |
| *C* | 140 | 80 | 50 |

a) Expressa en forma de matriu.

b) Què significa $a_{13}$? I $a_{32}$?

c) El que espera guanyar cada botiga es troba multiplicant la matriu per $\begin{pmatrix} 1/3 \\ 1/3 \\ 1/3 \end{pmatrix}$. Quins beneficis s'esperen a cada botiga?

d) Si s'hagués d'invertir només en una botiga, en quina ho faries?

128 Representa aquestes dades en forma de matriu.

Una família va gastar al setembre 400 € en menjar i 120 € en els rebuts d'aigua, llum i gas; a l'octubre va gastar 500 € en menjar i 180 € en aigua, llum i gas, i al novembre, 350 € en menjar i 250 € en aigua, llum i gas.

129 Una fàbrica elabora dos tipus de productes, X i Y, que ven a tres empreses A, B i C. Inicialment distribuïa 1 000 unitats de cada producte a cada una, però avui l'empresa A ha rebut 600 unitats de X i 300 de Y; l'empresa B ha rebut 400 unitats de X i 800 de Y, i l'empresa C ha rebut 900 unitats de X i 700 de Y. Representa mitjançant una matriu les disminucions percentuals que s'han produït.

## PROBLEMES APARENTMENT DIFERENTS

CAP A LA UNIVERSITAT

130 Donades les matrius, contesta.

$$H = \begin{pmatrix} 6 & 4 & 4 \\ 30 & 50 & 50 \\ 10 & 10 & 8 \end{pmatrix} \qquad P = \begin{pmatrix} 120 \\ 80 \\ 50 \end{pmatrix}$$

Calcula $B = H^tP$ i indica $b_{11}$.

131 Aquestes són les habitacions i els preus de tres hotels.

| | H. Edèn | H. Paradís | H. Spa |
|---|---|---|---|
| Luxe | 6 | 4 | 4 |
| Doble | 30 | 50 | 50 |
| Individual | 10 | 10 | 8 |

| | Preu (€) |
|---|---|
| Luxe | 120 |
| Doble | 80 |
| Individual | 50 |

Expressa amb una matriu els ingressos obtinguts en una nit de cada hotel en el cas d'estar complets. Quins serien els ingressos dels tres hotels?

132 Considera les matrius i calcula. ·

$$A = \begin{pmatrix} 2 & 7 & 4 \\ 3 & 5 & 6 \end{pmatrix} \cdot B = \begin{pmatrix} 0{,}04 \\ 0{,}02 \\ 0{,}01 \end{pmatrix} \cdot$$

$$\cdot C = \begin{pmatrix} 1 \\ 1 \\ 1 \end{pmatrix}$$

a) $C - B$.

b) $A(C - B)$

133 Una indústria produeix cargols, plans (*P*) i d'estrella (*E*). De cada tipus en fa tres models: L, M, S. La producció setmanal en milers d'unitats, es mostra en la taula.

| | L | M | S |
|---|---|---|---|
| P | 2 | 7 | 4 |
| E | 3 | 5 | 6 |

El percentatge de cargols defectuosos del tipus L és del 4 %, del tipus M és d'un 2 % i del tipus S és d'un 1 %. Calcula matricialment el nombre setmanal de cargols plans i d'estrella que no són defectuosos.

134 Resol l'equació matricial $A^tX = B$, a partir d'aquestes matrius.

$$A = \begin{pmatrix} 1 & 1 & 2 \\ 1 & 1 & 3 \\ 1 & 2 & 5 \end{pmatrix} \qquad B = \begin{pmatrix} 400 \\ 600 \\ 1500 \end{pmatrix}$$

135 En la taula s'indiquen les unitats de fusta, plàstic i alumini que necessita una fàbrica de cadires, balancins i sofàs.

| | Fusta | Plàstic | Alumini |
|---|---|---|---|
| Cadira | 1 | 1 | 2 |
| Balancí | 1 | 1 | 3 |
| Sofà | 1 | 2 | 5 |

Si la fàbrica disposava de 400 unitats de fusta, 600 unitats de plàstic i 1 500 d'alumini, i va utilitzar totes les existències, quantes cadires, balancins i sofàs va fabricar?

## MATEMÀTIQUES EN EL MÓN REAL

# Calcular la ruta òptima entre dos llocs

Quan programem un GPS perquè ens indiqui una ruta en un mapa amb diferents punts de destinació i els possibles camins per arribar-hi, el navegador ho interpreta amb un graf en què els vèrtexs representen els llocs i les arestes, els camins que els uneixen.

Aquesta situació es pot descriure amb una matriu d'adjacència d'ordre $n$, en què $n$ és el nombre de vèrtexs que té el graf i cada element $a_{ij}$ és el nombre d'arestes que van des del vèrtex $i$ al vèrtex $j$.

La matriu d'adjacència corresponent al graf del mapa seria:

$$M = \begin{pmatrix} 0 & 1 & 1 & 0 \\ 1 & 0 & 1 & 1 \\ 1 & 1 & 0 & 0 \\ 0 & 1 & 0 & 0 \end{pmatrix}$$

L'element $a_{ij}$ de la matriu elevada al quadrat expressa el nombre de camins de 2 arestes que existeixen entre el vèrtex $i$ i el vèrtex $j$.

$$M^2 = \begin{pmatrix} 0 & 1 & 1 & 0 \\ 1 & 0 & 1 & 1 \\ 1 & 1 & 0 & 0 \\ 0 & 1 & 0 & 0 \end{pmatrix}\begin{pmatrix} 0 & 1 & 1 & 0 \\ 1 & 0 & 1 & 1 \\ 1 & 1 & 0 & 0 \\ 0 & 1 & 0 & 0 \end{pmatrix} = \begin{pmatrix} 2 & 1 & 1 & 1 \\ 1 & 3 & 1 & 0 \\ 1 & 1 & 2 & 1 \\ 1 & 0 & 1 & 1 \end{pmatrix}$$

Per exemple, hi ha un camí de dues arestes des del vèrtex $a$ al vèrtex $d$ i tres camins de dues arestes des del vèrtex $b$ al vèrtex $b$.

$M^3$ expressaria els camins de tres arestes, $M^4$ els de 4 arestes, i així successivament.

D'aquesta manera, el navegador calcula tots els camins possibles i, sumant les longituds de les arestes, obté el camí més curt. De la mateixa manera, determina el camí més ràpid sumant els temps de cada aresta.

### LLEGEIX I COMPRÈN

**1** Si entre dos punts del mapa, la carretera que els uneix no és recta, sinó que té quatre revolts pronunciats, quantes arestes són necessàries per assenyalar-les al graf?

### INTERPRETA

**2** Classifica les matrius que apareixen al text, segons la forma i la posició dels seus elements.

### REFLEXIONA

**3** Diem que un camí és simple quan no passa dues vegades pel mateix vèrtex. Si considerem un graf amb 5 vèrtexs, quin és el nombre màxim d'arestes que té un camí simple?

### APLICA

**4** Donades les matrius següents, dibuixa un graf que les tingui com a matrius d'adjacència.

a) $\begin{pmatrix} 0 & 0 & 0 & 1 \\ 0 & 0 & 1 & 0 \\ 0 & 1 & 0 & 0 \\ 1 & 0 & 0 & 0 \end{pmatrix}$  b) $\begin{pmatrix} 0 & 1 & 0 & 1 \\ 1 & 0 & 0 & 1 \\ 0 & 0 & 0 & 1 \\ 1 & 1 & 1 & 0 \end{pmatrix}$

**5** Considera el graf següent i calcula el nombre de camins la longitud dels quals sigui de tres arestes que hi ha entre el vèrtex 2 i el vèrtex 4.

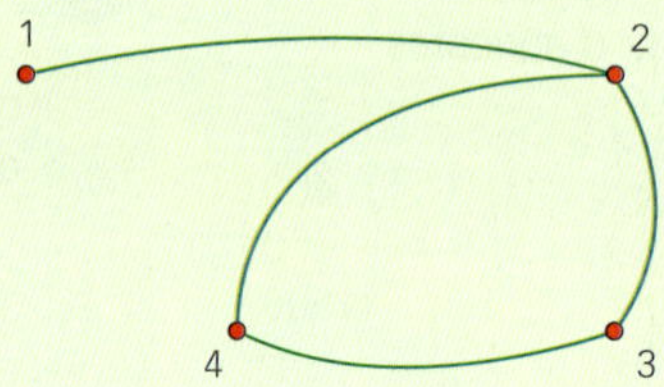

# 2 Determinants

MATEMÀTIQUES EN EL MÓN REAL

## Medició de superfícies

Al teu institut teniu un pati força gran. Ara dediques l'hora del pati a parlar amb els amics i les amigues però de vegades recordes el temps que t'hi has passat jugant de més petit.

Jugàveu a futbol, a bàsquet o a fet i amagar, per posar alguns exemples. I et sorprèn que pràcticament tot l'alumnat hi jugava i hi cabíeu tots perfectament.

La veritat és que sempre has tingut la sensació que era un espai enorme, però ara que ja ets més gran no et sembla tan gran com el recordes.

I és aquí on es desperten la teva curiositat i el teu gust per les matemàtiques.

T'agradaria mesurar la superfície del pati, però el problema és que no té forma de polígon regular i no saps com el podries calcular. Reflexiones detingudament sobre una estratègia per fer-ne el càlcul, però no te'n ve cap a la ment.

La ciència en general, i les matemàtiques en particular, consisteix a pensar diferents estratègies per resoldre problemes.

Aconseguir que l'estratègia funcioni ja és una altra cosa.

**Com pots calcular l'àrea del pati de l'institut?**

En primer lloc, per calcular l'àrea d'una superfície irregular se n'han de conèixer la forma i les mesures.

Per determinar el plànol de la superfície es pot recórrer a una imatge aèria, un GPS o un mapa en línia que disposi d'eines per medir longituds o àrees.

# 1. Determinants

Donada una matriu quadrada, $A$, d'ordre $n$, el determinant de $A$, $|A|$, és un nombre que s'obté en sumar tots els productes possibles de $n$ elements, un de cada fila i un de cada columna, la meitat amb el seu signe i l'altra meitat, amb signe contrari.

$$|A| = \begin{vmatrix} a_{11} & a_{12} & a_{13} & \cdots & a_{1n} \\ a_{21} & a_{22} & a_{23} & \cdots & a_{2n} \\ a_{31} & a_{32} & a_{33} & \cdots & a_{3n} \\ \cdots & \cdots & \cdots & \cdots & \cdots \\ a_{n1} & a_{n2} & a_{n3} & \cdots & a_{nn} \end{vmatrix}$$

**NO TE N'OBLIDIS**

Si una matriu no és quadrada, no té determinant.

Per aprendre a calcular determinants és aconsellable començar pels més senzills, que són els determinants de les matrius quadrades d'ordre 2 i les matrius quadrades d'ordre 3.

**S'ESCRIU AIXÍ**

$$A = \begin{pmatrix} a_{11} & a_{12} & \cdots & a_{1n} \\ a_{21} & a_{22} & \cdots & a_{2n} \\ \cdots & \cdots & \cdots & \cdots \\ a_{n1} & a_{n2} & \cdots & a_{nn} \end{pmatrix}$$

$$|A| = \begin{vmatrix} a_{11} & a_{12} & \cdots & a_{1n} \\ a_{21} & a_{22} & \cdots & a_{2n} \\ \cdots & \cdots & \cdots & \cdots \\ a_{n1} & a_{n2} & \cdots & a_{nn} \end{vmatrix}$$

## Determinants d'ordre 2 i 3

- Donada una matriu quadrada d'ordre 2, $A = \begin{pmatrix} a_{11} & a_{12} \\ a_{21} & a_{22} \end{pmatrix}$, el determinant és el nombre que resulta en fer l'operació:

$$|A| = \begin{vmatrix} a_{11} & a_{12} \\ a_{21} & a_{22} \end{vmatrix} = a_{11}a_{22} - a_{12}a_{21}$$

- Donada una matriu quadrada d'ordre 3, $A = \begin{pmatrix} a_{11} & a_{12} & a_{13} \\ a_{21} & a_{22} & a_{23} \\ a_{31} & a_{32} & a_{33} \end{pmatrix}$, el determinant és el nombre que resulta en fer l'operació:

$$|A| = \begin{vmatrix} a_{11} & a_{12} & a_{13} \\ a_{21} & a_{22} & a_{23} \\ a_{31} & a_{32} & a_{33} \end{vmatrix} = a_{11}a_{22}a_{33} + a_{12}a_{23}a_{31} + a_{13}a_{21}a_{32} - \\ - a_{13}a_{22}a_{31} - a_{12}a_{21}a_{33} - a_{11}a_{23}a_{32}$$

**NO TE N'OBLIDIS**

Per recordar amb més facilitat el càlcul d'un determinant d'ordre 3, se sol utilitzar la **regla de Sarrus.**

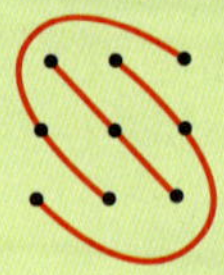

Sumands amb signe +

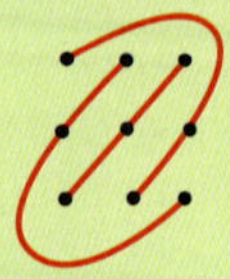

Sumands amb signe −

**EXEMPLES**

1. Calcula el valor del determinant de la matriu $A = \begin{pmatrix} 2 & 5 \\ 4 & 3 \end{pmatrix}$.

$$|A| = \begin{vmatrix} 2 & 5 \\ 4 & 3 \end{vmatrix} = 2 \cdot 3 - 4 \cdot 5 = 6 - 20 = -14$$

2. Troba aquest determinant aplicant la regla de Sarrus.

$$|A| = \begin{vmatrix} 2 & 0 & 1 \\ -1 & 3 & -2 \\ -3 & 4 & -4 \end{vmatrix} = 2 \cdot 3 \cdot (-4) + 0 \cdot (-2) \cdot (-3) + 1 \cdot (-1) \cdot 4 - \\ - 1 \cdot 3 \cdot (-3) - 0 \cdot (-1) \cdot (-4) - 2 \cdot (-2) \cdot 4 = \\ = -24 + 0 - 4 + 9 - 0 + 16 = -3$$

**ACTIVITATS**

**1** Calcula el valor dels determinants d'aquestes matrius.

a) $A = \begin{pmatrix} -2 & 1 \\ 7 & 12 \end{pmatrix}$

b) $B = \begin{pmatrix} 3 & -2 & 2 \\ -1 & 5 & 0 \\ 2 & 3 & 2 \end{pmatrix}$

**2** Calcula $m$ perquè aquests determinants valguin zero.

a) $\begin{vmatrix} -2 & -1 \\ 8 & m^2 \end{vmatrix}$

b) $\begin{vmatrix} 3 & 0 & -2 \\ 1 & m & 2 \\ -1 & 1 & m \end{vmatrix}$

# 2. Propietats dels determinants



1. El determinant d'una matriu coincideix amb el de la seva transposada.

$$|A| = \begin{vmatrix} a_{11} & a_{12} & a_{13} \\ a_{21} & a_{22} & a_{23} \\ a_{31} & a_{32} & a_{33} \end{vmatrix} = a_{11}a_{22}a_{33} + a_{12}a_{23}a_{31} + a_{13}a_{21}a_{32} - \\ - a_{13}a_{22}a_{31} - a_{12}a_{21}a_{33} - a_{11}a_{23}a_{32}$$

Si es calcula el determinant de la transposada:

$$|A^t| = \begin{vmatrix} a_{11} & a_{21} & a_{31} \\ a_{12} & a_{22} & a_{32} \\ a_{13} & a_{23} & a_{33} \end{vmatrix} = a_{11}a_{22}a_{33} + a_{21}a_{32}a_{13} + a_{31}a_{12}a_{23} - \\ - a_{31}a_{22}a_{13} - a_{21}a_{12}a_{33} - a_{11}a_{32}a_{23} = |A|$$

Per aquesta raó, com que les files d'una matriu són les columnes de la seva transposada, qualsevol propietat dels determinants relacionada amb les files d'una matriu serà vàlida si, en lloc de files, es consideren columnes.

2. Si en una matriu quadrada s'intercanvien dues files (o dues columnes), el determinant canvia de signe.

$$|A| = \begin{vmatrix} a_{11} & a_{12} & a_{13} \\ a_{21} & a_{22} & a_{23} \\ a_{31} & a_{32} & a_{33} \end{vmatrix} = a_{11}a_{22}a_{33} + a_{12}a_{23}a_{31} + a_{13}a_{21}a_{32} - \\ - a_{13}a_{22}a_{31} - a_{12}a_{21}a_{33} - a_{11}a_{23}a_{32}$$

Si s'intercanvien dues files:

$$|B| = \begin{vmatrix} a_{31} & a_{32} & a_{33} \\ a_{21} & a_{22} & a_{23} \\ a_{11} & a_{12} & a_{13} \end{vmatrix} = a_{31}a_{22}a_{13} + a_{32}a_{23}a_{11} + a_{33}a_{21}a_{12} - \\ - a_{33}a_{22}a_{11} - a_{32}a_{21}a_{13} - a_{31}a_{23}a_{12} = -|A|$$

3. Si en una matriu quadrada es multipliquen pel mateix nombre tots els elements d'una mateixa fila (o columna), el determinant queda multiplicat per aquest nombre.

$$\begin{vmatrix} k \cdot a_{11} & k \cdot a_{12} & k \cdot a_{13} \\ a_{21} & a_{22} & a_{23} \\ a_{31} & a_{32} & a_{33} \end{vmatrix} = k \cdot \begin{vmatrix} a_{11} & a_{12} & a_{13} \\ a_{21} & a_{22} & a_{23} \\ a_{31} & a_{32} & a_{33} \end{vmatrix} = \begin{vmatrix} k \cdot a_{11} & a_{12} & a_{13} \\ k \cdot a_{21} & a_{22} & a_{23} \\ k \cdot a_{31} & a_{32} & a_{33} \end{vmatrix}$$

En efecte, si tots els elements d'una fila (o columna) es multipliquen per una constant $k$, com que en cada sumand del determinant un dels factors pertany a aquesta fila (o columna), $k$ apareix com a factor en tots ells i, per tant, es pot treure factor comú.

$$\begin{vmatrix} ka_{11} & ka_{12} & ka_{13} \\ a_{21} & a_{22} & a_{23} \\ a_{31} & a_{32} & a_{33} \end{vmatrix} = ka_{11}a_{22}a_{33} + ka_{12}a_{23}a_{31} + ka_{13}a_{21}a_{32} - \\ - ka_{13}a_{22}a_{31} - ka_{12}a_{21}a_{33} - ka_{11}a_{23}a_{32} = k \cdot \begin{vmatrix} a_{11} & a_{12} & a_{13} \\ a_{21} & a_{22} & a_{23} \\ a_{31} & a_{32} & a_{33} \end{vmatrix}$$

**FIXA-T'HI**

Si en una matriu quadrada intercanviem tres files, el determinant no varia.

$$\begin{vmatrix} a_{11} & a_{12} & a_{13} \\ a_{21} & a_{22} & a_{23} \\ a_{31} & a_{32} & a_{33} \end{vmatrix} = \\ = -\begin{vmatrix} a_{21} & a_{22} & a_{23} \\ a_{11} & a_{12} & a_{13} \\ a_{31} & a_{32} & a_{33} \end{vmatrix} = \\ = -\left[-\begin{vmatrix} a_{21} & a_{22} & a_{23} \\ a_{31} & a_{32} & a_{33} \\ a_{11} & a_{12} & a_{13} \end{vmatrix}\right]$$

**PENSA**

Si es multiplica una matriu quadrada, $A$, d'ordre $n$, per un nombre $k$, per quin nombre queda multiplicat el seu determinant?

**ACTIVITATS**

**3** Troba el determinant de la matriu transposada d'aquestes matrius.

a) $A = \begin{pmatrix} -2 & 1 \\ -4 & 5 \end{pmatrix}$

b) $A = \begin{pmatrix} 1 & -2 & 2 \\ -1 & 4 & 0 \\ -3 & 0 & 2 \end{pmatrix}$

**4** Considera la matriu $A = \begin{pmatrix} a & b \\ c & d \end{pmatrix}$, tal que el determinant de $A$ és $-1$. Calcula.

a) $\begin{vmatrix} c & d \\ a & b \end{vmatrix}$

b) $\begin{vmatrix} a & c \\ b & d \end{vmatrix}$

c) $\begin{vmatrix} c & a \\ d & b \end{vmatrix}$

4. Si una matriu quadrada té una fila (o una columna) de zeros, el seu determinant és zero.

Si $A = \begin{pmatrix} a_{11} & a_{12} & a_{13} \\ 0 & 0 & 0 \\ a_{31} & a_{32} & a_{33} \end{pmatrix}$, es pot escriure $A = \begin{pmatrix} a_{11} & a_{12} & a_{13} \\ 0 \cdot a_{21} & 0 \cdot a_{22} & 0 \cdot a_{23} \\ a_{31} & a_{32} & a_{33} \end{pmatrix}$.

Per tant, utilitzant la propietat anterior:

$$|A| = 0 \cdot \begin{vmatrix} a_{11} & a_{12} & a_{13} \\ a_{21} & a_{22} & a_{23} \\ a_{31} & a_{32} & a_{33} \end{vmatrix} = 0$$

GEOGEBRA

5. Si a una fila (o una columna) d'una matriu quadrada se li suma una combinació lineal de les altres, el seu determinant no varia.

$$\begin{vmatrix} a_{11} & a_{12} & (a_{13} + \lambda a_{11}) \\ a_{21} & a_{22} & (a_{23} + \lambda a_{21}) \\ a_{31} & a_{32} & (a_{33} + \lambda a_{31}) \end{vmatrix} = a_{11}a_{22}(a_{33} + \lambda a_{31}) + a_{12}(a_{23} + \lambda a_{21})a_{31} + (a_{13} + \lambda a_{11})a_{21}a_{32} - $$
$$- (a_{13} + \lambda a_{11})a_{22}a_{31} - a_{11}(a_{23} + \lambda a_{21})a_{32} - a_{12}a_{21}(a_{33} + \lambda a_{31}) =$$
$$= a_{11}a_{22}a_{33} + \cancel{a_{11}a_{22}\lambda a_{31}} + a_{12}a_{23}a_{31} + \cancel{a_{12}\lambda a_{21}a_{31}} + a_{13}a_{21}a_{32} + \cancel{\lambda a_{11}a_{21}a_{32}} -$$
$$- a_{13}a_{22}a_{31} - \cancel{\lambda a_{11}a_{22}a_{31}} - a_{11}a_{23}a_{32} - \cancel{a_{11}\lambda a_{21}a_{32}} - a_{12}a_{21}a_{33} - \cancel{a_{12}a_{21}\lambda a_{31}} =$$
$$= a_{11}a_{22}a_{33} + a_{12}a_{23}a_{31} + a_{13}a_{21}a_{32} - a_{13}a_{22}a_{31} - a_{12}a_{21}a_{33} - a_{11}a_{23}a_{32} =$$
$$= \begin{vmatrix} a_{11} & a_{12} & a_{13} \\ a_{21} & a_{22} & a_{23} \\ a_{31} & a_{32} & a_{33} \end{vmatrix}$$

6. Si una matriu quadrada té dues files (o dues columnes) iguals o proporcionals, el seu determinant és zero.

$$\begin{vmatrix} a_{11} & \lambda a_{11} & a_{13} \\ a_{21} & \lambda a_{21} & a_{13} \\ a_{31} & \lambda a_{31} & a_{13} \end{vmatrix} \underset{\text{Propietat 3}}{=} \lambda \cdot \begin{vmatrix} a_{11} & a_{11} & a_{13} \\ a_{21} & a_{21} & a_{13} \\ a_{31} & a_{31} & a_{13} \end{vmatrix} \underset{\text{Propietat 5}}{=} \lambda \cdot \begin{vmatrix} a_{11} & a_{11} - a_{11} & a_{13} \\ a_{21} & a_{21} - a_{21} & a_{13} \\ a_{31} & a_{31} - a_{31} & a_{13} \end{vmatrix} = \lambda \cdot \begin{vmatrix} a_{11} & 0 & a_{13} \\ a_{21} & 0 & a_{13} \\ a_{31} & 0 & a_{13} \end{vmatrix} \underset{\text{Propietat 4}}{=} 0$$

**EXEMPLE**

**3.** Troba el determinant aplicant les propietats.

$$|A| = \begin{vmatrix} 1 & -1 & 2 \\ 2 & 2 & 4 \\ 1 & 0 & 2 \end{vmatrix} \underset{\substack{F_2 = F_2 - 2F_1 \\ F_3 = F_3 - F_1}}{=} \begin{vmatrix} 1 & -1 & 2 \\ 0 & 4 & 0 \\ 0 & 1 & 0 \end{vmatrix} \underset{F_2 = F_2 - 4F_3}{=} \begin{vmatrix} 1 & -1 & 2 \\ 0 & 0 & 0 \\ 0 & 1 & 0 \end{vmatrix} \underset{F_2 = 0}{=} 0$$

Es comprova que és correcte $|A| = 4 - 4 + 0 - 4 + 4 + 0 = 0$.

**FIXA-T'HI**

En una matriu triangular el determinant és el producte dels elements de la diagonal.

$$\begin{vmatrix} a_{11} & 0 & 0 \\ a_{21} & a_{22} & 0 \\ a_{31} & a_{32} & a_{33} \end{vmatrix} = a_{11}a_{22}a_{33}$$

**ACTIVITATS**

**5** Si $\begin{vmatrix} a & b & c \\ d & e & f \\ g & h & i \end{vmatrix} = 3$, calcula $\begin{vmatrix} a & b + 2a - c & c \\ d & e + 2d - f & f \\ g & h + 2g - i & i \end{vmatrix}$.

**6** Troba el valor de $\begin{vmatrix} 2 & -2 & -6 \\ 1 & 1 & -2 \\ -2 & 0 & 4 \end{vmatrix}$ i $\begin{vmatrix} 8 & -1 & 4 \\ 2 & 1 & 1 \\ -4 & \frac{1}{2} & -2 \end{vmatrix}$.

7. Si una matriu quadrada té una fila (o una columna) que és una combinació lineal de la resta, el seu determinant és zero.

$$\begin{vmatrix} a_{11} & a_{12} & \lambda a_{11}+\mu a_{12} \\ a_{21} & a_{22} & \lambda a_{21}+\mu a_{22} \\ a_{31} & a_{32} & \lambda a_{31}+\mu a_{32} \end{vmatrix} = \begin{vmatrix} a_{11} & a_{12} & \lambda a_{11}+\mu a_{12}-\lambda a_{11} \\ a_{21} & a_{22} & \lambda a_{21}+\mu a_{22}-\lambda a_{21} \\ a_{31} & a_{32} & \lambda a_{31}+\mu a_{32}-\lambda a_{31} \end{vmatrix} = \begin{vmatrix} a_{11} & a_{12} & \mu a_{12} \\ a_{21} & a_{22} & \mu a_{22} \\ a_{31} & a_{32} & \mu a_{32} \end{vmatrix} =$$

$$= \begin{vmatrix} a_{11} & a_{12} & \mu a_{12}-\mu a_{12} \\ a_{21} & a_{22} & \mu a_{22}-\mu a_{22} \\ a_{31} & a_{32} & \mu a_{32}-\mu a_{32} \end{vmatrix} = \begin{vmatrix} a_{11} & a_{12} & 0 \\ a_{21} & a_{22} & 0 \\ a_{31} & a_{32} & 0 \end{vmatrix} = 0$$

**FIXA-T'HI**

Si tres matrius quadrades $A$, $B$ i $C$ són idèntiques, tret que la i-èsima fila o columna de $A$ sigui la suma de les files o columnes corresponents de $B$ i $C$, aleshores:

$|A| = |B| + |C|$

8. Per a qualsevol fila o columna d'un determinant es compleix que:

$$\begin{vmatrix} a_{11} & a_{12} & a_{13}+b_{13} \\ a_{21} & a_{22} & a_{23}+b_{23} \\ a_{31} & a_{32} & a_{33}+b_{33} \end{vmatrix} = \begin{vmatrix} a_{11} & a_{12} & a_{13} \\ a_{21} & a_{22} & a_{23} \\ a_{31} & a_{32} & a_{33} \end{vmatrix} + \begin{vmatrix} a_{11} & a_{12} & b_{13} \\ a_{21} & a_{22} & b_{23} \\ a_{31} & a_{32} & b_{33} \end{vmatrix}$$

$$\begin{vmatrix} a_{11} & a_{12} & a_{13}+b_{13} \\ a_{21} & a_{22} & a_{23}+b_{23} \\ a_{31} & a_{32} & a_{33}+b_{33} \end{vmatrix} = a_{11}a_{22}(a_{33}+b_{33}) + a_{12}(a_{23}+b_{23})a_{31} + (a_{13}+b_{13})a_{21}a_{32} - $$
$$-(a_{13}+b_{13})a_{22}a_{31} - a_{12}a_{21}(a_{33}+b_{33}) - a_{11}(a_{23}+b_{23})a_{32} =$$

$$= a_{11}a_{22}a_{33} + a_{11}a_{22}b_{33} + a_{12}a_{23}a_{31} + a_{12}b_{23}a_{31} + a_{13}a_{21}a_{32} + b_{13}a_{21}a_{32} -$$
$$- a_{13}a_{22}a_{31} - b_{13}a_{22}a_{31} - a_{12}a_{21}a_{33} - a_{12}a_{21}b_{33} - a_{11}a_{23}a_{32} - a_{11}b_{23}a_{32} =$$

$$= \begin{vmatrix} a_{11} & a_{12} & a_{13} \\ a_{21} & a_{22} & a_{23} \\ a_{31} & a_{32} & a_{33} \end{vmatrix} + \begin{vmatrix} a_{11} & a_{12} & b_{13} \\ a_{21} & a_{22} & b_{23} \\ a_{31} & a_{32} & b_{33} \end{vmatrix}$$

9. El determinant del producte de dues matrius és igual al producte dels seus determinants respectius.

$$|A \cdot B| = |A| \cdot |B|$$

**EXEMPLE**

4. Sabent que $\begin{vmatrix} -1 & 2 & -1 \\ -2 & 4 & -0 \\ -3 & 5 & -1 \end{vmatrix} = 30$ i $\begin{vmatrix} -1 & 3 & -1 \\ -2 & 3 & -0 \\ -3 & 1 & -1 \end{vmatrix} = 20$,

calcula $|A| = \begin{vmatrix} -1 & 5 & -1 \\ -2 & 7 & -0 \\ -3 & 6 & -1 \end{vmatrix}$.

$$|A| = \begin{vmatrix} -1 & 5 & -1 \\ -2 & 7 & -0 \\ -3 & 6 & -1 \end{vmatrix} = \begin{vmatrix} -1 & 2+3 & -1 \\ -2 & 4+3 & -0 \\ -3 & 5+1 & -1 \end{vmatrix} =$$

$$= \begin{vmatrix} -1 & 2 & -1 \\ -2 & 4 & -0 \\ -3 & 5 & -1 \end{vmatrix} + \begin{vmatrix} -1 & 3 & -1 \\ -2 & 3 & -0 \\ -3 & 1 & -1 \end{vmatrix} = 20 + 30 = 50$$

**ACTIVITATS**

7 Calcula aquests determinants.

a) $\begin{vmatrix} a & d & a+d \\ b & e & b+e \\ c & f & c+f \end{vmatrix}$

b) $\begin{vmatrix} a & 7 & -a \\ b & 5 & -b \\ c & 1 & -c \end{vmatrix}$

8 Comprova que les dues matrius compleixen que $|AB| = |A| \cdot |B|$.

$A = \begin{pmatrix} 2 & -3 \\ -1 & 0 \end{pmatrix}$ $B = \begin{pmatrix} 6 & 0 \\ -1 & -2 \end{pmatrix}$

Aplicant les propietats dels determinants es pot calcular el determinant d'una matriu quadrada de qualsevol ordre.

## Calcular el determinant d'una matriu fent servir les seves propietats

Calcula el determinant següent d'ordre superior a 3.

$$\begin{vmatrix} -2 & 1 & 3 & -3 \\ -3 & 2 & 8 & -6 \\ 1 & -1 & -3 & 4 \\ 7 & -3 & -1 & 25 \end{vmatrix}$$

**PRIMER.** Si $a_{11} = 0$, s'intercanvia la primera fila o columna amb alguna altra el primer element de la qual sigui diferent de zero, si existeix. En cas que no existeixi, el determinant seria zero per tenir una fila o columna els elements de la qual són tots zero. Per facilitar els càlculs, és convenient posar un 1 en la primera posició.

$$\begin{vmatrix} -2 & 1 & 3 & -3 \\ -3 & 2 & 8 & -6 \\ 1 & -1 & -3 & 4 \\ 7 & -3 & -1 & 25 \end{vmatrix} = -\begin{vmatrix} 1 & -2 & 3 & -3 \\ 2 & -3 & 8 & -6 \\ -1 & 1 & -3 & 4 \\ -3 & 7 & -1 & 25 \end{vmatrix}$$

$C_1 \leftrightarrow C_2$ (el determinant canvia de signe)

**SEGON.** Es multiplica la primera fila pel nombre adequat i se suma a la resta de les files de manera que el primer element de cada una sigui zero.

$$-\begin{vmatrix} 1 & -2 & 3 & -3 \\ 2 & -3 & 8 & -6 \\ -1 & 1 & -3 & 4 \\ -3 & 7 & -1 & 25 \end{vmatrix} = -\begin{vmatrix} 1 & -2 & 3 & -3 \\ 0 & 1 & 2 & 0 \\ 0 & -1 & 0 & 1 \\ 0 & 1 & 8 & 16 \end{vmatrix}$$

$F_2 = F_2 - 2F_1$
$F_3 = F_3 + F_1$
$F_4 = F_4 + 3F_1$

**TERCER.** Es repeteix el procés amb l'element $a_{22}$, després amb $a_{33}$ i així successivament fins a obtenir una matriu triangular.

$$-\begin{vmatrix} 1 & -2 & 3 & -3 \\ 0 & 1 & 2 & 0 \\ 0 & -1 & 0 & 1 \\ 0 & 1 & 8 & 16 \end{vmatrix} = -\begin{vmatrix} 1 & -2 & 3 & -3 \\ 0 & 1 & 2 & 0 \\ 0 & 0 & 2 & 1 \\ 0 & 0 & 6 & 16 \end{vmatrix} = -\begin{vmatrix} 1 & -2 & 3 & -3 \\ 0 & 1 & 2 & 0 \\ 0 & 0 & 2 & 1 \\ 0 & 0 & 0 & 13 \end{vmatrix}$$

$F_3 = F_3 + F_2$
$F_4 = F_4 - F_2$

$F_4 = F_4 - 3F_3$

**QUART.** Es calcula el producte dels elements de la diagonal principal, ja que es tracta d'una matriu triangular, i aquest valor coincideix amb el valor del determinant.

$$|A| = -\begin{vmatrix} 1 & -2 & 3 & -3 \\ 0 & 1 & 2 & 0 \\ 0 & 0 & 2 & 1 \\ 0 & 0 & 0 & 13 \end{vmatrix} = -(1 \cdot 1 \cdot 2 \cdot 13) = -26$$

### ACTIVITATS

**9** Calcula el valor dels determinants següents utilitzant les propietats de les matrius.

a) $\begin{vmatrix} 1 & -1 & 2 & 0 \\ 2 & 1 & 3 & 1 \\ 3 & 1 & 4 & 3 \\ 2 & 1 & 7 & 0 \end{vmatrix}$

b) $\begin{vmatrix} 1 & 2 & 3 & 4 \\ 2 & 1 & 2 & 1 \\ 1 & 2 & 4 & 5 \\ 3 & 4 & 1 & 2 \end{vmatrix}$

**10** Calcula el valor del paràmetre $a$ perquè es compleixi la igualtat següent.

$$\begin{vmatrix} 1 & 1 & 1 & 2 \\ 1 & 2 & -3 & 8 \\ a & -1 & -1 & 1 \\ 1 & -1 & 1 & -2 \end{vmatrix} = 0$$

# 3. Menor complementari i adjunt

## 3.1. Menor complementari d'un element

GEOGEBRA

Donada una matriu $A$ d'ordre $n \times n$, s'anomena **menor complementari** de l'element $a_{ij}$, i s'escriu com $\alpha_{ij}$, el determinant d'ordre $n-1$ que està format per tots els elements de $A$ excepte els que pertanyen a la fila $i$ i a la columna $j$.

**EXEMPLE**

5. Determina els menors complementaris $\alpha_{11}$ i $\alpha_{23}$ en $A = \begin{pmatrix} 2 & -1 & 0 \\ 0 & 1 & -2 \\ -2 & 0 & 1 \end{pmatrix}$.

$\alpha_{11} \rightarrow$ Determinant format pels elements de $A$ que no són a la 1a fila ni a la 1a columna.

$$\alpha_{11} = \begin{vmatrix} 1 & -2 \\ 0 & 1 \end{vmatrix} = 1 \qquad A = \begin{pmatrix} 2 & -1 & 0 \\ 0 & 1 & -2 \\ -2 & 0 & 1 \end{pmatrix}$$

$\alpha_{23} \rightarrow$ Determinant format pels elements de $A$ que no són a la 2a fila ni a la 3a columna.

$$\alpha_{23} = \begin{vmatrix} 2 & -1 \\ -2 & 0 \end{vmatrix} = -2 \qquad A = \begin{pmatrix} 2 & -1 & 0 \\ 0 & 1 & -2 \\ -2 & 0 & 1 \end{pmatrix}$$

## 3.2. Adjunt d'un element

Donada una matriu quadrada $A$ d'ordre $n$, s'anomena **adjunt** de l'element $a_{ij}$, i s'escriu com $A_{ij}$, el menor complementari de $a_{ij}$ amb el signe corresponent o canviat, segons que $i+j$ sigui parell o senar, respectivament.

$$A_{ij} = (-1)^{i+j}\,\alpha_{ij}$$

**EXEMPLE**

6. Determina els adjunts $A_{32}$ i $A_{22}$ en la matriu $A = \begin{pmatrix} 2 & -1 & 0 \\ 0 & 1 & -2 \\ -2 & 0 & 1 \end{pmatrix}$.

$$A_{32} = (-1)^{3+2}\alpha_{32} = -\begin{vmatrix} 2 & 0 \\ 0 & -2 \end{vmatrix} = -(-4) = 4 \qquad A = \begin{pmatrix} 2 & -1 & 0 \\ 0 & 1 & -2 \\ -2 & 0 & 1 \end{pmatrix}$$

$$A_{22} = (-1)^{2+2}\alpha_{22} = \begin{vmatrix} 2 & 0 \\ -2 & 1 \end{vmatrix} = 2 \qquad A = \begin{pmatrix} 2 & -1 & 0 \\ 0 & 1 & -2 \\ -2 & 0 & 1 \end{pmatrix}$$

**ACTIVITATS**

**11** Determina el menor complementari de $a_{21}$ i $b_{21}$, respectivament.

a) $A = \begin{pmatrix} -2 & 1 \\ 7 & 12 \end{pmatrix}$ b) $B = \begin{pmatrix} 3 & -2 & 2 \\ -1 & 5 & 0 \\ 2 & 3 & 2 \end{pmatrix}$

**12** Donades les matrius següents, troba tots els adjunts que siguin negatius en cadascuna d'elles.

a) $A = \begin{pmatrix} -1 & 1 \\ 3 & 0 \end{pmatrix}$ b) $B = \begin{pmatrix} 2 & 0 & 0 \\ 1 & -1 & 1 \\ -1 & 1 & 0 \end{pmatrix}$

## 4. Desenvolupament d'un determinant pels seus adjunts

El **determinant** d'una matriu quadrada **d'ordre** $n$ és igual a la suma dels productes dels elements d'una fila o una columna qualsevol pels adjunts corresponents.

- Per files: $|A| = a_{i1}A_{i1} + a_{i2}A_{i2} + a_{i3}A_{i3} + ... + a_{in}A_{in}$
- Per columnes: $|A| = a_{1j}A_{1j} + a_{2j}A_{2j} + a_{3j}A_{3j} + ... + a_{nj}A_{nj}$

**EXEMPLES**

**7.** Resol el determinant $|A| = \begin{vmatrix} 2 & 0 & 4 \\ 3 & 2 & -1 \\ 1 & 1 & 2 \end{vmatrix}$.

a) Fent servir la definició. $|A| = 8 + 0 + 12 - 8 - 0 + 2 = 14$

b) Desenvolupant per una fila.

$$|A| = 2A_{11} + 0A_{12} + 4A_{13} =$$
$$= 2(-1)^{1+1}\begin{vmatrix} 2 & -1 \\ 1 & -2 \end{vmatrix} + 0(-1)^{1+2}\begin{vmatrix} 3 & -1 \\ 1 & -2 \end{vmatrix} + 4(-1)^{1+3}\begin{vmatrix} 3 & 2 \\ 1 & 1 \end{vmatrix} =$$
$$= 10 + 0 + 4 = 14$$

c) Desenvolupant per la tercera columna.

$$|A| = 4A_{13} + (-1)A_{23} + 2A_{33} =$$
$$= 4(-1)^{1+3}\begin{vmatrix} 3 & 2 \\ 1 & 1 \end{vmatrix} + (-1)(-1)^{2+3}\begin{vmatrix} 2 & 0 \\ 1 & 1 \end{vmatrix} + 2(-1)^{3+3}\begin{vmatrix} 2 & 0 \\ 3 & 2 \end{vmatrix} =$$
$$= 4 + 2 + 8 = 14$$

**8.** Resol el determinant de la matriu següent.

$$B = \begin{pmatrix} -1 & 3 & 1 & 1 \\ 2 & 0 & 0 & 1 \\ 4 & 2 & -3 & 0 \\ 0 & 1 & 1 & 1 \end{pmatrix}$$

Per desenvolupar aquest determinant, es tria la segona fila perquè és la que té més zeros i, per tant, facilitarà els càlculs.

$$|B| = 2(-1)^{2+1}\begin{vmatrix} 3 & -1 & 1 \\ 2 & -3 & 0 \\ 1 & -1 & 1 \end{vmatrix} + 0 + 0 + 1(-1)^{2+4}\begin{vmatrix} -1 & 3 & -1 \\ -4 & 2 & -3 \\ -0 & 1 & -1 \end{vmatrix} =$$
$$= 12 - 13 = -1$$

**FIXA-T'HI**

El determinant d'una matriu es pot obtenir desenvolupant per qualsevol de les seves files o columnes.

**FIXA-T'HI**

Per resoldre un determinant d'ordre més gran que 3 mitjançant la definició cal realitzar multitud de productes diferents.

Per això, per resoldre aquests determinants se sol fer servir el desenvolupament per adjunts.

**ACTIVITATS**

**13** Resol aquests determinants, aplicant la definició i desenvolupant per alguna de les columnes.

a) $\begin{vmatrix} -2 & 1 \\ 7 & 12 \end{vmatrix}$

b) $\begin{vmatrix} 1 & -5 \\ -3 & 9 \end{vmatrix}$

c) $\begin{vmatrix} 0 & -2 & 7 \\ -1 & 0 & 3 \\ 0 & 3 & 2 \end{vmatrix}$

d) $\begin{vmatrix} -2 & 5 & 7 \\ -1 & 0 & 3 \\ 1 & -1 & 2 \end{vmatrix}$

e) $\begin{vmatrix} 1 & 5 \\ 2 & -3 \end{vmatrix}$

f) $\begin{vmatrix} -2 & 1 \\ 3 & -1 \end{vmatrix}$

g) $\begin{vmatrix} 1 & 0 & 1 \\ 0 & 2 & -3 \\ 5 & 0 & 1 \end{vmatrix}$

h) $\begin{vmatrix} 2 & -1 & 3 \\ -2 & 5 & -3 \\ -3 & 0 & 4 \end{vmatrix}$

**14** Resol aquests determinants.

a) $\begin{vmatrix} 1 & -2 & 3 \\ 4 & -5 & 6 \\ -1 & 1 & 1 \end{vmatrix}$

b) $\begin{vmatrix} 3 & 0 & -2 & 0 \\ 2 & 4 & 0 & 1 \\ 1 & 0 & -1 & -2 \\ 1 & -1 & 1 & 0 \end{vmatrix}$

c) $\begin{vmatrix} -1 & 3 & -2 & 0 \\ 2 & -2 & 0 & -4 \\ 1 & 0 & 0 & -2 \\ 1 & -1 & 0 & 0 \end{vmatrix}$

## Càlcul de determinants de qualsevol ordre

A continuació, s'estudia com calcular determinants de qualsevol ordre aplicant les propietats dels determinants i el seu desenvolupament per adjunts.

### Calcular un determinant *fent zeros*

Calcula el determinant $\begin{vmatrix} 4 & -1 & 2 & 1 \\ 2 & 2 & -3 & -2 \\ -4 & 1 & 0 & -1 \\ 8 & 3 & -2 & -1 \end{vmatrix}$.

**PRIMER.** Es tria la línia (fila o columna) en què sigui més senzill fer zeros. Per facilitar els càlculs és convenient que la línia escollida contingui, com a mínim, un 1.

En aquest cas, es tria la quarta columna perquè conté un 1.

**SEGON.** Es pren un dels elements d'aquesta línia com a referència i es fan les operacions necessàries perquè la resta dels elements de la línia es converteixin en zeros.

En aquest cas, es pren com a referència l'1 que figura com a primer element de la quarta columna.

Es multiplica la primera fila pel nombre adequat i se suma a la resta de files per obtenir els zeros que busquem.

$$\begin{vmatrix} 4 & -1 & 2 & 1 \\ 2 & 2 & -3 & -2 \\ -4 & 1 & 0 & -1 \\ 8 & 3 & -2 & -1 \end{vmatrix} = \begin{vmatrix} 4 & -1 & 2 & 1 \\ 10 & 0 & 1 & 0 \\ 0 & 0 & 2 & 0 \\ 12 & 2 & 0 & 0 \end{vmatrix}$$

$F_2 = F_2 + 2F_1$
$F_3 = F_3 + F_1$
$F_4 = F_4 + F_1$

**TERCER.** Es desenvolupa el determinant per la línia que hem escollit.

$$\begin{vmatrix} 4 & -1 & 2 & 1 \\ 2 & 2 & -3 & -2 \\ -4 & 1 & 0 & -1 \\ 8 & 3 & -2 & -1 \end{vmatrix} = \begin{vmatrix} 4 & -1 & 2 & 1 \\ 10 & 0 & 1 & 0 \\ 10 & 0 & 2 & 0 \\ 12 & 2 & 0 & 0 \end{vmatrix} = 1(-1)^{1+4}\begin{vmatrix} 10 & 0 & 1 \\ 10 & 0 & 2 \\ 12 & 2 & 0 \end{vmatrix} = -\begin{vmatrix} 10 & 0 & 1 \\ 10 & 0 & 2 \\ 12 & 2 & 0 \end{vmatrix}$$

**QUART.** Es repeteix el procés fins a obtenir un determinant que sigui senzill de resoldre.

En aquest cas es pot desenvolupar per la segona fila, perquè només té un element diferent de zero, o es pot aplicar la regla de Sarrus directament.

$$-\begin{vmatrix} 10 & 0 & 1 \\ 10 & 0 & 2 \\ 12 & 2 & 0 \end{vmatrix} = -2(-1)^{2+3}\begin{vmatrix} 10 & 0 \\ 12 & 2 \end{vmatrix} = 2(20-0) = 40$$

$$-\begin{vmatrix} 10 & 0 & 1 \\ 10 & 0 & 2 \\ 12 & 2 & 0 \end{vmatrix} = -(0+0+20-0-0-40) = -(-20) = 40$$

**FIXA-T'HI**

Quan no hi ha cap 1 al determinant, es poden dividir tots els elements de la línia entre un d'ells i multiplicar el determinant per aquest nombre.

$$\begin{vmatrix} 2 & 4 & 6 \\ 3 & -3 & 5 \\ 2 & 5 & -4 \end{vmatrix}$$

Es divideix la primera fila entre 2.

$$\begin{vmatrix} 2 & 4 & 6 \\ 3 & -3 & 5 \\ 2 & 5 & -4 \end{vmatrix} = 2\cdot\begin{vmatrix} 1 & 2 & 3 \\ 3 & -3 & 5 \\ 2 & 5 & -4 \end{vmatrix}$$

**ACTIVITATS**

**15** Resol els determinants d'ordre 4 següents.

a) $\begin{vmatrix} 0 & 2 & -3 & -1 \\ -3 & -3 & 2 & 0 \\ -2 & 0 & 3 & -2 \\ -1 & -2 & 0 & -1 \end{vmatrix}$ b) $\begin{vmatrix} 4 & 3 & -1 & 1 \\ -3 & 0 & 2 & 0 \\ -2 & 0 & 3 & -2 \\ -1 & -2 & 0 & -1 \end{vmatrix}$

**16** Calcula $m$ perquè es compleixi que el resultat d'aquest determinant sigui $-20$.

$$\begin{vmatrix} -1 & -1 & 2 & 1 \\ 2 & 2 & 1 & -1 \\ -3 & 1 & 0 & -1 \\ -1 & 3 & m & m \end{vmatrix}$$

# 5. Càlcul del rang d'una matriu

## 5.1. Menor d'una matriu

S'anomena **menor d'ordre $k$** d'una matriu $A$ el determinant d'ordre $k$ que està format pels elements que pertanyen a $k$ files i a $k$ columnes de la matriu $A$.

**EXEMPLES**

9. Troba un menor d'ordre 2 que sigui diferent de zero, de $A = \begin{pmatrix} -1 & 1 & 1 \\ 0 & 0 & -2 \\ 2 & 2 & -1 \end{pmatrix}$.

S'agafen dues files i dues columnes de la matriu, per exemple, la 1a i la 3a columna i la 2a i la 3a fila.

$$A = \begin{pmatrix} -1 & 1 & 1 \\ 0 & 0 & -2 \\ 2 & 2 & -1 \end{pmatrix} \qquad \begin{vmatrix} 0 & -2 \\ 2 & -1 \end{vmatrix} = 4 \rightarrow \text{Menor d'ordre 2}$$

10. Troba tots els menors de la matriu $A = \begin{pmatrix} -1 & 0 & 2 \\ 0 & -2 & 3 \end{pmatrix}$.

- Menors d'ordre 1. És cadascun dels elements de la matriu.

$$-1 \quad 0 \quad 2 \quad 0 \quad -2 \quad 3$$

- Menors d'ordre 2. És el determinant de totes les combinacions possibles entre dues files i dues columnes de la matriu.

$F_1$ i $F_2$, $C_1$ i $C_2$: $\begin{vmatrix} -1 & 0 \\ 0 & -2 \end{vmatrix} = 2$ $\quad$ $F_1$ i $F_2$, $C_1$ i $C_3$: $\begin{vmatrix} -1 & 2 \\ 0 & 3 \end{vmatrix} = -3$ $\quad$ $F_1$ i $F_2$, $C_2$ i $C_3$: $\begin{vmatrix} 0 & 2 \\ -2 & 3 \end{vmatrix} = 4$

- Menors d'ordre 3. No n'hi ha, perquè es necessitarien, com a mínim, tres files en $A$.

## 5.2. Rang d'una matriu

El **rang d'una matriu** coincideix amb l'ordre del menor diferent de zero més gran de la matriu.

**EXEMPLE**

11. Calcula el rang de la matriu $A = \begin{pmatrix} 3 & -2 & 1 \\ 0 & 0 & -2 \end{pmatrix}$.

L'ordre del menor més gran que es pot formar en la matriu és 2. S'estudia si existeix algun menor d'ordre 2 diferent de 0.

$$\begin{vmatrix} -2 & 1 \\ 0 & -2 \end{vmatrix} = 4 \neq 0 \rightarrow \text{El rang de la matriu és 2.}$$

**RECORDA**

El rang d'una matriu és el nombre de files de la matriu que són linealment independents.

Per tant, es compleix que:

- Si $|A| \neq 0 \rightarrow$ Les files són linealment independents.
- Si $|A| = 0 \rightarrow$ Alguna de les files depèn linealment de les altres.

En una matriu, el rang per files és igual al rang per columnes.

**ACTIVITATS**

17 Troba tots els menors d'ordre 3 d'aquesta matriu:

$$A = \begin{pmatrix} 0 & 2 & -3 & -1 \\ -3 & -3 & 2 & 0 \\ -2 & 0 & 3 & -2 \\ -1 & -2 & 0 & -1 \end{pmatrix}$$

18 Calcula el rang d'aquestes matrius estudiant el valor dels seus menors.

a) $A = \begin{pmatrix} -1 & 0 & 3 & 2 & -2 \\ 2 & 0 & 6 & -4 & 1 \end{pmatrix}$ $\quad$ b) $B = \begin{pmatrix} 1 & -1 \\ 2 & -2 \\ 0 & 0 \\ -3 & 2 \end{pmatrix}$

## 5.3. Càlcul del rang d'una matriu

A continuació, s'estudia un mètode que permetrà no haver de calcular tots els menors d'una matriu per determinar-ne el rang.

### Calcular el rang d'una matriu a partir dels seus menors

Calcula el rang de la matriu $A = \begin{pmatrix} -1 & 0 & 0 & 2 & -2 \\ 3 & 1 & -1 & 4 & 0 \\ 2 & 1 & -1 & 6 & -2 \\ 6 & 2 & -2 & 1 & 0 \end{pmatrix}$.

**PRIMER.** Si $A$ és la matriu nul·la, Rang $(A) = 0$.
En cas contrari, es busca en la matriu un menor d'ordre 2 que sigui diferent de 0. Si existeix, Rang $(A) \geq 2$.

Si tots els menors d'ordre 2 són nuls, Rang $(A) = 1$.

$$A = \begin{pmatrix} -1 & 0 & 0 & 2 & -2 \\ 3 & 1 & -1 & 4 & 0 \\ 2 & 1 & -1 & 6 & -2 \\ 6 & 2 & -2 & 1 & 0 \end{pmatrix} \qquad \begin{vmatrix} -1 & 0 \\ 3 & 1 \end{vmatrix} = -1 \neq 0 \rightarrow \text{Rang } (A) \geq 2$$

**SEGON.** Si Rang $(A) \geq 2$, es defineixen menors d'ordre 3 afegint al menor d'ordre 2 trobat les files i les columnes de la matriu que no hi apareixen, una a una.

Si es troba algun menor diferent de 0, $(A) \geq 3$. Si tots són nuls, Rang $(A) = 2$.

3a fila; 3a columna, 4a columna, 5a columna:

$$\begin{vmatrix} -1 & 0 & 0 \\ 3 & 1 & -1 \\ 2 & 1 & -1 \end{vmatrix} = 0 \qquad \begin{vmatrix} -1 & 0 & 2 \\ 3 & 1 & 4 \\ 2 & 1 & 6 \end{vmatrix} = 0 \qquad \begin{vmatrix} -1 & 0 & -2 \\ 3 & 1 & 0 \\ 2 & 1 & -2 \end{vmatrix} = 0$$

4a fila:

$$\begin{vmatrix} -1 & 0 & 0 \\ 3 & 1 & -1 \\ 6 & 2 & -2 \end{vmatrix} = 0 \qquad \begin{vmatrix} -1 & 0 & 2 \\ 3 & 1 & 4 \\ 6 & 2 & 1 \end{vmatrix} = 7 \neq 0 \rightarrow \text{Rang } (A) \geq 3$$

**TERCER.** Si en el pas anterior s'ha obtingut algun menor diferent de 0, s'elaboren, a partir d'aquest menor, determinants d'ordre superior de la mateixa manera que en el pas anterior. El procés acaba quan tots els determinants són nuls o quan s'arriba al determinant d'ordre més gran que es pugui definir a la matriu.

3a fila; 3a columna, 5a columna:

$$\begin{vmatrix} -1 & 0 & 0 & 2 \\ 3 & 1 & -1 & 4 \\ 2 & 1 & -1 & 6 \\ 6 & 2 & -2 & 1 \end{vmatrix} = 0 \qquad \begin{vmatrix} -1 & 0 & 2 & -2 \\ 3 & 1 & 4 & 0 \\ 2 & 1 & 6 & -2 \\ 6 & 2 & 1 & 0 \end{vmatrix} = 0$$

Com que tots els menors d'ordre 4 són nuls, Rang $(A) < 4$. Del pas anterior se sap que Rang $(A) \geq 3$; per tant, Rang $(A) = 3$.

**FIXA-T'HI**

Convé que el menor d'ordre 2 que triem inicialment sigui el més senzill possible perquè formarà part de la resta dels determinants d'ordre superior que haurem de calcular.

**PENSA**

Pots trobar una matriu el rang de la qual sigui 0 i que els seus elements no siguin tots nuls?

**ACTIVITATS**

**19** Calcula el rang d'aquestes matrius a partir dels seus menors.

a) $\begin{pmatrix} 0 & 1 & -3 & -1 & 0 \\ -4 & -1 & 0 & 0 & 2 \\ 4 & 2 & -3 & -1 & 6 \end{pmatrix}$ b) $\begin{pmatrix} -5 & 2 & 0 & 2 \\ 4 & 1 & -1 & 0 \\ 1 & 3 & -1 & 3 \end{pmatrix}$

**20** Calcula $m$ perquè el rang de les matrius següents sigui 3.

a) $\begin{pmatrix} 0 & 2 & -3 & -1 \\ -3 & -3 & 2 & 4 \\ 0 & -4 & m & 2 \end{pmatrix}$ b) $\begin{pmatrix} 2 & 2 & 1 & -1 & 1 \\ -3 & 1 & 3 & -1 & 1 \\ -1 & 3 & m & 2 & -3 \end{pmatrix}$

# 6. Càlcul de la inversa d'una matriu

## 6.1. Matriu dels adjunts d'una matriu

Donada una matriu quadrada d'ordre $n$, $A = \begin{pmatrix} a_{11} & a_{12} & \dots & a_{1n} \\ a_{21} & a_{22} & \dots & a_{2n} \\ \dots & \dots & \dots & \dots \\ a_{n1} & a_{n2} & \dots & a_{nn} \end{pmatrix}$, l'adjunt de l'element $a_{ij}$ és $A_{ij} = (-1)^{i+j}\alpha_{ij}$, en què $\alpha_{ij}$ és el menor complementari de $a_{ij}$. S'anomena **matriu dels adjunts** de $A$ la matriu:

$$\text{Adj}\,(A) = \begin{pmatrix} A_{11} & A_{12} & \dots & A_{1n} \\ A_{21} & A_{22} & \dots & A_{2n} \\ \dots & \dots & \dots & \dots \\ A_{n1} & A_{n2} & \dots & A_{nn} \end{pmatrix}$$

**EXEMPLE**

12. Donada la matriu $A = \begin{pmatrix} -1 & 0 \\ 2 & 3 \end{pmatrix}$, comprova que es compleix que:

$$A \cdot \text{Adj}\,(A)^t = \begin{pmatrix} |A| & 0 \\ 0 & |A| \end{pmatrix}$$

Es calcula el determinant de la matriu:

$$|A| = \begin{vmatrix} -1 & 0 \\ 2 & 3 \end{vmatrix} = -3 \rightarrow \begin{pmatrix} |A| & 0 \\ 0 & |A| \end{pmatrix} = \begin{pmatrix} -3 & 0 \\ 0 & -3 \end{pmatrix}$$

Es troben els adjunts de $A$:

$A_{11} = 3$ $\quad A_{21} = 0$

$A_{12} = -2$ $\quad A_{22} = -1$

La matriu dels adjunts és:

$$\text{Adj}\,(A) = \begin{pmatrix} A_{11} & A_{12} \\ A_{21} & A_{22} \end{pmatrix} = \begin{pmatrix} 3 & -2 \\ 0 & -1 \end{pmatrix}$$

I, per tant, la seva transposada és:

$$\text{Adj}\,(A)^t = \begin{pmatrix} 3 & -2 \\ 0 & -1 \end{pmatrix}^t = \begin{pmatrix} 3 & 0 \\ -2 & -1 \end{pmatrix}$$

Es calcula el producte del primer membre de la igualtat:

$$A \cdot \text{Adj}\,(A)^t = \begin{pmatrix} -1 & 0 \\ 2 & 3 \end{pmatrix} \begin{pmatrix} 3 & 0 \\ -2 & -1 \end{pmatrix} = \begin{pmatrix} -3 & 0 \\ 0 & -3 \end{pmatrix} = \begin{pmatrix} |A| & 0 \\ 0 & |A| \end{pmatrix}$$

**ACTIVITATS**

21 Determina la matriu dels adjunts de les matrius següents.

a) $A = \begin{pmatrix} -1 & 2 \\ -2 & 1 \end{pmatrix}$

b) $B = \begin{pmatrix} 2 & -3 \\ -4 & 6 \end{pmatrix}$

c) $C = \begin{pmatrix} -2 & 1 \\ 3 & 1 \end{pmatrix}$

d) $D = \begin{pmatrix} 1 & 0 \\ 0 & 1 \end{pmatrix}$

e) $E = \begin{pmatrix} -5 & 2 \\ -3 & -1 \end{pmatrix}$

f) $F = \begin{pmatrix} 1 & 3 \\ 1 & 2 \end{pmatrix}$

22 Comprova que es compleix que $A \cdot \text{Adj}\,(A)^t = |A| \cdot I$, sent $I$ la matriu identitat d'ordre 3 en els casos següents.

a) $A = \begin{pmatrix} -3 & 2 & 0 \\ 4 & -1 & -1 \\ 0 & 3 & -1 \end{pmatrix}$

b) $A = \begin{pmatrix} 1 & 2 & 3 \\ 4 & 5 & 6 \\ 8 & 6 & 8 \end{pmatrix}$

## 6.2. Càlcul de la matriu inversa mitjançant determinants

Una matriu quadrada, $A$, té matriu inversa, $A^{-1}$, si es compleix que $|A| \neq 0$. En aquest cas, la matriu inversa $A^{-1}$ és la matriu transposada dels adjunts de $A$ multiplicada per l'invers del determinant de $A$.

$$A^{-1} = \frac{1}{|A|}\,\text{Adj}(A)^t$$

**RECORDA**

$B$ és la matriu inversa de $A$ si $AB = BA = I$.

Les matrius que tenen matriu inversa s'anomenen **matrius regulars** o **invertibles**, i les que no la tenen, **matrius singulars**.

GEOGEBRA

### Calcular la inversa d'una matriu amb determinants

Calcula la matriu inversa, $T^{-1}$, de la matriu següent.

$$T = \begin{pmatrix} 2 & 4 & 1 \\ -1 & -3 & -1 \\ 1 & 2 & 1 \end{pmatrix}$$

**PRIMER.** Es troba el determinant de la matriu. Si el determinant és igual a 0, la matriu no té inversa.

$$|T| = -6 - 2 - 4 + 3 + 4 + 4 = -1$$

**SEGON.** Si el determinant és diferent de 0, es calculen els adjunts de la matriu.

$$A_{11} = \begin{vmatrix} -3 & -1 \\ 2 & 1 \end{vmatrix} = -1 \qquad A_{12} = -\begin{vmatrix} -1 & -1 \\ 1 & 1 \end{vmatrix} = 0 \qquad A_{13} = \begin{vmatrix} -1 & -3 \\ 1 & 2 \end{vmatrix} = 1$$

$$A_{21} = -\begin{vmatrix} 4 & 1 \\ 2 & 1 \end{vmatrix} = -2 \qquad A_{22} = \begin{vmatrix} 2 & 1 \\ 1 & 1 \end{vmatrix} = 1 \qquad A_{23} = -\begin{vmatrix} 2 & 4 \\ 1 & 2 \end{vmatrix} = 0$$

$$A_{31} = \begin{vmatrix} 4 & 1 \\ -3 & -1 \end{vmatrix} = -1 \qquad A_{32} = -\begin{vmatrix} 2 & 1 \\ -1 & -1 \end{vmatrix} = 1 \qquad A_{33} = \begin{vmatrix} 2 & 4 \\ -1 & -3 \end{vmatrix} = -2$$

**TERCER.** Es defineix la matriu dels adjunts de la matriu inicial i es calcula la transposada.

$$\text{Adj}(T) = \begin{pmatrix} A_{11} & A_{12} & A_{13} \\ A_{21} & A_{22} & A_{23} \\ A_{31} & A_{32} & A_{33} \end{pmatrix} = \begin{pmatrix} -1 & 0 & 1 \\ -2 & 1 & 0 \\ -1 & 1 & -2 \end{pmatrix} \rightarrow \text{Adj}(T)^t = \begin{pmatrix} -1 & -2 & -1 \\ 0 & 1 & 1 \\ 1 & 0 & -2 \end{pmatrix}$$

**QUART.** S'aplica la fórmula de la matriu inversa $T^{-1} = \frac{1}{|T|}\text{Adj}(T)^t$, amb els valors trobats de $|T|$ i $\text{Adj}(T)^t$.

$$\frac{1}{-1} \cdot \begin{pmatrix} -1 & -2 & -1 \\ 0 & 1 & 1 \\ 1 & 0 & -2 \end{pmatrix} = \begin{pmatrix} 1 & 2 & 1 \\ 0 & -1 & -1 \\ -1 & 0 & 2 \end{pmatrix}$$

**CINQUÈ.** Es comprova el resultat observant que el producte de la matriu inicial per la seva inversa és la identitat.

$$T \cdot T^{-1} = \begin{pmatrix} 2 & 4 & 1 \\ -1 & -3 & -1 \\ 1 & 2 & 1 \end{pmatrix} \begin{pmatrix} 1 & 2 & 1 \\ 0 & -1 & -1 \\ -1 & 0 & 2 \end{pmatrix} = \begin{pmatrix} 1 & 0 & 0 \\ 0 & 1 & 0 \\ 0 & 0 & 1 \end{pmatrix}$$

**NO TE N'OBLIDIS**

Si $A$ és una matriu regular, es compleix:

$$|A^{-1}| = \frac{1}{|A|}$$

Per comprovar aquesta igualtat, es parteix de la definició de la matriu inversa i s'agafen determinants:

$$AA^{-1} = I \rightarrow |AA^{-1}| = |I|$$

$$|A| \cdot |A^{-1}| = 1 \rightarrow |A^{-1}| = \frac{1}{|A|}$$

**ACTIVITATS**

**23** Calcula la inversa de les matrius següents.

a) $A = \begin{pmatrix} 1 & 1 & -1 \\ 0 & -1 & 1 \\ 0 & -2 & 1 \end{pmatrix}$ b) $B = \begin{pmatrix} 3 & 5 & -1 & -7 \\ -1 & 0 & 4 & 4 \\ 2 & 1 & -1 & -2 \\ 1 & 1 & 0 & -1 \end{pmatrix}$

**24** Determina els valors de $m$ perquè les matrius siguin invertibles.

a) $A = \begin{pmatrix} 1 & 0 & -1 \\ 0 & m & 3 \\ 4 & 1 & -m \end{pmatrix}$ b) $B = \begin{pmatrix} 2 & -1 & m \\ m & 3 & 4 \\ 3 & -1 & 2 \end{pmatrix}$

# ACTIVITATS RESOLTES

## Determinants

### Resoldre equacions amb determinants

**Resol l'equació** $\begin{vmatrix} \cos\alpha & \sin\alpha & 0 \\ -\sin\alpha & \cos\alpha & 0 \\ 0 & 0 & x \end{vmatrix} + \begin{vmatrix} x & 0 & x \\ 1 & 2 & 3 \\ 3 & -1 & 3 \end{vmatrix} = 3$**, amb** $\alpha \in \mathbb{R}$**.**

**PRIMER.** Es calculen els determinants que apareixen en l'equació.

$$\begin{vmatrix} \cos\alpha & \sin\alpha & 0 \\ -\sin\alpha & \cos\alpha & 0 \\ 0 & 0 & x \end{vmatrix} = x \cdot (\cos\alpha \cdot \cos\alpha + \sin\alpha \cdot \sin\alpha) \qquad \begin{vmatrix} x & 0 & x \\ 1 & 2 & 3 \\ 3 & -1 & 3 \end{vmatrix} = 6x - x - 6x + 3x = 2x$$

**SEGON.** Es resol l'equació i es comprova la solució.

$$\begin{vmatrix} \cos\alpha & \sin\alpha & 0 \\ -\sin\alpha & \cos\alpha & 0 \\ 0 & 0 & x \end{vmatrix} + \begin{vmatrix} x & 0 & x \\ 1 & 2 & 3 \\ 3 & -1 & 3 \end{vmatrix} = 3 \rightarrow \underbrace{(\cos^2\alpha + \sin^2\alpha)}_{1} \cdot x + 2x = 3 \rightarrow x + 2x = 3 \rightarrow 3x = 3 \rightarrow x = 1$$

$$\begin{vmatrix} \cos\alpha & \sin\alpha & 0 \\ -\sin\alpha & \cos\alpha & 0 \\ 0 & 0 & 1 \end{vmatrix} + \begin{vmatrix} 1 & 0 & 1 \\ 1 & 2 & 3 \\ 3 & -1 & 3 \end{vmatrix} = \cos^2\alpha + \sin^2\alpha + 6 - 1 - 6 + 3 = 1 + 6 - 1 - 6 + 3 = 3$$

**PRACTICA**

**25.** Resol aquestes equacions amb determinants.

a) $\begin{vmatrix} 1+x & 1 & 1 \\ 1 & 1+x & 1 \\ 1 & 1 & 1+x \end{vmatrix} = 0$ b) $\begin{vmatrix} x & 0 & -1 \\ -2 & 1 & 1 \\ -1 & 0 & x \end{vmatrix} = 0$ c) $\begin{vmatrix} x & 1 & 0 \\ 1 & x & -1 \\ 2 & 0 & 1 \end{vmatrix} + \begin{vmatrix} x-1 & 0 & 2 \\ 1 & 2 & 0 \\ x & 2 & 1 \end{vmatrix} = -2$

## Propietats dels determinants

### Reduir un determinant a un altre determinant el valor del qual es coneix

**Troba el valor del determinant** $\begin{vmatrix} 6 & 6 & 6 \\ a-2 & b-2 & c-2 \\ \frac{d}{4} & \frac{e}{4} & \frac{f}{4} \end{vmatrix}$ **sabent que** $\begin{vmatrix} 1 & 1 & 1 \\ a & b & c \\ d & e & f \end{vmatrix} = 2$**.**

**PRIMER.** S'apliquen les propietats dels determinants per simplificar el determinant que s'ha de calcular.

- S'extreu del determinant el factor 6 de la primera fila i el factor $\frac{1}{4}$ de la tercera.

$$\begin{vmatrix} 6 & 6 & 6 \\ a-2 & b-2 & c-2 \\ \frac{d}{4} & \frac{e}{4} & \frac{f}{4} \end{vmatrix} = 6 \cdot \frac{1}{4} \cdot \begin{vmatrix} 1 & 1 & 1 \\ a-2 & b-2 & c-2 \\ d & e & f \end{vmatrix}$$

- Es descompon el determinant en una suma de dos fent servir els dos sumands de la segona fila.

$$\frac{6}{4} \cdot \begin{vmatrix} 1 & 1 & 1 \\ a-2 & b-2 & c-2 \\ d & e & f \end{vmatrix} = \frac{3}{2} \cdot \left( \begin{vmatrix} 1 & 1 & 1 \\ a & b & c \\ d & e & f \end{vmatrix} + \begin{vmatrix} 1 & 1 & 1 \\ -2 & -2 & -2 \\ d & e & f \end{vmatrix} \right)$$

**SEGON.** Se substitueix el determinant el valor del qual es coneix, i es calcula la resta.

$\begin{vmatrix} 1 & 1 & 1 \\ -2 & -2 & -2 \\ d & e & f \end{vmatrix} = 0$, perquè les dues primeres files són proporcionals.

$$\begin{vmatrix} 6 & 6 & 6 \\ a-2 & b-2 & c-2 \\ \frac{d}{4} & \frac{e}{4} & \frac{f}{4} \end{vmatrix} = \frac{3}{2} \cdot \left( \begin{vmatrix} 1 & 1 & 1 \\ a & b & c \\ d & e & f \end{vmatrix} + \begin{vmatrix} 1 & 1 & 1 \\ -2 & -2 & -2 \\ d & e & f \end{vmatrix} \right) = \frac{3}{2} \cdot (2 + 0) = 3$$

**PRACTICA**

**26.** Sabent que $\begin{vmatrix} 1 & 1 & 1 \\ a & b & c \\ b & e & f \end{vmatrix} = 2$,

calcula el valor del determinant

$$\begin{vmatrix} \frac{1}{3} & \frac{1}{3} & \frac{1}{3} \\ a+d & b+e & c+f \\ 2d & 2e & 2f \end{vmatrix}.$$

## Determinants de qualsevol ordre

### Calcular un determinant segons el rang d'una matriu

**Troba el determinant de la matriu següent.**

$$A_n = \begin{pmatrix} 1 & 1 & 1 & \cdots & 1 \\ -1 & 2 & 1 & \cdots & 1 \\ -1 & -1 & 2 & \cdots & 1 \\ \cdots & \cdots & \cdots & \cdots & \cdots \\ -1 & -1 & -1 & \cdots & 2 \end{pmatrix}$$

**Aplica el resultat obtingut i digues quant valen els determinants de $A_4$ i $A_5$.**

**PRIMER.** Es calcula el determinant fent una matriu triangular.

$$|A_n| = \begin{vmatrix} 1 & 1 & 1 & \cdots & 1 \\ -1 & 2 & 1 & \cdots & 1 \\ -1 & -1 & 2 & \cdots & 1 \\ \cdots & \cdots & \cdots & \cdots & \cdots \\ -1 & -1 & -1 & \cdots & 2 \end{vmatrix} = \begin{vmatrix} 1 & 1 & 1 & \cdots & 1 \\ 0 & 3 & 2 & \cdots & 2 \\ 0 & 0 & 3 & \cdots & 2 \\ \cdots & \cdots & \cdots & \cdots & \cdots \\ 0 & 0 & 0 & \cdots & 3 \end{vmatrix}$$

$F_2 = F_2 + F_1$
$F_3 = F_3 + F_1$
...
$F_n = F_n + F_1$

**SEGON.** Es calcula el determinant de la matriu triangular que coincideix amb el producte dels elements de la seva diagonal.

$$\begin{vmatrix} 1 & 1 & 1 & \cdots & 1 \\ 0 & 3 & 2 & \cdots & 2 \\ 0 & 0 & 3 & \cdots & 2 \\ \cdots & \cdots & \cdots & \cdots & \cdots \\ 0 & 0 & 0 & \cdots & 3 \end{vmatrix} = 1 \cdot 3 \cdot 3 \cdot \ldots \cdot 3 = 3^{n-1}$$

**TERCER.** Es comprova la validesa de la fórmula.

$$n = 2 \rightarrow |A_2| = \begin{vmatrix} 1 & 1 \\ -1 & 2 \end{vmatrix} = 2 + 1 = 3 = 3^{2-1}$$

$$n = 3 \rightarrow |A_3| = \begin{vmatrix} 1 & 1 & 1 \\ -1 & 2 & 1 \\ -1 & -1 & 2 \end{vmatrix} = 4 - 1 + 1 + 2 + 2 + 1 =$$
$$= 9 = 3^{3-1}$$

La fórmula és vàlida.

**QUART.** S'aplica la fórmula per calcular els determinants demanats.

$|A_4| = 3^{4-1} = 3^3 = 27$

$|A_5| = 3^{5-1} = 3^4 = 81$

**PRACTICA**

**27.** Calcula el determinant de $A_n$ i troba $|A_6|$.

$$A_n = \begin{pmatrix} -1 & -1 & -1 & \cdots & -1 & -1 \\ 1 & 9 & -1 & \cdots & -1 & -1 \\ 1 & 1 & 9 & \cdots & -1 & -1 \\ \cdots & \cdots & \cdots & \cdots & \cdots & \cdots \\ 1 & 1 & 1 & \cdots & 9 & -1 \\ 1 & 1 & 1 & \cdots & 1 & 9 \end{pmatrix}$$

## Càlcul del rang mitjançant determinants

### Estudiar el rang d'una matriu quadrada que depèn d'un paràmetre fent servir determinants

**Estudia el rang de la matriu:**

$$A = \begin{pmatrix} m & m-1 & m(m-1) \\ m & 1 & m \\ m & 1 & m-1 \end{pmatrix}$$

**segons els valors del paràmetre *m*.**

**PRIMER.** Es calcula el determinant de la matriu *A*.

$$\begin{vmatrix} m & m-1 & m(m-1) \\ m & 1 & m \\ m & 1 & m-1 \end{vmatrix} = m \cdot \begin{vmatrix} 1 & m-1 & m(m-1) \\ 1 & 1 & m \\ 1 & 1 & m-1 \end{vmatrix} =$$

$F_3 = F_3 - F_2$

$$= m \cdot \begin{vmatrix} 1 & m-1 & m(m-1) \\ 1 & 1 & m \\ 0 & 0 & -1 \end{vmatrix} =$$

$$= -m \cdot \begin{vmatrix} 1 & m-1 \\ 1 & 1 \end{vmatrix} = -m(2-m)$$

**SEGON.** S'iguala a zero el resultat i es resol l'equació.

$$-m(m-2) = 0 \rightarrow \begin{cases} m = 0 \\ m = 2 \end{cases}$$

**TERCER.** S'estudia el rang per a valors diferents dels valors trobats en el pas anterior.

Si $m \neq 0$ i $m \neq 2$ $\rightarrow$ $|A| \neq 0$ $\rightarrow$ Rang $(A) = 3$

**QUART.** S'estudia el rang per als valors trobats en el pas 2.

Si $m = 0$ i $m = 2$ $\rightarrow$ $|A| = 0$ $\rightarrow$ Rang $(A) < 3$

- Si $m = 0$:

$$A = \begin{pmatrix} 1 & -1 & 0 \\ 1 & 1 & 0 \\ 0 & 1 & -1 \end{pmatrix} \rightarrow \begin{vmatrix} 1 & 0 \\ 1 & -1 \end{vmatrix} = -1 \neq 0 \rightarrow$$
$$\rightarrow \text{Rang } (A) = 2$$

- Si $m = 2$:

$$A = \begin{pmatrix} 2 & 1 & 2 \\ 2 & 1 & 2 \\ 2 & 1 & 1 \end{pmatrix} \rightarrow \begin{vmatrix} 1 & 2 \\ 1 & 1 \end{vmatrix} = -1 \neq 0 \rightarrow$$
$$\rightarrow \text{Rang } (A) = 2$$

Si $m = 0$ $\rightarrow$ Rang $(A) = 2$

Si $m = 2$ $\rightarrow$ Rang $(A) = 2$

**PRACTICA**

**28.** Calcula el rang d'aquesta matriu segons el paràmetre *m*.

$$A = \begin{pmatrix} m+1 & 0 & m-1 \\ m+1 & m & 4 \\ 0 & m & 2 \end{pmatrix}$$

# ACTIVITATS RESOLTES

## Càlcul del rang mitjançant determinants

### Calcular el rang d'una matriu no quadrada que depèn d'un paràmetre amb determinants

**Estudia el rang de la matriu** $A = \begin{pmatrix} a^2 & a & a & 1 \\ a & a^2 & 1 & a \\ a & 1 & a^2 & 1 \end{pmatrix}$.

**PRIMER.** Es busca un menor d'ordre 2 diferent de 0 en el qual preferiblement no aparegui el paràmetre.

El paràmetre apareix en tots els menors d'ordre 2. $\begin{pmatrix} a^2 & a & a & 1 \\ a & a^2 & 1 & a \\ a & 1 & a^2 & 1 \end{pmatrix} \rightarrow \begin{vmatrix} 1 & a \\ a^2 & 1 \end{vmatrix} = 1 - a^3$

**SEGON.** Es busquen tots els menors de l'ordre següent que contenen l'anterior i que siguin diferents de zero, i es continua el procés fins a completar l'ordre màxim. $\begin{vmatrix} a & a & 1 \\ a^2 & 1 & a \\ 1 & a^2 & 1 \end{vmatrix} = -a^3 + a^2 + a - 1$ $\quad \begin{vmatrix} a^2 & a & 1 \\ a & 1 & a \\ a & a^2 & 1 \end{vmatrix} = -a^5 + 2a^3 - a$

**TERCER.** S'igualen els resultats a zero i es resolen les equacions.

$1 - a^3 = 0 \rightarrow a = 1 \qquad -a^3 + a^2 + a - 1 = 0 \rightarrow a = -1, a = 1 \qquad -a^5 + 2a^3 - a = 0 \rightarrow a = -1, a = 0, a = 1$

**QUART.** S'estudia el rang de la matriu amb els valors obtinguts.

- Si $a = 1 \rightarrow A = \begin{pmatrix} 1 & 1 & 1 & 1 \\ 1 & 1 & 1 & 1 \\ 1 & 1 & 1 & 1 \end{pmatrix} \rightarrow$ Rang $(A) = 1$.
- Si $a = -1 \rightarrow$ Els menors d'ordre 3 són 0. $\rightarrow$ Rang $(A) = 2$
- Si $a = 0 \rightarrow$ Un menor d'ordre 3 és diferent de 0. $\rightarrow$ Rang $(A) = 3$

**PRACTICA**

**29.** Calcula el rang d'aquesta matriu.

$$A = \begin{pmatrix} 1 & 3 & 3 & 1 \\ k & k & 3 & -1 \\ -1 & 3 & 3 & 0 \end{pmatrix}$$

## Càlcul de la matriu inversa mitjançant determinants

### Comprovar si una matriu que depèn d'un paràmetre té inversa

GEOGEBRA

**Considera la matriu** $A = \begin{pmatrix} 1 & 0 & -1 \\ 0 & m & -3 \\ 4 & 1 & m \end{pmatrix}$**, en què** $m \in \mathbb{R}$.

**Per a quins valors de** $m$ **la matriu** $A$ **és regular?**

**PRIMER.** Es calcula el determinant de la matriu.

$$\begin{vmatrix} 1 & 0 & -1 \\ 0 & m & 3 \\ 4 & 1 & m+4 \end{vmatrix} = \begin{vmatrix} 1 & 0 & 0 \\ 0 & m & -3 \\ 4 & 1 & m+4 \end{vmatrix} = \begin{vmatrix} m & -3 \\ 1 & m+4 \end{vmatrix} =$$

$C_3 = C_3 + C_1$

$$= m^2 + 4m + 3$$

**SEGON.** Es troben els valors que anul·len el determinant.

$m^2 + 4m + 3 = 0 \rightarrow m = -1, m = -3$

$A$ és regular si $m \neq -1$ i $m \neq -3$.

**PRACTICA**

**30.** Troba els valors de $m$ perquè la matriu sigui invertible.

$$A = \begin{pmatrix} m-1 & 1 & 1 \\ 1 & m-1 & 1 \\ 0 & 1 & m \end{pmatrix}$$

## Càlcul de la matriu inversa mitjançant determinants

### Resoldre una equació matricial del tipus $AX = C$

**Donades** $P = \begin{pmatrix} 1 & 1 & 0 \\ -1 & 0 & 1 \\ -1 & -1 & 1 \end{pmatrix}$ **i** $A = \begin{pmatrix} -1 & 0 & 0 \\ 0 & -1 & 0 \\ 0 & 0 & 2 \end{pmatrix}$,

**troba la matriu** $X$ **sabent que** $XP = A$.

**PRIMER.** S'aïlla la matriu incògnita.

$XP = A \rightarrow XPP^{-1} = AP^{-1} \rightarrow X = AP^{-1}$

**SEGON.** Es comprova que existeixen les inverses que apareixen en l'equació i es calculen.

$$|P| = 1 \rightarrow P^{-1} = \frac{1}{|P|} \text{Adj}(P)^t = \begin{pmatrix} 1 & -1 & 1 \\ 0 & 1 & -1 \\ 1 & 0 & 1 \end{pmatrix}$$

**TERCER.** Es calcula la matriu demanada.

$$X = AP^{-1} = \begin{pmatrix} -1 & 1 & -1 \\ 0 & -1 & 1 \\ 2 & 0 & 2 \end{pmatrix}$$

**PRACTICA**

**31.** Troba la matriu $X$.

$$\begin{pmatrix} 0 & -1 & 1 \\ 1 & 3 & 0 \\ 0 & 1 & 0 \end{pmatrix} \cdot X = \begin{pmatrix} 1 & 3 & 2 \\ -1 & -1 & 0 \\ 0 & 2 & 2 \end{pmatrix}$$

## Càlcul de la matriu inversa mitjançant determinants

### Resoldre una equació matricial del tipus $AX + B = C$

**Donades les matrius següents:**

$$A = \begin{pmatrix} 0 & 1 & 1 \\ 1 & 0 & 0 \\ 0 & 0 & 1 \end{pmatrix} \qquad B = \begin{pmatrix} 1 & -1 & 1 \\ 1 & -1 & 0 \\ -1 & 2 & 3 \end{pmatrix}$$

**resol aquesta equació matricial:**

$$AX + B = A^2$$

**PRIMER.** S'aïlla la matriu incògnita en l'equació matricial.

$$AX + B = A^2$$

Es deixen en el primer membre els termes en els quals hi ha la matriu incògnita.

$$AX = A^2 - B$$

Es multiplica per l'esquerra, en els dos membres, per $A^{-1}$:

$$A^{-1}AX = A^{-1}(A^2 - B)$$

Es fan les operacions:

$$X = A^{-1}(A^2 - B)$$
$$X = A^{-1}A^2 - A^{-1}B$$
$$X = A^{-1}AA - A^{-1}B$$
$$X = A - A^{-1}B$$

**SEGON.** Es comprova que existeixen les inverses que apareixen en l'equació i es calculen.

$$|A| = -1 \rightarrow A^{-1} = \frac{1}{|A|}\,\text{Adj}(A)^t = \begin{pmatrix} 0 & 1 & 0 \\ 1 & 0 & -1 \\ 0 & 0 & 1 \end{pmatrix}$$

**TERCER.** Es fan les operacions necessàries per calcular la matriu demanada.

$$A^{-1}B = \begin{pmatrix} 0 & 1 & 0 \\ 1 & 0 & -1 \\ 0 & 0 & 1 \end{pmatrix}\begin{pmatrix} 1 & -1 & 1 \\ 1 & -1 & 0 \\ -1 & 2 & 3 \end{pmatrix} = \begin{pmatrix} 1 & -1 & 0 \\ 2 & -3 & -2 \\ -1 & 2 & 3 \end{pmatrix}$$

$$A - A^{-1}B = \begin{pmatrix} 0 & 1 & 1 \\ 1 & 0 & 0 \\ 0 & 0 & 1 \end{pmatrix} - \begin{pmatrix} 1 & -1 & 0 \\ 2 & -3 & -2 \\ -1 & 2 & 3 \end{pmatrix} = \begin{pmatrix} -1 & 2 & 1 \\ -1 & 3 & 2 \\ 1 & -2 & -2 \end{pmatrix}$$

Per tant, la matriu $X$ és:

$$X = A - A^{-1}B = \begin{pmatrix} -1 & 2 & 1 \\ -1 & 3 & 2 \\ 1 & -2 & -2 \end{pmatrix}$$

**PRACTICA**

**32.** Troba la matriu $X$.

$$\begin{pmatrix} 2 & 0 & 1 \\ 1 & 3 & -1 \\ 2 & 1 & 0 \end{pmatrix} \cdot X + \begin{pmatrix} 1 & 0 & 0 \\ 3 & 0 & -1 \\ 2 & 1 & 3 \end{pmatrix} = \begin{pmatrix} 1 & -3 & -2 \\ 0 & -1 & 0 \\ 2 & 0 & 2 \end{pmatrix}^2$$

## Càlcul de la matriu inversa mitjançant determinants

### Resoldre una equació matricial en què s'ha de treure factor comú

**Donades les matrius:**

$$A = \begin{pmatrix} 0 & 2 \\ 2 & 4 \end{pmatrix} \text{ i } B = \begin{pmatrix} 1 & -1 \\ 2 & 1 \end{pmatrix}$$

**resol l'equació matricial següent:**

$$AX + X = B,$$

**en què $X$ és una matriu d'ordre $2 \times 2$.**

**PRIMER.** Es treu factor comú a la matriu incògnita.

En aquest cas, es treu factor comú a $X$ en el primer membre, tenint en compte que la matriu $X$ es pot escriure com a $I \cdot X$, sent $I$ la matriu identitat.

$$AX + X = B$$
$$AX + IX = B$$

Com que $X$ multiplica les matrius $A$ i $I$ per la dreta, es treu factor comú per aquest costat.

$$A \cdot X + I \cdot X = B$$
$$(A + I) \cdot X = B$$

**SEGON.** S'aïlla la matriu incògnita.

Es multiplica per l'esquerra per $(A + I)^{-1}$.

$$(A + I)^{-1}(A + I) \cdot X = (A + I)^{-1}B$$
$$X = (A + I)^{-1}B$$

**TERCER.** Es comprova l'existència de les inverses i es calculen.

$$(A + I) = \begin{pmatrix} 0 & 2 \\ 2 & 4 \end{pmatrix} + \begin{pmatrix} 1 & 0 \\ 0 & 1 \end{pmatrix} = \begin{pmatrix} 1 & 2 \\ 2 & 5 \end{pmatrix}$$

$$|A + I| = \begin{vmatrix} 1 & 2 \\ 2 & 5 \end{vmatrix} = 1 \rightarrow \text{Existeix } (A + I)^{-1}.$$

Per calcular la matriu inversa es determina la matriu transposada dels adjunts.

$$\text{Adj}(A + I) = \begin{pmatrix} A_{11} & A_{12} \\ A_{21} & A_{22} \end{pmatrix} = \begin{pmatrix} 5 & -2 \\ -2 & 1 \end{pmatrix}$$

$$\text{Adj}(A + I)^t = \begin{pmatrix} 5 & -2 \\ -2 & 1 \end{pmatrix}$$

S'aplica la fórmula de la matriu inversa:

$$(A + I)^{-1} = \frac{1}{|A + I|}\,\text{Adj}(A + I)^t =$$
$$= \frac{1}{1} \cdot \begin{pmatrix} 5 & -2 \\ -2 & 1 \end{pmatrix} = \begin{pmatrix} 5 & -2 \\ -2 & 1 \end{pmatrix}$$

**QUART.** Es fan les operacions matricials.

$$X = (A + I)^{-1}B = \begin{pmatrix} 5 & -2 \\ -2 & 1 \end{pmatrix} \cdot \begin{pmatrix} 1 & -1 \\ 2 & 1 \end{pmatrix} = \begin{pmatrix} 1 & -7 \\ 0 & 3 \end{pmatrix}$$

**PRACTICA**

**33.** Donades les matrius $A = \begin{pmatrix} 2 & 1 \\ -2 & 0 \end{pmatrix}$ i $B = \begin{pmatrix} 5 & 20 \\ -10 & 5 \end{pmatrix}$, resol l'equació matricial $AX + X = B$, en què $X$ és una matriu d'ordre $2 \times 2$.

# ACTIVITATS FINALS

## 1. Calcula el valor d'un determinant i aplica les seves propietats

**ACTIVITATS FLAIX**

**34** ●○○ Donades les matrius $A = \begin{pmatrix} 1 & -1 \\ 2 & 3 \end{pmatrix}$ i $B = \begin{pmatrix} -1 & 5 \\ 1 & -2 \end{pmatrix}$, calcula.

a) $|A|$ c) $|A^{-1}|$ e) $|AB|$ g) $|A^2|$

b) $|B|$ d) $|B^{-1}|$ f) $|BA|$ h) $|B^3|$

**35** ●○○ Donades les matrius $A = \begin{pmatrix} -1 & 3 \\ 2 & -2 \end{pmatrix}$ i $B = \begin{pmatrix} -3 & -2 \\ -1 & 3 \end{pmatrix}$, troba $|A|$, $|B|$, $|A + B|$ i $|A - B|$.

**36** ●●○ **INVENTA.** Escriu una matriu 2 × 2 amb aquests determinants.

a) 1 b) 2 c) 3

**37** ●○○ Calcula els determinants següents.

a) $\begin{vmatrix} 12 & -4 \\ -9 & 3 \end{vmatrix}$ c) $\begin{vmatrix} 1 & -1 \\ 3 & -2 \end{vmatrix}$ e) $\begin{vmatrix} a-4 & 2 \\ 6 & a-3 \end{vmatrix}$

b) $\begin{vmatrix} a & 2 \\ b & -3 \end{vmatrix}$ d) $\begin{vmatrix} x & x^2 \\ 1 & x \end{vmatrix}$ f) $\begin{vmatrix} a+1 & a-1 \\ 1-a & a+1 \end{vmatrix}$

**38** ●○○ Calcula *a*, *b*, *c*, *d*... perquè es compleixin les igualtats següents.

a) $\begin{vmatrix} 4 & 2 \\ -3 & a \end{vmatrix} = 26$ d) $\begin{vmatrix} \frac{1}{d} & \frac{-2}{d} \\ 3 & 8 \end{vmatrix} = 7$

b) $\begin{vmatrix} b & 4 \\ 3b & -3 \end{vmatrix} = 45$ e) $\begin{vmatrix} \sqrt{e} & 2 \\ 2 & \sqrt{e-6} \end{vmatrix} = 0$

c) $\begin{vmatrix} c & 3c-1 \\ 4 & c \end{vmatrix} = 32$ f) $\begin{vmatrix} \sin f & \cos f \\ \cos f & \sin f \end{vmatrix} = -\frac{1}{2}$

**39** ●○○ Donades les matrius $A = \begin{pmatrix} -1 & 2 & -3 \\ 0 & 1 & -1 \\ 3 & 1 & 1 \end{pmatrix}$ i $B = \begin{pmatrix} 1 & 1 & 1 \\ 2 & 0 & 2 \\ 0 & 3 & 0 \end{pmatrix}$, troba $|A|$, $|B|$, $|A + B|$ i $|A - B|$.

**40** ●●○ **INVENTA.** Escriu tres matrius 3 × 3 els determinants de les quals valguin 1, 2 i 3, respectivament.

**41** ●●○ Troba el valor dels determinants següents.

a) $\begin{vmatrix} 3 & 2 & -1 \\ 4 & 0 & 3 \\ 2 & -3 & 5 \end{vmatrix}$ b) $\begin{vmatrix} -a & b & c \\ -b & c & a \\ -c & a & b \end{vmatrix}$ c) $\begin{vmatrix} x-1 & 2 & x \\ x+1 & 4 & 3 \\ -2 & 0 & -2 \end{vmatrix}$

**42** ●●○ Troba els valors reals de *a* i *b* perquè es compleixin les igualtats.

a) $\begin{vmatrix} 3 & a & -1 \\ 4 & 1 & 1 \\ 2 & a & -2 \end{vmatrix} = 2$ b) $\begin{vmatrix} -2 & b & -1 \\ b & 1 & b \\ 3 & 5 & 2 \end{vmatrix} = 5$

**43** ●●○ **INVESTIGA.** Demostra que si $A = \begin{pmatrix} a & b \\ c & d \end{pmatrix}$, es verifica que $A^2 - (a + d) \cdot A + |A| \cdot I = 0$, en què $I$ és la matriu identitat.

**44** ●●○ Quina relació han de tenir *m* i *n* perquè el determinant $\begin{vmatrix} m & -1 & 4 \\ n & 3 & 3 \\ 3 & 5 & 0 \end{vmatrix}$ sigui nul?

### Propietats dels determinants

**ACTIVITATS FLAIX**

**45** ●○○ Sabent que $\begin{vmatrix} a & c \\ b & d \end{vmatrix} = 5$, calcula els determinants.

a) $\begin{vmatrix} b & d \\ a & c \end{vmatrix}$ c) $\begin{vmatrix} 3a & c \\ 3b & d \end{vmatrix}$ e) $\begin{vmatrix} a & c-a \\ b & d-b \end{vmatrix}$

b) $\begin{vmatrix} 2a & 2c \\ b & d \end{vmatrix}$ d) $\begin{vmatrix} a & c+a \\ b & d+b \end{vmatrix}$ f) $\begin{vmatrix} 1 & 0 & 0 \\ 0 & a & c \\ 0 & b & d \end{vmatrix}$

**46** ●○○ Calcula el valor del determinant $\begin{vmatrix} 3 & 5 & 1 \\ -2 & 8 & 0 \\ 5 & -3 & 2 \end{vmatrix}$.

Comprova que si realitzem les operacions següents, el valor no varia, sent $F_i$ les files i $C_i$ les columnes.

a) $F_2 + 2F_3$ c) $F_3 - F_2 + F_1$

b) $C_1 - 3C_3$ d) $C_2 - 3C_1 + 2C_3$

**47** ●●○ **INVESTIGA.** Siguin les matrius:

$$A = \begin{pmatrix} 3 & 5 \\ -1 & 2 \end{pmatrix} \quad B = \begin{pmatrix} -2 & 4 \\ 3 & 1 \end{pmatrix} \quad C = \begin{pmatrix} 6 & -3 \\ -4 & 3 \end{pmatrix}$$

Comprova si es verifiquen les igualtats següents. Si se'n verifica alguna, indica si es tracta d'una propietat general dels determinants.

a) $|2A| = 2|A|$ c) $|C - 2B| = |C| - 2|B|$

b) $|A + B| = |A| + |B|$ d) $|AB| = |A| \cdot |B|$

**48** ●○○ Calcula el valors dels determinants:

$$\begin{vmatrix} a & 1 & -1 \\ b & 0 & -2 \\ c & 1 & 0 \end{vmatrix} \quad \begin{vmatrix} 2 & 1 & -1 \\ -3 & 0 & -2 \\ 5 & 1 & 0 \end{vmatrix} \quad \begin{vmatrix} a+2 & 1 & -1 \\ b-3 & 0 & -2 \\ c+5 & 1 & 0 \end{vmatrix}$$

i comprova la igualtat següent.

$$\begin{vmatrix} a+2 & 1 & -1 \\ b-3 & 0 & -2 \\ c+5 & 1 & 0 \end{vmatrix} = \begin{vmatrix} a & 1 & -1 \\ b & 0 & -2 \\ c & 1 & 0 \end{vmatrix} + \begin{vmatrix} 2 & 1 & -1 \\ -3 & 0 & -2 \\ 5 & 1 & 0 \end{vmatrix}$$

**49** ●●○ Sabem que el determinant d'una matriu quadrada *A* val 3 i el determinant de la matriu 2*A* val 48. Quin és l'ordre de la matriu *A*?

**50** ●●● **INVESTIGA.** Si *A* i *B* són dues matrius quadrades i $|AB| = 5$, pots determinar el rang de *A*? Si, a més, $|2AB| = 20$, pots trobar el de *B*?

**51** ●○○ Sabent que el determinant de la matriu *M* és 5, troba justificadament: el determinant de:

a) La matriu $M^t$.

b) La matriu 2*M*, si *M* és d'ordre 2.

c) La matriu 5*M*, si *M* és d'ordre 2.

d) La matriu 2*M*, si *M* és d'ordre 3.

e) La matriu 5*M*, si *M* és d'ordre 3.

**52** ●●○ **INVENTA.** Si $A = \begin{pmatrix} a & c \\ b & d \end{pmatrix}$ i $|A| = 2$, escriu a partir de $A$:

a) Dues matrius diferents amb determinant 2.

b) Dues matrius diferents amb determinant 6.

c) Dues matrius diferents amb determinant 18.

**53** ●●○ Demostra, sense desenvolupar, que el determinant:

a) $\begin{vmatrix} 2 & -1 & 1 \\ -3 & 2 & -1 \\ 1 & 7 & 3 \end{vmatrix}$ és múltiple de 5.

b) $\begin{vmatrix} 1 & 2 & 5 \\ 3 & 7 & 5 \\ 6 & 2 & 5 \end{vmatrix}$ és múltiple de 25. (Observa que els nombres 125, 375 i 625 són múltiples de 25.)

c) $\begin{vmatrix} 2 & -3 & 1 & 6 \\ 1 & 1 & -1 & 5 \\ 4 & -2 & 7 & -3 \\ 8 & -1 & 0 & -1 \end{vmatrix}$ és múltiple de 6.

**54** ●●● **INVESTIGA.** Siguin dues matrius quadrades d'ordre $n$, $A$ i $B$. Prova, fent ús de les propietats dels determinants, que $|AB| = |BA|$.

**55** ●●○ Sabent que $\begin{vmatrix} 3 & 1 & 4 \\ 2 & -3 & -4 \\ 2 & 0 & 1 \end{vmatrix} = 5$, calcula, sense desenvolupar-los, el valor dels determinants següents.

a) $\begin{vmatrix} 3 & 2 & 4 \\ 2 & -6 & -4 \\ 6 & 0 & 3 \end{vmatrix}$

b) $\begin{vmatrix} 3 & 2 & 2 \\ 1 & -3 & 0 \\ 4 & -4 & 1 \end{vmatrix}$

c) $\begin{vmatrix} 8 & 1 & 4 \\ -5 & -3 & -4 \\ 3 & 0 & 1 \end{vmatrix}$

d) $\begin{vmatrix} 6 & 4 & 1 \\ 4 & -4 & -3 \\ 4 & 1 & 0 \end{vmatrix}$

**56** ●●○ Sent $\begin{vmatrix} a & b \\ c & d \end{vmatrix} = 8$, troba sense desenvolupar:

a) $\begin{vmatrix} 2a & 3b \\ 2c & 3d \end{vmatrix}$

b) $\begin{vmatrix} b & a \\ d & c \end{vmatrix}$

c) $\begin{vmatrix} a-3b & b \\ c-3d & d \end{vmatrix}$

d) $\begin{vmatrix} c & d \\ a+2c & b+2d \end{vmatrix}$

**57** ●●○ Sabent que $\begin{vmatrix} a & b & c \\ d & e & f \\ g & h & i \end{vmatrix} = \frac{1}{2}$, calcula $\begin{vmatrix} 2d & 2f & 2e \\ 2g & 2i & 2h \\ 2a & 2c & 2b \end{vmatrix}$.

**58** ●○○ Si $\begin{vmatrix} a & b & c \\ d & e & f \\ g & h & i \end{vmatrix} = 3$, calcula el valor d'aquests determinants.

a) $\begin{vmatrix} 3a & 3b & 15c \\ d & e & 5f \\ g & h & 5i \end{vmatrix}$

b) $\begin{vmatrix} a+2b & c & b \\ d+2e & f & e \\ g+2h & i & h \end{vmatrix}$

**59** ●●○ Sabent que $\begin{vmatrix} a & b & c \\ d & e & f \\ g & h & i \end{vmatrix} = 6$, calcula, sense desenvolupar, el valor dels determinants següents.

a) $\begin{vmatrix} 2a & 2b & 2c \\ \frac{d}{3} & \frac{e}{3} & \frac{f}{3} \\ g & h & i \end{vmatrix}$

b) $\begin{vmatrix} 2b & c+3a & \frac{a}{5} \\ 2e & f+3d & \frac{d}{5} \\ 2h & i+3g & \frac{g}{5} \end{vmatrix}$

**60** ●○○ Si $M$ és una matriu quadrada i $|M| = 6$, què pots dir del determinant de $M^3$? I del determinant de $2M$?

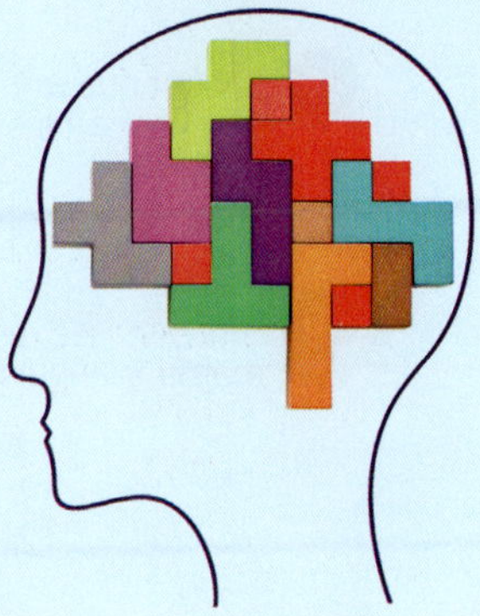

**61** ●●○ Justifica, sense desenvolupar, que aquests determinants són nuls.

a) $\begin{vmatrix} 3 & 1 & -6 \\ 5 & 4 & -10 \\ 2 & 3 & -4 \end{vmatrix}$

b) $\begin{vmatrix} 6 & 1 & 3 \\ 2 & 5 & 4 \\ 8 & 6 & 7 \end{vmatrix}$

c) $\begin{vmatrix} 8 & 5 & 9 \\ 4 & 1 & 3 \\ 2 & 3 & 4 \end{vmatrix}$

d) $\begin{vmatrix} 3 & -1 & 0 \\ 5 & 4 & 1 \\ 9 & 14 & 3 \end{vmatrix}$

**62** ●○○ Sabem que $a$, $b$, $c$ i $d$ són nombres diferents de zero. Sense desenvolupar el determinant, demostra que es compleix:

$$\begin{vmatrix} bc & ac & ab \\ 3d & 3d & 3d \\ \frac{2}{a} & \frac{2}{b} & \frac{2}{c} \end{vmatrix} = 0$$

**63** ●●○ Demostra, sense desenvolupar, que aquests determinants valen 0.

a) $\begin{vmatrix} a & b & c \\ a+2d & b+2e & c+2f \\ d-a & e-b & f-c \end{vmatrix}$

b) $\begin{vmatrix} x+y & y+z & z+x \\ z & x & y \\ 2 & 2 & 2 \end{vmatrix}$

**64** ●●○ Sabent que el determinant $\begin{vmatrix} a & d & f \\ 0 & b & e \\ 0 & 0 & c \end{vmatrix} = 8$:

a) Calcula $\begin{vmatrix} a+f & d-a & f \\ c+e & b & c+e \\ e & b & e \end{vmatrix}$.

b) Si $b = 1$ i $c = 2$, quant val $a$?

**65** ●●○ Donada la matriu $M = \begin{pmatrix} 0 & z & -y \\ -z & 0 & x \\ y & -x & 0 \end{pmatrix}$, en la qual es verifica $x^2 + y^2 + z^2 = 1$, calcula el valor del determinant de la matriu $P = M^2 + I$.

**66** ●●○ Calcula els valors de $a$ per als quals el determinant de la matriu $B$ és igual a $-32$, sent

$$B = 2 \cdot A^2 \qquad A = \begin{pmatrix} 1 & 1 & 0 \\ a & 1 & -a \\ 1 & 0 & 2 \end{pmatrix}$$

**67** ●●○ Resol aquestes equacions.

a) $\begin{vmatrix} x & 1 & 2 \\ 3 & x-1 & 1 \\ 1 & 2 & 3 \end{vmatrix} = \begin{vmatrix} x & 1 \\ 0 & 2 \end{vmatrix}$

b) $\begin{vmatrix} 2x & 4 & -2 \\ x & 2 & x \\ -1 & 3 & 2x \end{vmatrix} = 0$

**68** ●○○ En una matriu $M$ d'ordre 2, el determinant de la qual val 3, s'hi han realitzat les transformacions següents:

1. Multiplicar per 4 la matriu.
2. Intercanviar les columnes entre si.
3. Dividir entre 2 els elements de la segona fila.

Si anomenem $P$ la nova matriu obtinguda, calcula el determinant de $P$.

**69** Sabent que $a + b + c = -3$, resol l'equació:

$$\begin{vmatrix} x+a & b & c \\ a & x+b & c \\ a & b & x+c \end{vmatrix} = 0$$

**70** **INVESTIGA.** Converteix aquest determinant en el d'una matriu triangular i demostra la igualtat.

$$\begin{vmatrix} a & a+b & b \\ b & a & b \\ 2a & 3a & a+b \end{vmatrix} = (a-b)^3$$

## Determinants de qualsevol ordre

**71** **INVENTA.** Escriu aquestes matrius.

a) Una matriu d'ordre $2 \times 2$ el determinant de la qual sigui 2.

b) Una matriu d'ordre $3 \times 3$ el determinant de la qual sigui 3.

c) Una matriu d'ordre $n \times n$ el determinant de la qual sigui $n$.

**72** Troba el valor dels determinants següents, desenvolupant per la fila o columna que més t'interessi.

a) $\begin{vmatrix} 3 & 3 & -1 & 4 \\ -1 & -5 & 0 & 6 \\ -2 & -4 & 0 & 2 \\ -1 & 2 & 1 & -2 \end{vmatrix}$  b) $\begin{vmatrix} 1 & 2 & 3 & 4 \\ -1 & 2 & 3 & 5 \\ 2 & 2 & 0 & 4 \\ -3 & -2 & 1 & 4 \end{vmatrix}$

**73** Calcula el valor del determinant de $B$ segons el paràmetre $a$.

$$B = \begin{pmatrix} -a & 1 & 0 & 1 \\ 1 & -a & 1 & 0 \\ 0 & 1 & -a & 1 \\ 1 & 0 & 1 & -a \end{pmatrix}$$

INTERNET

**74** **INVESTIGA.** Comprova, fent servir les propietats dels determinants, que aquest determinant, anomenat de Vandermonde, verifica:

$$|B| = \begin{vmatrix} 1 & 1 & 1 \\ a & b & c \\ a^2 & b^2 & c^2 \end{vmatrix} = (b-a)(c-a)(c-b)$$

Busca una fórmula per obtenir els determinants de Vandermonde i calcula.

$$|A| = \begin{vmatrix} 1 & 1 & 1 & 1 & 1 \\ a & b & c & d & e \\ a^2 & b^2 & c^2 & d^2 & e^2 \\ a^3 & b^3 & c^3 & d^3 & e^3 \\ a^4 & b^4 & c^4 & d^4 & e^4 \end{vmatrix}$$

**75** Determina les solucions d'aquesta equació.

$$\begin{vmatrix} x+2 & 1 & 1 & 1 \\ 1 & x+2 & 1 & 1 \\ 1 & 1 & x+2 & 1 \\ x & x & x & 3 \end{vmatrix} = 0$$

**76** **REPTE.** Calcula el determinant següent.

$$\begin{vmatrix} 1 & 1 & 1 \\ \log 5 & \log 50 & \log 500 \\ (\log 5)^2 & (\log 50)^2 & (\log 500)^2 \end{vmatrix}$$

**77** **MATEMÀTIQUES I... ASTRONOMIA.** Els planetes, en la seva trajectòria al voltant del Sol, segueixen òrbites el·líptiques, i la seva equació general és $ax^2 + bxy + cy^2 + dx + ey + f = 0$. Per determinar la trajectòria d'un planeta, només cal conèixer la seva posició en cinc moments determinats i resoldre un determinant d'ordre 6.

Coneixem la posició d'un planeta en cinc moments: $P_1(x_1, y_1)$, $P_2(x_2, y_2)$, $P_3(x_3, y_3)$, $P_4(x_4, y_4)$, $P_5(x_5, y_5)$. La trajectòria del planeta es pot calcular amb aquest determinant.

$$\begin{vmatrix} x^2 & xy & y^2 & x & y & 1 \\ x_1^2 & x_1y_1 & y_1^2 & x_1 & y_1 & 1 \\ x_2^2 & x_2y_2 & y_2^2 & x_2 & y_2 & 1 \\ x_3^2 & x_3y_3 & y_3^2 & x_3 & y_3 & 1 \\ x_4^2 & x_4y_4 & y_4^2 & x_4 & y_4 & 1 \\ x_5^2 & x_5y_5 & y_5^2 & x_5 & y_5 & 1 \end{vmatrix} = 0$$

Quina seria l'equació de la trajectòria si passa pels punts $(-2, 1)$, $(1, 2)$, $(5, 1)$, $(6, -1)$ i $(4, -2)$?

## 2. Determina el rang d'una matriu

ACTIVITATS FLAIX

**78** Troba el rang d'aquestes matrius.

a) $\begin{pmatrix} 1 & 1 \\ 0 & 1 \end{pmatrix}$  c) $\begin{pmatrix} 1 & 1 & -1 \\ 2 & 2 & -2 \end{pmatrix}$  e) $\begin{pmatrix} 3 & 2 & 1 \\ 0 & 1 & 0 \end{pmatrix}$

b) $\begin{pmatrix} 1 & 0 \\ 0 & 1 \\ 2 & 0 \end{pmatrix}$  d) $\begin{pmatrix} 1 & 0 & 1 \\ 0 & 0 & 0 \\ 1 & 0 & 1 \end{pmatrix}$  f) $\begin{pmatrix} 1 & 1 & 1 \\ 0 & 2 & 1 \\ 0 & 0 & 3 \end{pmatrix}$

**79** Estudia el rang d'aquestes matrius.

a) $\begin{pmatrix} 2 & 1 & 3 \\ -4 & -2 & 0 \end{pmatrix}$  c) $\begin{pmatrix} 1 & -4 & 0 \\ -2 & 8 & 3 \\ 3 & 1 & -2 \end{pmatrix}$

b) $\begin{pmatrix} 6 & -9 \\ -8 & 12 \\ 12 & -18 \end{pmatrix}$  d) $\begin{pmatrix} 2 & 6 & 1 & 3 \\ -2 & 3 & 0 & 5 \\ 2 & 24 & 3 & 19 \end{pmatrix}$

**80** **INVENTA.** Considera la matriu $A = \begin{pmatrix} 3 & -5 & 1 \\ 4 & 1 & -2 \end{pmatrix}$.

a) Afegeix una fila de manera que el rang de $A$ sigui 3. Comprova-ho.

b) Afegeix una fila de manera que el rang de $A$ sigui 2. Comprova-ho.

**81** **INVENTA.** Considera la matriu següent.

$$A = \begin{pmatrix} 1 & 2 \\ -3 & 2 \\ 0 & 1 \end{pmatrix}$$

a) Afegeix una columna de manera que el rang de $A$ sigui 3. Comprova-ho.

b) Afegeix una columna de manera que el rang de $A$ sigui 2. Comprova-ho.

c) Afegeix dues columnes de manera que el rang de $A$ sigui 2. Comprova-ho.

**82** Comprova que la matriu té rang 3.

$$A = \begin{pmatrix} 4 & 2 & -1 & 0 \\ 3 & -1 & 2 & 8 \\ -1 & 2 & -3 & -9 \end{pmatrix}$$

Determina una combinació lineal entre les columnes de la matriu $A$.

**83** Estudia el rang de les matrius segons els valors dels paràmetres.

a) $\begin{pmatrix} 1 & a & 1 \\ -2 & -1 & 2 \\ -1 & 2 & a \\ -1 & 2 & 3 \end{pmatrix}$ b) $\begin{pmatrix} 1 & b & 0 \\ 1 & 0 & b \\ b+1 & 0 & 2 \\ 1 & 2 & 0 \end{pmatrix}$

**84** Si el rang de $\begin{pmatrix} a & b & c \\ d & e & f \end{pmatrix}$ és 2, quin serà el rang de la matriu $\begin{pmatrix} a & b & c \\ d-a & e-b & f-c \\ 2a-d & 2b-e & 2c-f \end{pmatrix}$?

**85** Troba els valors de $m$ i $n$ que compleixin:

$A = \begin{pmatrix} m & 0 & n \\ m & m & 4 \\ 0 & m & 2 \end{pmatrix}$ $B = \begin{pmatrix} m & 0 & n & 2 \\ m & m & 4 & 4 \\ 0 & m & 2 & n \end{pmatrix}$

a) Rang $(A) = 2$ i Rang $(B) = 3$

b) Rang $(A) =$ Rang $(B) = 2$

c) Rang $(A) =$ Rang $(B) = 3$

**86** Sabem que la matriu $A = \begin{pmatrix} a & b \\ c & d \end{pmatrix}$ té rang 1 i la matriu $B = \begin{pmatrix} p & q \\ r & s \end{pmatrix}$ té rang 2. Determina raonadament el rang de les matrius següents.

a) $X = \begin{pmatrix} 0 & 0 & a & b \\ 0 & 0 & c & d \\ p & q & 0 & 0 \\ r & s & 0 & 0 \end{pmatrix}$ b) $Y = \begin{pmatrix} a & 0 & b & 0 \\ c & 0 & d & 0 \\ p & 0 & 0 & q \\ r & 0 & 0 & s \end{pmatrix}$

**87** Determina els valors de $a$ per als quals el rang de la següent matriu és 1.

$$\begin{pmatrix} a & 1 \\ -1 & a+2 \end{pmatrix}$$

**88** La matriu $A = \begin{pmatrix} 2 & 2 \\ 3 & 1 \end{pmatrix}$ té rang 2 i la matriu identitat $I = \begin{pmatrix} 1 & 0 \\ 0 & 1 \end{pmatrix}$ també té rang 2. Determina per a quins valors de $t$ la matriu $A + t \cdot I$ té rang 1.

**89** Determina els valors de $a$ per als quals el rang de la matriu següent és 2.

$$\begin{pmatrix} a & a^2 & a^3 \\ a & 1 & 1 \\ a & a^2 & 1 \end{pmatrix}$$

**90** Demostra que aquesta matriu té rang 2 per a qualsevol valor del paràmetre $a$.

$$\begin{pmatrix} 1 & 2 & 3 \\ 1 & a & a+1 \\ a+1 & a-1 & 2a \end{pmatrix}$$

**91** Calcula el rang de cada matriu segons cadascun dels seus paràmetres.

a) $\begin{pmatrix} -1 & 2 & 4 \\ 3 & 2 & a \\ -5 & -6 & 2 \end{pmatrix}$ b) $\begin{pmatrix} -1 & 4 & 2 & 1 \\ 3 & b & 0 & -3 \\ 1 & 3 & 1 & -1 \end{pmatrix}$

b) $\begin{pmatrix} 1 & a & 1 \\ 2 & 1 & a \\ a & 0 & 0 \end{pmatrix}$ d) $\begin{pmatrix} b+1 & 1 & -2 \\ 2b+1 & b+1 & -1 \\ 1 & 1 & b \end{pmatrix}$

**92** **INVESTIGA.** Decideix si les afirmacions següents són certes o falses.

a) $\text{Rang}(A) \cdot \text{Rang}(B) = \text{Rang}(AB)$.

b) Si $|A| \cdot |B| = 1$, aleshores $B = A^{-1}$.

c) Si $B = A^{-1}$, aleshores $|A| \cdot |B| = 1$.

**93** Determina el rang de la matriu segons el paràmetre $m$.

$$\begin{pmatrix} m-2 & m+1 & -1 & m \\ m^3 & -1 & m+1 & m \\ m^4+1 & m & 2m+1 & 7 \end{pmatrix}$$

**94** Determina el rang de la matriu segons el paràmetre $a$.

$$\begin{pmatrix} a+2 & 1 & 1 & 1 \\ 1 & a+2 & 1 & 1 \\ 1 & 1 & a+2 & 1 \\ 1 & 1 & 1 & 1 \end{pmatrix}$$

## 3. Determina les condicions perquè una matriu tingui inversa i la calcula

**ACTIVITATS FLAIX**

**95** Relaciona cada matriu amb la seva inversa.

a) $\begin{pmatrix} 1 & 1 \\ 0 & 2 \end{pmatrix}$ b) $\begin{pmatrix} 1 & 3 \\ 2 & 4 \end{pmatrix}$ c) $\begin{pmatrix} 0 & 1 \\ 1 & 2 \end{pmatrix}$

I) $-\begin{pmatrix} 2 & -1 \\ -1 & 0 \end{pmatrix}$ II) $\frac{1}{2} \cdot \begin{pmatrix} 2 & -1 \\ 0 & 1 \end{pmatrix}$ III) $-\frac{1}{2}\begin{pmatrix} 4 & -3 \\ -2 & 2 \end{pmatrix}$

**96** Troba la matriu inversa d'aquestes matrius.

a) $A = \begin{pmatrix} 3 & 2 \\ 5 & 4 \end{pmatrix}$ c) $C = \begin{pmatrix} -7 & 6 \\ 1 & 2 \end{pmatrix}$

b) $B = \begin{pmatrix} 1 & 0 & 2 \\ -1 & 1 & 1 \\ -3 & 2 & 1 \end{pmatrix}$ d) $D = \begin{pmatrix} -2 & 1 & 1 \\ 0 & 1 & -3 \\ 3 & -5 & 4 \end{pmatrix}$

**97** Demostra que si $A$ és una matriu quadrada que compleix la igualtat $A^2 = I$, en què $I$ és la matriu identitat, aleshores és invertible i $A^{-1}$ compleix també $(A^{-1})^2 = I$.

**98** **INVESTIGA.** Pren una matriu quadrada d'ordre 2 i calcula'n la matriu adjunta. Compara'n els determinants. Fes el mateix amb una matriu quadrada d'ordre 3. Estableix una hipòtesi general i intenta demostrar-la.

**99** Per a quin valor del paràmetre $m$ és singular la matriu? Calcula'n la inversa per a $m = 2$.

$$A = \begin{pmatrix} 2 & 1 & m \\ 1 & 0 & -1 \\ -2 & -1 & 1 \end{pmatrix}$$

**100** Donada la matriu $A = \begin{pmatrix} a+b & 4b \\ a & a+b \end{pmatrix}$.

a) Determina els valors dels paràmetres $a$ i $b$ per als quals la matriu $A$ és invertible.

b) Per a $a = 3$ i $b = 1$, troba la matriu $A^{-1}$.

**101** **INVESTIGA.** Sent $A = \begin{pmatrix} 1 & 2 & 3 \\ -1 & 5 & 3 \\ 2 & 5 & -4 \end{pmatrix}$ i $B = \begin{pmatrix} 2 & 11 & 12 \\ -1 & -4 & 17 \\ 2 & 12 & 2 \end{pmatrix}$, troba dues matrius $C$ i $D$ tals que:

$$CA = B \qquad DB = A$$

Quina relació hi ha entre $C$ i $D$?

**102** Sigui la matriu següent:

$$A = \begin{pmatrix} 1 & 2 & m \\ -5 & 2 & 1 \\ -4 & 3 & 1 \end{pmatrix}$$

a) Determina els valors de $m$ per als quals l'equació $AX - A^t = A$ té solució.

b) Resol l'equació $AX - A^t = A$ per a $m = 0$.

**103** Considera la matriu següent.

$$A = \begin{pmatrix} -3 & 1 & m^2-1 \\ -1 & 0 & 1 \\ 0 & m & 0 \end{pmatrix}$$

a) Determina els valors per als quals la matriu $A$ és invertible.

b) Per a $m = 1$, troba el determinant de la matriu $6 \cdot A^{-1}$.

c) Per a $m = 1$, troba una matriu $X$ que verifiqui l'equació $X \cdot A = B$, en què $B = (3 \quad 0 \quad 3)$.

**104** INTERNET **INVESTIGA.** Diagonalitzar una matriu, $A$, consisteix a obtenir una descomposició de la forma $PDP^{-1} = A$, en què $D$ és una matriu diagonal. Considera la matriu $A = \begin{pmatrix} 1 & 0 \\ 1 & 2 \end{pmatrix}$.

a) Calcula $\lambda_1$ i $\lambda_2$ tals que $\det(A - \lambda I) = 0$, amb $\lambda_1 < \lambda_2$.

b) Troba la inversa de $P = \begin{pmatrix} 1 & 0 \\ 1 & 1 \end{pmatrix}$.

c) Comprova que $\begin{pmatrix} 1 & 0 \\ -1 & 1 \end{pmatrix}\begin{pmatrix} \lambda_1 & 0 \\ 0 & \lambda_2 \end{pmatrix}\begin{pmatrix} 1 & 0 \\ 1 & 1 \end{pmatrix} = A$.

d) Determina, a partir de l'expressió anterior, $A^{10}$.

**105** Considerem aquestes matrius.

$$A = \begin{pmatrix} 1 & 0 & 0 \\ 1 & m & 0 \\ 1 & 1 & 1 \end{pmatrix} \quad B = \begin{pmatrix} 0 & 1 & 1 \\ 1 & 0 & 0 \\ 0 & 0 & 0 \end{pmatrix} \quad C = \begin{pmatrix} 1 & 0 & 0 \\ 0 & 1 & 0 \\ 1 & 0 & 1 \end{pmatrix}$$

a) Per a quins valors de $m$ té solució l'equació matricial $AX + 2B = 3C$ ?

b) Resol l'equació matricial donada per a $m = 1$.

**106** Sabent que la matriu $A = \begin{pmatrix} -1 & 0 & 1 \\ 0 & -1 & 0 \\ 1 & 0 & x \end{pmatrix}$ no és invertible, determina'n la potència $n$-èsima, és a dir, $A^n$.

**107** Donada la matriu $A = \begin{pmatrix} t-1 & 3t & 4 \\ t & -4 & t-6 \\ t-2 & 3t & 4 \end{pmatrix}$:

a) Demostra que únicament hi ha dos valors de $t$ per als quals $A$ no és invertible.

b) Per a $t = 1$, troba la potència $n$-èsima de $A$.

## 4. Resol problemes de la vida real mitjançant determinants

**108** **MATEMÀTIQUES I... MERCAT.** El funcionament del mercat es basa en la relació entre l'oferta i la demanda. L'anàlisi de com afecta el canvi de preu d'un producte en la demanda de l'altre es pot fer analitzant la matriu $\begin{pmatrix} D_A & D_B \\ P_A & P_B \end{pmatrix}$, en què $P_A$ i $P_B$ són els preus dels productes i $D_A$ i $D_B$ les demandes.

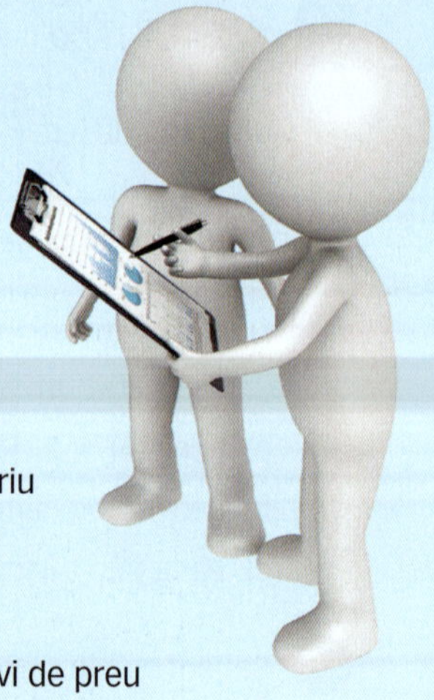

- Si el determinant d'aquesta matriu és diferent de zero, el canvi de preu d'un producte afecta la demanda de l'altre.
- Si el determinant és zero, el canvi de preu no afecta la demanda de l'altre producte.

Si la matriu de preu-demanda de dos productes és $\begin{pmatrix} a & 1 \\ 2 & 3 \end{pmatrix}$, per a quin valor de $a$ el preu no afecta la demanda?

**109** INTERNET **MATEMÀTIQUES I... CRIPTOGRAFIA.** El xifratge de Hill fa servir matrius per codificar missatges. Cal que les matrius que s'utilitzen siguin regulars perquè siguin inversibles.

Donada la matriu $\begin{pmatrix} 2 & 5 & -1 \\ -1 & 1 & 3 \\ a & 1 & b \end{pmatrix}$.

a) Calcula per a quins valors de $a$ i $b$ és una matriu de codificació?

b) Troba algun valor per als paràmetres perquè el determinant sigui igual a 1.

**110** **MATEMÀTIQUES I... VIDEOJOCS.** En un *scape room* hem de passar de la sala 1 a la sala 2. Per fer-ho, s'han de desactivar les alarmes que hi ha a la sala 1, amagades al darrere d'un mur mitjançant un làser. Les sales comparteixen un mirall comú, com mostra la figura.

Des del punt $P(-4, 2)$ desactivem l'alarma en $P'(4, 2)$, i des del punt $Q(-3, 3)$ desactivem l'alarma en $Q'(3, 3)$.

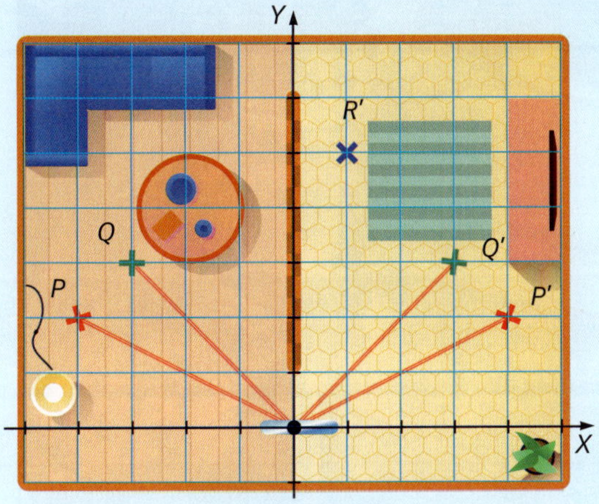


a) Calcula la matriu, $A$, que dona la reflexió, $AP = P'$, i comprova que el seu determinant és $-1$.

b) Amb la matriu anterior, calcula on hem de posicionar-nos per desactivar l'alarma $R'(1, 5)$.

**111** **MATEMÀTIQUES I... MECÀNICA QUÀNTICA.** Per representar l'estat físic d'un sistema de partícules es fa servir la funció antisimètrica de Pauli. Per simplificar aquest càlcul, el 1931, el físic Johan C. Slater, va desenvolupar un mètode que utilitza un determinant.

Per exemple, per a l'estat físic del liti, la configuració electrònica és $1s^2 2s^1$ i els seus espins orbitals $1s\alpha$, $1s\beta$, $2s\alpha$, $2s\beta$, en què $\alpha$ i $\beta$ representen els dos sentits de gir de l'electró.

Com que el liti té 3 electrons, s'obté el determinant d'una matriu quadrada d'ordre 3, a les columnes hi ha els *spin-orbitals* i a les files, els electrons:

$$\frac{1}{\sqrt{3!}}\begin{vmatrix} 1s(1)\alpha(1) & 1s(1)\beta(1) & 2s(1)\alpha(1) \\ 1s(2)\alpha(2) & 1s(2)\beta(2) & 2s(2)\alpha(2) \\ 1s(3)\alpha(3) & 1s(3)\beta(3) & 2s(2)\alpha(3) \end{vmatrix},$$

en què 3! són les permutacions dels 3 electrons.

a) Desenvolupa el determinant i escriu la funció antisimètrica de Pauli per al liti.

b) La configuració electrònica de l'heli és $1s^2$. Escriu i desenvolupa el determinant d'ordre 2 que representa el seu estat físic.

## PROBLEMES APARENTMENT DIFERENTS

CAP A LA UNIVERSITAT

**112** Donada la matriu:

$$A = \begin{pmatrix} 6 & 8 & 9 \\ 6{,}6 & 8{,}8 & 9{,}9 \\ 7{,}2 & 9{,}6 & 10 \end{pmatrix}$$

a) Troba tots els menors de $2 \times 2$ que puguis formar amb la primera i segona files i digues si n'hi ha algun diferent de zero.

b) Calcula els menors $2 \times 2$ que puguis formar amb la primera i tercera files i digues si n'hi ha algun diferent de zero.

**113** En un club esportiu es poden veure aquests preus:

| | Pàdel 1 h | Pàdel 1,5 h | Pàdel 2 h |
|---|---|---|---|
| 2020 | 6 € | 8 € | 9 € |
| 2021 | 6,60 € | 8,80 € | 9,90 € |
| 2022 | 7,20 € | 9,60 € | 10 € |

a) Estudia si els preus van patir la mateixa pujada de l'any 2020 al 2021.

b) Analitza si van patir la mateixa pujada de l'any 2020 al 2022.

**114** Donades les matrius:

$$A = \begin{pmatrix} 1 & 1 & 1 \\ 1 & 0 & 2 \\ 2 & 1 & 3 \end{pmatrix} \qquad B = \begin{pmatrix} 5 \\ 5 \\ 10 \end{pmatrix}$$

a) Calcula el rang de $A$.

b) Resol el sistema $AX = B$.

**115** L'Aleix gasta 5 € en la compra d'una bossa de fruita seca, un pot d'olives i un suc de taronja. Després, compra una altra bossa de fruita seca i dos sucs de taronja per 5€. Al dia següent torna al supermercat per comprar dues bosses de fruita seca, un altre pot d'olives i dos sucs de taronja i paga 10€. Quant li ha costat cada article?

**116** Resol l'equació $AX = B$ per a aquestes matrius.

$$A = \begin{pmatrix} 1 & 1 & 1 \\ 0 & 1 & 4 \\ 10 & 20 & 50 \end{pmatrix} \qquad B = \begin{pmatrix} 100 \\ 0 \\ 1800 \end{pmatrix}$$

**117** Al final del dia, un caixer automàtic conté 1800€ en bitllets de 10, 20 i 50€. Si conté el quàdruple de bitllets de 20 que de 50 i en total hi ha 100 bitllets, quants bitllets hi ha de cada tipus?

## MATEMÀTIQUES EN EL MÓN REAL

# Mesurar superfícies irregulars

En principi només sabem calcular superfícies amb formes regulars. Però si volem trobar l'àrea d'alguna cosa que té forma irregular, hem de crear una estratègia per aconseguir-ho.

El primer que hem fet ha estat obtenir d'Internet una vista aèria del pati. L'estratègia que utilitzarem per calcular aquesta àrea s'anomena triangularització i consisteix a dividir una figura irregular en triangles. Això es pot fer sempre que el contorn de la figura estigui format per segments rectes.

Ara dibuixem una quadrícula sobre la superfície del pati i, considerant-ho com un sistema d'eixos cartesians, determinem les coordinades dels vèrtexs de cada triangle.

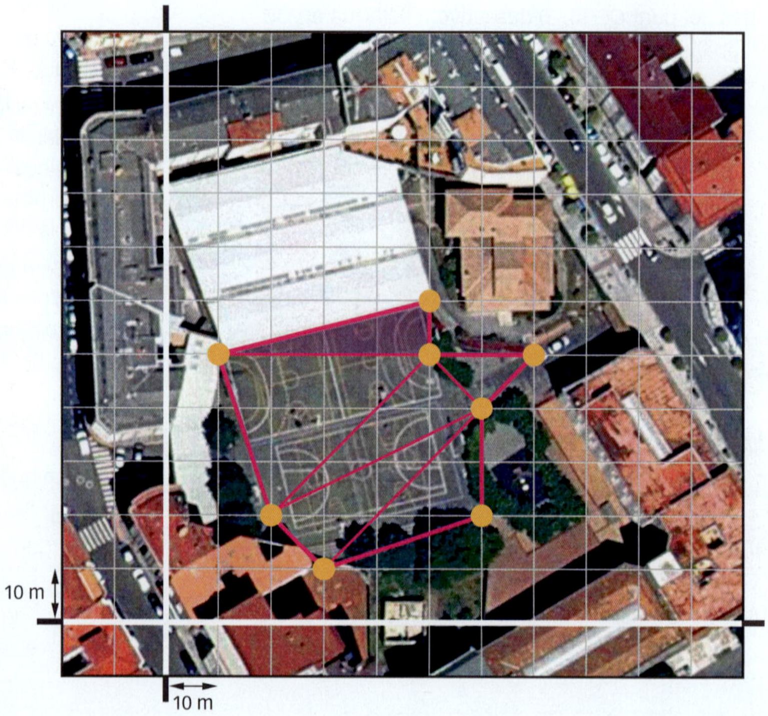


El pas següent és calcular les àrees de cada triangle per separat amb la fórmula:

$$A_T = \frac{1}{2}\begin{vmatrix} x_1 & y_1 & 1 \\ x_2 & y_2 & 1 \\ x_3 & y_3 & 1 \end{vmatrix}$$ sent $x$ i $y$ la primera i la segona coordenades de cada vèrtex.

Per exemple, per calcular l'àrea del triangle morat: $A_1 = \frac{1}{2}\begin{vmatrix} 10 & 50 & 1 \\ 50 & 50 & 1 \\ 50 & 60 & 1 \end{vmatrix} = 200\ \text{m}^2$.

Anàlogament, calculem l'àrea de la resta de triangles:

$$A_{T2} = 600\ \text{m}^2 \qquad A_{T3} = 300\ \text{m}^2 \qquad A_{T4} = 100\ \text{m}^2 \qquad A_{T5} = 300\ \text{m}^2 \qquad A_{T6} = 300\ \text{m}^2$$

Superfície total: $A_{T1} + A_{T2} + A_{T3} + A_{T4} + A_{T5} + A_{T6} = 200 + 600 + 300 + 100 + 300 + 300 = 1\,800\ \text{m}^2$

### LLEGEIX I COMPRÈN

1. Per què creus que només es poden triangular figures geomètriques el contorn de les quals estigui format per línies rectes?

### INTERPRETA

2. La triangularització que hem fet és l'única possible? Creus que pot existir més d'una triangularització en una figura?

### REFLEXIONA

3. Pot existir un triangle les coordenades del qual generin un determinant nul?

### APLICA

4. Dibuixa una figura irregular i triangula-la. Segueix el procés que hem descrit. Dibuixa una quadrícula, troba les coordinades dels vèrtexs i calcula'n l'àrea.

# 3 Sistemes d'equacions

MATEMÀTIQUES EN EL MÓN REAL

## Consum de dades

Quina passada, el teu nou *smartphone*! Fa de tot.

Té una càmera magnífica, un GPS que troba qualsevol lloc per molt amagat que estigui, i fins i tot es pot mullar. Té una capacitat gairebé infinita, hi podràs instal·lar moltes aplicacions i emmagatzemar centenars de vídeos i de cançons. De fet, segur que estàs desitjant fer-lo servir per fer-te selfies increïbles en les teves properes vacances.

Però, per al que realment el necessites és per a l'ús diari. Tens una tarifa de trucades il·limitades, però les dades, a partir d'un determinat nombre de gigues consumits, les hauràs de pagar.

És a dir, podràs trucar quan ho necessitis, però hauràs de controlar l'accés a Internet amb el mòbil per no gastar les dades gratuïtes que tens contractades amb la teva tarifa.

Hi ha gent que fa servir Internet al mòbil per a gairebé tot, però tu, ets més pràctic i només utilitzes tres aplicacions web:

- Twitter, per compartir les teves inquietuds.
- Instagram, per compartir les teves fotos artístiques i retocades amb un filtre.
- YouTube, per veure vídeos musicals i escenes de les teves sèries preferides.

En 20 dies ja has gastat 1 292 MB només per fer servir aquestes tres aplicacions. Per sort, el teu mòbil et proporciona tota classe d'estadístiques sobre rendiment, i també saps que en aquest temps has utilitzat 5 hores YouTube, 20 hores Twitter i 6 hores Instagram.

Però per controlar el teu consum hauries de conèixer algun detall més sobre les aplicacions que fas servir.

**Quants megabytes consumeix cadascuna de les aplicacions mòbils per hora d'ús?**

El nombre de megabytes (MB) que una aplicació mòbil consumeix per hora d'ús depèn de diversos factors, com el tipus d'aplicació, la quantitat de dades que s'hi descarreguen o es carreguen, la qualitat de les imatges o dels vídeos que s'hi mostren, i la velocitat de la connexió a Internet del teu mòbil i de la tarifa contractada.

# 1. Sistemes d'equacions lineals

## 1.1. Equacions lineals

Una **equació lineal** d'incògnites $x_1, x_2, x_3, ..., x_n$ és una igualtat de la forma $a_1x_1 + a_2x_2 + a_3x_3 + ... + a_nx_n = b$, en què els nombres reals $a_1, a_2, a_3, ..., a_n$ s'anomenen **coeficients** i $b$ és el **terme independent**.

Una **solució** d'aquesta equació lineal és cada conjunt de valors $x_1 = c_1$, $x_2 = c_2, x_3 = c_3, ..., x_n = c_n$ que fan que es verifiqui l'equació.

**FIXA-T'HI**

En una equació lineal no poden aparèixer termes amb una incògnita al quadrat, el producte de dues incògnites ni una funció trigonomètrica o logarítmica.

**EXEMPLE**

1. Determina els coeficients, el terme independent i una solució d'aquesta equació lineal: $2x_1 - x_2 + x_3 - 3x_4 = 6$.

Coeficients: $a_1 = 2$, $a_2 = -1$, $a_3 = 1$ i $a_4 = -3$ Terme independent: 6

Els valors $x_1 = 3$, $x_2 = 0$, $x_3 = 0$ i $x_4 = 0$ són una solució de l'equació:

$$2x_1 - x_2 + x_3 - 3x_4 = 6 \xrightarrow{x_1 = 3,\, x_2 = 0,\, x_3 = 0,\, x_4 = 0} 2 \cdot 3 - 0 + 0 - 3 \cdot 0 = 6$$

**RECORDA**

Una equació lineal amb més d'una incògnita té infinites solucions.

## 1.2. Sistema d'equacions lineals

Un **sistema de $m$ equacions lineals amb $n$ incògnites** és el conjunt format per $m$ equacions lineals amb les mateixes $n$ incògnites del qual es vol buscar una solució comuna. Es representa:

$$\left.\begin{array}{l} a_{11}x_1 + a_{12}x_2 + ... + a_{1n}x_n = b_1 \\ a_{21}x_1 + a_{22}x_2 + ... + a_{2n}x_n = b_2 \\ ... \\ a_{m1}x_1 + a_{m2}x_2 + ... + a_{mn}x_n = b_m \end{array}\right\}$$

Els nombres reals $a_{ij}$ es denominen **coeficients del sistema**, i els nombres reals $b_j$ són els **termes independents**.

Una **solució** d'un sistema d'equacions lineals amb $n$ incògnites és cada conjunt de valors $x_1 = c_1, x_2 = c_2, x_3 = c_3, ..., x_n = c_n$ que verifiquen totes les equacions del sistema.

**S'ESCRIU AIXÍ**

Quan un sistema té dues incògnites, se solen denominar $x$ i $y$. Si en té tres: $x$, $y$ i $z$. Si són quatre: $x, y, z$ i $t$. I, quan té més de quatre incògnites, se solen afegir subíndexs a la lletra $x$: $x_1, x_2, x_3, ..., x_n$.

**EXEMPLE**

2. Determina si $x = 1$, $y = 0$ i $z = -1$ és una solució del sistema.

$$\left.\begin{array}{r} x + y + z = 0 \\ 2x + 2y + 2z = 0 \\ x - y + z = 0 \end{array}\right\} \xrightarrow{x = 1,\, y = 0,\, z = -1} \left.\begin{array}{r} 1 + 0 - 1 = 0 \\ 2 \cdot 1 + 2 \cdot 0 + 2 \cdot (-1) = 0 \\ 1 - 0 - 1 = 0 \end{array}\right\} \rightarrow \text{És solució.}$$

**ACTIVITATS**

1. Escriu una equació amb tres incògnites de coeficients 4, −1 i 1, respectivament, i amb terme independent −2.

   Calcula tres solucions d'aquesta equació.

2. Determina una solució d'aquest sistema.

$$\left.\begin{array}{r} -x - y + z = 0 \\ -2x = 0 \\ y - z = 0 \end{array}\right\}$$

## 1.3. Classificació de sistemes

Generalment, els sistemes d'equacions lineals es classifiquen segons el nombre de solucions.

**Incompatibles:** si no tenen solució.

**Compatibles:** si tenen solució.

- Si la solució és única, el sistema és **determinat**.
- Si existeix més d'una solució, el sistema és **indeterminat**.

**EXEMPLE**

GEOGEBRA

3. Classifica aquests sistemes d'equacions lineals segons el nombre de solucions.

a) $\left.\begin{array}{r} x+y=2 \\ 2x-y=-2 \end{array}\right\}$ $\quad + \begin{array}{r} x+y=2 \\ 2x-y=-2 \\ \hline 3x \quad =0 \end{array} \rightarrow x=0 \qquad x+y=2 \xrightarrow{x=0} y=2$

Té solució única, $x=0$ i $y=2$. El sistema és compatible determinat.

b) $\left.\begin{array}{r} x+y=2 \\ x+y=-1 \end{array}\right\} \xrightarrow{\cdot(-2)} + \begin{array}{r} -2x-2y=-4 \\ 2x+2y=4 \\ \hline 0=0 \end{array}$

Té infinites solucions. El sistema és compatible indeterminat.

Per expressar la solució s'agafa una de les equacions i s'aïlla una incògnita: $x+y=2 \rightarrow x=2y$. S'agafa $y$ com un valor variable $\lambda$ i s'obté que la solució del sistema és: $x=2-\lambda$ i $y=\lambda$.

c) $\left.\begin{array}{r} x+y=2 \\ x+y=-1 \end{array}\right\} \xrightarrow{\cdot(-1)} + \begin{array}{r} -x-y=-2 \\ x+y=-1 \\ \hline 0=-3 \end{array}$

No té solució. El sistema és incompatible.

## 1.4. Sistemes escalonats

Un sistema d'equacions lineals presenta una forma escalonada quan cadascuna de les equacions té, com a mínim, una incògnita menys que l'anterior.

$$\left.\begin{array}{r} a_{11}x_1 + a_{12}x_2 + a_{13}x_3 + \ldots + a_{1n}x_n = b_1 \\ a_{22}x_2 + a_{23}x_3 + \ldots + a_{2n}x_n = b_2 \\ a_{33}x_3 + \ldots + a_{3n}x_n = b_3 \\ \ldots \\ a_{mn}x_n = b_m \end{array}\right\}$$

Per resoldre'l, es comença des de l'última equació fins a la primera.

**EXEMPLE**

4. Resol aquest sistema escalonat d'equacions lineals.

$$\left.\begin{array}{r} 3x-y+2z=0 \\ y-z=1 \\ -3z=-3 \end{array}\right\} \begin{array}{l} \longrightarrow 3x-2+2=0 \rightarrow x=0 \\ \longrightarrow y-1=1 \rightarrow y=2 \\ \rightarrow z=1 \end{array}$$

La solució és $x=0$, $y=2$ i $z=1$.

**RECORDA**

Per expressar la solució d'un sistema compatible indeterminat, s'aïlla en les equacions fins a obtenir totes les incògnites en funció d'altres incògnites.

$$\left.\begin{array}{r} x-y+2z=0 \\ y-z=1 \end{array}\right\} \rightarrow y=1+z$$

$$\rightarrow x=y-2z \xrightarrow{y=1+z}$$
$$\rightarrow x=1-z$$

S'anomena $\lambda$ la incògnita i s'escriu la solució:

$$\begin{cases} x=1-\lambda \\ y=1+\lambda \\ z=\lambda \end{cases}$$

D'aquesta manera, donant valors a $\lambda$, s'obtenen diferents solucions del sistema:

$$\lambda=1 \rightarrow \begin{cases} x=1-1=0 \\ y=1+1=2 \\ z=1 \end{cases}$$

$$\lambda=-1 \rightarrow \begin{cases} x=1+1=2 \\ y=1-1=0 \\ z=-1 \end{cases}$$

…

**ACTIVITATS**

3 Classifica aquests sistemes segons el nombre de solucions.

a) $\left.\begin{array}{r} -2x+y=2 \\ 2x-y=2 \end{array}\right\}$ b) $\left.\begin{array}{r} -x+2y=4 \\ 2x-4y=1 \end{array}\right\}$

4 Converteix aquest sistema en un sistema escalonat i resol-lo. $\left.\begin{array}{r} x+y-z=1 \\ -y+2z=1 \\ -x=5 \end{array}\right\}$

## 2. Expressió matricial d'un sistema d'equacions

Donat un sistema de $m$ equacions lineals amb $n$ incògnites:

$$\left.\begin{array}{l} a_{11}x_1 + a_{12}x_2 + \ldots + a_{1n}x_n = b_1 \\ a_{21}x_1 + a_{22}x_2 + \ldots + a_{2n}x_n = b_2 \\ \ldots \\ a_{m1}x_1 + a_{m2}x_2 + \ldots + a_{mn}x_n = b_m \end{array}\right\}$$

S'anomena expressió matricial d'aquest sistema l'expressió:

Matriu dels coeficients o matriu principal →

$$\begin{pmatrix} a_{11} & a_{12} & \ldots & a_{1n} \\ a_{21} & a_{22} & \ldots & a_{2n} \\ \ldots & \ldots & \ldots & \ldots \\ a_{m1} & a_{m2} & \ldots & a_{mn} \end{pmatrix} \cdot \begin{pmatrix} x_1 \\ x_2 \\ \ldots \\ x_n \end{pmatrix} = \begin{pmatrix} b_1 \\ b_2 \\ \ldots \\ b_m \end{pmatrix}$$

← Matriu dels termes independents

↑ Matriu de les incògnites

Si $A$ és la matriu dels coeficients, $X$ la de les incògnites i $B$ la dels termes independents, aquest sistema es pot expressar matricialment com a:

$$A \cdot X = B$$

A més, si la matriu $A$ té inversa, el sistema matricial es pot resoldre fent servir les operacions de matrius de la manera següent:

$$A \cdot X = B \rightarrow A^{-1} \cdot A \cdot X = A^{-1} \cdot B \rightarrow X = A^{-1} \cdot B$$

S'anomena **matriu ampliada**, $A^*$, del sistema, la matriu formada pels coeficients de les incògnites i els termes independents de cada equació.

$$A^* = \left(\begin{array}{cccc|c} a_{11} & a_{12} & \ldots & a_{1n} & b_1 \\ a_{21} & a_{22} & \ldots & a_{2n} & b_2 \\ \ldots & \ldots & \ldots & \ldots & \ldots \\ a_{m1} & a_{m2} & \ldots & a_{mn} & b_m \end{array}\right)$$

**PENSA**

En el sistema $AX = B$, $A_{n\times n} = \lambda I_n$, amb $\lambda > 0$, $B_{n\times 1}$ conté els $n$ primers naturals ordenats. Calcula $x_n$.

**EXEMPLE**

5. Troba l'expressió matricial del sistema i resol-lo com una equació matricial.

$$\left.\begin{array}{r} x + y - z = 0 \\ -2x - y + z = -1 \\ x - y + 2z = 0 \end{array}\right\} \quad A = \begin{pmatrix} 1 & 1 & -1 \\ -2 & -1 & 1 \\ 1 & -1 & 2 \end{pmatrix} \quad X = \begin{pmatrix} x \\ y \\ z \end{pmatrix} \quad B = \begin{pmatrix} 0 \\ -1 \\ 2 \end{pmatrix}$$

$$AX = B \rightarrow A^{-1}AX = A^{-1}B \rightarrow X = A^{-1}B$$

Com que $A$ és una matriu quadrada i $|A| = 1 \neq 0 \rightarrow$ Existeix $A^{-1}$.

Es calcula la inversa de $A$: $A^{-1} = \frac{1}{|A|} \text{Adj}(A)^t = \begin{pmatrix} -1 & -1 & 0 \\ 5 & 3 & 1 \\ 3 & 2 & 1 \end{pmatrix}$

$$X = A^{-1}B \rightarrow \begin{pmatrix} x \\ y \\ z \end{pmatrix} = \begin{pmatrix} -1 & -1 & 0 \\ 5 & 3 & 1 \\ 3 & 2 & 1 \end{pmatrix} \cdot \begin{pmatrix} 0 \\ -1 \\ 2 \end{pmatrix} = \begin{pmatrix} 1 \\ -1 \\ 0 \end{pmatrix} \rightarrow x = 1, y = -1, z = 0$$

**FIXA-T'HI**

Per resoldre un sistema com una equació matricial del tipus $AX = B$ és necessari que existeixi $A^{-1}$, és a dir:

- La matriu dels coeficients és una matriu quadrada (el nombre d'equacions és igual al nombre d'incògnites).
- $|A| \neq 0$

**ACTIVITATS**

5 Escriu mitjançant equacions aquest sistema en forma matricial.

$$\begin{pmatrix} 1 & 2 & -2 \\ -2 & 1 & -1 \\ 0 & -2 & 1 \end{pmatrix} \cdot \begin{pmatrix} x \\ y \\ z \end{pmatrix} = \begin{pmatrix} 1 \\ -2 \\ -1 \end{pmatrix}$$

6 Determina l'expressió matricial d'aquest sistema i resol-lo com si fos una equació matricial.

$$\left.\begin{array}{r} -3x + y + 2z = 0 \\ -x - 2y + z = -2 \\ x - y + z = 1 \end{array}\right\}$$

## 3. Mètode de Gauss per resoldre sistemes

El **mètode de Gauss** per resoldre un sistema d'equacions consisteix a convertir aquest sistema d'equacions lineals en un altre d'escalonat equivalent fent servir les transformacions elementals adequades.

Les transformacions elementals que es poden fer en el sistema són:

- Intercanviar entre si l'equació *i* i l'equació *j*: $F_i \leftrightarrow F_j$.
- Substituir l'equació *i* pel resultat de multiplicar o dividir tots els seus elements per un nombre $a \neq 0$: $F_i = aF_i$.
- Substituir l'equació *i* o l'equació *j* per la suma de totes dues, multiplicades pels nombres *a* i *b* no nuls: $F_i = aF_i + bF_j$.

### Resoldre un sistema mitjançant el mètode de Gauss

Resol aquest sistema d'equacions lineals:

$$\left.\begin{aligned} x - 3y + 2z &= -1 \\ -2x + 4z &= -6 \\ x - 2y + z &= 0 \end{aligned}\right\}$$

**PRIMER.** S'escriu una matriu en què els elements de cada fila seran els coeficients de les incògnites i, separat per una línia vertical, el terme independent de l'equació.

$$\begin{array}{ccc|c} x & y & z & b_i \\ \end{array}$$
$$\left(\begin{array}{ccc|c} 1 & -3 & 2 & -1 \\ -2 & 0 & 4 & -6 \\ 1 & -2 & 1 & 0 \end{array}\right)$$

**SEGON.** Si $a_{11} = 0$, s'intercanvia la primera fila amb una fila el primer element de la qual sigui diferent de 0. Es fan les operacions a totes les files, excepte a la primera, perquè el primer element de cadascuna sigui 0.

$$\left(\begin{array}{ccc|c} 1 & -3 & 2 & -1 \\ -2 & 0 & 4 & -6 \\ 1 & -2 & 1 & 0 \end{array}\right) \xrightarrow[F_3 = F_3 - F_1]{F_2 = F_2 + 2F_1} \left(\begin{array}{ccc|c} 1 & -3 & 2 & -1 \\ 0 & -6 & 8 & -8 \\ 0 & 1 & -1 & 1 \end{array}\right)$$

**TERCER.** Es repeteix el mateix procés per a la resta de files de la matriu fins a obtenir una matriu en la qual tots els elements per sota de la diagonal siguin 0, és a dir, fins a obtenir una matriu triangular superior.

$$\left(\begin{array}{ccc|c} 1 & -3 & 2 & -1 \\ 0 & -6 & 8 & -8 \\ 0 & 1 & -1 & 1 \end{array}\right) \xrightarrow{F_2 \leftrightarrow F_3} \left(\begin{array}{ccc|c} 1 & -3 & 2 & -1 \\ 0 & 1 & -1 & 1 \\ 0 & -6 & 8 & -8 \end{array}\right) \xrightarrow{F_3 = F_3 + 6F_2} \left(\begin{array}{ccc|c} 1 & -3 & 2 & -1 \\ 0 & 1 & -1 & 1 \\ 0 & 0 & 2 & 2 \end{array}\right)$$

**QUART.** Es transforma la matriu resultant en un sistema d'equacions i es resol començant per l'última equació i substituint en cadascuna de les equacions anteriors.

$$\left(\begin{array}{ccc|c} 1 & -3 & 2 & -1 \\ 0 & 1 & -1 & 1 \\ 0 & 0 & 2 & 2 \end{array}\right) \rightarrow \left.\begin{aligned} x - 3y + 2z &= -1 \\ y - z &= 1 \\ 2z &= -2 \end{aligned}\right\} \begin{aligned} &\longrightarrow x - 0 - 2 = -1 \rightarrow x = 1 \\ &\longrightarrow y + 1 = 1 \rightarrow y = 0 \\ &\rightarrow z = -1 \end{aligned}$$

**NO TE N'OBLIDIS**

Per resoldre un sistema pel mètode de Gauss cal escriure'l d'aquesta manera:

$$\left.\begin{aligned} a_{11}x + a_{12}y + a_{13}z &= b_1 \\ a_{21}x + a_{22}y + a_{23}z &= b_2 \\ a_{31}x + a_{32}y + a_{33}z &= b_3 \end{aligned}\right\}$$

**ACTIVITATS**

**7** Resol aquests sistemes d'equacions lineals fent servir el mètode de Gauss.

a) $\left.\begin{aligned} x + 2y - 2z &= 1 \\ -x - y + z &= 0 \\ y - z &= 1 \end{aligned}\right\}$

b) $\left.\begin{aligned} y - z &= 1 \\ 2x - 2y + z &= 3 \\ 3x - 2z &= 7 \end{aligned}\right\}$

**8** Resol aplicant el mètode de Gauss.

a) $\left.\begin{aligned} y + z &= -5 \\ 2x - y &= 0 \\ x + z &= -4 \end{aligned}\right\}$

b) $\left.\begin{aligned} -x - y + z + t &= 4 \\ 3x - 2y - t &= -2 \\ x + 2y - 2z - t &= 0 \\ y + z - 4t &= -4 \end{aligned}\right\}$

### 3.1. Discussió d'un sistema amb el mètode de Gauss

**Discutir un sistema** d'equacions és classificar-lo, atenent al nombre de solucions, en compatible indeterminat, compatible determinat o incompatible.

Per discutir un sistema mitjançant el mètode de Gauss, una vegada acabat el procés, cal fixar-se en l'última fila de la matriu en la qual no tots els elements siguin nuls.

- Si la fila és del tipus:

$$\left(\begin{array}{ccccc|c} \dots & \dots & \dots & \dots & \dots & \dots \\ \dots & \dots & \dots & \dots & \dots & \dots \\ 0 & 0 & \dots & a_1 & a_2 & b \end{array}\right)$$

Si $a_1 \neq 0$ o $a_2 \neq 0$, hi ha més incògnites que equacions vàlides. Sistema compatible indeterminat.

- Si la fila és del tipus:

$$\left(\begin{array}{ccccc|c} \dots & \dots & \dots & \dots & \dots & \dots \\ \dots & \dots & \dots & \dots & \dots & \dots \\ 0 & 0 & \dots & 0 & a & b \end{array}\right)$$

Si $a \neq 0$, hi ha tantes equacions vàlides com incògnites. Sistema compatible determinat.

- Si la fila és del tipus:

$$\left(\begin{array}{ccccc|c} \dots & \dots & \dots & \dots & \dots & \dots \\ \dots & \dots & \dots & \dots & \dots & \dots \\ 0 & 0 & \dots & 0 & 0 & b \end{array}\right)$$

Si $b \neq 0$, es té l'equació $0 = b$ (equació impossible). Sistema incompatible.

**FIXA-T'HI**

Si en acabar el procés, o en algun pas intermedi, hi ha una fila els elements de la qual són tots zero, es pot suprimir aquesta equació.

$$\left(\begin{array}{cccc|c} \dots & \dots & \dots & \dots & \dots \\ 0 & 0 & \dots & 0 & 0 \\ \dots & \dots & \dots & \dots & \dots \end{array}\right)$$

En forma d'equació seria:

$0x_1 + 0x_2 + 0x_3 + \dots + 0x_n = 0 \rightarrow$
$\rightarrow$ Equació trivial.

**EXEMPLE**

6. Discuteix i resol els sistemes d'equacions següents amb el mètode de Gauss.

a) $\left.\begin{array}{r} x+y-z=2 \\ 2x-y+2z=-2 \\ 3x+z=0 \end{array}\right\}$ b) $\left.\begin{array}{r} x+y-z=2 \\ 2x-y+2z=-2 \\ 3x+z=1 \end{array}\right\}$

a) S'escriu la matriu ampliada del sistema i s'aplica el mètode de Gauss.

$$\left(\begin{array}{ccc|c} 1 & 1 & -1 & 2 \\ 2 & -1 & 2 & -2 \\ 3 & 0 & 1 & 0 \end{array}\right) \xrightarrow[F_3 = F_3 - 3F_1]{F_2 = F_2 - 2F_1} \left(\begin{array}{ccc|c} 1 & 1 & -1 & 2 \\ 0 & -3 & 4 & -6 \\ 0 & -3 & 4 & -6 \end{array}\right) \xrightarrow{F_3 = F_3 - F_2} \left(\begin{array}{ccc|c} 1 & 1 & -1 & 2 \\ 0 & -3 & 4 & -6 \\ 0 & 0 & 0 & 0 \end{array}\right)$$

El sistema es queda amb dues equacions i tres incògnites. Per tant, el sistema és compatible indeterminat.

b) S'escriu la matriu ampliada del sistema i s'aplica el mètode de Gauss.

$$\left(\begin{array}{ccc|c} 1 & 1 & -1 & 2 \\ 2 & -1 & 2 & -2 \\ 3 & 0 & 1 & 1 \end{array}\right) \xrightarrow[F_3 = F_3 - 3F_1]{F_2 = F_2 - 2F_1} \left(\begin{array}{ccc|c} 1 & 1 & -1 & 2 \\ 0 & -3 & 4 & -6 \\ 0 & -3 & 4 & -5 \end{array}\right) \xrightarrow{F_3 = F_3 - F_2} \left(\begin{array}{ccc|c} 1 & 1 & -1 & 2 \\ 0 & -3 & 4 & -6 \\ 0 & 0 & 0 & 1 \end{array}\right)$$

S'obté l'equació $0 = -1$, que és una equació impossible. Per tant, el sistema és incompatible.

**ACTIVITATS**

9 Discuteix aquests sistemes d'equacions lineals aplicant el mètode de Gauss.

a) $\left.\begin{array}{r} x+2y-2z=1 \\ -x-y+z=0 \\ y-z=1 \end{array}\right\}$ b) $\left.\begin{array}{r} -2x+y-z=1 \\ 2x-2y+z=3 \\ -y-2z=7 \end{array}\right\}$

10 Discuteix fent servir el mètode de Gauss.

$$\left.\begin{array}{r} -x+y+z-2t=-5 \\ 2x-y-t=0 \\ -x+z-3t=-2 \\ -x+y-2z+t=0 \end{array}\right\}$$

## 3.2. Discussió d'un sistema amb paràmetres

Es diu que un sistema lineal depèn d'un paràmetre quan algun dels coeficients o termes independents és un nombre real que pot tenir qualsevol valor.

Discutir un sistema d'equacions dependent d'un paràmetre és identificar per a quins valors del paràmetre el sistema és compatible determinat, compatible indeterminat o incompatible.

**S'ESCRIU AIXÍ**

Els paràmetres d'una equació se solen designar amb les lletres $\lambda$, $\alpha$, $m$, $n$...

### Discutir i resoldre un sistema amb un paràmetre fent servir el mètode de Gauss

GEOGEBRA

Discuteix i resol, segons el paràmetre $\lambda$, aquest sistema: $\left.\begin{aligned} 2x - y + 2z &= 2 \\ 2x - 4z &= -4 \\ -y + \lambda z &= 1 \end{aligned}\right\}$.

**PRIMER.** S'aplica el mètode de Gauss fins a obtenir un sistema escalonat.

$$\left(\begin{array}{ccc|c} 2 & -1 & 2 & 2 \\ 2 & 0 & -4 & -4 \\ 0 & -1 & \lambda & 1 \end{array}\right) \xrightarrow{F_2 = F_2 - F_1} \left(\begin{array}{ccc|c} 2 & -1 & 2 & 2 \\ 0 & 1 & -6 & -6 \\ 0 & -1 & \lambda & 1 \end{array}\right) \xrightarrow{F_3 = F_3 + F_2}$$

$$\rightarrow \left(\begin{array}{ccc|c} 2 & -1 & 2 & 2 \\ 0 & 1 & -6 & -6 \\ 0 & 0 & \lambda - 6 & -5 \end{array}\right)$$

**SEGON.** S'analitza l'última fila de la matriu i es discuteix el sistema segons els valors del paràmetre.

- Si $\lambda = 6 \rightarrow \left(\begin{array}{ccc|c} 2 & -1 & 2 & 2 \\ 0 & 1 & -6 & -6 \\ 0 & 0 & 0 & -5 \end{array}\right) \rightarrow$ Sistema incompatible
- Si $\lambda \neq 6 \rightarrow \left(\begin{array}{ccc|c} 2 & -1 & 2 & 2 \\ 0 & 1 & -6 & -6 \\ 0 & 0 & \lambda - 6 & -5 \end{array}\right) \rightarrow$ Sistema compatible determinat

**TERCER.** Es resol el sistema en els casos en què sigui compatible.

Si $\lambda \neq 6$:

$$2x - y + 2z = 2 \xrightarrow{y = \frac{6-6\lambda}{\lambda-6},\ z = -\frac{5}{\lambda-6}} 2x - \frac{6-6\lambda}{\lambda-6} - \frac{10}{\lambda-6} = 2 \rightarrow x = \frac{2-2\lambda}{\lambda-6}$$

$$y - 6z = -6 \xrightarrow{z = -\frac{5}{\lambda-6}} y + \frac{30}{\lambda-6} = -6 \rightarrow y = \frac{6-6\lambda}{\lambda-6}$$

$$(\lambda - 6)z = -5 \rightarrow z = -\frac{5}{\lambda-6}$$

El sistema té solució única segons el paràmetre $\lambda$:

$$x = \frac{2-2\lambda}{\lambda-6} \qquad y = \frac{6-6\lambda}{\lambda-6} \qquad z = -\frac{5}{\lambda-6}$$

**PENSA**

Discuteix i resol aquest sistema.

$$\left.\begin{aligned} x &= y + z \\ x - y &= z \\ z &= x - y \end{aligned}\right\}$$

**ACTIVITATS**

**11** Discuteix i resol aquest sistema segons els valors del paràmetre $\lambda$.

$$\left.\begin{aligned} 2x + y - z &= 1 \\ -x - 2y + z &= 0 \\ x - y + \lambda z &= 2 \end{aligned}\right\}$$

**12** Discuteix i resol el sistema següent, que depèn d'un paràmetre.

$$\left.\begin{aligned} x - 2y + z &= -2 \\ 2x - 2y &= 1 \\ x - \lambda z &= 3 \end{aligned}\right\}$$

## 4. Teorema de Rouché-Frobenius

La condició necessària i suficient perquè un sistema $A \cdot X = B$ tingui solució és que el rang de la matriu dels coeficients del sistema, $A$, sigui el mateix que el rang de la matriu ampliada, $A^*$.

El sistema és compatible si, i només si, Rang $(A)$ = Rang $(A^*)$.

**Demostració**

Sigui el sistema:

$$\left.\begin{array}{l} a_{11}x_1 + a_{12}x_2 + ... + a_{1n}x_n = b_1 \\ a_{21}x_1 + a_{22}x_2 + ... + a_{2n}x_n = b_2 \\ ... \\ a_{m1}x_1 + a_{m2}x_2 + ... + a_{mn}x_n = b_m \end{array}\right\}$$

**Condició necessària.** Si el sistema és compatible → Rang $(A)$ = Rang $(A^*)$.

- Si el sistema és compatible, té, com a mínim, una solució. Se suposa que $x_1 = c_1, x_2 = c_2, ..., x_n = c_n$ és solució; per tant, es compleix que:

$$\left.\begin{array}{l} a_{11}c_1 + a_{12}c_2 + ... + a_{1n}c_n = b_1 \\ a_{21}c_1 + a_{22}c_2 + ... + a_{2n}c_n = b_2 \\ ... \\ a_{m1}c_1 + a_{m2}c_2 + ... + a_{mn}c_n = b_m \end{array}\right\}$$

- Substituint els valors de $b_1, b_2, ..., b_m$ en la matriu ampliada es té:

$$A^* = \left(\begin{array}{cccc|ccccccc} a_{11} & a_{12} & ... & a_{1n} & a_{11}c_1 & + & a_{12}c_2 & + & ... & + & a_{1n}c_n \\ a_{21} & a_{22} & ... & a_{2n} & a_{21}c_1 & + & a_{22}c_2 & + & ... & + & a_{2n}c_n \\ ... & ... & ... & ... & ... & & & & & & \\ a_{m1} & a_{m2} & ... & a_{mn} & a_{m1}c_1 & + & a_{m2}c_2 & + & ... & + & a_{mn}c_n \end{array}\right)$$

- Com que l'última columna d'aquesta matriu és una combinació lineal de les anteriors, es pot concloure que: Rang $(A)$ = Rang $(A^*)$.

**Condició suficient.** Si Rang $(A)$ = Rang $(A^*)$ → El sistema és compatible.

- Si Rang $(A)$ = Rang $(A^*)$, la columna dels termes independents és una combinació lineal de la resta de columnes. És a dir, existeixen $c_1, c_2, ..., c_n$ tals que:

$$\begin{pmatrix} a_{11} \\ a_{21} \\ ... \\ a_{m1} \end{pmatrix} c_1 + \begin{pmatrix} a_{12} \\ a_{22} \\ ... \\ a_{m2} \end{pmatrix} c_2 + ... + \begin{pmatrix} a_{1n} \\ a_{2n} \\ ... \\ a_{mn} \end{pmatrix} c_n = \begin{pmatrix} b_1 \\ b_2 \\ ... \\ b_m \end{pmatrix}$$

- Aleshores $x_1 = c_1, x_2 = c_2, ..., x_n = c_n$ és solució del sistema i, per tant, el sistema és compatible.

**RECORDA**

El rang d'una matriu és el nombre de files o de columnes linealment independents que té.

**ACTIVITATS**

**13** Utilitza el teorema de Rouché-Frobenius per determinar si aquests sistemes són compatibles, i resol-los aplicant el mètode de Gauss.

a) $\left.\begin{array}{r} 2x - 3y + z = -2 \\ -x - y + 2z = 0 \\ x - 4y + 3z = -2 \end{array}\right\}$

b) $\left.\begin{array}{r} x + 3y - 2z = 1 \\ -2x - 3y + z = 0 \\ -x - z = 7 \end{array}\right\}$

**14** Mitjançant el teorema de Rouché-Frobenius, determina si el sistema és compatible.

$$\left.\begin{array}{r} 2x + y - z + t = 1 \\ x - 3y + z - t = 0 \\ 3x - 2y = 1 \\ y - 2z = 4 \end{array}\right\}$$

## Discussió d'un sistema utilitzant el teorema de Rouché-Frobenius

- Si Rang $(A) \neq$ Rang $(A^*)$, el sistema és incompatible.
- Si Rang $(A) =$ Rang $(A^*) = r$, el sistema és compatible.
  - Quan $r =$ nre. d'incògnites, el sistema és compatible determinat.
  - Quan $r <$ nre. d'incògnites, el sistema és compatible indeterminat.

**FIXA-T'HI**

- Si Rang $(A) \neq$ Rang $(A^*)$, aleshores:

  Rang $(A^*) =$ Rang $(A) + 1$

  perquè $A^*$ té una columna més que $A$.
- El nombre de columnes de $A$ és el nombre d'incògnites del sistema. Per tant, el rang de $A$ pot ser, com a màxim, el nombre d'incògnites.

### Discutir un sistema d'equacions lineals utilitzant el teorema de Rouché-Frobenius

Estudia el nombre de solucions d'aquests sistemes.

a) $\left.\begin{array}{r} x - 3y + z = 2 \\ -2x + 2z = 0 \\ x - 4y - 3z = -2 \end{array}\right\}$ b) $\left.\begin{array}{r} x - 3y + z = 2 \\ -2x + 2z = 0 \\ -x - 3y + 3z = 2 \end{array}\right\}$ c) $\left.\begin{array}{r} x - 3y + z = 2 \\ -2x + 2z = 0 \\ -x - 3y + 3z = 8 \end{array}\right\}$

**PRIMER.** Es determinen les matrius $A$ i $A^*$.

a) $A = \begin{pmatrix} 1 & -3 & 1 \\ -2 & 0 & 2 \\ 1 & -4 & -3 \end{pmatrix}$ b) $A = \begin{pmatrix} 1 & -3 & 1 \\ -2 & 0 & 2 \\ -1 & -3 & 3 \end{pmatrix}$ c) $A = \begin{pmatrix} 1 & -3 & 1 \\ -2 & 0 & 2 \\ -1 & -3 & 3 \end{pmatrix}$

$A^* = \left(\begin{array}{rrr|r} 1 & -3 & 1 & 2 \\ -2 & 0 & 2 & 0 \\ 1 & -4 & -3 & -2 \end{array}\right)$ $A^* = \left(\begin{array}{rrr|r} 1 & -3 & 1 & 2 \\ -2 & 0 & 2 & 0 \\ -1 & -3 & 3 & 2 \end{array}\right)$ $A^* = \left(\begin{array}{rrr|r} 1 & -3 & 1 & 2 \\ -2 & 0 & 2 & 0 \\ -1 & -3 & 3 & 8 \end{array}\right)$

**SEGON.** Es calcula el rang de les dues matrius.

a) $|A| = 28 \neq 0 \rightarrow$ Rang $(A) = 3 =$ Rang $(A^*)$

b) $|A| = 0$ i $\begin{vmatrix} 1 & -3 \\ -2 & 0 \end{vmatrix} = -6 \neq 0 \rightarrow$ Rang $(A) = 2$

$\begin{vmatrix} 1 & -3 & 2 \\ -2 & 0 & 0 \\ -1 & -3 & 2 \end{vmatrix} = 0$

Tots els menors d'ordre 3 de $A^*$ són nuls $\rightarrow$ Rang $(A^*) = 2$

c) $|A| = 0$ i $\begin{vmatrix} 1 & -3 \\ -2 & 0 \end{vmatrix} = -6 \neq 0 \rightarrow$ Rang $(A) = 2$

Com que $\begin{vmatrix} 1 & -3 & 2 \\ -2 & 0 & 0 \\ -1 & -3 & 8 \end{vmatrix} = -36 \neq 0 \rightarrow$ Rang $(A^*) = 3$

**TERCER.** S'aplica el teorema de Rouché-Frobenius.

a) Rang $(A) =$ Rang $(A^*) = 3 =$ nre. d'incògnites $\rightarrow$ Compatible determinat

b) Rang $(A) =$ Rang $(A^*) = 2 <$ nre. d'incògnites $\rightarrow$ Compatible indeterminat

c) Rang $(A) = 2 \neq$ Rang $(A^*) = 3 \rightarrow$ Incompatible

**PENSA**

Discuteix el sistema següent.

$\left.\begin{array}{r} ax + ay + az = b \\ bx + by + bz = c \\ cx + cy + cz = a \end{array}\right\}$

**ACTIVITATS**

**15** Discuteix aquest sistema aplicant el teorema de Rouché-Frobenius.

$$\left.\begin{array}{r} x + y - z + t = 1 \\ -x - 3y + z - 2t = 0 \\ -2y - t = 1 \\ y - 2z = -3 \end{array}\right\}$$

**16** Afegeix una equació a aquest sistema perquè sigui:

$$\left.\begin{array}{r} 2x + 2y - z = 1 \\ -x - y + z = 3 \end{array}\right\}$$

a) Un sistema compatible determinat.

b) Un sistema compatible indeterminat.

c) Un sistema incompatible.

# 5. Regla de Cramer

Donat un sistema de $n$ equacions lineals amb $n$ incògnites:

$$\left.\begin{array}{l} a_{11}x_1 + a_{12}x_2 + ... + a_{1n}x_n = b_1 \\ a_{21}x_1 + a_{22}x_2 + ... + a_{2n}x_n = b_2 \\ ... \\ a_{n1}x_1 + a_{n2}x_2 + ... + a_{nn}x_n = b_n \end{array}\right\}$$

si es compleix que el determinant de la matriu dels coeficients és no nul, $|A| \neq 0$, aleshores el sistema és compatible determinat, i la solució és:

$$x_i = \frac{|A_{x_i}|}{|A|}, \text{ per a } i = 1, 2, ..., n$$

sent $A_{x_i}$ la matriu que resulta de substituir a la matriu $A$ la columna dels coeficients de $x_i$ per la columna dels termes independents.

**FIXA-T'HI**

En un sistema de $n$ equacions amb $n$ incògnites, si $|A| \neq 0$, es té que:

Rang $(A)$ = Rang $(A^*)$ = $n$

Per tant, pel teorema de Rouché-Frobenius, el sistema és compatible determinat.

**Demostració**

Donat un sistema de $n$ equacions lineals amb $n$ incògnites, es calcula la solució expressant el sistema matricialment i resolent l'equació matricial resultant.

$$\begin{pmatrix} a_{11} & a_{12} & ... & a_{1n} \\ a_{21} & a_{22} & ... & a_{2n} \\ ... & ... & ... & ... \\ a_{n1} & a_{n2} & ... & a_{nn} \end{pmatrix} \cdot \begin{pmatrix} x_1 \\ x_2 \\ ... \\ x_n \end{pmatrix} = \begin{pmatrix} b_1 \\ b_2 \\ ... \\ b_n \end{pmatrix} \rightarrow A \cdot X = B \rightarrow X = A^{-1} \cdot B$$

Existeix $A^{-1}$ perquè $n = m$ i $|A| \neq 0$; per tant, es compleix que:

$$\begin{pmatrix} x_1 \\ x_2 \\ ... \\ x_n \end{pmatrix} = A^{-1} \cdot \begin{pmatrix} b_1 \\ b_2 \\ ... \\ b_n \end{pmatrix} = \frac{1}{|A|} \cdot \begin{pmatrix} A_{11} & A_{21} & ... & A_{n1} \\ A_{12} & A_{22} & ... & A_{n2} \\ ... & ... & ... & ... \\ A_{1n} & A_{2n} & ... & A_{nn} \end{pmatrix} \cdot \begin{pmatrix} b_1 \\ b_2 \\ ... \\ b_n \end{pmatrix}$$

I d'aquesta igualtat s'obté el valor de les incògnites:

$$x_i = \frac{A_{1i}b_1 + A_{2i}b_2 + ... + A_{ni}b_n}{|A|}$$

Expressant $A_{1i}b_1 + A_{2i}b_2 + ... + A_{ni}b_n$ com un determinant s'obté la solució esperada:

$$x_i = \frac{1}{|A|} \cdot \begin{vmatrix} a_{11} & a_{12} & ... & a_{1(i-1)} & b_1 & a_{1(i+1)} & ... & a_{1n} \\ a_{21} & a_{22} & ... & a_{2(i-1)} & b_2 & a_{2(i+1)} & ... & a_{2n} \\ ... & ... & ... & ... & ... & ... & ... & ... \\ a_{n1} & a_{n2} & ... & a_{n(i-1)} & b_n & a_{n(i+1)} & ... & a_{nn} \end{vmatrix} = \frac{|A_{x_i}|}{|A|}$$

**FIXA-T'HI**

$$\begin{vmatrix} a_{11} & a_{12} & ... & b_1 & ... & a_{1n} \\ a_{21} & a_{22} & ... & b_2 & ... & a_{2n} \\ ... & ... & ... & ... & ... & ... \\ a_{n1} & a_{n2} & ... & b_n & ... & a_{nn} \end{vmatrix} =$$

$= A_{1i}b_1 + A_{2i}b_2 + ... + A_{ni}b_n$ és el desenvolupament del determinant per la columna $b_i$.

**ACTIVITATS**

**17** Avalua si es pot aplicar la regla de Cramer en aquests sistemes d'equacions.

a) $\left.\begin{array}{r} x + y + z = -2 \\ z - y + z = 4 \\ -2x + z = -3 \end{array}\right\}$

b) $\left.\begin{array}{r} x + 2y + z + t = 0 \\ x - 3y + z - 2t = -2 \\ -2y + 3t = 3 \end{array}\right\}$

**18** Escriu dos sistemes d'equacions lineals en els quals es pugui aplicar la regla de Cramer i que compleixin aquestes condicions:

a) Té tres equacions.

b) Té quatre incògnites.

## Resoldre un sistema d'equacions compatible determinat utilitzant la regla de Cramer

GEOGEBRA

Resol aquest sistema d'equacions lineals amb tres incògnites utilitzant la regla de Cramer.

$$\left.\begin{aligned} 2x - 3y + z &= -2 \\ -2x - 2z &= 0 \\ 3x - 2y - 3z &= 4 \end{aligned}\right\}$$

**PRIMER.** S'analitza si es compleixen les condicions necessàries per aplicar la regla de Cramer:

- El nombre d'equacions és igual al nombre d'incògnites.
- El determinant de la matriu dels coeficients és diferent de zero.

En aquest cas, el sistema es compon de tres equacions i tres incògnites, de manera que es compleix la primera condició.

Es calcula el determinant.

$$A = \begin{pmatrix} 2 & -3 & 1 \\ -2 & 0 & -2 \\ 3 & -2 & -3 \end{pmatrix} \rightarrow |A| = \begin{vmatrix} 2 & -3 & 1 \\ -2 & 0 & -2 \\ 3 & -2 & -3 \end{vmatrix} = 32 \neq 0$$

Es pot aplicar la regla de Cramer.

**SEGON.** Es calcula $|A_{x_i}|$ per a cadascuna de les incògnites.

En aquest cas, s'ha de trobar $|A_x|$, $|A_y|$ i $|A_z|$.

- Es calcula $|A_x|$, que és el determinant la primera columna del qual està formada pels termes independents de les tres equacions, la segona columna pels coeficients de la variable $y$, i la tercera columna pels coeficients de $z$.

$$\begin{matrix} & b_i & y & z \end{matrix}$$
$$|A_x| = \begin{vmatrix} -2 & -3 & 1 \\ 0 & 0 & -2 \\ 4 & -2 & -3 \end{vmatrix} = 32$$

- Es calcula $|A_y|$, que és el determinant la primera columna del qual està formada pels coeficients de $x$, la segona pels termes independents de les tres equacions, i la tercera pels coeficients de $z$.

$$\begin{matrix} & x & b_i & z \end{matrix}$$
$$|A_y| = \begin{vmatrix} 2 & -2 & 1 \\ -2 & 0 & -2 \\ 3 & 4 & -3 \end{vmatrix} = 32$$

- Es calcula $|A_z|$, que és el determinant la primera columna del qual està formada pels coeficients de $x$, la segona pels coeficients de $y$, i la tercera pels termes independents de les tres equacions.

$$\begin{matrix} & x & y & b_i \end{matrix}$$
$$|A_z| = \begin{vmatrix} 2 & -3 & -2 \\ -2 & 0 & 0 \\ 3 & -2 & 4 \end{vmatrix} = 32$$

**TERCER.** Es calcula la solució del sistema.

$$x = \frac{|A_x|}{|A|} = \frac{32}{32} = 1 \qquad y = \frac{|A_y|}{|A|} = \frac{32}{32} = 1 \qquad z = \frac{|A_z|}{|A|} = \frac{-32}{32} = -1$$

La solució és: $x = 1, y = 1, z = -1$.

### ACTIVITATS

**19** Avalua si es pot aplicar la regla de Cramer en aquest sistema, i, en el cas que es pugui, calcula $|A_x|$, $|A_y|$ i $|A_z|$ i resol-lo.

$$\left.\begin{aligned} -x + 2y - z &= 2 \\ x - y + 2z &= 1 \\ -2x + z &= -1 \end{aligned}\right\}$$

**20** Resol aquest sistema d'equacions utilitzant la regla de Cramer, si és possible.

$$\left.\begin{aligned} -2x + y - z + t &= 4 \\ -x - 3y + z - 2t &= -8 \\ -2y - t &= -4 \\ y - 2z &= -1 \end{aligned}\right\}$$

# 6. Generalització de la regla de Cramer

La regla de Cramer es pot utilitzar per calcular la solució de qualsevol sistema d'equacions lineals que sigui compatible, sense que s'hagi de tenir en compte el nombre d'equacions i d'incògnites.

## Resoldre un sistema d'equacions utilitzant la regla de Cramer

Resol el sistema següent.

$$\left.\begin{array}{r} 3x + y - z = 2 \\ -2x + y - z = 1 \\ x + 2y - 2z = 3 \end{array}\right\}$$

**PRIMER.** S'estudia si el sistema és compatible, és a dir, es comprova si Rang $(A)$ = Rang $(A^*)$.

$$|A| = \begin{vmatrix} 3 & 1 & -1 \\ -2 & 1 & -1 \\ 1 & 2 & -2 \end{vmatrix} = 0 \qquad \begin{vmatrix} 3 & 1 \\ -2 & 1 \end{vmatrix} = 5 \neq 0 \rightarrow \text{Rang}\,(A) = 2$$

Es calcula el determinant 3×3 que conté el menor trobat.

$$\begin{vmatrix} 3 & 1 & 2 \\ -2 & 1 & 1 \\ 1 & 2 & 3 \end{vmatrix} = 0 \;\; \text{Rang}\,(A^*) = 2 = \text{Rang}\,(A) < \text{nre. d'incògnites}$$

El sistema és compatible indeterminat.

**SEGON.** S'agafen com a referència les equacions i les incògnites que representen el menor que s'ha trobat diferent de 0. D'aquesta manera, s'elimina la resta d'equacions del sistema i es passen al segon membre les incògnites que tinguin coeficients que no pertanyin a aquest menor.

$$\begin{array}{l} \\ \text{1a equació} \rightarrow \\ \text{2a equació} \rightarrow \end{array} \begin{array}{c} \;\; x \quad y \\ \begin{vmatrix} 3 & 1 \\ -2 & 1 \end{vmatrix} \neq 0 \end{array}$$

S'elimina la 3a equació i es passa $z$ al segon membre.

El nou sistema que s'obté és:

$$\left.\begin{array}{r} 3x + y = 2 + z \\ -2x + y = 1 + z \end{array}\right\}$$

**TERCER.** S'aplica la regla de Cramer al nou sistema.

El sistema ara té dues equacions i dues incògnites. És compatible determinat i la solució depèn del paràmetre $z$.

$$|A| = \begin{vmatrix} 3 & 1 \\ -2 & 1 \end{vmatrix} = 5 \quad |A_x| = \begin{vmatrix} 2+z & 1 \\ 1+z & 1 \end{vmatrix} = 1 \quad |A_y| = \begin{vmatrix} 3 & 2+z \\ -2 & 1+z \end{vmatrix} = 5z + 7$$

$$x = \frac{|A_x|}{|A|} = \frac{1}{5} \qquad y = \frac{|A_y|}{|A|} = \frac{5z+7}{5}$$

La solució és $x = \frac{1}{5}$, $y = \frac{5\lambda + 7}{5}$, $z = \lambda$, amb $\lambda \in \mathbb{R}$.

**FIXA-T'HI**

Un cop escollit un menor 2 × 2 diferent de zero, es calcula el determinant 3 × 3 de la matriu ampliada que el conté.

**ACTIVITATS**

**21** Resol aquests sistemes d'equacions mitjançant la regla de Cramer.

a) $\left.\begin{array}{r} 3x + 2y - 3z = 0 \\ x - y + 4z = 1 \\ 2x + 3y - 7z = -1 \end{array}\right\}$

b) $\left.\begin{array}{r} x + y - z = 0 \\ x - y + z = 1 \\ 2x + 4y - 4z = -1 \end{array}\right\}$

**22** Resol el sistema utilitzant la regla de Cramer.

$$\left.\begin{array}{r} 2x + y - 3z + 2t = 4 \\ -x - 3y + z - 2t = 0 \\ x - 2y - 2z = 4 \\ 3x + 4y - 4z + 4t = 4 \end{array}\right\}$$

## 7. Sistemes homogenis



Si tots els termes independents d'un sistema d'equacions són zeros, es diu que és un **sistema homogeni**.

$$\left.\begin{array}{l} a_{11}x_1 + a_{12}x_2 + ... + a_{1n}x_n = 0 \\ a_{21}x_1 + a_{22}x_2 + ... + a_{2n}x_n = 0 \\ ... \\ a_{m1}x_1 + a_{m2}x_2 + ... + a_{mn}x_n = 0 \end{array}\right\}$$

### Propietats

- Un sistema homogeni sempre té com a solució $x_1 = 0, x_2 = 0, ..., x_n = 0$ (**solució trivial**).
- Un sistema homogeni sempre és compatible.
  Rang $(A)$ = Rang $(A^*)$, perquè les matrius $A$ i $A^*$ només es diferencien en una columna de zeros.
  - Si Rang $(A)$ = Rang $(A^*)$ = nre. d'incògnites, el sistema és compatible determinat i, per tant, només té com a solució la solució trivial.
  - Si Rang $(A)$ = Rang $(A^*)$ < nre. d'incògnites, el sistema és compatible indeterminat i té infinites solucions.

### Discutir i resoldre un sistema d'equacions homogeni

Discuteix i resol aquest sistema: $\left.\begin{array}{r} 2x - 3y + z = 0 \\ -2x - 2z = 0 \\ -3y - z = 0 \end{array}\right\}$.

**PRIMER.** Es calcula el rang de la matriu dels coeficients.

$$|A| = \begin{vmatrix} 2 & -3 & 1 \\ -2 & 0 & -2 \\ 0 & -3 & -1 \end{vmatrix} = 0 \quad \begin{vmatrix} 2 & -3 \\ -2 & 0 \end{vmatrix} = -6 \neq 0 \rightarrow \text{Rang}(A) = \text{Rang}(A^*) = 2$$

**SEGON.** Es compara el nombre d'incògnites amb el rang de la matriu.

En aquest cas, Rang $(A) = 2 <$ nre. d'incògnites → sistema compatible indeterminat.

**TERCER.** Es resol el sistema.

$$\begin{array}{l} \text{1a equació} \rightarrow \\ \text{2a equació} \rightarrow \end{array} \begin{vmatrix} 2 & -3 \\ -2 & 0 \end{vmatrix} \neq 0 \rightarrow$$ S'elimina la 3a equació i $z$ passa al segon membre.

$$\left.\begin{array}{r} 2x - 3y = -z \\ -2x = 2z \end{array}\right\} \begin{array}{l} \rightarrow 2(-z) - 3y = -z \rightarrow -3y = z \rightarrow y = -\dfrac{z}{3} \\ \rightarrow x = -z \end{array}$$

La solució és $x = -\lambda$, $y = -\dfrac{\lambda}{3}$ i $z = \lambda$, amb $\lambda \in \mathbb{R}$.

**PENSA**

Explica com han de ser els coeficients d'un sistema homogeni perquè només tingui una solució.

**ACTIVITATS**

**23** Resol aquest sistema.

$$\left.\begin{array}{r} 5x - y + 2z = 0 \\ -2x + y - z = 0 \\ -x - y - z = 0 \end{array}\right\}$$

**24** Escriu un sistema d'equacions lineals homogeni de quatre equacions i que tingui:

a) Solució única.
b) Infinites solucions.

Resol en cada cas.

## 8. Sistemes d'equacions amb paràmetres

### 8.1. Discussió d'un sistema amb paràmetres

Quan el sistema d'equacions ve donat segons els paràmetres, resulta molt útil aplicar el teorema de Rouché-Frobenius per discutir, i també per resoldre, el sistema d'equacions lineals.

#### Discutir un sistema d'equacions amb paràmetres utilitzant el teorema de Rouché-Frobenius

Discuteix, segons el paràmetre $\lambda$, aquest sistema d'equacions.

$$\left.\begin{aligned} x + y - z &= \lambda \\ \lambda x + 2y - z &= 3\lambda \\ 2x + \lambda y - z &= 6 \end{aligned}\right\}$$

**PRIMER.** Es calcula el rang de la matriu de coeficients $A$ atenent als valors del paràmetre.

$$|A| = \begin{vmatrix} 1 & 1 & -1 \\ \lambda & 2 & -1 \\ 2 & \lambda & -1 \end{vmatrix} = -\lambda^2 + 2\lambda \qquad -\lambda^2 + 2\lambda = 0 \rightarrow \begin{cases} \lambda = 0 \\ \lambda = 2 \end{cases}$$

- Si $\lambda \neq 0$ i $\lambda \neq 2 \rightarrow \text{Rang}(A) = 3$
- Si $\lambda = 0$ o $\lambda = 2 \rightarrow \begin{vmatrix} 1 & -1 \\ 2 & -1 \end{vmatrix} = 1 \neq 0 \rightarrow \text{Rang}(A) = 2$

**SEGON.** Es calcula el rang de $A^*$ atenent als valors del paràmetre obtingut en el pas anterior.

$$A^* = \left(\begin{array}{ccc|c} 1 & 1 & -1 & \lambda \\ \lambda & 2 & -1 & 3\lambda \\ 2 & \lambda & -1 & 6 \end{array}\right)$$

Es calcula el determinant $3 \times 3$ que conté el menor trobat.

- Si $\lambda \neq 0$ i $\lambda \neq 2 \rightarrow \text{Rang}(A) = 3 = \text{Rang}(A^*)$
- Si $\lambda = 0 \rightarrow \text{Rang}(A) = 2$

$$A^* = \left(\begin{array}{ccc|c} 1 & 1 & -1 & 0 \\ 0 & 2 & -1 & 0 \\ 2 & 0 & -1 & 6 \end{array}\right) \qquad \begin{vmatrix} 1 & -1 & 0 \\ 2 & -1 & 0 \\ 0 & -1 & 6 \end{vmatrix} = 6 \neq 0 \rightarrow \text{Rang}(A^*) = 3$$

- Si $\lambda = 2 \rightarrow \text{Rang}(A) = 2$

$$A^* = \left(\begin{array}{ccc|c} 1 & 1 & -1 & 2 \\ 2 & 2 & -1 & 6 \\ 2 & 2 & -1 & 6 \end{array}\right) \qquad \begin{vmatrix} 1 & -1 & 2 \\ 2 & -1 & 6 \\ 2 & -1 & 6 \end{vmatrix} = 0 \rightarrow \text{Rang}(A^*) = 2$$

**TERCER.** S'aplica el teorema de Rouché-Frobenius.

- Si $\lambda \neq 0$ i $\lambda \neq 2 \rightarrow \text{Rang}(A) = \text{Rang}(A^*) = 3 =$ nre. d'incògnites
  Sistema compatible determinat.
- Si $\lambda = 0 \rightarrow \text{Rang}(A) = 2 \neq \text{Rang}(A^*) = 3$
  Sistema incompatible.
- Si $\lambda = 2 \rightarrow \text{Rang}(A) = \text{Rang}(A^*) = 2 <$ nre. d'incògnites
  Sistema compatible indeterminat.

#### ACTIVITATS

**25** Discuteix aquest sistema d'equacions lineals segons els valors de $m$.

$$\left.\begin{aligned} -x + y - z &= -1 \\ 4x - 2y + 2z &= 2m \\ -3x - 2y + mz &= -4 \end{aligned}\right\}$$

**26** Discuteix el sistema d'equacions següent segons el paràmetre $a$.

$$\left.\begin{aligned} ax + y + z &= 1 \\ x + ay + z &= a \\ x + y + az &= a^2 \end{aligned}\right\}$$

## 8.2. Resolució d'un sistema amb paràmetres

Per resoldre un sistema d'equacions lineals amb paràmetres, primer se'n discuteix, amb l'ajuda del teorema de Roché-Frobenius, la compatibilitat i, després, s'aplica la regla de Cramer per resoldre'l quan sigui possible.

### Resoldre un sistema d'equacions amb paràmetres utilitzant la regla de Cramer

Resol, en funció del paràmetre $\lambda$, aquest sistema d'equacions.

$$\left.\begin{aligned} x + y - z &= \lambda \\ \lambda x + 2y - z &= 3\lambda \\ 2x + \lambda y - z &= 6 \end{aligned}\right\}$$

**PRIMER.** Es discuteix el sistema atenent als valors del paràmetre.

Segons els resultats obtinguts a l'epígraf anterior, es té:

- Si $\lambda \neq 0$ i $\lambda \neq 2 \rightarrow$ Rang $(A)$ = Rang $(A^*)$ = nre. d'incògnites
  Sistema compatible determinat.
- Si $\lambda = 0 \rightarrow$ Rang $(A) \neq$ Rang $(A^*)$
  Sistema incompatible.
- Si $\lambda = 2 \rightarrow$ Rang $(A)$ = Rang $(A^*)$ < nre. d'incògnites
  Sistema compatible indeterminat.

**SEGON.** Es resol el sistema per als valors del paràmetre en què és compatible determinat.

S'utilitza la regla de Cramer en cas que $\lambda \neq 0$ i $\lambda \neq 2$: $|A| = -\lambda^2 + 2\lambda$.

$$|A_x| = \begin{vmatrix} \lambda & 1 & -1 \\ 3\lambda & 2 & -1 \\ 6 & \lambda & -1 \end{vmatrix} = -2\lambda^2 + \lambda + 6 \qquad x = \frac{|A_x|}{|A|} = \frac{-2\lambda^2 + \lambda + 6}{-\lambda^2 + 2\lambda}$$

$$|A_y| = \begin{vmatrix} 1 & \lambda & -1 \\ \lambda & 3\lambda & -1 \\ 2 & 6 & -1 \end{vmatrix} = \lambda^2 - 5\lambda + 6 \qquad y = \frac{|A_y|}{|A|} = \frac{\lambda^2 - 5\lambda + 6}{-\lambda^2 + 2\lambda}$$

$$|A_z| = \begin{vmatrix} 1 & 1 & \lambda \\ \lambda & 2 & 3\lambda \\ 2 & \lambda & 6 \end{vmatrix} = \lambda^3 - 3\lambda^2 - 4\lambda + 12 \qquad z = \frac{|A_z|}{|A|} = \frac{\lambda^3 - 3\lambda^2 - 4\lambda + 12}{-\lambda^2 + 2\lambda}$$

**TERCER.** Es resol el sistema per als valors del paràmetre en què és compatible indeterminat.

S'utilitza la regla de Cramer en cas que $\lambda = 2$.

$$\begin{matrix} \text{1a equació} \rightarrow \\ \text{2a equació} \rightarrow \end{matrix} \begin{vmatrix} 1 & -1 \\ 2 & -1 \end{vmatrix} \neq 0 \rightarrow$$ (columnes $y$, $z$) S'elimina la 3a equació i $x$ passa al segon membre.

$$\left.\begin{aligned} y - z &= 2 - x \\ 2y - z &= 6 - 2x \end{aligned}\right\} \qquad |A| = \begin{vmatrix} 1 & -1 \\ 2 & -1 \end{vmatrix} = 1$$

$$|A_y| = \begin{vmatrix} 2 - x & -1 \\ 6 - 2x & -1 \end{vmatrix} = 4 - x \qquad |A_z| = \begin{vmatrix} 1 & 2 - x \\ 2 & 6 - 2x \end{vmatrix} = 2$$

$$y = \frac{|A_y|}{|A|} = 4 - x \qquad z = \frac{|A_z|}{|A|} = 2 \qquad \text{Solució: } \begin{cases} x = \lambda \\ y = 4 - \lambda \\ z = 2 \end{cases} \quad \lambda \in \mathbb{R}$$

### ACTIVITATS

**27** Resol aquest sistema segons els valors de $m$.

$$\left.\begin{aligned} -x + y - z &= -1 \\ 4x - 2y + 2z &= 2m \\ -3m - 2y + mz &= -4 \end{aligned}\right\}$$

**28** Resol el sistema segons els valors de $a$.

$$\left.\begin{aligned} 2x - 3y + z &= 0 \\ x - ay - 3z &= 0 \\ 5x + 3y - z &= 0 \end{aligned}\right\}$$

# ACTIVITATS RESOLTES

## Sistemes d'equacions lineals

### Resoldre les equacions matricials del tipus $AX = XA$

**Donades les matrius:**

$$A = \begin{pmatrix} 5 & 2 & 0 \\ 2 & 5 & 0 \\ 0 & 0 & 1 \end{pmatrix} \qquad B = \begin{pmatrix} a & b & 0 \\ c & c & 0 \\ 0 & 0 & 1 \end{pmatrix}$$

**Troba les condicions que han de complir els paràmetres $a$, $b$ i $c$ perquè es verifiqui la igualtat $AB = BA$.**

**PRIMER.** Es fan les operacions que apareixien a l'equació matricial.

$$AB = \begin{pmatrix} 5 & 2 & 0 \\ 2 & 5 & 0 \\ 0 & 0 & 1 \end{pmatrix} \cdot \begin{pmatrix} a & b & 0 \\ c & c & 0 \\ 0 & 0 & 1 \end{pmatrix} = \begin{pmatrix} 5a+2c & 5b+2c & 0 \\ 2a+5c & 2b+5c & 0 \\ 0 & 0 & 1 \end{pmatrix}$$

$$BA = \begin{pmatrix} a & b & 0 \\ c & c & 0 \\ 0 & 0 & 1 \end{pmatrix} \cdot \begin{pmatrix} 5 & 2 & 0 \\ 2 & 5 & 0 \\ 0 & 0 & 1 \end{pmatrix} = \begin{pmatrix} 5a+2b & 2a+5b & 0 \\ 7c & 7c & 0 \\ 0 & 0 & 1 \end{pmatrix}$$

**SEGON.** S'igualen les matrius, element a element, per obtenir equacions en què les incògnites són les condicions que s'estan buscant.

$$AB = BA$$

$$\begin{pmatrix} 5a+2c & 5b+2c & 0 \\ 2a+5c & 2b+5c & 0 \\ 0 & 0 & 1 \end{pmatrix} = \begin{pmatrix} 5a+2b & 2a+5b & 0 \\ 7c & 7c & 0 \\ 0 & 0 & 1 \end{pmatrix}$$

En igualar element a element, en resulten nou equacions amb tres incògnites.

$$\begin{array}{lll} 5a+2c = 5a+2b & 5b+2c = 2a+5b & 0 = 0 \\ 2a+5c = 7c & 2b+5c = 7c & 0 = 0 \\ 0 = 0 & 0 = 0 & 1 = 1 \end{array}$$

**TERCER.** S'eliminen les equacions trivials i les que estan repartides, i es planteja un sistema.

$$\left.\begin{array}{r} 5a+2c = 5a+2b \\ 2a+5c = 7c \\ 5b+2c = 2a+5b \\ 2b+5c = 7c \end{array}\right\}$$

**QUART.** Es resol el sistema.

$$\left.\begin{array}{r} \cancel{5a}+2c = \cancel{5a}+2b \\ 2a+5c = 7c \\ 2b+5c = 7c \end{array}\right\} \rightarrow \left\{\begin{array}{l} c = b \\ a = c \\ b = c \end{array}\right.$$

Per tant, $a = b = c$.

Perquè es compleixi que $AB = BA$, és a dir, que les dues matrius $A$ i $B$ commuten, s'ha de verificar que els valors de $a$, $b$ i $c$ coincideixin.

**PRACTICA**

**29.** Troba les matrius $B$ que commuten amb $A$.

$$A = \begin{pmatrix} 5 & 2 & 0 \\ 2 & 5 & 0 \\ 0 & 0 & 1 \end{pmatrix} \qquad B = \begin{pmatrix} a & b & 0 \\ c & c & 0 \\ 0 & 0 & 1 \end{pmatrix}$$

## Sistemes d'equacions lineals

### Resoldre les equacions matricials del tipus $AX = B$

**Resol aquestes equacions matricials.**

a) $\begin{pmatrix} 1 & 1 & 2 \\ 1 & 2 & 1 \\ 2 & 1 & 1 \end{pmatrix} \cdot \begin{pmatrix} x \\ y \\ z \end{pmatrix} = \begin{pmatrix} 8 \\ -4 \\ 8 \end{pmatrix}$

b) $\begin{pmatrix} 1 & 1 & -2 \\ 1 & -2 & 1 \\ -2 & 1 & 1 \end{pmatrix} \cdot \begin{pmatrix} x \\ y \\ z \end{pmatrix} = \begin{pmatrix} 8 \\ -4 \\ -4 \end{pmatrix}$

**PRIMER.** Es comprova si existeix $A^{-1}$.

a) $|A| = \begin{vmatrix} 1 & 1 & 2 \\ 1 & 2 & 1 \\ 2 & 1 & 1 \end{vmatrix} = -4 \neq 0 \rightarrow$ Existeix $A^{-1}$.

b) $|A| = \begin{vmatrix} 1 & 1 & -2 \\ 1 & -2 & 1 \\ -2 & 1 & 1 \end{vmatrix} = 0 \rightarrow$ No existeix $A^{-1}$.

**SEGON.** Si $A^{-1}$ existeix, s'aïlla; si no existeix, es fan les operacions i s'igualen els termes de les matrius.

a) $\begin{pmatrix} x \\ y \\ z \end{pmatrix} = \begin{pmatrix} 1 & 1 & 2 \\ 1 & 2 & 1 \\ 2 & 1 & 1 \end{pmatrix}^{-1} \cdot \begin{pmatrix} 8 \\ -4 \\ 8 \end{pmatrix} =$

$$= -\frac{1}{4}\begin{pmatrix} 1 & 1 & -3 \\ 1 & -3 & 1 \\ -3 & 1 & 1 \end{pmatrix} \cdot \begin{pmatrix} 8 \\ -4 \\ 8 \end{pmatrix} = \begin{pmatrix} 5 \\ -7 \\ 5 \end{pmatrix}$$

b) $\begin{pmatrix} 1 & 1 & -2 \\ 1 & -2 & 1 \\ -2 & 1 & 1 \end{pmatrix} \cdot \begin{pmatrix} x \\ y \\ z \end{pmatrix} = \begin{pmatrix} 8 \\ -4 \\ -4 \end{pmatrix} \rightarrow \begin{pmatrix} x+y-2z \\ x-2y+z \\ -2x+y+z \end{pmatrix} = \begin{pmatrix} 8 \\ -4 \\ -4 \end{pmatrix}$

**TERCER.** Es resol el sistema d'equacions resultant.

En aquest cas, s'utilitza el mètode de Gauss.

$$\left.\begin{array}{r} x+y-2z = 8 \\ x-2y+z = -4 \\ -2x+y+z = -4 \end{array}\right\} \rightarrow \left(\begin{array}{rrr|r} 1 & 1 & -2 & 8 \\ 1 & -2 & 1 & -4 \\ -2 & 1 & 1 & -4 \end{array}\right)$$

$$\xrightarrow[F_3 = F_3 + 2F_1]{F_2 = F_2 - F_1} \left(\begin{array}{rrr|r} 1 & 1 & -2 & 8 \\ 0 & -3 & 3 & -12 \\ 0 & 3 & -3 & 12 \end{array}\right)$$

$$\xrightarrow[F_3 = F_3 + F_2]{} \left(\begin{array}{rrr|r} 1 & 1 & -2 & 8 \\ 0 & -3 & 3 & -12 \\ 0 & 0 & 0 & 0 \end{array}\right)$$

El sistema és compatible indeterminat.

$$\left.\begin{array}{r} x+y-2z = 8 \\ -3y+3z = -12 \end{array}\right\} \rightarrow \left.\begin{array}{l} x = 2z+8-y = z+4 \\ y = z+4 \end{array}\right\}$$

Es fa $z = \lambda \rightarrow y = \lambda + 4 \rightarrow x = \lambda + 4$

Les solucions són $x = \lambda + 4$, $y = \lambda + 4$, $z = \lambda$, amb $\lambda \in \mathbb{R}$.

**PRACTICA**

**30.** El sistema $\begin{pmatrix} 2 & 1 & 0 \\ 3 & 2 & 1 \\ 1 & 1 & 1 \end{pmatrix} \cdot \begin{pmatrix} x \\ y \\ z \end{pmatrix} = \begin{pmatrix} 1 \\ 1 \\ 0 \end{pmatrix}$ és compatible indeterminat. Calcula'n les solucions.

## Sistemes d'equacions lineals

### Resoldre un problema mitjançant un sistema d'equacions lineals

**Un caixer automàtic només conté bitllets de 10, 20 i 50 €. En total hi ha 130 bitllets que sumen un import de 3 000 €.**

**Si el nombre de bitllets de 10 € és el doble que el de 50 €, quants bitllets hi ha de cada tipus?**

**PRIMER.** Es defineixen les variables.

$x$ = nre. de bitllets de 10 €
$y$ = nre. de bitllets de 20 €
$z$ = nre. de bitllets de 50 €

**SEGON.** Es tradueixen les dades al llenguatge algebraic.

«En total hi ha 130 bitllets» $\rightarrow x + y + z = 130$
«Un import de 3 000 euros» $\rightarrow 10x + 20y + 50z = 3000$
«El nombre de bitllets de 10 € és el doble que el nombre de bitllets de 50 €» $\rightarrow x = 2z$

**TERCER.** Es planteja el sistema d'equacions i es resol.

$$\left.\begin{aligned} x+y+z&=130\\ 10x+20y+50z&=3000\\ x&=2z \end{aligned}\right\} \rightarrow \left.\begin{aligned} x+y+z&=130\\ 10x+20y+50z&=3000\\ x-2z&=0 \end{aligned}\right\}$$

En aquest cas es resol fent servir el mètode de Gauss.

$$\left(\begin{array}{ccc|c} 1 & 1 & 1 & 130\\ 10 & 20 & 50 & 3000\\ 1 & 0 & -2 & 0 \end{array}\right) \xrightarrow[F_3=F_3-F_1]{F_2=F_2-10F} \left(\begin{array}{ccc|c} 1 & 1 & 1 & 130\\ 0 & 10 & 40 & 1700\\ 0 & -1 & -3 & -130 \end{array}\right)$$

$$\xrightarrow{F_2\leftrightarrow F_3} \left(\begin{array}{ccc|c} 1 & 1 & 1 & 130\\ 0 & -1 & -3 & -130\\ 0 & 10 & 40 & 1700 \end{array}\right)$$

$$\xrightarrow{F_3=F_3+10F_2} \left(\begin{array}{ccc|c} 1 & 1 & 1 & 130\\ 0 & -1 & -3 & -130\\ 0 & 0 & 10 & 400 \end{array}\right)$$

El sistema és compatible determinat. Resulta un sistema escalonat.

$$\left.\begin{aligned} x+y+z&=130\\ -y-3z&=-130\\ 10z&=400 \end{aligned}\right\} \begin{aligned} &\xrightarrow{y=10,\,z=40} x=80\\ &\xrightarrow{z=40} y=10\\ &\rightarrow z=40 \end{aligned}$$

D'aquesta manera, el nombre de bitllets de cada tipus és:

$x$ = 80 bitllets de 10 €
$y$ = 10 bitllets de 20 €
$z$ = 40 bitllets de 50 €

**PRACTICA**

**31.** Un tren transporta 500 viatgers i la recaptació de l'import dels bitllets és de 2 115 €.
Calcula de manera raonada quants viatgers han pagat l'import total del bitllet, que val 9 €, quants han pagat el 20 % del bitllet i quants el 50 %, sabent que el nombre de viatgers que han pagat el 20 % és el doble del nombre de viatgers que han pagat el bitllet sencer.

## Teorema de Rouché-Frobenius

### Resoldre un sistema compatible indeterminat utilitzant el teorema de Rouché-Frobenius

**Resol el sistema d'equacions lineals amb tres incògnites.**

$$\left.\begin{aligned} \mathbf{x+2y-z}&\mathbf{=1}\\ \mathbf{x+y-z}&\mathbf{=1}\\ \mathbf{x-z}&\mathbf{=1} \end{aligned}\right\}$$

**PRIMER.** S'estudia el rang de la matriu dels coeficients.

$$|A| = \begin{vmatrix} 1 & 2 & -1\\ 1 & 1 & -1\\ 1 & 0 & -1 \end{vmatrix} = 0$$

S'agafa un menor d'ordre 2 que sigui diferent de 0.

$$A = \begin{pmatrix} 1 & 2 & -1\\ 1 & 1 & -1\\ 1 & 0 & -1 \end{pmatrix} \qquad \begin{vmatrix} 1 & 2\\ 1 & 1 \end{vmatrix} \neq 0 \rightarrow \text{Rang }(A) = 2$$

**SEGON.** S'estudia el rang de la matriu ampliada.

$$A^* = \left(\begin{array}{ccc|c} 1 & 2 & -1 & 1\\ 1 & 1 & -1 & 1\\ 1 & 0 & -1 & 1 \end{array}\right)$$

Com que la 1a i la 4a columnes són proporcionals:

$$\begin{vmatrix} 1 & 2 & 1\\ 1 & 1 & 1\\ 1 & 0 & 1 \end{vmatrix} = 0$$

$$\begin{vmatrix} 1 & 2\\ 1 & 1 \end{vmatrix} \neq 0 \rightarrow \text{Rang }(A^*) = 2$$

**TERCER.** S'aplica el teorema de Rouché-Frobenius.

Rang $(A)$ = Rang $(A^*) = 2 <$ nre. d'incògnites

Sistema compatible indeterminat.

**QUART.** Es resol el sistema.

Com que Rang $(A) = 2$, es prescindeix d'una de les equacions i s'expressen dues de les incògnites en funció de l'altra.

S'agafen les equacions i les incògnites els coeficients de les quals formin part del menor d'ordre 2 diferent de 0 que s'ha trobat.

$$\left.\begin{aligned} x+2y-z&=1\\ x+y-z&=1\\ \cancel{x-z}&\cancel{=1} \end{aligned}\right\} \rightarrow \begin{aligned} &-\ x+2y=1+z\\ &\ \ \ \ x+y=1+z\\ \hline &\ \ \ \ \ \ \ y=0 \end{aligned} \xrightarrow{y=0} x = 1+z$$

$$\text{Solució: } \begin{cases} x = 1+\lambda\\ y = 0\\ z = \lambda \end{cases} \qquad \lambda \in \mathbb{R}$$

**PRACTICA**

**32.** Estudia i resol els sistemes següents utilitzant el teorema de Rouché-Frobenius.

a) $\left.\begin{aligned} x+2y-z&=2\\ 2x+y-2z&=-2\\ -x-2y+3z&=4 \end{aligned}\right\}$

b) $\left.\begin{aligned} x+z&=8\\ 2x-y-3z&=9\\ -x+y+4z&=-1 \end{aligned}\right\}$

# ACTIVITATS RESOLTES

## Sistemes d'equacions amb paràmetres

### Discutir un sistema que depèn d'un paràmetre amb dues equacions i dues incògnites

GEOGEBRA

**Discuteix el sistema d'equacions següent segons els valors de *a*.**

$$\left.\begin{array}{r} x - ay = 2 \\ ax - y = a + 1 \end{array}\right\}$$

**PRIMER.** Es calcula el rang de $A$ atenent als valors del paràmetre.

$$|A| = \begin{vmatrix} 1 & -a \\ a & -1 \end{vmatrix} = -1 + a^2$$

- Si $-1 + a^2 = 0 \rightarrow a = 1$ o $a = -1$
  Rang $(A) = 1$
- Si $-1 + a^2 \neq 0 \rightarrow a \neq 1$ i $a \neq -1$
  Rang $(A) = 2$

**SEGON.** Es calcula el rang de $A^*$ segons els valors del paràmetre que s'han obtingut en el pas anterior.

$$A^* = \left(\begin{array}{cc|c} 1 & -a & 2 \\ a & -1 & a+1 \end{array}\right)$$

- Si $a \neq 1$ i $a \neq -1 \rightarrow$ Rang $(A) = 2 =$ Rang $(A^*)$
- Si $a = 1 \rightarrow$ Rang $(A) = 1$

  $$A^* = \left(\begin{array}{cc|c} 1 & -1 & 2 \\ 1 & -1 & 2 \end{array}\right)$$

  Com que les tres columnes són proporcionals:

  $$\begin{vmatrix} 1 & 2 \\ 1 & 2 \end{vmatrix} = \begin{vmatrix} -1 & 2 \\ -1 & 2 \end{vmatrix} = 0 \rightarrow \text{Rang}(A^*) = 1$$

- Si $a = -1 \rightarrow$ Rang $(A) = 1$

  $$A^* = \left(\begin{array}{cc|c} 1 & 1 & 2 \\ -1 & -1 & 0 \end{array}\right)$$

  Hi ha un menor amb determinant no nul.

  $$\begin{vmatrix} 1 & 2 \\ -1 & 0 \end{vmatrix} \neq 0 \rightarrow \text{Rang}(A^*) = 2$$

**TERCER.** S'aplica el teorema de Rouché-Frobenius.

- Si $a \neq 1$ i $a \neq -1$:
  Rang $(A) =$ Rang $(A^*) = 2 =$ nre. d'incògnites
  Sistema compatible determinat
- Si $a = 1$:
  Rang $(A) =$ Rang $(A^*) = 1 <$ nre. d'incògnites
  Sistema compatible indeterminat
- Si $a = -1$:
  Rang $(A) = 1 \neq$ Rang $(A^*) = 2$
  Sistema incompatible

**PRACTICA**

**33.** Discuteix i resol aquest sistema de dues equacions amb dues incògnites.

$$\left.\begin{array}{r} mx + 2y = 2m \\ 2x + my = m + 2 \end{array}\right\}$$

## Sistemes d'equacions amb paràmetres

### Discutir un sistema que depèn d'un paràmetre amb tres equacions i tres incògnites

**Discuteix el sistema d'equacions segons els valors del paràmetre real *a*.**

$$\left.\begin{array}{r} x - y + z = -1 \\ y + z = 2a \\ x + 2z = a \end{array}\right\}$$

**PRIMER.** Es calcula el rang de $A$ segons els valors del paràmetre.

$$|A| = \begin{vmatrix} 1 & -1 & 1 \\ 0 & 1 & 1 \\ 1 & 0 & 2 \end{vmatrix} = 0$$

Es busca un menor d'ordre 2 diferent de 0.

$$\begin{vmatrix} 1 & -1 \\ 0 & 1 \end{vmatrix} \neq 0 \rightarrow \text{Rang}(A) = 2$$

En aquest cas, el rang de $A$ no depèn del paràmetre.

**SEGON.** Es calcula el rang de $A^*$ segons els valors del paràmetre que s'han obtingut en el pas anterior.

$$A^* = \left(\begin{array}{ccc|c} 1 & -1 & 1 & -1 \\ 0 & 1 & 1 & 2a \\ 1 & 0 & 2 & a^2 \end{array}\right)$$

Al menor d'ordre 2 diferent de 0 s'hi afegeixen la quarta i la tercera files:

$$A^* = \begin{pmatrix} 1 & -1 & 1 & -1 \\ 0 & 1 & 1 & 2a \\ 1 & 0 & 2 & a^2 \end{pmatrix} \rightarrow \begin{pmatrix} 1 & -1 & -1 \\ 0 & 1 & 2a \\ 1 & 0 & a^2 \end{pmatrix}$$

$$\begin{vmatrix} 1 & -1 & -1 \\ 0 & 1 & 2a \\ 1 & 0 & a^2 \end{vmatrix} = a^2 - 2a + 1$$

- Si $a^2 - 2a + 1 = 0 \rightarrow a = 1$
  Rang $(A) = 2 =$ Rang $(A^*)$
- Si $a^2 - 2a + 1 \neq 0 \rightarrow a \neq 1$
  Rang $(A^*) = 3$

**TERCER.** S'aplica el teorema de Rouché-Frobenius.

- Si $a = 1$:
  Rang $(A) =$ Rang $(A^*) = 2 <$ nre. d'incògnites
  Sistema compatible indeterminat
- Si $a \neq 1$:
  Rang $(A) = 2 \neq$ Rang $(A^*) = 3$
  Sistema incompatible

**PRACTICA**

**34.** Discuteix i resol aquest sistema d'equacions.

$$\left.\begin{array}{r} x - y + z = 1 \\ -x + 2y = 1 + 2m \\ x + 2z = m^2 \end{array}\right\}$$

## Sistemes d'equacions amb paràmetres

### Discutir un sistema que depèn d'un paràmetre amb més equacions que incògnites

**Discuteix segons els valors del paràmetre *k*.**

$$\left.\begin{aligned} kx + ky - z &= 2 \\ 3x - ky &= 0 \\ 5x + ky &= 0 \\ x + 2z &= 1 \end{aligned}\right\}$$

**PRIMER.** Es calcula el rang de $A^*$ segons els valors de $k$. Es comença per $A^*$ per tenir més equacions que incògnites.

$$|A^*| = \begin{vmatrix} k & k & -1 & 2 \\ 3 & -k & 0 & 0 \\ 5 & k & 0 & 0 \\ 1 & 0 & 2 & 1 \end{vmatrix} \xrightarrow[F_1 = F_1 - 2F_4]{}$$

$$\rightarrow \begin{vmatrix} k-2 & k & -5 & 0 \\ 3 & -k & 0 & 0 \\ 5 & k & 0 & 0 \\ 1 & 0 & 2 & 1 \end{vmatrix} = \begin{vmatrix} k-2 & k & -5 \\ 3 & -k & 0 \\ 5 & k & 0 \end{vmatrix} = -40k$$

- Si $-40k \neq 0 \rightarrow k \neq 0 \rightarrow \text{Rang}(A^*) = 4$
- Si $-40k = 0 \rightarrow k = 0 \rightarrow \text{Rang}(A^*) < 4$

  Per a $k = 0 \rightarrow A^* = \left(\begin{array}{ccc|c} 0 & 0 & -1 & 2 \\ 3 & 0 & 0 & 0 \\ 5 & 0 & 0 & 0 \\ 1 & 0 & 2 & 1 \end{array}\right)$

  Es busca un menor d'ordre 3 diferent de 0.

  $\begin{vmatrix} 0 & -1 & 2 \\ 3 & 0 & 0 \\ 1 & 2 & 1 \end{vmatrix} = 15 \neq 0 \rightarrow \text{Rang}(A^*) = 3$

**SEGON.** Es calcula el rang de $A$ segons els valors del paràmetre que s'han obtingut.

- Si $-40k \neq 0 \rightarrow k \neq 0 \rightarrow \text{Rang}(A^*) = 4$
  Rang $(A)$ no pot ser més gran que 3 $\rightarrow$ Rang $(A) = 3$.
- Si $-40k = 0 \rightarrow k = 0 \rightarrow \text{Rang}(A^*) = 3$

  Per a $k = 0 \rightarrow A = \begin{pmatrix} 0 & 0 & -1 \\ 3 & 0 & 0 \\ 5 & 0 & 0 \\ 1 & 0 & 2 \end{pmatrix}$

  No hi ha un menor d'ordre 3 diferent de 0.

  $\begin{vmatrix} 5 & 0 \\ 1 & 2 \end{vmatrix} \neq 0 \rightarrow \text{Rang}(A) = 2$

**TERCER.** S'aplica el teorema de Rouché-Frobenius.

- Si $k \neq 0 \rightarrow \text{Rang}(A) = 3 \neq \text{Rang}(A^*) = 4$
- Si $k = 0 \rightarrow \text{Rang}(A) = 2 \neq \text{Rang}(A^*) = 3$

El sistema sempre és incompatible.

**PRACTICA**

**35.** Discuteix el sistema d'equacions.

$$\left.\begin{aligned} mx + y - 2z &= 1 \\ -y - 3z &= m - 3 \\ -mx - y + 4z &= m - 1 \\ mx + z &= 2m + 1 \end{aligned}\right\}$$

## Sistemes homogenis

### Discutir un sistema homogeni que depèn d'un paràmetre amb tres equacions i tres incògnites

**Discuteix i resol el sistema segons el paràmetre *a*.**

$$\left.\begin{aligned} ax + y &= 0 \\ -y + 2az &= 0 \\ -x + ay &= 0 \end{aligned}\right\}$$

**PRIMER.** Es calcula el rang de $A$ atenent als valors del paràmetre.

$$|A| = \begin{vmatrix} a & 1 & 0 \\ 0 & -1 & 2a \\ -1 & a & 0 \end{vmatrix} = -2a^3 - 2a$$

- Si $-2a^3 - 2a \neq 0 \rightarrow a \neq 0$
  Rang $(A) = 3$
- Si $-2a^3 - 2a = 0 \rightarrow a = 0$
  Rang $(A) < 3$

  Per a $a = 0 \rightarrow A = \begin{pmatrix} 0 & 1 & 0 \\ 0 & -1 & 0 \\ -1 & 0 & 0 \end{pmatrix}$

  Es busca un menor d'ordre 2 diferent de 0.

  $\begin{vmatrix} 0 & -1 \\ -1 & 0 \end{vmatrix} \neq 0 \rightarrow \text{Rang}(A) = 2$

**SEGON.** Es compara el nombre d'incògnites amb el rang de la matriu.

- Si $a \neq 0 \rightarrow \text{Rang}(A) = 3 =$ nre. d'incògnites
  Sistema compatible determinat
- Si $a = 0 \rightarrow \text{Rang}(A) = 2 <$ nre. d'incògnites
  Sistema compatible indeterminat

**TERCER.** Es resol el sistema.

- Si $a \neq 0 \rightarrow$ Sistema compatible determinat
  Com que es tracta d'un sistema homogeni, la solució és trivial.
  $x = 0, y = 0$ i $z = 0$
- Si $a = 0 \rightarrow$ Sistema compatible indeterminat
  Com que Rang $(A) = 2$, es prescindeix d'una de les equacions i s'expressen dues de les incògnites en funció de l'altra.

  $$\left.\begin{aligned} -y + 2az &= 0 \\ -x + ay &= 0 \end{aligned}\right\} \xrightarrow{a=0} \left.\begin{aligned} y &= 0 \\ x &= 0 \end{aligned}\right\}$$

  La solució és:

  $$\left\{\begin{aligned} x &= 0 \\ y &= 0 \\ z &= \lambda \end{aligned}\right. \quad \text{amb } \lambda \in \mathbb{R}.$$

**PRACTICA**

**36.** Discuteix i resol aquest sistema d'equacions homogeni.

$$\left.\begin{aligned} mx + 2z &= 0 \\ my - z &= 0 \\ x - y + z &= 0 \end{aligned}\right\}$$

# ACTIVITATS FINALS

## 1. Expressa matricialment un sistema d'equacions lineals

**ACTIVITATS FLAIX**

**37** Indica quantes incògnites i quantes equacions tenen aquests sistemes.

a) $\left.\begin{array}{r} x+2y-t=0 \\ 2x-y+z=2 \end{array}\right\}$

b) $\left.\begin{array}{r} x+2y=0 \\ 2x-y=2 \\ 3x+y=2 \\ 4x+3y=2 \end{array}\right\}$

c) $\left.\begin{array}{r} x+z=0 \\ 2x-y=2 \\ -y+z=0 \end{array}\right\}$

d) $\left.\begin{array}{r} 2x+y+2z=5 \\ 2x-y+z=2 \\ x-y+5z=5 \end{array}\right\}$

**38** Resol i classifica els sistemes segons el nombre de solucions.

a) $\left.\begin{array}{r} 3x-2y=5 \\ -5x+3y=-11 \end{array}\right\}$

b) $\left.\begin{array}{r} 6x-9y=15 \\ -8x+12y=-20 \end{array}\right\}$

c) $\left.\begin{array}{r} -3x+9y=3 \\ 2x-6y=-1 \end{array}\right\}$

d) $\left.\begin{array}{r} 2x-y-z=1 \\ z=0 \\ -x+3y-2z=7 \end{array}\right\}$

e) $\left.\begin{array}{r} 3x+y-z=5 \\ -x+3y+2z=0 \\ x+7y+3z=5 \end{array}\right\}$

f) $\left.\begin{array}{r} 2x-y+3z=3 \\ -x+y-2z=4 \\ x+z=5 \end{array}\right\}$

**39** **INVENTA.** Donat el sistema d'equacions lineals següent, escriu una altra equació de la forma $ax+by=c$ (diferent de la donada), de manera que el sistema de tres equacions i dues incògnites segueixi sent compatible, i resol-lo.

$$\left.\begin{array}{r} 2x-y=-4 \\ -x+3y=7 \end{array}\right\}$$

**40** **INVENTA.** A partir del sistema d'equacions lineals següent, escriu una altra equació de la forma $ax+by+cz=d$ (diferent de la donada), de manera que el sistema de quatre equacions i tres incògnites resultant segueixi sent compatible, i resol-lo.

$$\left.\begin{array}{r} x-y-z=3 \\ 2x+2y-z=1 \\ -2x-3y+z=0 \end{array}\right\}$$

**41** Escriu aquests sistemes amb equacions.

a) $\begin{pmatrix} 2 & 3 & 5 \\ 1 & 2 & -1 \end{pmatrix}\begin{pmatrix} x \\ y \\ z \end{pmatrix}=\begin{pmatrix} 3 \\ -1 \end{pmatrix}$

b) $\begin{pmatrix} -2 & 2 & 1 \\ 1 & -1 & 3 \\ 2 & -1 & 0 \end{pmatrix}\begin{pmatrix} x \\ y \\ z \end{pmatrix}=\begin{pmatrix} 2 \\ 0 \\ 1 \end{pmatrix}$

c) $\begin{pmatrix} 1 & 4 \\ 2 & 3 \\ 1 & 5 \\ -6 & 7 \end{pmatrix}\begin{pmatrix} a \\ b \end{pmatrix}=\begin{pmatrix} -1 \\ 4 \\ 2 \\ 5 \end{pmatrix}$

d) $\begin{pmatrix} 1 & 2 & 1 \\ 2 & 0 & 1 \\ -2 & 1 & 1 \\ 3 & 2 & 0 \end{pmatrix}\begin{pmatrix} x \\ y \\ z \end{pmatrix}=\begin{pmatrix} 1 \\ 2 \\ 3 \\ 4 \end{pmatrix}$

**42** Escriu els sistemes d'equacions lineals següents en forma matricial.

a) $\left.\begin{array}{r} x+2y-3z=-2 \\ -x-y+2z=3 \\ 3y-5z=0 \end{array}\right\}$

b) $\left.\begin{array}{r} x+y-z+t-v=-1 \\ 2x-3z+6v=8 \end{array}\right\}$

## 2. Discuteix i resol sistemes d'equacions fent servir matrius i determinants

### Mètode de Gauss

**43** Resol aplicant el mètode de Gauss.

a) $\left.\begin{array}{r} 2x+3y+5z=1 \\ 4x+7y+13z=-1 \\ 2x+3y-7z=-3 \end{array}\right\}$

b) $\left.\begin{array}{r} x+2y+z=1 \\ x+y-z=1 \\ 2x+3y+z=1 \end{array}\right\}$

c) $\left.\begin{array}{r} 5x+2y+3z=5 \\ -x+3y-2z=12 \\ x+y+z=2 \end{array}\right\}$

d) $\left.\begin{array}{r} x-2y-z=-1 \\ x-y+2z=2 \\ x+2y+z=3 \end{array}\right\}$

e) $\left.\begin{array}{r} -p+3q-r=12 \\ 3p+2r=7 \\ 5p-6q+4r=5 \end{array}\right\}$

f) $\left.\begin{array}{r} 3x-y+2z=7 \\ -x+2y+5z=-2 \\ 3x+4y+19z=8 \end{array}\right\}$

**44** Utilitza el mètode de Gauss per discutir els sistemes.

a) $\left.\begin{array}{r} 6x-3y=9 \\ -4x+2y=-6 \end{array}\right\}$

b) $\left.\begin{array}{r} -x-3y=2 \\ 2x+y=-1 \end{array}\right\}$

c) $\left.\begin{array}{r} x-y+2z=4 \\ 2x-2y+z=6 \\ 5x-5y+4z=16 \end{array}\right\}$

d) $\left.\begin{array}{r} -4p+2q=-8 \\ 6p-3q=5 \end{array}\right\}$

e) $\left.\begin{array}{r} 3x-3y=3 \\ 2x=0 \end{array}\right\}$

f) $\left.\begin{array}{r} 2x+3y-z=3 \\ 3x+4y+2z=5 \\ 5x+7y+z=1 \end{array}\right\}$

**45** **INVENTA.** Escriu i resol un exemple de sistema de tres equacions i tres incògnites que sigui:

a) Compatible determinat.

b) Compatible indeterminat.

c) Incompatible.

**46** En un sistema hi ha, entre altres, aquestes dues equacions.

$$2x+y-2z=1 \qquad -4x-2y+6z=-3$$

Què se'n pot dir de les solucions del sistema?

**47** **INVENTA.** Donat el sistema següent, escriu una altra equació de la forma $ax+by+cz=1$ (diferent de la donada), de manera que el sistema resultant sigui compatible indeterminat, i resol-lo.

$$\left.\begin{array}{r} 2x-2y-z=1 \\ x-y+2z=1 \end{array}\right\}$$

**48** **INVESTIGA.** Sigui un sistema de rang $n$ amb $n+1$ incògnites, es pot donar a qualsevol incògnita el valor del paràmetre?

Intenta resoldre aquest sistema de tres maneres diferents, donant a cada incògnita el valor del paràmetre.

$$\left.\begin{array}{r} 4x+6y+3z=10 \\ 2x+3y-2z=5 \\ 6x+9y+z=15 \end{array}\right\}$$

**49** Discuteix pel mètode de Gauss segons $m$.

$$\left.\begin{array}{r} 2x+y+z=2 \\ 3x-y+z=0 \\ x-y+mz=1 \end{array}\right\}$$

**50** Determina dues constants $a$ i $b$ de manera que, en afegir al sistema $\left.\begin{aligned}3x - y + z &= 5\\ -2x + 3y + z &= -8\end{aligned}\right\}$ una equació de la forma $4x + y + az = b$, el sistema sigui compatible indeterminat.

**51** **INVENTA.** Donat el sistema $\left.\begin{aligned}3x - 2y + z &= 5\\ 2x - 3y + z &= -4\end{aligned}\right\}$, afegeix-hi una equació perquè el sistema sigui:

a) Incompatible.
b) Compatible determinat.

**52** Troba entre les matrius de la forma $A = \begin{pmatrix} a & b \\ c & 0 \end{pmatrix}$ que commuten amb la matriu $B = \begin{pmatrix} 1 & 2 \\ 3 & 4 \end{pmatrix}$ totes aquelles que tinguin com a determinant $-6$.

**53** Escriu en forma matricial i, després, resol fent servir la matriu inversa.

a) $\left.\begin{aligned}2x - y &= 0\\ -5x + 3y &= -1\end{aligned}\right\}$

b) $\left.\begin{aligned}2x + y - 3z &= 5\\ x - z &= 1\\ 2y + z &= 6\end{aligned}\right\}$

c) $\left.\begin{aligned}x - 4y &= 10\\ -2x + 5y &= -11\end{aligned}\right\}$

d) $\left.\begin{aligned}x - 3y + z &= 1\\ 2x + y - 2z &= 14\\ -x + 5y + 3z &= -13\end{aligned}\right\}$

**54** **INVESTIGA.** El sistema d'equacions $MX = N$, pot tenir $n$ incògnites sent $\text{Rang}(M) = n + 1$?

## Teorema de Rouché-Frobenius

**ACTIVITATS FLAIX**

**55** Discuteix els sistemes d'equacions següents.

a) $\left.\begin{aligned}x + 2y - t &= 0\\ 2x - y + z &= 0\end{aligned}\right\}$

b) $\left.\begin{aligned}x + y + z &= 3\\ y + z &= 2\\ z &= 1\end{aligned}\right\}$

c) $\left.\begin{aligned}x + y + z &= 2\\ 2x + 2y + 2z &= 5\end{aligned}\right\}$

d) $\left.\begin{aligned}x + y + z &= 3\\ y + z &= 2\end{aligned}\right\}$

**56** Discuteix els sistemes d'equacions lineals següents fent servir el teorema de Rouché-Frobenius.

a) $\left.\begin{aligned}x + 3y - 5z &= -8\\ 3x + 6y - 5z &= 0\\ 4x + 9y - 10z &= -8\end{aligned}\right\}$

b) $\left.\begin{aligned}8x - 6y + 2z &= -1\\ 3x + y - z &= 10\\ -x + 3y - 2z &= 5\end{aligned}\right\}$

c) $\left.\begin{aligned}x + 2y + z &= 3\\ x + y - 3z &= 3\\ 2x + 3y + z &= 3\end{aligned}\right\}$

d) $\left.\begin{aligned}3a + 2b - 6c + 3d &= 7\\ a - b + 2c - d &= 6\\ 6a - b &= 3\end{aligned}\right\}$

e) $\left.\begin{aligned}a + 5b &= 7\\ 2a - 2b - 3c &= 2\\ -a + 3b + 2c &= 1\\ 4b + c &= 4\end{aligned}\right\}$

f) $\left.\begin{aligned}a + c &= 0\\ b - c &= 1\\ a + 3b - 2c &= 5\end{aligned}\right\}$

**57** **INVESTIGA.** Considera el sistema d'equacions de tres incògnites $MX = N$. La matriu $M$ està formada per quatre files: $F1$, $F2$, $F3$ i $F4$.

a) Pot ser $\text{Rang}(F1, F2, F3) = \text{Rang}(F1, F2, F4) = \text{Rang}(F2, F3, F4) = 3$?
b) En aquest cas, quina fila eliminaries per resoldre el sistema?
c) De quin tipus de sistema es tracta?

**58** Resol, aplicant la regla de Cramer, aquests sistemes compatibles determinats.

a) $\left.\begin{aligned}2x + y &= 2\\ -3x - 2y &= -1\end{aligned}\right\}$

b) $\left.\begin{aligned}3a + 2b + 2c &= 1\\ 2a + b + c &= 0\\ 3b + 2c &= -1\end{aligned}\right\}$

c) $\left.\begin{aligned}2a - 3b &= 6\\ -a + 5b &= -3\end{aligned}\right\}$

d) $\left.\begin{aligned}3x + 5y &= 33 + 2z\\ 3x &= 19 - y\\ 10 + 3z &= x + 2y\end{aligned}\right\}$

**59** **INVESTIGA.** Considera els sistemes d'equacions lineals següents i respon.

a) En un sistema d'equacions de 3 incògnites i rang 2, de quants paràmetres depenen les solucions?
b) En un sistema d'equacions de 3 incògnites i rang 1, de quants paràmetres depenen les solucions?
c) En un sistema d'equacions de $n$ incògnites i rang $m$, de quants paràmetres depenen les solucions?

## 3. Discuteix i resol sistemes d'equacions lineals que depenen d'un paràmetre

**60** Discuteix els sistemes d'equacions lineals següents segons els diferents valors del paràmetre $m$.

a) $\left.\begin{aligned}2mx - 3y &= -3\\ -6x + my &= m\end{aligned}\right\}$

b) $\left.\begin{aligned}x + 2y + z &= m\\ x + y - mz &= m\\ 2x + 3y + z &= m\end{aligned}\right\}$

c) $\left.\begin{aligned}x + my - z &= 2\\ 2x + y + mz &= 0\\ x + y - z &= m^2\end{aligned}\right\}$

d) $\left.\begin{aligned}(m + 3)x + 2y &= m + 1\\ 2x + my &= m\end{aligned}\right\}$

e) $\left.\begin{aligned}x + y + 2z &= 3\\ mx + y &= 1\\ x + y + z &= 2\end{aligned}\right\}$

f) $\left.\begin{aligned}3x + mz &= 1\\ -x + my + 2z &= m\\ 2x + 2z &= 1\end{aligned}\right\}$

**61** Discuteix segons els diferents valors del paràmetre $a$.

a) $\left.\begin{aligned}x - 2y &= 4\\ 4x - 3y &= a\\ 2x + y &= 5\end{aligned}\right\}$

b) $\left.\begin{aligned}-3x + ay &= 1\\ 2x + y &= 0\\ ax - 2ay &= -1\end{aligned}\right\}$

**62** Discuteix els sistemes d'equacions segons els diferents valors que pot tenir el paràmetre $m$.

a) $\left.\begin{aligned}2x - y - 3z &= 5\\ 2x + 2y - z &= m\\ x + y + z &= 6\\ 3x + y - 4z &= m\end{aligned}\right\}$

b) $\left.\begin{aligned}x + y + mz &= m\\ mx + y + z &= m\\ mx + my + z &= 1\\ mx + my + mz &= 1\end{aligned}\right\}$

**63** Troba per a quins valors del paràmetre $a$ és incompatible aquest sistema.

$$\left.\begin{aligned}(a + 1)x + y + z &= a(a + 3)\\ x + (a + 1)y + z &= a^2(a + 3)\\ x + y + (a + 1)z &= a^3(a + 3)\end{aligned}\right\}$$

## ACTIVITATS FINALS

**64** Discuteix aquest sistema d'equacions i resol quan sigui compatible indeterminat.

$$\left.\begin{aligned} 2x + ay + z &= 2 \\ x + ay &= a \\ -y + az &= 0 \end{aligned}\right\}$$

**65** Discuteix el sistema següent segons el paràmetre i resol-lo quan sigui compatible indeterminat.

$$\left.\begin{aligned} ax + y + z &= 0 \\ (a+1)x + y - az &= a \\ x + (a+1)y &= 2a \end{aligned}\right\}$$

**66** Donat el sistema següent:

$$\left.\begin{aligned} x + y + 2z &= 0 \\ mx + y - z &= m - 2 \\ 3x + my + z &= m - 2 \end{aligned}\right\}$$

a) Discuteix-lo segons el paràmetre $m$.

b) Resol-lo per a $m = -1$ i $m = 2$.

**67** Considera aquest sistema.

$$\left.\begin{aligned} (m+2)x + (m-1)y - z &= 3 \\ mx - y + z &= 2 \\ x + my - z &= 1 \end{aligned}\right\}$$

a) Discuteix-lo per als diferents valors de $m$.

b) Resol-lo per a $m = 1$.

**68** Considera el sistema següent.

$$\left.\begin{aligned} x + 2y + (m+3)z &= 3 \\ x + y + (4 + m - m^2)z &= 3 \\ 2x + 4y + 3(m+2)z &= 8 \end{aligned}\right\}$$

a) Discuteix-lo segons els valors del paràmetre $m$.

b) Resol-lo per a $m = -2$.

**69** Discuteix el sistema d'equacions següent i resol-lo en els casos en què sigui possible.

$$\left.\begin{aligned} ax + y + z &= a^2 \\ x - y &= -a \\ x + ay + z &= a \end{aligned}\right\}$$

**70** Discuteix el sistema i resol-lo per als valors del paràmetre que el facin compatible determinat.

$$\left.\begin{aligned} mx + 2y + 3z &= 0 \\ 2x + my + 2z &= 2 \\ 2x + my + 3z &= m - 2 \end{aligned}\right\}$$

**71** Considera el sistema següent.

$$\left.\begin{aligned} (a+2)x + 2y + (a-3)z &= 1 + a \\ -ax + ay + az &= 2 + a \\ (2a+1)x + y + (2a+1)z &= a + 6 \end{aligned}\right\}$$

a) Discuteix-lo segons el paràmetre $a$.

b) Resol-lo, si és possible, per a $a = 0$ i $a = 1$.

**72** Donat el sistema $\left.\begin{aligned} mx + 2y + z &= m - 1 \\ x - y + mz &= -3 \\ 2x + 3z &= -1 \end{aligned}\right\}$:

a) Discuteix-lo segons el paràmetre $m$.

b) Resol-lo, si és possible, per a $m = 1$ i $m = -4$.

**73** Donat el sistema següent:

$$\left.\begin{aligned} 3x + ay - z &= 2 \\ ax - 2y + z &= 7 \\ 2x + y &= 0 \end{aligned}\right\}$$

a) Discuteix-lo segons el paràmetre $a$.

b) Resol-lo per a $a = -1$ i $a = 7$.

**74** Considera aquest sistema:

$$\left.\begin{aligned} x + y + z &= 1 \\ x + ky + k^2z &= 1 \\ kx + k^2y + k^3z &= k^4 \end{aligned}\right\}$$

a) Discuteix-lo segons el paràmetre $k$.

b) Resol-lo per a $k = 1$ i $k = 2$.

**75** Considera aquest sistema d'equacions.

$$\left.\begin{aligned} x + y + z &= m + 1 \\ 3y + 2z &= 2m + 3 \\ 3x + (m-1)y + z &= m \end{aligned}\right\}$$

a) Discuteix-lo segons els valors del paràmetre $m$.

b) Resol-lo, si és possible, per a $m = 0$ i $m = 1$.

c) Hi ha algun valor de $m$ per al qual la solució sigui $\left(\frac{-1}{2}, 0, \frac{1}{2}\right)$?

**76** Sigui el sistema següent.

$$\left.\begin{aligned} -2x + 3y - k^2z &= -k \\ kx + y - z &= -2 \\ x + 2z &= 1 \end{aligned}\right\}$$

a) Discuteix-lo segons el paràmetre $k$.

b) Resol-lo, si és possible, per a $k = 0$, $k = 1$ i $k = -1$.

**77** Considera el sistema $\left.\begin{aligned} 2x - ay - az &= a - 2 \\ 2x + y + (a+1)z &= a + 1 \\ -2x + ay - 2z &= 0 \end{aligned}\right\}$.

a) Existeix algun valor de $a$ per al qual el sistema tingui infinites solucions? En cas afirmatiu, determina-les.

b) Per a quins valors de $a$ el sistema té solució única?

c) Existeix algun valor del paràmetre $a$ per al qual l'única solució al sistema sigui $(x, y, z) = \left(\frac{1}{6}, 1, \frac{1}{3}\right)$?

**78** Sigui el sistema d'equacions següent:

$$\left.\begin{aligned} mx + y + (m^2+1)z &= m \\ m^2y - 2z &= m \\ (m - m^2)x + (m^2+1)y + (m^2-1)z &= m \end{aligned}\right\}$$

a) Existeix algun valor de $m$ per al qual el sistema sigui incompatible?

b) Resol els casos en què el sistema tingui solució.

**79** **REPTE.** Discuteix i resol segons els valors dels paràmetres $a$, $b$, $c$ i $d$.

$$\left.\begin{aligned} x + y + z &= 1 \\ ax + by - cz &= d \end{aligned}\right\}$$

**80** Considera aquest sistema.

$$\left.\begin{aligned} 2ax + ay &= a \\ ax + (a-1)y + (a+3)z &= a-1 \\ 2ax + ay + (a+3)z &= a \end{aligned}\right\}$$

a) Discuteix el sistema segons el paràmetre $a$.

b) Resol-lo sempre que tingui infinites solucions.

**81** Considera el sistema.

$$\left.\begin{aligned} x + ay + (a+1)z &= 0 \\ x + y &= 0 \\ x + ay + (a-1)z &= 0 \end{aligned}\right\}$$

a) Discuteix el sistema segons el paràmetre $a$.

b) Resol-lo per als diferents valors del paràmetre $a$.

**82** El sistema següent és compatible indeterminat per a un valor del paràmetre $a$.

$$\left.\begin{aligned} x - 2y + 3z &= 4 \\ x - 5y + az &= \frac{a}{2} \\ x + y - 2z &= 4 \end{aligned}\right\}$$

a) Calcula aquest valor i resol el sistema en aquest cas.

b) Troba la solució particular del sistema tal que $x = y$ per al valor trobat.

**83** Sigui aquest sistema d'equacions.

$$\left.\begin{aligned} mx + y + m^2z &= 1 \\ (m+1)x + y + (m+1)^2z &= 1 \\ (m-1)x + y + (m-1)^2z &= 1 \end{aligned}\right\}$$

a) Existeix algun valor del paràmetre $m$ per al qual el sistema tingui infinites solucions?

b) Resol-lo per als casos en els quals és compatible.

**84** Considera el sistema homogeni:

$$\left.\begin{aligned} kx + y + kz &= 0 \\ x + y + kz &= 0 \\ 2x + (k-1)y + kz &= 0 \end{aligned}\right\}$$

a) Determina els valors del paràmetre $k$ per als quals el sistema té únicament la solució trivial.

b) Troba el valor del paràmetre $k$ per al qual les infinites solucions al sistema verifiquen, a més, que la suma de les variables també és nul·la.

**85** **REPTE.** Estudia la compatibilitat del sistema següent segons $a$ i $b$.

$$\left.\begin{aligned} x + y &= 1 \\ x + 2y &= a \\ x + 3y &= b \\ x + 4y &= 2a \end{aligned}\right\}$$

**86** Considera el sistema d'equacions següent.

$$\left.\begin{aligned} x + y + z &= 1 \\ 2x - y - z &= 2 \\ ax + y + 3z &= 4 \\ ax + y - 7z &= 4 \end{aligned}\right\}.$$

a) Troba el valor de $a$ perquè el sistema sigui compatible.

b) Resol-lo per al valor trobat de $a$.

**87** Donat aquest sistema.

$$\left.\begin{aligned} x + 3y + 2z &= -1 \\ x + k^2y + 3z &= 2k \\ 3x + 7y + 7z &= k-3 \end{aligned}\right\}$$

a) Discuteix-lo segons els valors del paràmetre $k$.

b) Resol-lo per a $k = 0$ i $k = -1$.

**88** Sigui el sistema següent.

$$\left.\begin{aligned} x - y &= 0 \\ 2x + 3y + kz &= 0 \\ x + 4y + kz &= 0 \\ 5ky + z &= 0 \end{aligned}\right\}$$

a) Discuteix el sistema segons el paràmetre $k$.

b) Resol-lo en tots els casos.

**89** Considera aquest sistema.

$$\left.\begin{aligned} mx + y + z &= 3 \\ -3x + my - z &= -10 \\ 5x - y + mz &= 13 \\ y + z &= 3 \end{aligned}\right\}$$

a) Discuteix el sistema segons el paràmetre $m$.

b) Resol-lo per a $m = 3$.

## 4. Resol problemes, els representa matricialment i n'interpreta el resultat

**90** Una empresa es dedica a la venda de trofeus. Les últimes tres comandes de medalles que els han encarregat es mostren a la taula següent:

| | Medalles d'or | Medalles de plata | Medalles de bronze | Preu (€) |
|---|---|---|---|---|
| Comanda 1 | 50 | 40 | 30 | 230 |
| Comanda 2 | 90 | 70 | 60 | 418 |
| Comanda 3 | 40 | 60 | 100 | 336 |

Quin és el preu de cada tipus de medalla?

**91** **INVENTA.** Escriu l'enunciat d'un problema que es resolgui amb aquest sistema i, després, resol-lo.

$$\left.\begin{aligned} 2x + y - z &= 5 \\ x + y - z &= 4 \\ 3x + 2y - 2z &= 9 \end{aligned}\right\}$$

**92** La Sandra compra 200 accions de l'empresa A, 150 de l'empresa B i 100 de la C, i paga 3 300 €, mentre que l'Àlex gasta 3 750 € per la compra de 50 accions de A, 120 de B i 240 de C. És possible saber quin és el preu de cada acció? I si cada acció té un preu enter comprès entre 1 € i 12 €, ambdós inclosos?

INTERNET

**93** **MATEMÀTIQUES I... FÍSICA.** Un sistema de dos cossos està en equilibri quan la suma de les forces que actuen sobre cada cos és igual a zero. Suposem que tenim dos cossos, *A* i *B*, amb masses de 92 kg i de 103 kg, respectivament, que estan connectats per una corda rígida. Les forces que actuen sobre cadascun dels cossos són les forces gravitatòries de tots dos cossos, $Fg_A$ i $Fg_B$, i la força de tensió, *T*, a la corda. Perquè els dos cossos estiguin en equilibri, s'ha de complir:

$$\left.\begin{aligned} Fg_A &= -Fg_B \\ T - Fg_A &= 0 \\ T - Fg_B &= 0 \end{aligned}\right\}$$

Calcula la força de tensió de la corda, *T*, i les forces gravitatòries perquè els dos cossos estiguin en equilibri.

**94** En un institut d'ESO, Batxillerat i Cicles Formatius, la suma del nombre d'estudiants de Batxillerat i del doble dels de Cicles Formatius excedeix en 100 el nombre d'estudiants d'ESO. Si sumem el 40 % dels alumnes d'ESO amb el 30 % dels matriculats a Batxillerat i amb el 20 % dels de Cicles Formatius, s'obté un nombre que excedeix en 45 unitats el 30 % del nombre total d'estudiants al centre. Sabent que hi ha en total 1 200 estudiants, troba el nombre d'alumnes matriculats a cada tipus d'ensenyament.

**95** **MATEMÀTIQUES I... ECONOMIA.** En economia, quan l'oferta d'un producte s'iguala a la demanda, es diu que el sistema està en equilibri. Per trobar un sistema en equilibri, s'han formulat diversos models, entre els quals destaca el model d'equilibri de Walras, fundador de l'economia matemàtica que va estar vigent fins als anys trenta del segle XX. Aquest model consisteix en la formulació d'un sistema d'equacions lineals en què les variables *x*, *y* i *z* són els preus de tres productes, *A*, *B* i *C*, i en què hi intervenen també l'oferta (*S*) i la demanda (*D*) de cada producte.

$$\begin{aligned} SA &= 15x + y + 3z - 13 & DA &= 70 - 8x - y - z \\ SB &= x + 20y + 10z - 10 & DB &= 93 - 2x - 4y - z \\ SC &= 10x + 15y + 30z - 50 & DC &= 107 - x - 3y - 5z \end{aligned}$$

Troba el punt d'equilibri, és a dir, els preus que fan coincidir l'oferta amb la demanda de cada producte: $SA = DA$, $SB = DB$, $SC = DC$.

**96** En Pol, l'Arlet i la Sira col·loquen diàriament fullets de propaganda sobre els parabrises dels cotxes aparcats en un barri del centre de la ciutat. L'Arlet reparteix sempre el 20 % del total dels fullets, la Sira 100 fullets més que en Pol i, entre l'Arlet i en Pol, col·loquen 850 fullets als parabrises. Calcula quants fullets reparteix cadascú.

**97** En un supermercat venen ous de les categories XL, L i M. Troba el preu d'una dotzena d'ous de cada tipus sabent que:

- La Carme en va comprar una dotzena de cada categoria i va pagar 4,90 €.
- En Marc va pagar 9,60 € per 2 dotzenes XL i 4 dotzenes M.
- L'Anna se'n va emportar 3 dotzenes L i 3 M, i va pagar 9,30 €.

**98** L'Òscar, la Bea i l'Ainhoa es comprometen a llegir aquest estiu *La plaça del Diamant* de Mercè Rodoreda, segons el temps de què disposen, però llegint un mateix nombre de pàgines cada dia fins a acabar l'obra.

L'Òscar llegirà 3 pàgines cada dia més que la Bea, i aquesta, 9 pàgines més que l'Ainhoa. L'Òscar acabarà de llegir el llibre un dia abans que la Bea, i aquesta, 4 dies abans que l'Ainhoa.

Quin és el nombre total de pàgines que té la novel·la?

**99** L'encarregat d'un magatzem d'electrodomèstics vol saber quant pesen un frigorífic i una rentadora. Com que no té bàscula, demana informació a altres treballadors:

- Senyoreta Garcia: «Un frigorífic i una rentadora junts pesen 120 kg».
- Senyor Puig: «L'altre dia vaig portar 3 frigorífics i 4 rentadores al camió. El camió buit pesa 1 250 kg i amb aquesta càrrega pesava 1 550 kg».
- Senyor Querol: «Jo vaig portar 4 frigorífics i 5 rentadores, i tot plegat pesava 480 kg».

Calcula quant pesen els electrodomèstics. Què succeeix? Busca una explicació per a aquests resultats.

**100** **MATEMÀTIQUES I... MODELS ECONÒMICS.** El model d'equilibri, actualitzat a finals del segle XX per Wassily Leontief, premi Nobel d'Economia el 1973, es basa a igualar els costos de producció amb la demanda d'un producte.

Tres empreses produeixen cadascuna un únic producte: $x_1$, $x_2$ o $x_3$, i els costos de producció s'obtenen mitjançant aquestes relacions.

- Per produir 10 unitats de $x_1$ es necessiten 2 unitats de $x_2$ i 3 de $x_3$.
- Per produir 10 unitats de $x_2$ es necessiten 4 unitats de $x_1$ i 1 de $x_3$.
- Per produir 10 unitats de $x_3$ es necessiten 5 unitats de $x_1$ i 2 de $x_2$.

Si les demandes són 44 unitats de $x_1$, 24 de $x_2$ i 36 de $x_3$, determina el punt d'equilibri del sistema, és a dir, les unitats de cada producte que igualen la producció i la demanda.

**101** En una excavació arqueològica s'han trobat un anell, una moneda i una arracada que pesen en total 29 g, i 4 anells, 3 monedes i 2 arracades que pesen 89 g. També s'ha trobat un objecte irreconeixible que pesa 11 g. Determina si és un anell, una moneda o una arracada, sabent que dos objectes iguals tenen el mateix pes, que si són diferents no tenen el mateix pes i que, a més, la diferència de pes entre cadascun d'ells no és superior a 3 g.

**102** El propietari d'una formigonera enviarà tres conductors per acabar una feina: en Roger, en Josep i en Jan. Entre en Roger i en Josep faran 30 viatges a la planta, mentre que, entre ells dos, excediran en 10 viatges els que faci en Jan. Sabent que, a més, entre en Roger i en Josep faran el 60% dels viatges:

a) Quants viatges farà cadascun?

b) Si a més en Roger hagués de treballar tres dies a aquest ritme per fer el mateix nombre de viatges que faria en Josep en dos dies, quants viatges faria cada un?

**103** INTERNET **MATEMÀTIQUES I... SISMOGRAFIA.** Els sistemes d'equacions també es poden fer servir per determinar el punt d'origen d'un terratrèmol (epicentre) detectat per un sismògraf.

Quan es produeix un terratrèmol, l'energia es propaga en forma d'ones, principalment ones *P* (primàries) i *S* (secundàries). El sismògraf proporciona el temps, en segons, d'arribada dels dos tipus d'ones, $T_P$ i $T_S$.

Amb aquestes dades es poden deduir les velocitats de propagació, $V_P$ i $V_S$, i, aleshores, calcular la distància, *d*, a la qual s'ha generat el terratrèmol i l'hora en què s'ha produït, $T_0$, mitjançant el sistema següent:

$$\left.\begin{aligned} T_0 + \frac{d}{V_P} &= T_P \\ T_0 + \frac{d}{V_S} &= T_S \end{aligned}\right\}$$

En una estació d'observació, el sismògraf facilita la informació següent:

- A les 10:23:37 h es detecten les ones *P* d'un terratrèmol.
- A les 10:24:22 h s'observa la presència de les ones *S*.

A partir d'aquesta informació es dedueix que les ones es propaguen a les velocitats següents.

- $V_P = 7{,}2$ km/s
- $V_S = 4{,}15$ km/s

Calcula la distància de l'epicentre i l'hora en la qual s'ha produït el sisme.

## PROBLEMES APARENTMENT DIFERENTS

CAP A LA UNIVERSITAT

**104** Resol el sistema d'equacions fent servir el mètode de Gauss.

$$\left.\begin{aligned} 0{,}6x + 0{,}65y + 0{,}85z &= 0{,}65 \\ 0{,}2x + 0{,}2y + 0{,}1z &= 0{,}1875 \\ 0{,}2x + 0{,}15y + 0{,}05z &= 0{,}1625 \end{aligned}\right\}$$

**105** Es barregen 3 begudes per elaborar 4 tipus de còctels. El contingut de cada còctel s'indica a la taula següent.

Quines quantitats dels tres primers còctels s'han de barrejar per aconseguir el quart?

| | Còctel 1 | Còctel 2 | Còctel 3 | Còctel 4 |
|---|---|---|---|---|
| Llimonada | 60% | 65% | 85% | 65% |
| Grosella | 20% | 20% | 10% | 18,75% |
| Taronjada | 20% | 15% | 5% | 16,25% |

**106** Discuteix i resol el sistema, si: $0 \le z \le 3$, $x, y, z \in \mathbb{Z}$.

$$\left.\begin{aligned} x + y + z &= 9 \\ 3x + 2y + z &= 21 \end{aligned}\right\}$$

**107** En un partit de bàsquet, la Clara va encistellar 9 vegades i va anotar 21 punts. Quants tirs lliures, bàsquets de 2 punts i triples va poder encistellar sabent que va fer, com a màxim, 3 triples?

**108** Discuteix i resol el sistema segons el paràmetre *a*.

$$\left.\begin{aligned} ax + 15y &= 362{,}5 \\ 3ax + 54y &= 1\,173 \\ 10x + 12y &= 224 \end{aligned}\right\}$$

**109** La Mercè compra algunes accions de l'empresa A i 15 de l'empresa *B* i paga 362,50 €, mentre que en Max gasta 1 173 € per la compra del triple de les accions de A que va adquirir la Mercè i 54 de B. L'Ona en compra 10 de A i 12 de B i paga 224 €.

a) Quantes accions de l'empresa A ha comprat la Mercè?

b) Quin és el preu de cada acció?

MATEMÀTIQUES EN EL MÓN REAL

## Controlar el consum de dades

Podem vigilar el consum de dades del nostre mòbil gràcies a les matemàtiques. En 20 dies has gastat 1 292 MB fent servir YouTube 5 hores, Twitter 20 hores i Instagram 6 hores. D'ara en endavant anomenarem $Y$ (YouTube), $T$ (Twitter) i $I$ (Instagram).

Com hem vist en aquesta unitat, amb aquestes dades es forma una equació amb tres incògnites.

$$5Y + 20T + 6I = 1\,292$$

Per tenir una única solució necessites, com a mínim, dues equacions més. Per trobar-les fem una cerca en un fòrum de la xarxa especialitzat en relacions entre les aplicacions i veurem que el programa $Y$ consumeix 18 MB més cada hora que el programa $I$, i que $T$ només consumeix un 15 % del que consumeix $Y$.

Per tant, el sistema d'equacions corresponent seria el següent:

$$\left.\begin{aligned} 5Y + 20T + 6I &= 1\,292 \\ Y &= 18 + I \\ T &= 0{,}15Y \end{aligned}\right\}$$

Es tracta d'un sistema compatible determinat, i si el resolem per qualsevol dels mètodes que hem treballat a l'aula, obtenim que la solució és:

$$Y = 100,\ T = 15 \text{ i } I = 82.$$

És a dir, l'aplicació YouTube consumeix 100 MB per cada hora que el fas servir, Twitter gasta 15 MB per hora i, per acabar, Instagram consumeix un total de 82 MB per hora.

Cal tenir en compte que cada model de *smartphone* i cada versió de iOS o Android influeixen en el consum, però ja tens les eines per poder fer els càlculs al teu mòbil.

De totes maneres, nosaltres hem fet aquests càlculs només per a tres aplicacions, però, si vols, ho pots calcular per a totes les que facis servir, sempre que tinguis el mateix nombre d'equacions linealment independents.

**LLEGEIX I COMPRÈN**

1. Resol el sistema d'equacions plantejat en el text anterior.
   A més, comprova que el resultat que s'indica com a solució és correcte.

**INTERPRETA**

2. Podríem obtenir la solució del sistema amb només dues equacions? I si fem servir quatre equacions?

**REFLEXIONA**

3. Després de veure el resultat, podries proposar una equació que relacioni $I$ amb $T$?
   Si resols el sistema amb les quatre equacions, quin resultat obtindràs?

**APLICA**

4. Seguint el mateix ritme de consum i sabent que segons la teva tarifa disposes de 2 024 MB al mes, tindries dades suficients per a tot el mes?

# 4 Vectors en l'espai

MATEMÀTIQUES EN EL MÓN REAL

## Fenòmens naturals

Galàxies, tornados, remolins d'aigua, remolins de foc… una espiral en moviment és un patró comú en molts fenòmens naturals, a causa de la interacció de forces físiques com ara la gravetat, la pressió atmosfèrica, la temperatura, la velocitat del vent…

En general, les espirals en la naturalesa solen estar associades amb el moviment i el canvi, però també poden ser formes estàtiques que es desenvolupen al llarg del temps, com la disposició de les branques i les fulles d'una planta o la forma de la petxina d'alguns animals.

Aquests elements naturals han inspirat l'ús de l'espiral en arquitectura a causa de la capacitat que té per crear formes suaus i eficients: el disseny d'escales, torres, cúpules, carreteres i ponts, amb els quals s'aconsegueix un efecte visual interessant i es milloren característiques com l'acústica o la ventilació d'un edifici. També s'utilitza en el disseny de circuits integrats, antenes, turbines…

Un cas natural especialment quotidià és el remolí als cabells de les persones, un patró de creixement del cabell determinat per un gen dominant.

L'espiral també ha estat un símbol cultural i espiritual en diverses cultures al llarg de la història. Des d'antics petròglifs fins a obres d'art modern, l'espiral representa el cicle de la vida, el renaixement i l'expansió de l'univers.

**Per què els éssers humans tenim un remolí als cabells?**

El remolí als cabells és una característica natural en els éssers humans, i es deu a la forma com els fol·licles pilosos creixen a la pell. La majoria de les persones tenen almenys un remolí a la part posterior del cap, encara que algunes persones també poden tenir remolins en altres àrees del cuir cabellut.

# 1. Vectors en l'espai

Un **vector** en l'espai, $\overrightarrow{AB}$, és un segment orientat amb origen en el punt $A$ i extrem en $B$. Aquest vector queda determinat per:

- **Mòdul:** és la longitud del segment $AB$. S'escriu $|\overrightarrow{AB}|$.
- **Direcció:** és la recta que passa per $A$ i $B$.
  Dos vectors tenen la mateixa direcció si estan situats sobre la mateixa recta o en rectes paral·leles.
- **Sentit:** és la manera de recórrer el segment $AB$, és a dir, de fixar quin dels punts és l'origen i quin és l'extrem.

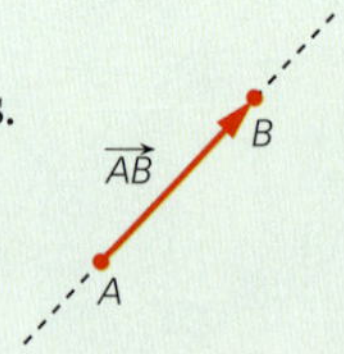


**NO TE N'OBLIDIS**

Dos punts, $A$ i $B$, determinen dos vectors, $\overrightarrow{AB}$ i $\overrightarrow{BA}$, amb el mateix mòdul i direcció, però amb sentit oposat.

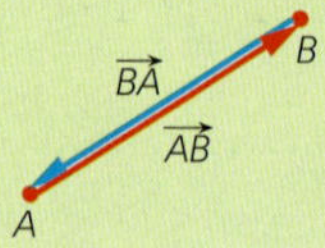


S'anomena **vector nul**, $\vec{0}$, el vector en el qual coincideixen el seu origen i el seu extrem i, per tant, el seu mòdul és zero. Aquest vector no té direcció.

Si el vector té mòdul 1, es diu que és un **vector unitari.**

Dos **vectors** són **iguals** si tenen el mateix mòdul, la mateixa direcció i el mateix sentit.

## Operacions amb vectors

### Oposat d'un vector

Donat un vector en l'espai, $\vec{v}$, el seu **vector oposat** és un altre vector amb igual mòdul i direcció, però de sentit contrari, i s'escriu Op $(\vec{v})$ o $-\vec{v}$.

### Suma de vectors

La suma de dos vectors, $\vec{u}$ i $\vec{v}$, en l'espai és un altre vector, $\vec{u} + \vec{v}$.

Per sumar vectors gràficament es prenen vectors equivalents tals que l'extrem de cadascun coincideixi amb l'origen del següent; el vector suma té el seu origen en l'origen del primer, i l'extrem, en l'extrem de l'últim.

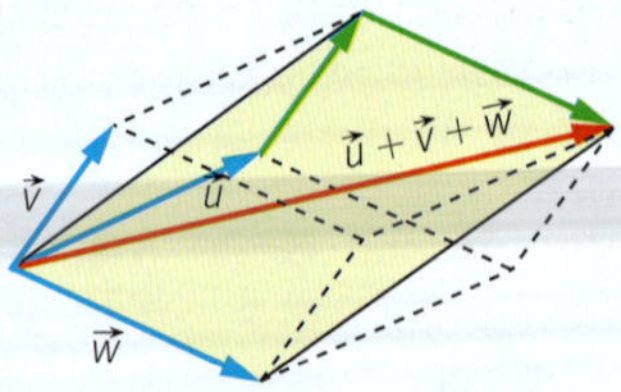


**NO TE N'OBLIDIS**

La suma d'un vector i el seu oposat és el vector nul, $\vec{0}$.

$$\vec{v} + (-\vec{v}) = \vec{0}$$

### Resta de vectors

La resta de dos vectors, $\vec{u}$ i $\vec{v}$, en l'espai és un altre vector, $\vec{u} - \vec{v}$.

Restar un vector és el mateix que sumar-li l'oposat.

$$\vec{u} - \vec{v} = \vec{u} + (-\vec{v})$$

### Multiplicació d'un vector per un nombre

El producte d'un nombre per un vector és un altre vector amb la mateixa direcció i sentit, i el mòdul del qual és igual al nombre pel mòdul del vector: $k \cdot \vec{v} = k\vec{v}$.

**S'ESCRIU AIXÍ**

Es diu que $\vec{v}$ i $k\vec{v}$ són vectors proporcionals.

**ACTIVITATS**

**1** Donats els vectors següents, calcula.

a) $\vec{u} + \vec{v}$
b) $\vec{v} - \vec{w}$
c) $\vec{u} + \vec{w}$
d) $\vec{u} - \vec{v}$
e) $\vec{u} + \vec{v} + \vec{w}$
f) $\vec{u} + \vec{v} - \vec{w}$
g) $\vec{u} + 2\vec{v} - \vec{w}$
h) $(\vec{u} + \vec{v}) + (\vec{v} - \vec{w})$

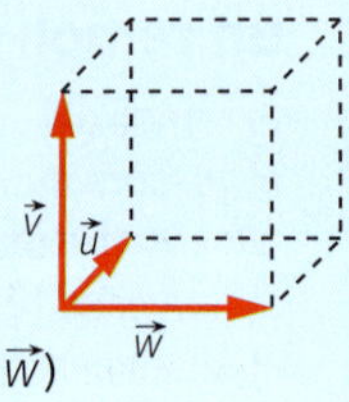


**2** Demostra que l'oposat de qualsevol vector coincideix amb el vector multiplicat per $-1$.

$$\text{Op}(\vec{v}) = -1 \cdot \vec{v}$$

Dedueix que l'oposat de l'oposat d'un vector és el mateix vector: Op (Op $(\vec{u})$) $= \vec{u}$

## 2. Combinació lineal de vectors

Un vector $\vec{v}$ és **combinació lineal** dels vectors $\vec{u}_1, \vec{u}_2, ..., \vec{u}_n$ quan es pot escriure de la forma $\vec{v} = \lambda_1 \cdot \vec{u}_1 + \lambda_2 \cdot \vec{u}_2 + ... + \lambda_n \cdot \vec{u}_n$, amb $\lambda_1, \lambda_2, ..., \lambda_n$ nombres reals.

Els vectors $\vec{u}_1, \vec{u}_2, ..., \vec{u}_n$ són **linealment independents** quan no n'hi ha cap que es pugui escriure com a combinació lineal dels altres.

**NO TE N'OBLIDIS**

Si dos vectors no són linealment independents, es diu que són **dependents**.

Si $\vec{u}$ i $\vec{v}$ són dependents, un es pot escriure com a combinació de l'altre: $\vec{u} = \lambda\vec{v}$. És a dir, els vectors són proporcionals.

Per tant, dos vectors són independents quan no són proporcionals.

**EXEMPLE**

1. Escriu $\vec{v}$ com a combinació lineal dels vectors $\vec{u}_1, \vec{u}_2$ i $\vec{u}_3$, i comprova que són linealment independents.

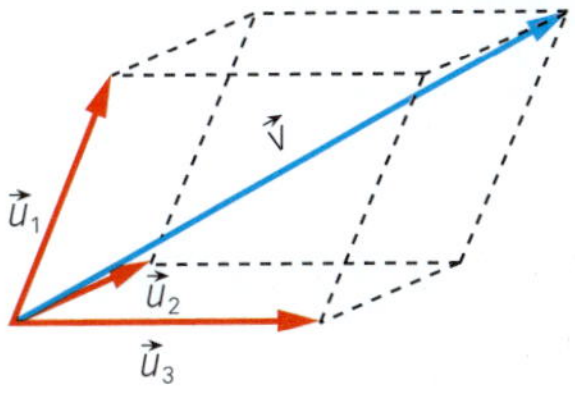


$\vec{v} = \vec{u}_1 + \vec{u}_2 + \vec{u}_3$

Els vectors $\vec{u}_1, \vec{u}_2$ i $\vec{u}_3$ són linealment independents, perquè cap no es pot posar en combinació lineal dels altres, ja que llavors totes les cares del paral·lelepípede serien la mateixa.

### Bases

Els vectors $\vec{u}_1, \vec{u}_2, ..., \vec{u}_n$ formen una **base** $\mathcal{B} = \{\vec{u}_1, \vec{u}_2, ..., \vec{u}_n\}$ de l'espai si:

- $\vec{u}_1, \vec{u}_2, ..., \vec{u}_n$ són linealment independents.
- Qualsevol altre vector de l'espai, $\vec{v}$, es pot escriure com a combinació lineal d'aquests vectors:

$$\vec{v} = \lambda_1 \cdot \vec{u}_1 + \lambda_2 \cdot \vec{u}_2 + ... + \lambda_n \cdot \vec{u}_n$$

Es diu que els números $(\lambda_1, \lambda_2, ..., \lambda_n)$ són les **coordenades del vector $\vec{v}$** respecte de la base $\mathcal{B} = \{\vec{u}_1, \vec{u}_2, ..., \vec{u}_n\}$.

**NO TE N'OBLIDIS**

- Una base en el pla està formada per dos vectors. Per tant, les coordenades d'un vector en el pla són $(\lambda_1, \lambda_2)$.
- Una base en l'espai està formada per tres vectors. Per tant, les coordenades d'un vector en l'espai són $(\lambda_1, \lambda_2, \lambda_3)$.

**EXEMPLE**

2. Calcula les coordenades del vector $\vec{v}$ en la base $\mathcal{B} = \{\vec{u}_1, \vec{u}_2, \vec{u}_3\}$. Raona què signifiquen aquestes coordenades.

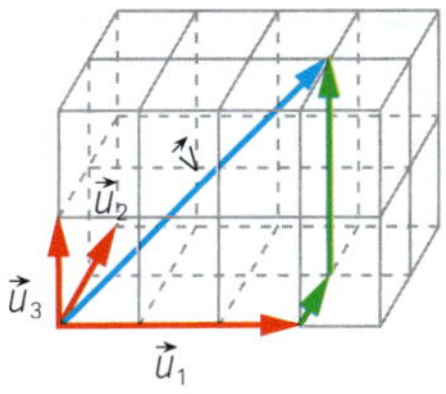


Gràficament es veu que: $\vec{v} = \vec{u}_1 + \frac{1}{2}\vec{u}_2 + 2\vec{u}_3$

Per tant, les coordenades del vector $\vec{v}$ respecte d'aquesta base $\mathcal{B}$ són: $\vec{v} = \left(1, \frac{1}{2}, 2\right)$.

Això significa que l'única manera d'escriure el vector $\vec{v}$ com a combinació lineal dels vectors de la base és: $\vec{v} = \vec{u}_1 + \frac{1}{2}\vec{u}_2 + 2\vec{u}_3$.

**ACTIVITATS**

3. És cert que si tres vectors són linealment independents, dos a dos, llavors també ho són si es consideren tots tres alhora?

4. Comprova si els vectors l'expressió dels quals respecte de la base $\{\vec{u}_1, \vec{u}_2, \vec{u}_3\}$ és (1, 0, 2), (2, 0, 1) i (1, 0, 5), són base de l'espai.

# 3. Coordenades d'un vector en l'espai

## 3.1. Sistema de referència

Un **sistema de referència** en l'espai, $\{O, \{\vec{u}, \vec{v}, \vec{w}\}\}$, està format per un punt fix $O$ i una base de l'espai $\{\vec{u}, \vec{v}, \vec{w}\}$.

Mitjançant un sistema de referència, a cada punt de l'espai, $P$, se li associa un vector $\overrightarrow{OP}$. Les coordenades del punt $P$ són les coordenades del vector $\overrightarrow{OP}$ respecte de la base $\mathcal{B} = \{\vec{u}, \vec{v}, \vec{w}\}$.

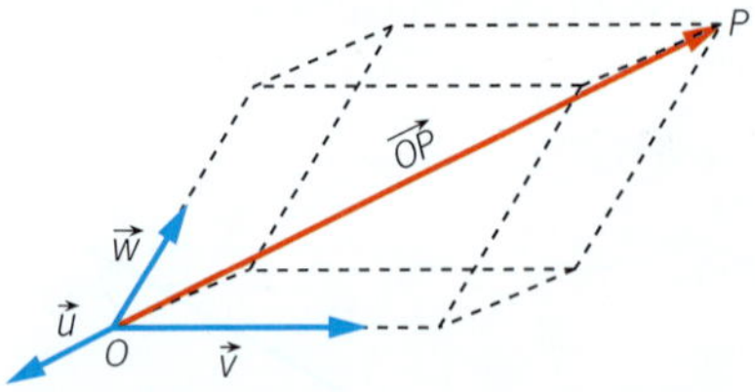


El **sistema de referència canònic** en l'espai és $\{O, \{\vec{i}, \vec{j}, \vec{k}\}\}$, en què:

- El punt fix és l'origen de coordenades $O(0, 0, 0)$.
- Els vectors de la base $\mathcal{B} = \{\vec{i}, \vec{j}, \vec{k}\}$ són de mòdul 1 i perpendiculars entre si.

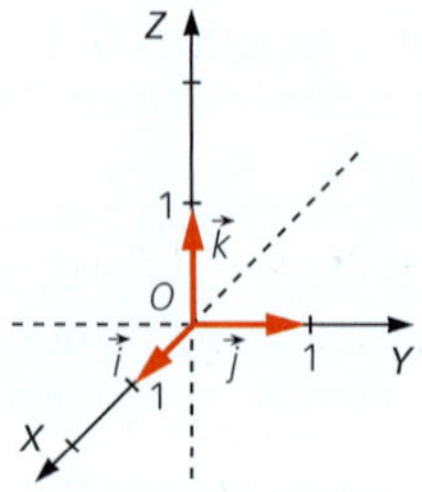


## 3.2. Coordenades i mòdul d'un vector

- En el sistema de referència canònic, les coordenades d'un vector $\overrightarrow{AB}$ són les coordenades del punt extrem menys les de l'origen:

$$\left.\begin{matrix} A(a_1, a_2, a_3) \\ B(b_1, b_2, b_3) \end{matrix}\right\} \rightarrow \overrightarrow{AB} = (b_1 - a_1, b_2 - a_2, b_3 - a_3)$$

- En el sistema de referència canònic, donat el vector $\vec{v} = (v_1, v_2, v_3)$, el seu mòdul és:

$$|\vec{v}| = \sqrt{v_1^2 + v_2^2 + v_3^2}$$

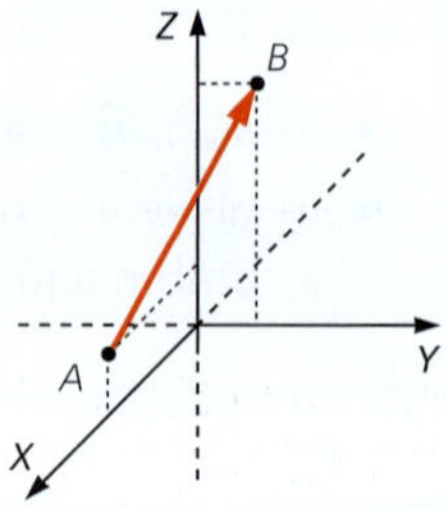


**EXEMPLE**

3. Calcula les coordenades i el mòdul del vector $\overrightarrow{AB}$.

$$\left.\begin{matrix} A(0, 0, -1) \\ B(2, -1, 0) \end{matrix}\right\} \rightarrow \overrightarrow{AB} = (2, -1, 1)$$

Les coordenades del vector $\overrightarrow{AB}$ són $(2, -1, 1)$.

$|\overrightarrow{AB}| = \sqrt{2^2 + (-1)^2 + 1^2} = \sqrt{6}$

El mòdul del vector $\overrightarrow{AB}$ és $\sqrt{6}$.

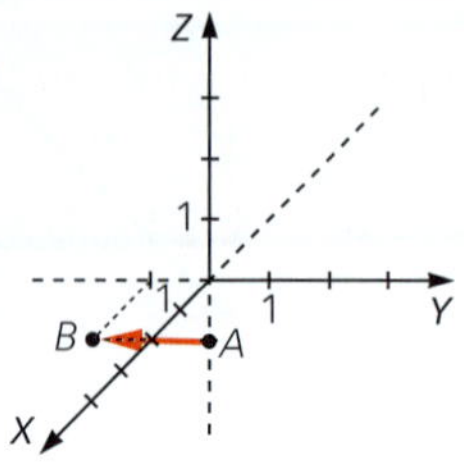


**PENSA**

Si $\lambda$ és positiu, ordena de més petit a més gran:

$|(\lambda a, \lambda b, \lambda c)|$

$\lambda|(a, b, c)|$

$\lambda^2 \cdot |(a, b, c)|$

**ACTIVITATS**

5 Calcula les coordenades i el mòdul d'aquests vectors:

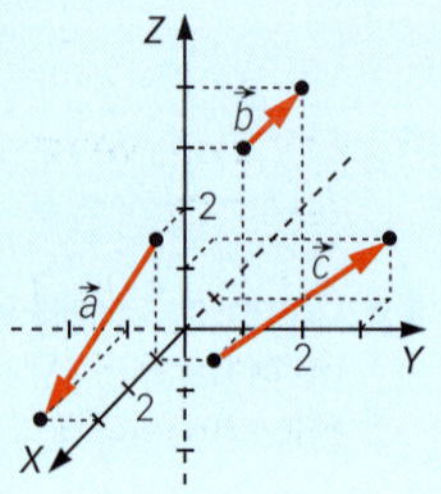


6 Donats els vectors $\vec{u}(1, 2, 3)$, $\vec{v}(3, 2, 1)$ i $\vec{w}(4, 4, 4)$ i la igualtat:

$$\vec{u} + \vec{v} = \vec{w}$$

comprova que es compleix la següent desigualtat dels seus mòduls:

$$|\vec{u}| + |\vec{v}| \geq |\vec{w}|$$

# 4. Operacions en coordenades



## 4.1. Suma i resta de vectors

Es consideren dos vectors en l'espai $\vec{u} = (u_1, u_2, u_3)$ i $\vec{v} = (v_1, v_2, v_3)$:

- La **suma** dels dos vectors $\vec{u}$ i $\vec{v}$ és un altre vector $\vec{u} + \vec{v}$ les coordenades del qual són:
$$\vec{u} + \vec{v} = (u_1, u_2, u_3) + (v_1, v_2, v_3) = (u_1 + v_1, u_2 + v_2, u_3 + v_3)$$
- La **resta** dels dos vectors $\vec{u}$ i $\vec{v}$ és un altre vector $\vec{u} - \vec{v}$ les coordenades del qual són:
$$\vec{u} - \vec{v} = (u_1, u_2, u_3) - (v_1, v_2, v_3) = (u_1 - v_1, u_2 - v_2, u_3 - v_3)$$

**PENSA**

Pot ser el mòdul de la suma de dos vectors igual a la suma dels mòduls d'aquests vectors?

**EXEMPLE**

4. Fes les operacions següents.

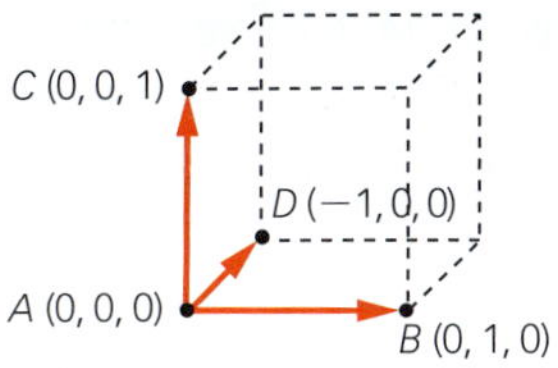


a) $\overrightarrow{AB} + \overrightarrow{AD} + \overrightarrow{AC}$

Es calculen els vectors a partir de les coordenades dels punts:

$\overrightarrow{AB} = (0, 1, 0)$ $\quad \overrightarrow{AD} = (-1, 0, 0)$ $\quad \overrightarrow{AC} = (0, 0, 1)$

$\overrightarrow{AB} + \overrightarrow{AD} + \overrightarrow{AC} = (0, 1, 0) + (-1, 0, 0) + (0, 0, 1) = (-1, 1, 1)$

b) $\overrightarrow{AB} - \overrightarrow{AD} - \overrightarrow{AC} = (0, 1, 0) - (-1, 0, 0) - (0, 0, 1) = (1, 1, -1)$

## 4.2. Multiplicació d'un vector per un nombre

El **producte** d'un vector $\vec{v} = (v_1, v_2, v_3)$ per un nombre real $k$ és un altre vector $k\vec{v}$, amb coordenades:

$$k\vec{v} = k \cdot (v_1, v_2, v_3) = (kv_1, kv_2, kv_3)$$

**FIXA-T'HI**

L'oposat d'un vector és el vector multiplicat per −1.

$$\text{Op}(\vec{v}) = -1\vec{v}$$

**EXEMPLE**

5. Fes les operacions indicades amb aquests vectors expressats en el sistema de referència canònic.

$$\vec{u}_1 = (1, 0, 0) \qquad \vec{u}_2 = (1, 1, 0) \qquad \vec{u}_3 = (1, 1, 1)$$

a) $\vec{u}_3 - 2\vec{u}_2 = (1, 1, 1) - 2 \cdot (1, 1, 0) = (-1, -1, 1)$

b) $2\vec{u}_2 - 3\vec{u}_3 + 4\vec{u}_1 = 2 \cdot (1, 1, 0) - 3 \cdot (1, 1, 1) + 4 \cdot (1, 0, 0) = (3, -1, -3)$

c) $2\vec{u}_2 - 3(\vec{u}_3 + 4\vec{u}_1) = 2 \cdot (1, 1, 0) - 3 \cdot [(1, 1, 1) + 4 \cdot (1, 0, 0)] =$
$= 2 \cdot (1, 1, 0) - 3 \cdot (5, 1, 1) = (-13, -1, -3)$

**ACTIVITATS**

7. Considera els vectors $\vec{u}_1 = (0, 1, 1)$, $\vec{u}_2 = (1, 0, 1)$ i $\vec{u}_3 = (1, 1, 0)$ expressats en el sistema de referència canònic. Calcula.

a) $\vec{u}_1 + 2\vec{u}_2 + 3\vec{u}_3$

b) $\vec{u}_1 - \vec{u}_2 + \vec{u}_3$

c) $4\vec{u}_2 - \vec{u}_3 + 3\vec{u}_1$

d) $-\vec{u}_1 - \vec{u}_2 - \vec{u}_3$

8. Troba dos vectors $\vec{u}$ i $\vec{v}$ que compleixin les condicions següents.

- $\vec{u} - \vec{v} = (0, 0, 1)$
- $\vec{u} + \vec{v} = (1, 0, 0)$

Pots trobar dos vectors més en l'espai que verifiquin aquestes condicions simultàniament?

## 5. Aplicacions dels vectors

### 5.1. Vector de posició d'un punt

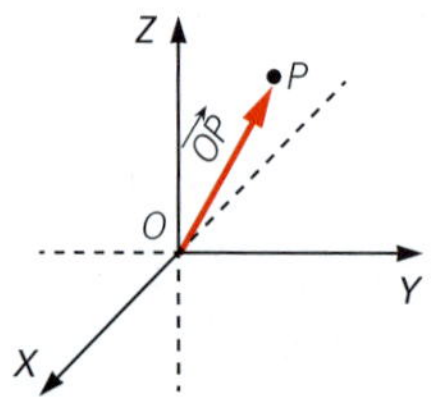


En un sistema de referència canònic, tot punt $P(a_1, a_2, a_3)$ queda determinat per un **vector de posició** $\overrightarrow{OP}$, en el qual $O$ és l'origen de coordenades, i aquest vector té les mateixes coordenades que el punt.

La suma d'un vector de posició $\overrightarrow{OP} = (a_1, a_2, a_3)$ i un vector $\vec{v} = (v_1, v_2, v_3)$, $\overrightarrow{OP} + \vec{v}$, és un altre vector de posició $\overrightarrow{OB}$ les coordenades del qual són:

$$\overrightarrow{OB} = \overrightarrow{OP} + \vec{v} = (a_1, a_2, a_3) + (v_1, v_2, v_3) = (a_1 + v_1, a_2 + v_2, a_3 + v_3)$$

que coincideixen amb les coordenades del punt $B$.

**FIXA-T'HI**

Sumar el vector de posició d'un punt més un vector consisteix a traslladar el punt segons el vector.

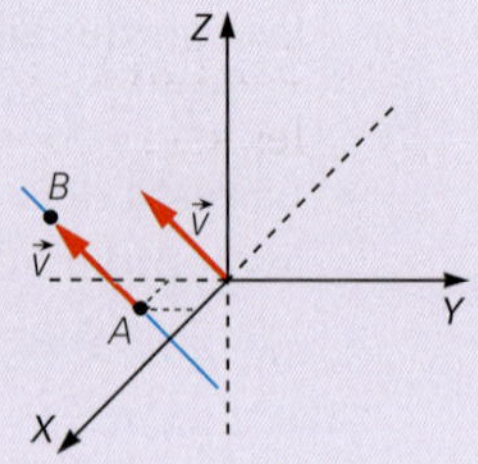


**EXEMPLE**

6. Donats els punts $A(0, 2, -1)$ i $B(-2, 1, 0)$, calcula $\overrightarrow{OA} + \overrightarrow{AB}$ sent $O(0, 0, 0)$ l'origen de coordenades.

$\overrightarrow{OA} = (0 - 0, 2 - 0, -1 - 0) = (0, 2, -1)$

$\overrightarrow{AB} = (-2 - 0, 1 - 2, 0 - (-1)) = (-2, -1, 1)$

$\overrightarrow{OA} + \overrightarrow{AB} = (0, 2, -1) + (-2, -1, 1) = (-2, 1, 0)$

El resultat és el vector de posició $\overrightarrow{OB}$ les coordenades del qual coincideixen amb les de $B$.

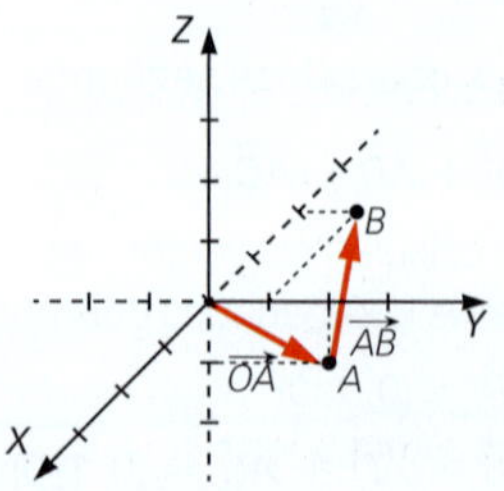


### 5.2. Punt mitjà d'un segment

Donats dos punts en l'espai, $A(a_1, a_2, a_3)$ i $B(b_1, b_2, b_3)$, el **punt mitjà** del segment $AB$ és $M\left(\frac{a_1 + b_1}{2}, \frac{a_2 + b_2}{2}, \frac{a_3 + b_3}{2}\right)$.

Com que $\overrightarrow{OA} + \overrightarrow{AB} = \overrightarrow{OB}$, les coordenades del punt mitjà del segment s'obtenen traslladant el punt $A$ mitjançant la meitat de $\overrightarrow{AB}$:

$$(a_1, a_2, a_3) + \frac{1}{2}(b_1 - a_1, b_2 - a_2, b_3 - a_3) = \left(\frac{a_1 + b_1}{2}, \frac{a_2 + b_2}{2}, \frac{a_3 + b_3}{2}\right)$$

**EXEMPLE**

7. Donats els punts $A(2, 0, 1)$ i $C(1, 0, 3)$, calcula un punt $B$ de manera que $C$ sigui el punt mitjà de $A$ i $B$.

$$\left(\frac{2 + b_1}{2}, \frac{0 + b_2}{2}, \frac{1 + b_3}{2}\right) = (1, 0, 3) \rightarrow \left.\begin{array}{l} 2 + b_1 = 2 \\ 0 + b_2 = 0 \\ 1 + b_3 = 6 \end{array}\right\} \rightarrow \left\{\begin{array}{l} b_1 = 0 \\ b_2 = 0 \\ b_3 = 5 \end{array}\right. \rightarrow B(0, 0, 5)$$

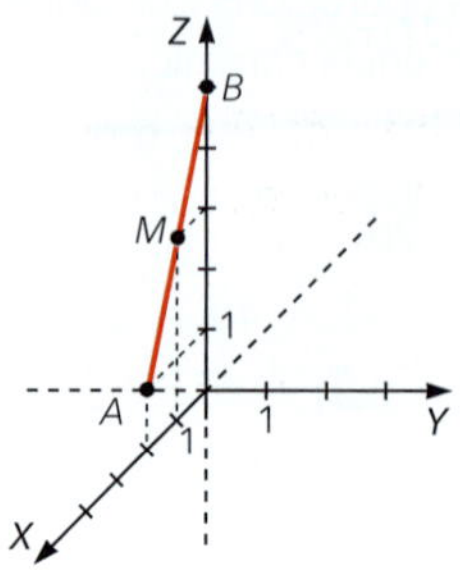


**ACTIVITATS**

9. Considera els punts $A(3, -2, 1)$, $B(-1, 5, 0)$ i $C(-2, -4, -1)$.
Calcula les coordenades dels punts mitjans dels següents segments:
a) $\overline{AB}$ b) $\overline{BC}$ c) $\overline{AC}$

10. Donats els punts $A(-3, 0, 1)$ i $B(0, 6, 5)$:
a) Troba un punt $C$ en el segment $\overline{AB}$, de manera que $\overline{AC}$ sigui la meitat que $\overline{CB}$.
b) Troba un punt $D$ en el segment $\overline{AB}$, de manera que $\overline{AD}$ sigui el triple que $\overline{DB}$.

## 5.3. Dependència i independència lineal de vectors

Donada una col·lecció de $n$ vectors en l'espai $\{\vec{v}_1, \vec{v}_2, ..., \vec{v}_n\}$:

- Són **linealment independents** quan el rang de la matriu que formen les seves coordenades és $n$.
- Són **linealment dependents** quan el rang de la matriu que formen les seves coordenades és estrictament més petit que $n$.

### Calcular vectors linealment independents amb matrius

Determina el nombre màxim de vectors linealment independents.

$\vec{v}_1 = (1, 2, 3) \quad \vec{v}_2 = (0, 1, -2) \quad \vec{v}_3 = (1, 3, 0) \quad \vec{v}_4 = (0, 2, -4)$

**PRIMER.** Es troba el rang de la matriu de les coordenades dels vectors.

$$\text{Rang}\begin{pmatrix}1 & 2 & 3\\0 & 1 & -2\\1 & 3 & 0\\0 & 2 & -4\end{pmatrix} = \text{Rang}\begin{pmatrix}1 & 2 & 3\\0 & 1 & -2\\0 & 1 & -3\\0 & 2 & -4\end{pmatrix} = \text{Rang}\begin{pmatrix}1 & 2 & 3\\0 & 1 & -2\\0 & 0 & -1\\0 & 0 & 0\end{pmatrix} = 3$$

**SEGON.** S'identifiquen els vectors de les files que són diferents de zero.

El nombre màxim de vectors independents és 3, i són els tres primers vectors.

**RECORDA**

També es pot calcular el rang amb determinants.

$$\begin{pmatrix}1 & 2 & 3\\0 & 1 & -2\\1 & 3 & 0\\0 & 2 & -4\end{pmatrix} \rightarrow \begin{vmatrix}1 & 2\\0 & 1\end{vmatrix} = 1$$

$$\begin{pmatrix}1 & 2 & 3\\0 & 1 & -2\\1 & 3 & 0\\0 & 2 & -4\end{pmatrix} \rightarrow \begin{vmatrix}1 & 2 & 3\\0 & 1 & -2\\1 & 3 & 0\end{vmatrix} = -1$$

El rang de la matriu és 3.

## 5.4. Vectors paral·lels i punts alineats

- Dos vectors són **paral·lels** si són linealment dependents, és a dir, quan les seves coordenades són proporcionals.

  $\vec{u} = (u_1, u_2, u_3)$ és paral·lel a $\vec{v} = (v_1, v_2, v_3)$ quan $\dfrac{u_1}{v_1} = \dfrac{u_2}{v_2} = \dfrac{u_3}{v_3}$.
- Tres punts, $A$, $B$ i $C$, estan alineats si $\overrightarrow{AB}$ i $\overrightarrow{AC}$ són dependents.

**FIXA-T'HI**

Tres punts, $A(a_1, a_2, a_3)$, $B(b_1, b_2, b_3)$ i $C(c_1, c_2, c_3)$, estan alineats si els vectors:

$\overrightarrow{AB} = (b_1 - a_1, b_2 - a_2, b_3 - a_3)$

$\overrightarrow{AC} = (c_1 - a_1, c_2 - a_2, c_3 - a_3)$

són dependents. És a dir, quan les coordenades són proporcionals:

$$\frac{b_1 - a_1}{c_1 - a_1} = \frac{b_2 - a_2}{c_2 - a_2} = \frac{b_3 - a_3}{c_3 - a_3}$$

### Comprovar si tres punts estan alineats

Comprova si els punts $A(1, 2, 3)$, $B(1, -2, 4)$ i $C(1, -3, 5)$ estan alineats.

**PRIMER.** Es formen dos vectors amb origen en un punt i extrem en els altres dos.

$\overrightarrow{AB} = (0, -4, 1) \qquad \overrightarrow{AC} = (0, -5, 2)$

**SEGON.** Es calcula el rang de la matriu de les coordenades dels vectors.

$$\text{Rang}\begin{pmatrix}0 & -4 & 1\\0 & -5 & 2\end{pmatrix} = 2$$

Com que el rang de la matriu coincideix amb el nombre de vectors, els vectors són linealment independents. Per tant, els punts no estan alineats.

**ACTIVITATS**

11. Determina el nombre màxim de vectors independents, i tria vectors que ho siguin.

    $\vec{v}_1 = (1, -1, 0) \quad \vec{v}_3 = (3, 0, -3)$

    $\vec{v}_2 = (0, 1, -1) \quad \vec{v}_4 = (1, 1, 1)$

12. Comprova si aquestes col·leccions de vectors són base de l'espai o no.

    a) $\vec{v}_1 = (2, -1, 0)$, $\vec{v}_2 = (2, 1, 0)$ i $\vec{v}_3 = (2, 0, 1)$

    b) $\vec{v}_1 = (3, -7, 1)$, $\vec{v}_2 = (-1, 4, 0)$ i $\vec{v}_3 = (5, -10, 2)$

# 6. Producte escalar

S'anomena **producte escalar** de dos vectors $\vec{u}$ i $\vec{v}$, i s'escriu $\vec{u} \cdot \vec{v}$, el nombre real que resulta de multiplicar els mòduls pel cosinus de l'angle que formen.

$$\vec{u} \cdot \vec{v} = |\vec{u}| \cdot |\vec{v}| \cdot \cos\alpha$$

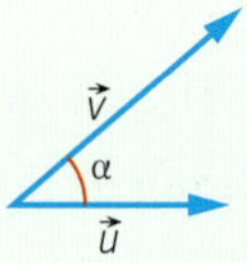


**S'ESCRIU AIXÍ**

El producte escalar de dos vectors, $\vec{u} \cdot \vec{v}$, també es pot escriure com a $<\vec{u}, \vec{v}>$.

**EXEMPLE**

8. Calcula el producte escalar dels vectors $\vec{u} = (-1, 1, 0)$ i $\vec{v} = (0, 1, 1)$, sabent que l'angle que formen és $\alpha = 60°$.

$$\left.\begin{array}{l} |\vec{u}| = \sqrt{(-1)^2 + 1^2 + 0^2} = \sqrt{2} \\ |\vec{v}| = \sqrt{0^2 + 1^2 + 1^2} = \sqrt{2} \\ \cos 60° = \dfrac{1}{2} \end{array}\right\} \rightarrow \vec{u} \cdot \vec{v} = \sqrt{2} \cdot \sqrt{2} \cdot \frac{1}{2} = 1$$

## 6.1. Interpretació geomètrica del producte escalar

El valor absolut del producte escalar de dos vectors, $\vec{u}$ i $\vec{v}$, és el producte del mòdul de qualsevol d'ells pel de la projecció de l'altre sobre ell.

Donats dos vectors $\vec{u}$ i $\vec{v}$, no nuls, la projecció de $\vec{v}$ sobre $\vec{u}$, $\text{Proj}_{\vec{u}}\vec{v}$, és el catet, que segueix la direcció de $\vec{u}$, del triangle rectangle la hipotenusa del qual és $\vec{v}$.

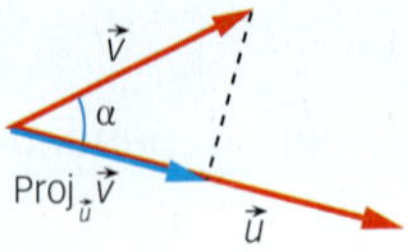


Com que és un triangle rectangle, la mesura del catet, que és el mòdul de $\text{Proj}_{\vec{u}}\vec{v}$, és: $|\text{Proj}_{\vec{u}}\vec{v}| = |\vec{v}| \cdot |\cos\alpha|$

Substituint aquest valor en l'expressió del producte escalar:

$$|\vec{u} \cdot \vec{v}| = |\vec{u}| \cdot |\vec{v}| \cdot |\cos\alpha| = |\vec{u}| \cdot |\text{Proj}_{\vec{u}}\vec{v}|$$

$$|\vec{u} \cdot \vec{v}| = |\vec{u}| \cdot |\vec{v}| \cdot |\cos\alpha| = |\vec{v}| \cdot |\vec{u}| \cdot |\cos\alpha| = |\vec{v}| \cdot |\text{Proj}_{\vec{v}}\vec{u}|$$

**RECORDA**

En un triangle rectangle, el catet contigu a un dels angles diferent del recte és igual a la hipotenusa pel cosinus d'aquest angle.

$|\overrightarrow{AB}| = |\vec{v}| \cdot \cos\alpha$

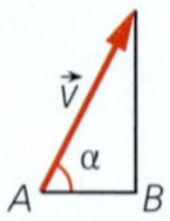


**EXEMPLE**

9. Donats els vectors $\vec{u} = (1, -1, 0)$ i $\vec{v} = (0, 1, -1)$ que formen un angle de 120°, calcula $|\text{Proj}_{\vec{u}}\vec{v}|$ aplicant la definició de producte escalar.

$$\left.\begin{array}{l} |\vec{u} \cdot \vec{v}| = |\vec{u}| \cdot |\vec{v}| \cdot |\cos\alpha| \\ |\vec{u} \cdot \vec{v}| = |\vec{u}| \cdot |\text{Proj}_{\vec{u}}\vec{v}| \end{array}\right\} \rightarrow |\vec{u}| \cdot |\vec{v}| \cdot |\cos\alpha| = |\vec{u}| \cdot |\text{Proj}_{\vec{u}}\vec{v}|$$

$$\sqrt{2} \cdot \sqrt{2} \cdot \left|-\frac{1}{2}\right| = \sqrt{2} \cdot |\text{Proj}_{\vec{u}}\vec{v}| \rightarrow |\text{Proj}_{\vec{u}}\vec{v}| = \frac{\sqrt{2}}{2}$$

**FIXA-T'HI**

Quan l'angle que formen els vectors és més gran de 90°, el signe negatiu del cosinus indica que la projecció i el vector sobre el qual es projecta tenen sentit contrari.

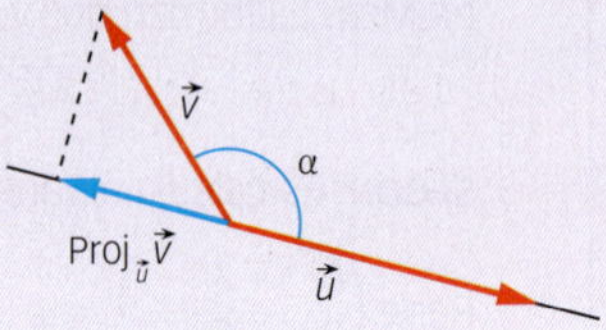


**ACTIVITATS**

13 Calcula en cada cas el producte escalar $\vec{u} \cdot \vec{v}$, sabent que $\vec{u} = (-1, 1, 0)$, $|\vec{v}| = 2$, aplicant la definició.

a) Si l'angle que forma és $\alpha = 30°$.

b) Si l'angle que formen és $\alpha = 120°$.

14 Els vectors $\vec{u}$ i $\vec{v}$ formen un angle de 30°. Si $\vec{u} = (-1, 1, 0)$ i $|\vec{v}| = 2$, troba les següents projeccions:

a) $|\text{Proj}_{\vec{u}}\vec{v}|$

b) $|\text{Proj}_{\vec{v}}\vec{u}|$

## 6.2. Propietats

- El producte escalar d'un vector per si mateix és el quadrat del seu mòdul: $\vec{v}\cdot\vec{v}=|\vec{v}|^2$

  $\vec{v}\cdot\vec{v}=|\vec{v}|\cdot|\vec{v}|\cdot\cos 0°=|\vec{v}|\cdot|\vec{v}|=|\vec{v}|^2$

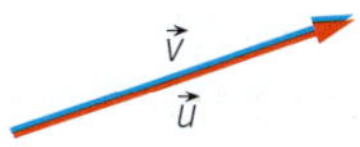


- Propietat commutativa: $\vec{u}\cdot\vec{v}=\vec{v}\cdot\vec{u}$

  $\vec{u}\cdot\vec{v}=|\vec{u}|\cdot|\vec{v}|\cdot\cos\alpha=|\vec{v}|\cdot|\vec{u}|\cdot\cos\alpha=$
  $=|\vec{v}|\cdot|\vec{u}|\cdot\cos(360°-\alpha)=\vec{v}\cdot\vec{u}$

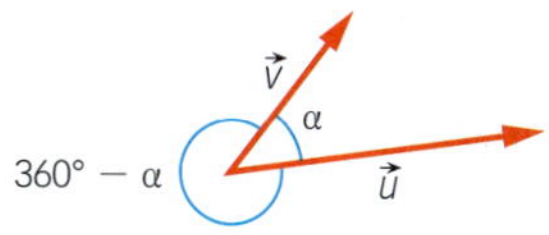


- Propietat distributiva respecte de la suma:

  $\vec{u}\cdot(\vec{v}+\vec{w})=\vec{u}\cdot\vec{v}+\vec{u}\cdot\vec{w}$
- Propietat respecte al producte per nombres reals:

  $(k\vec{u})\cdot\vec{v}=k(\vec{u}\cdot\vec{v})$ $\quad\vec{u}\cdot(k\vec{v})=k(\vec{u}\cdot\vec{v})$
- El producte escalar de dos vectors no nuls és zero si, i només si, els vectors són perpendiculars:

  $\vec{u}\cdot\vec{v}=|\vec{u}|\cdot|\vec{v}|\cdot\cos\alpha=0\rightarrow\cos\alpha=0\rightarrow\alpha=90°\rightarrow\vec{u}$ i $\vec{v}$ són perpendiculars.

**S'ESCRIU AIXÍ**

$\widehat{\vec{u}\vec{v}}$ = Angle que formen els vectors $\vec{u}$ i $\vec{v}$.

## 6.3. Expressió en coordenades del producte escalar

En el sistema de referència canònic, el producte escalar de dos vectors, $\vec{u}=(u_1,u_2,u_3)$ i $\vec{v}=(v_1,v_2,v_3)$, és:

$$\vec{u}\cdot\vec{v}=u_1\cdot v_1+u_2\cdot v_2+u_3\cdot v_3$$

Per comprovar-ho, es multipliquen primer els vectors de la base canònica $\mathcal{B}=\{\vec{i},\vec{j},\vec{k}\}$, de mòdul 1 i perpendiculars entre si:

$\vec{i}\cdot\vec{i}=|\vec{i}|\cdot|\vec{i}|\cdot\cos 0°=1$ $\quad\vec{i}\cdot\vec{j}=\vec{j}\cdot\vec{i}=|\vec{i}|\cdot|\vec{j}|\cdot\cos 90°=0$

$\vec{j}\cdot\vec{j}=|\vec{j}|\cdot|\vec{j}|\cdot\cos 0°=1$ $\quad\vec{i}\cdot\vec{k}=\vec{k}\cdot\vec{i}=|\vec{i}|\cdot|\vec{k}|\cdot\cos 90°=0$

$\vec{k}\cdot\vec{k}=|\vec{k}|\cdot|\vec{k}|\cdot\cos 0°=1$ $\quad\vec{j}\cdot\vec{k}=\vec{k}\cdot\vec{j}=|\vec{j}|\cdot|\vec{k}|\cdot\cos 90°=0$

Aplicant la propietat distributiva, es pot calcular el producte escalar de dos vectors donats en coordenades:

$$\vec{u}\cdot\vec{v}=(u_1\vec{i}+u_2\vec{j}+u_3\vec{k})\cdot(v_1\vec{i}+v_2\vec{j}+v_3\vec{k})=u_1\cdot v_1+u_2\cdot v_2+u_3\cdot v_3$$

**RECORDA**

En el **sistema de referència canònic** en l'espai $\{O,\{\vec{i},\vec{j},\vec{k}\}\}$:

- El punt fix és l'origen de coordenades, $O(0,0,0)$.
- Els vectors de la base $\mathcal{B}=\{\vec{i},\vec{j},\vec{k}\}$ tenen mòdul 1 i són perpendiculars entre si.
- Si $\vec{u}=(u_1,u_2,u_3)$, això significa que $\vec{u}=u_1\vec{i}+u_2\vec{j}+u_3\vec{k}$.

**EXEMPLE**

10. Fes els següents productes escalars.

a) $\vec{u}\cdot\vec{v}$ amb $\vec{u}=(-1,1,0)$ i $\vec{v}=(0,1,1)$

$\vec{u}\cdot\vec{v}=(-1)\cdot 0+1\cdot 1+0\cdot 1=1$

b) $\vec{a}\cdot\vec{b}$ amb $\vec{a}=(1,2,0)$ i $\vec{b}=(0,-1,2)$

$\vec{a}\cdot\vec{b}=1\cdot 0+2\cdot(-1)+0\cdot 2=-2$

**ACTIVITATS**

15 Si $\vec{u}\cdot\vec{v}=2$, $\vec{u}\cdot\vec{w}=-1$ i $\vec{v}\cdot\vec{w}=2$, calcula.

a) $\vec{u}\cdot(\vec{w}-\vec{v})$

b) $-\vec{w}\cdot(2\vec{u}+\vec{v})$

c) $3\vec{w}\cdot(-2\vec{u}+\vec{v})$

d) $(2\vec{u}+\vec{v})\cdot(-\vec{w})$

16 Donats els vectors $\vec{u}=(0,-1,0)$, $\vec{v}=(-1,-2,0)$ i $\vec{w}=(-4,1,1)$, efectua les operacions.

a) $\vec{u}\cdot(\vec{w}-\vec{v})$

b) $3\vec{w}\cdot(-2\vec{u}+\vec{v})$

# 7. Aplicacions del producte escalar

## 7.1. Angle entre dos vectors

GEOGEBRA

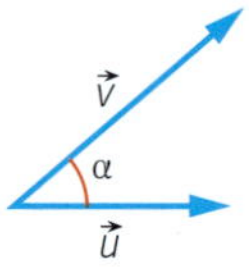


Es considera l'expressió del producte escalar de $\vec{u}$ i $\vec{v}$:

$$\vec{u} \cdot \vec{v} = |\vec{u}| \cdot |\vec{v}| \cdot \cos\alpha \rightarrow \cos\alpha = \frac{\vec{u} \cdot \vec{v}}{|\vec{u}| \cdot |\vec{v}|}$$

Si es pren $\vec{u} = (u_1, u_2, u_3)$ i $\vec{v} = (v_1, v_2, v_3)$, l'expressió en coordenades del cosinus de l'angle format per tots dos és:

$$\left.\begin{array}{l} \vec{u} \cdot \vec{v} = u_1 \cdot v_1 + u_2 \cdot v_2 + u_3 \cdot v_3 \\ |\vec{u}| = \sqrt{u_1^2 + u_2^2 + u_3^2} \\ |\vec{v}| = \sqrt{v_1^2 + v_2^2 + v_3^2} \end{array}\right\} \rightarrow \cos\alpha = \frac{u_1 \cdot v_1 + u_2 \cdot v_2 + u_3 \cdot v_3}{\sqrt{u_1^2 + u_2^2 + u_3^2} \cdot \sqrt{v_1^2 + v_2^2 + v_3^2}}$$

Per a cada valor de $a$, tal que $0 \leq a \leq 1$, existeixen dos angles el cosinus dels quals val $a$: $\cos\alpha = a$ i $\cos(360° - \alpha) = a$. Es considera que l'angle entre els dos vectors és el més petit.

**!**

**NO TE N'OBLIDIS**

Es considera que l'angle entre dos vectors és el més petit de 180° o $\pi$ radiants.

**EXEMPLE**

11. Troba l'angle que formen els vectors següents.

a) $\vec{u} = (-2, 3, 0)$ $\quad \vec{v} = (2, 1, -1)$

$$\cos\alpha = \frac{\vec{u} \cdot \vec{v}}{|\vec{u}| \cdot |\vec{v}|} = \frac{-2 \cdot 2 + 3 \cdot 1 + 0 \cdot (-1)}{\sqrt{(-2)^2 + 3^2 + 0^2} \cdot \sqrt{2^2 + 1^2 + (-1)^2}} =$$

$$= \frac{-1}{\sqrt{13} \cdot \sqrt{6}} = -\frac{1}{\sqrt{78}}$$

Si $\cos\alpha = -\frac{1}{\sqrt{78}} \rightarrow \alpha = \arccos\left(-\frac{1}{\sqrt{78}}\right) = 96{,}5°$

b) $\vec{u} = (1, 2, 3)$ $\quad \vec{v} = (-2, -4, -6)$

$$\cos\alpha = \frac{\vec{u} \cdot \vec{v}}{|\vec{u}| \cdot |\vec{v}|} = \frac{1 \cdot (-2) + 2 \cdot (-4) + 3 \cdot (-6)}{\sqrt{1^2 + 2^2 + 3^2} \cdot \sqrt{(-2)^2 + (-4)^2 + (-6)^2}} =$$

$$= \frac{-28}{\sqrt{14} \cdot \sqrt{56}} = -1$$

Si $\cos\alpha = -1 \rightarrow \alpha = \arccos(-1) = 180°$

El signe del producte escalar de dos vectors és el mateix que el signe del cosinus de l'angle que formen.

- Si el producte escalar és positiu, l'angle que formen és agut.

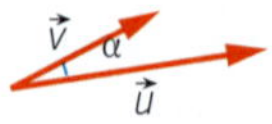


$$\left.\begin{array}{l} \vec{u} \cdot \vec{v} > 0 \\ \cos\alpha > 0 \end{array}\right\}$$

- Si el producte és zero, l'angle que formen és recte, i són perpendiculars.

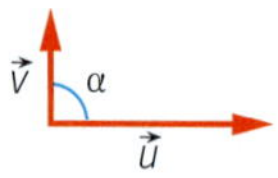


$$\left.\begin{array}{l} \vec{u} \cdot \vec{v} = 0 \\ \cos\alpha = 0 \end{array}\right\}$$

- Si el producte és negatiu, l'angle que formen és obtús.

$$\left.\begin{array}{l} \vec{u} \cdot \vec{v} < 0 \\ \cos\alpha < 0 \end{array}\right\}$$

**PENSA**

L'angle format per dos vectors és $\widehat{\vec{u}_1\vec{v}_1} = 60°$, quant val $\widehat{\vec{u}_2\vec{v}_2}$ si $\vec{u}_1$ és paral·lel a $\vec{u}_2$ i $\vec{v}_1$ ho és a $\vec{v}_2$?

**ACTIVITATS**

17 Troba l'angle que formen aquests vectors.

a) $\vec{u} = (-2, 3, 0)$ $\quad \vec{v} = (0, 1, -1)$

b) $\vec{u} = (3, 1, 2)$ $\quad \vec{v} = (0, -1, -1)$

18 Calcula el valor de $m$ perquè $\vec{u}$ i $\vec{v}$ siguin perpendiculars.

a) $\vec{u} = (0, -3, 2)$ i $\vec{v} = (m, -m + 2, 6)$

b) $\vec{u} = (-1, m, 1)$ i $\vec{v} = (-2, 1, m + 1)$

## 7.2. Projecció d'un vector sobre un altre vector

Es coneix, per la interpretació geomètrica del producte escalar, quin és el mòdul de la projecció de $\vec{v}$ sobre $\vec{u}$:

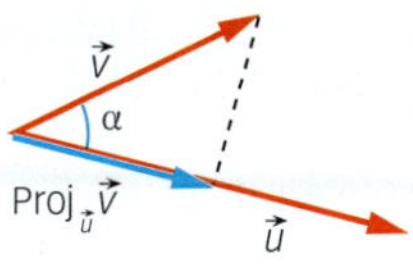


$$|\vec{u}\cdot\vec{v}| = |\vec{u}|\cdot|\text{Proj}_{\vec{u}}\vec{v}| \rightarrow |\text{Proj}_{\vec{u}}\vec{v}| = \frac{|\vec{u}\cdot\vec{v}|}{|\vec{u}|}$$

La **projecció d'un vector** $\vec{v} = (v_1, v_2, v_3)$ sobre un vector $\vec{u} = (u_1, u_2, u_3)$ és un vector de coordenades:

$$\text{Proj}_{\vec{u}}\vec{v} = \frac{\vec{u}\cdot\vec{v}}{|\vec{u}|}\cdot\frac{\vec{u}}{|\vec{u}|} = \frac{u_1\cdot v_1 + u_2\cdot v_2 + u_3\cdot v_3}{u_1^2 + u_2^2 + u_3^2}\cdot(u_1, u_2, u_3)$$

**EXEMPLE**

12. Donats els vectors $\vec{u} = (2, -1, 1)$ i $\vec{v} = (-2, 0, -1)$, calcula la projecció del vector $\vec{v}$ sobre el vector $\vec{u}$.

$$\left.\begin{array}{l}\vec{u}\cdot\vec{v} = 2\cdot(-2) + (-1)\cdot 0 + 1\cdot(-1) = -5\\ |\vec{u}| = \sqrt{2^2 + (-1)^2 + 1^2} = \sqrt{6}\end{array}\right\} \rightarrow \text{Proj}_{\vec{u}}\vec{v} = \frac{-5}{6}\cdot(2, -1, 1) = \left(-\frac{5}{3}, \frac{5}{6}, -\frac{5}{6}\right)$$

El signe negatiu del producte escalar indica que té sentit contrari al vector $\vec{u}$.

## 7.3. Vector perpendicular a un altre vector

Dos **vectors són perpendiculars** quan el seu producte escalar és 0.

$$\vec{u} = (u_1, u_2, u_3) \perp \vec{v} = (v_1, v_2, v_3) \rightarrow u_1\cdot v_1 + u_2\cdot v_2 + u_3\cdot v_3 = 0$$

**S'ESCRIU AIXÍ**

$\vec{u} \perp \vec{v} \rightarrow$ Significa que els vectors $\vec{u}$ i $\vec{v}$ són perpendiculars.

$\vec{u} \parallel \vec{v} \rightarrow$ Significa que els vectors $\vec{u}$ i $\vec{v}$ són paral·lels.

### Calcular els vectors perpendiculars a un altre vector

Donat el vector $\vec{u} = (1, -1, 2)$, calcula els vectors que li són perpendiculars.

**PRIMER.** S'escriu la condició de perpendicularitat per a un vector genèric $\vec{v}$.

$$\vec{u} = (1, -1, 2) \perp \vec{v} = (v_1, v_2, v_3) \rightarrow (1, -1, 2)\cdot(v_1, v_2, v_3) = v_1 - v_2 + 2v_3 = 0$$

**SEGON.** Es resol l'equació aïllant una incògnita en funció de les altres.

$$v_1 - v_2 + 2v_3 = 0 \rightarrow v_1 = v_2 - 2v_3 \rightarrow v_1 = \lambda - 2\mu,\ v_2 = \lambda,\ v_3 = \mu$$

**TERCER.** S'escriu la solució en forma vectorial, i es descompon la solució en la suma de dos vectors, en què cada un depèn d'un paràmetre.

$$(v_1, v_2, v_3) = (\lambda - 2\mu, \lambda, \mu) = (\lambda, \lambda, 0) + (-2\mu, 0, \mu)$$

**QUART.** Es treu factor comú a cada paràmetre, i s'obtenen dos vectors que formen una base dels vectors perpendiculars al que s'ha donat.

$$(\lambda, \lambda, 0) + (-2\mu, 0, \mu) = \lambda(1, 1, 0) + \mu(-2, 0, 1) \rightarrow \mathcal{B} = \{(1, 1, 0), (-2, 0, 1)\}$$

Qualsevol vector perpendicular a $\vec{u}$ és combinació lineal dels elements de la base $\mathcal{B}$.

**ACTIVITATS**

19. Calcula la $\text{Proj}_{\vec{u}}\,\vec{v}$ sent:
$\vec{u} = (4, -1, 2)$ i $\vec{v} = (-1, 0, 1)$.

20. Calcula els vectors perpendiculars a aquests.
a) $\vec{u} = (1, 0, 0)$ b) $\vec{v} = (1, 1, 0)$ c) $\vec{w} = (1, 1, 1)$

# 8. Producte vectorial

GEOGEBRA

El **producte vectorial** de dos vectors, $\vec{u}$ i $\vec{v}$, és un altre vector $\vec{u} \times \vec{v}$ que té els elements següents:

- **Mòdul:** $|\vec{u} \times \vec{v}| = |\vec{u}| \cdot |\vec{v}| \cdot \sin \alpha$, sent $\alpha$ l'angle més petit entre els vectors.
- **Direcció:** perpendicular als vectors $\vec{u}$ i $\vec{v}$.
- **Sentit:** el de l'avanç d'un llevataps que gira de $\vec{u}$ a $\vec{v}$.

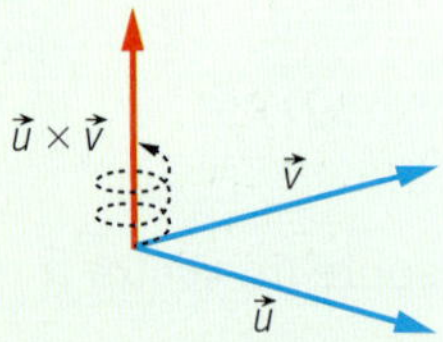


## 8.1. Interpretació geomètrica del producte vectorial

El mòdul del producte vectorial de dos vectors, $\vec{u}$ i $\vec{v}$, és igual a l'àrea del paral·lelogram que defineixen els dos vectors.

Si es considera el paral·lelogram definit per dos vectors $\vec{u}$ i $\vec{v}$, no proporcionals, i se'n calcula l'àrea, s'obté que:

$$\text{Àrea} = |\vec{u}| \cdot |\overrightarrow{BB'}| = |\vec{u}| \cdot |\vec{v}| \cdot \sin \alpha$$

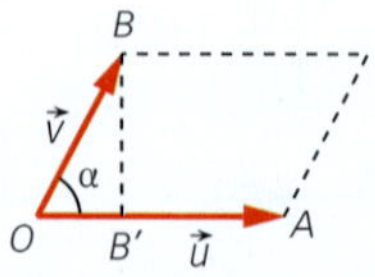


Per tant, resulta:

$$|\vec{u} \times \vec{v}| = |\vec{u}| \cdot |\vec{v}| \cdot \sin \alpha = \text{Àrea del paral·lelogram definit per } \vec{u} \text{ i } \vec{v}$$

## 8.2. Propietats

- El producte vectorial d'un vector per si mateix és zero:
  $$|\vec{u} \times \vec{u}| = |\vec{u}| \cdot |\vec{u}| \cdot \sin 0° = |\vec{u}|^2 \cdot 0 = 0$$
- Propietat anticommutativa: $\vec{u} \times \vec{v} = -\vec{v} \times \vec{u}$
  Els vectors $\vec{u} \times \vec{v}$ i $\vec{v} \times \vec{u}$ tenen igual mòdul i direcció, però sentit contrari, de manera que són oposats.
- Propietat distributiva respecte de la suma:
  $$\vec{u} \times (\vec{v} + \vec{w}) = \vec{u} \times \vec{v} + \vec{u} \times \vec{w}$$
- Propietat respecte al producte per nombres reals:
  $$(k\vec{u}) \times \vec{v} = k(\vec{u} \times \vec{v}) \qquad \vec{u} \times (k\vec{v}) = k(\vec{u} \times \vec{v})$$
- El producte vectorial de dos vectors no nuls és el vector nul si, i només si, els vectors són paral·lels:
  $$|\vec{u} \times \vec{v}| = 0 \rightarrow |\vec{u}| \cdot |\vec{v}| \cdot \sin \alpha = 0 \rightarrow \sin \alpha = 0 \rightarrow \begin{cases} \alpha = 0° \\ \alpha = 180° \end{cases}$$
- En general, el producte vectorial no compleix la propietat associativa:
  $$\vec{u} \times (\vec{v} \times \vec{w}) \neq (\vec{u} \times \vec{v}) \times \vec{w}$$

**RECORDA**

Dos vectors formen dos angles la suma dels quals és 360°.

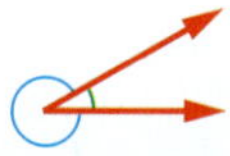

- Si els vectors són oposats, els angles mesuren 180°.

- Si els vectors tenen mateixa direcció i sentit, els angles són 0° i 360°.

**RECORDA**

En un triangle rectangle, el catet oposat a un dels angles aguts és igual a la hipotenusa pel sinus d'aquest angle.

$|\overrightarrow{BB'}| = |\vec{v}| \cdot \sin \alpha$

**TINGUES EN COMPTE**

Els vectors $\vec{u} \times \vec{v}$ i $\vec{v} \times \vec{u}$ són oposats:

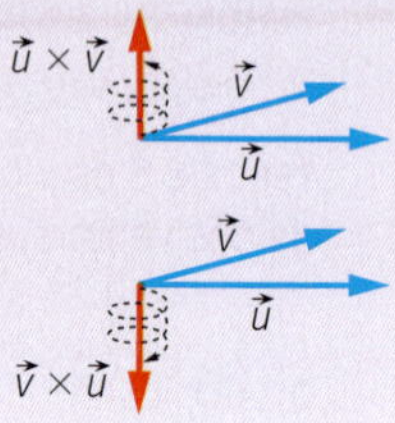


**ACTIVITATS**

21 Calcula $\vec{u} \times \vec{v}$ sabent que l'angle que formen és $\alpha = 30°$.
$\vec{u} = (-1, 1, 0) \qquad \vec{v} = (2, 0, 1)$

22 Si dos vectors són perpendiculars, a què és igual el mòdul del seu producte vectorial?

23 Demostra les propietats següents.
a) $\vec{u} \times \vec{v} = -\vec{v} \times \vec{u}$
b) $(k\vec{u}) \times \vec{v} = k(\vec{u} \times \vec{v})$
c) $\vec{u} \times (k\vec{v}) = k(\vec{u} \times \vec{v})$
d) $\vec{u} \times (\vec{v} \times \vec{w}) \neq (\vec{u} \times \vec{v}) \times \vec{w}$

## 8.3. Expressió en coordenades del producte vectorial

En el sistema de referència canònic, el producte vectorial de dos vectors, $\vec{u} = (u_1, u_2, u_3)$ i $\vec{v} = (v_1, v_2, v_3)$, és:

$$\vec{u} \times \vec{v} = \begin{vmatrix} \vec{i} & \vec{j} & \vec{k} \\ u_1 & u_2 & u_3 \\ v_1 & v_2 & v_3 \end{vmatrix} = \begin{vmatrix} u_2 & u_3 \\ v_2 & v_3 \end{vmatrix} \vec{i} + \begin{vmatrix} u_3 & u_1 \\ v_3 & v_1 \end{vmatrix} \vec{j} + \begin{vmatrix} u_1 & u_2 \\ v_1 & v_2 \end{vmatrix} \vec{k}$$

Els vectors de la base canònica tenen mòdul 1 i són perpendiculars entre si; per tant, per la definició del producte vectorial es compleix que:

$$\vec{i} \times \vec{i} = 0 \qquad \vec{i} \times \vec{j} = \vec{k} \qquad \vec{i} \times \vec{k} = -\vec{j}$$
$$\vec{j} \times \vec{i} = -\vec{k} \qquad \vec{j} \times \vec{j} = 0 \qquad \vec{j} \times \vec{k} = \vec{i}$$
$$\vec{k} \times \vec{i} = \vec{j} \qquad \vec{k} \times \vec{j} = -\vec{i} \qquad \vec{k} \times \vec{k} = 0$$

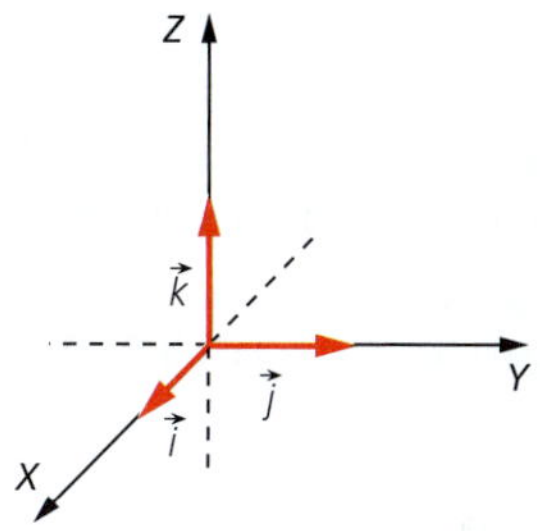


Aplicant les propietats, es calcula el producte vectorial de dos vectors:

$$\vec{u} \times \vec{v} = (u_1\vec{i} + u_2\vec{j} + u_3\vec{k}) \times (v_1\vec{i} + v_2\vec{j} + v_3\vec{k}) =$$
$$= (u_2v_3 - u_3v_2)\vec{i} + (u_3v_1 - u_1v_3)\vec{j} + (u_1v_2 - u_2v_1)\vec{k}$$

De manera que: $\vec{u} \times \vec{v} = \left( \begin{vmatrix} u_2 & u_3 \\ v_2 & v_3 \end{vmatrix}, \begin{vmatrix} u_3 & u_1 \\ v_3 & v_1 \end{vmatrix}, \begin{vmatrix} u_1 & u_2 \\ v_1 & v_2 \end{vmatrix} \right)$

**EXEMPLES**

13. Fes el producte vectorial $\vec{u} \times \vec{v}$, sent $\vec{u} = (-1, 1, 0)$ i $\vec{v} = (1, 1, 1)$.

$$\vec{u} \times \vec{v} = \begin{vmatrix} \vec{i} & \vec{j} & \vec{k} \\ -1 & 1 & 0 \\ 1 & 1 & 1 \end{vmatrix} = \begin{vmatrix} 1 & 0 \\ 1 & 1 \end{vmatrix} \vec{i} + \begin{vmatrix} 0 & -1 \\ 1 & 1 \end{vmatrix} \vec{j} + \begin{vmatrix} -1 & 1 \\ 1 & 1 \end{vmatrix} \vec{k} = \vec{i} + \vec{j} - 2\vec{k} = (1, 1, -2)$$

Per tant, el producte vectorial del vector $\vec{u} = (-1, 1, 0)$ i el vector $\vec{v} = (1, 1, 1)$ és un altre vector $\vec{u} \times \vec{v}$ de coordenades $(1, 1, -2)$.

14. Demostra la propietat anticommutativa del producte vectorial de dos vectors: $\vec{u} \times \vec{v} = -\vec{v} \times \vec{u}$.

Es prenen dos vectors qualssevol:

$\vec{u} = (u_1, u_2, u_3)$ $\qquad$ $\vec{v} = (v_1, v_2, v_3)$

Aplicant l'expressió en coordenades del producte vectorial:

$$\vec{u} \times \vec{v} = \begin{vmatrix} i & j & k \\ u_1 & u_2 & u_3 \\ v_1 & v_2 & v_3 \end{vmatrix} = -\begin{vmatrix} i & j & k \\ v_1 & v_2 & v_3 \\ u_1 & u_2 & u_3 \end{vmatrix} = -\vec{v} \times \vec{u}$$

Si en una matriu quadrada s'intercanvien dues files, el determinant canvia de signe.

**ACTIVITATS**

24 Considera, en el sistema de coordenades canònic, els vectors $\vec{u} = (0, 2, -2)$, $\vec{v} = (-1, 3, -5)$ i $\vec{w} = (0, -2, 1)$. Calcula:

a) $\vec{u} \times \vec{v}$

b) $\vec{u} \times \vec{w}$

c) $\vec{v} \times 2\vec{w}$

d) $2\vec{u} \times 3\vec{v}$

25 Donats els vectors $\vec{u} = (0, -1, 0)$, $\vec{v} = (-1, -2, 0)$ i $\vec{w} = (-4, 1, 1)$, troba les operacions següents amb el producte vectorial.

a) $\vec{u} \times (\vec{w} - \vec{v})$

b) $-\vec{u} \times (2\vec{w} + \vec{v})$

c) $3\vec{u} \times (-2\vec{w} + \vec{v})$

d) $(2\vec{w} + \vec{v}) \times (-\vec{v})$

# 9. Aplicacions del producte vectorial

## 9.1. Vector perpendicular a uns altres dos vectors

Si $\vec{u}$ i $\vec{v}$ són dos vectors linealment independents i diferents de zero, el seu producte vectorial $\vec{u} \times \vec{v}$ és un vector perpendicular a tots dos.

**EXEMPLE**

15. Calcula les coordenades de tres vectors perpendiculars a $\vec{u} = (-1, 1, 0)$ i $\vec{v} = (-1, 0, 1)$.

El vector $\vec{u} \times \vec{v}$ i qualsevol vector proporcional són perpendiculars a $\vec{u}$ i $\vec{v}$.

$$\vec{u} \times \vec{v} = \begin{vmatrix} \vec{i} & \vec{j} & \vec{k} \\ -1 & 1 & 0 \\ -1 & 0 & 1 \end{vmatrix} = \begin{vmatrix} 1 & 0 \\ 0 & 1 \end{vmatrix}\vec{i} + \begin{vmatrix} 0 & -1 \\ 1 & -1 \end{vmatrix}\vec{j} + \begin{vmatrix} -1 & 1 \\ -1 & 0 \end{vmatrix}\vec{k} = \vec{i} + \vec{j} + \vec{k}$$

Per tant, el vector $\vec{u} \times \vec{v} = (1, 1, 1)$ i qualsevol vector proporcional són perpendiculars als vectors $\vec{u}$ i $\vec{v}$.

Els vectors $\vec{u} \times \vec{v} = (1, 1, 1)$, $\vec{w} = (2, 2, 2)$ i $\vec{z} = (-3, -3, -3)$ són perpendiculars a $\vec{u}$ i $\vec{v}$.

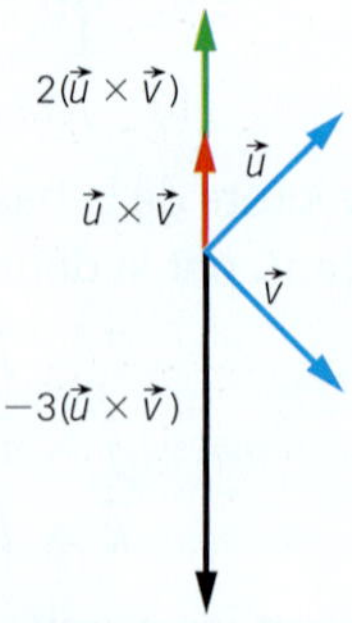


## 9.2. Bases de vectors ortogonals

Si $\vec{u}$ i $\vec{v}$ no són proporcionals, els vectors $\{\vec{u}, \vec{u} \times \vec{v}, \vec{u} \times (\vec{u} \times \vec{v})\}$ formen una base de vectors ortogonals.

**S'ESCRIU AIXÍ**

Una base ortogonal és una base de vectors ortogonals, és a dir, tots els seus elements són perpendiculars entre si.

### Calcular una base de vectors ortogonals

Troba dos vectors $\vec{v}$ i $\vec{w}$ que formin amb $\vec{u} = (2, -1, 0)$ una base ortogonal.

**PRIMER.** Es troba el segon vector de la base, fent el producte vectorial de $\vec{u}$ per qualsevol altre vector que no sigui proporcional.

Un vector no proporcional a $\vec{u}$ és, per exemple, (1, 0, 0).

$$\vec{v} = (2, -1, 0) \times (1, 0, 0) = \begin{vmatrix} \vec{i} & \vec{j} & \vec{k} \\ 2 & -1 & 0 \\ 1 & 0 & 0 \end{vmatrix} = \vec{k} = (0, 0, 1)$$

**SEGON.** Es calcula el tercer vector de la base com a $\vec{w} = \vec{u} \times \vec{v}$.

$$\vec{w} = \vec{u} \times \vec{v} = (2, -1, 0) \times (0, 0, 1) = \begin{vmatrix} \vec{i} & \vec{j} & \vec{k} \\ 2 & -1 & 0 \\ 0 & 0 & 1 \end{vmatrix} = -\vec{i} - 2\vec{j} = (-1, -2, 0)$$

$\mathcal{B} = \{(2, -1, 0), (0, 0, 1), (-1, -2, 0)\}$ és una base de vectors octogonals.

**PENSA**

Quants vectors linealment independents són perpendiculars a $\vec{u} = (1, 0, 1)$?

**ACTIVITATS**

26 Troba el vector normal al pla que passa per:

a) $A(1, 1, 1)$, $B(3, 1, 0)$, $C(-1, 0, 1)$

b) $D(0, 0, 0)$, $E(2, 2, 2)$, $F(0, 1, -2)$

c) $A(0, 1, 2)$, $B(-1, 0, 0)$, $C(1, 0, 1)$

d) $A(-1, 0, 1)$, $B(-1, 1, 2)$, $C(0, -1, 1)$

27 Determina, en cada cas, dos vectors $\vec{v}$ i $\vec{w}$ que formin una base ortogonal de l'espai juntament amb el vector $\vec{u}$.

a) $\vec{u} = (-1, 0, 0)$

b) $\vec{u} = (2, -1, 0)$

c) $\vec{u} = (2, 1, 0)$

d) $\vec{u} = (0, 3, -1)$

e) $\vec{u} = (0, -2, 4)$

### 9.3. Àrea d'un paral·lelogram

L'àrea d'un paral·lelogram $ABCD$ és el mòdul del producte vectorial dels vectors $\overrightarrow{AB}$ i $\overrightarrow{AD}$.

$$\text{Àrea} = |\overrightarrow{AB} \times \overrightarrow{AD}|$$

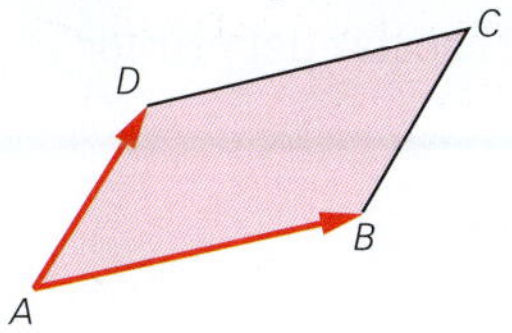


### 9.4. Àrea d'un triangle

L'àrea d'un triangle de vèrtexs $ABC$ es calcula amb la fórmula:

$$\text{Àrea} = \frac{|\overrightarrow{AB} \times \overrightarrow{AC}|}{2}$$

Per demostrar-ho, es prenen tres punts no alineats, $A$, $B$ i $C$, que determinen un triangle $ABC$.

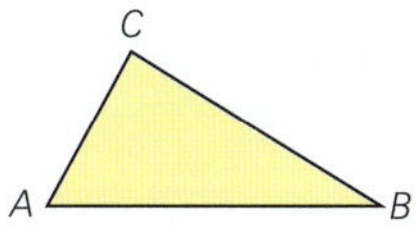


Si s'hi afegeix un altre triangle igual, s'obté un paral·lelogram $ABDC$.

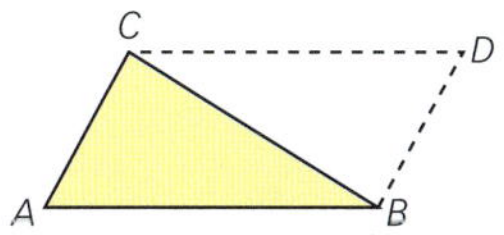


Així, l'àrea del triangle $ABC$ és la meitat de l'àrea del paral·lelogram $ABDC$.

**FIXA-T'HI**

L'àrea d'un triangle $ABC$ no depèn dels vectors triats:

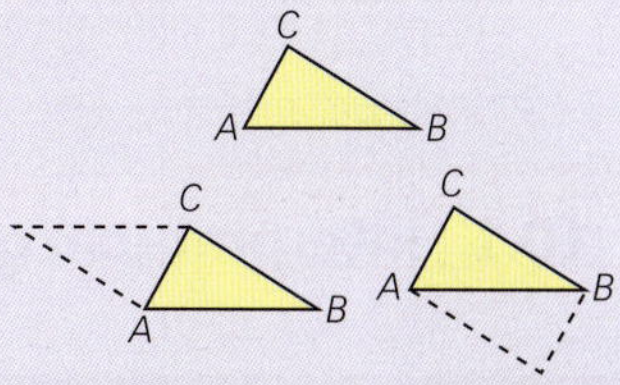


$$\frac{|\overrightarrow{AB} \times \overrightarrow{AC}|}{2} = \frac{|\overrightarrow{BA} \times \overrightarrow{BC}|}{2} = \frac{|\overrightarrow{CA} \times \overrightarrow{CB}|}{2}$$

## Calcular l'àrea d'un triangle coneguts els vèrtexs

Troba l'àrea tancada en el triangle els vèrtexs del qual són:

$A(-1, 1, 1)$ $B(3, 0, 2)$ $C(1, 2, 3)$

**PRIMER.** Es calculen dos vectors que tinguin com a origen un dels punts i els extrems en els altres.

Es pren, per exemple, com a origen $A$ i extrems $B$ i $C$:

$\overrightarrow{AB} = (4, -1, 1)$ $\overrightarrow{AC} = (2, 1, 2)$

**SEGON.** Es troba el producte vectorial dels dos vectors.

$$\overrightarrow{AB} \times \overrightarrow{AC} = \begin{vmatrix} \vec{i} & \vec{j} & \vec{k} \\ 4 & -1 & 1 \\ 2 & 1 & 2 \end{vmatrix} = 3\vec{i} - 6\vec{j} + 6\vec{k} = (-3, -6, 6)$$

**TERCER.** Es determina el mòdul del producte vectorial, i es calcula l'àrea del triangle.

$$|\overrightarrow{AB} \times \overrightarrow{AC}| = |(-3, -6, 6)| = \sqrt{(-3)^2 + (-6)^2 + 6^2} = \sqrt{81} = 9$$

$$\text{Àrea} = \frac{|\overrightarrow{AB} \times \overrightarrow{AC}|}{2} = \frac{9}{2}\ \text{u}^3$$

**PENSA**

Si l'àrea del triangle $ABC$ és 10 cm², quina és l'àrea del triangle de vèrtexs $ABC'$, amb $C' = C + 67\overrightarrow{AB}$?

**ACTIVITATS**

**28** Calcula l'àrea del paral·lelogram definit pels vectors:

a) $\vec{u} = (4, -2, 0)$ i $\vec{v} = (-1, 2, -1)$.

b) $\vec{u} = (1, 2, 1)$ i $\vec{v} = (-3, 0, 1)$.

**29** Troba l'àrea tancada en els triangles de vèrtexs:

a) $A(0, 0, 0)$ $B(-1, 2, 1)$ $C(-1, -1, -1)$

b) $A(3, 0, 0)$ $B(0, 2, 0)$ $C(0, 0, 1)$

c) $A(2, 1, 0)$ $B(5, 3, 0)$ $C(3, 5, 1)$

## 10. Producte mixt

S'anomena **producte mixt** de tres vectors, $\vec{u}$, $\vec{v}$ i $\vec{w}$, i s'escriu $[\vec{u}, \vec{v}, \vec{w}]$, el nombre que s'obté de calcular el producte escalar del primer vector pel producte vectorial dels altres dos.

$$[\vec{u}, \vec{v}, \vec{w}] = \vec{u} \cdot (\vec{v} \times \vec{w})$$

**NO TE N'OBLIDIS**

- El producte escalar de dos vectors és un nombre.
- El producte vectorial de dos vectors és un vector.
- El producte mixt de tres vectors és un nombre.

### 10.1. Interpretació geomètrica del producte mixt

El valor absolut del producte mixt de tres vectors, $\vec{u}$, $\vec{v}$ i $\vec{w}$, és igual al volum del paral·lelepípede que defineixen.

Es considera el paral·lelepípede definit per tres vectors, $\vec{u}$, $\vec{v}$ i $\vec{w}$, no nuls, i se'n calcula el volum.

$$\begin{aligned} \text{Volum} &= h \cdot (\text{Àrea de } ABCD) = h \cdot |\vec{v} \times \vec{w}| = \\ &= (|\vec{u}| \cdot \sin(90° - \alpha)) \cdot |\vec{v} \times \vec{w}| = \\ &= (|\vec{u}| \cdot \cos\alpha) \cdot |\vec{v} \times \vec{w}| = \\ &= |\vec{u}| \cdot |\vec{v} \times \vec{w}| \cdot \cos\alpha = [\vec{u}, \vec{v}, \vec{w}] \end{aligned}$$

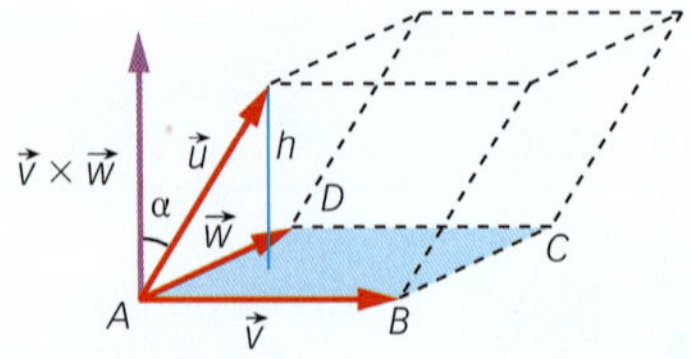


### 10.2. Expressió en coordenades del producte mixt

En el sistema de referència canònic, el producte mixt de tres vectors, $\vec{u} = (u_1, u_2, u_3)$, $\vec{v} = (v_1, v_2, v_3)$ i $\vec{w} = (w_1, w_2, w_3)$, és:

$$[\vec{u}, \vec{v}, \vec{w}] = \begin{vmatrix} u_1 & u_2 & u_3 \\ v_1 & v_2 & v_3 \\ w_1 & w_2 & w_3 \end{vmatrix}$$

**FIXA-T'HI**

El producte mixt amb els vectors de la base canònica és zero si algun d'ells està repetit.

$[\vec{i}, \vec{i}, \vec{i}] = [\vec{i}, \vec{j}, \vec{i}] = [\vec{i}, \vec{k}, \vec{i}] = = \ldots = 0$

Es comprova a partir dels vectors de la base canònica $\mathcal{B} = \{\vec{i}, \vec{j}, \vec{k}\}$:

$[\vec{i}, \vec{j}, \vec{k}] = 1$ $\quad [\vec{j}, \vec{k}, \vec{i}] = 1$ $\quad [\vec{k}, \vec{i}, \vec{j}] = 1$

$[\vec{i}, \vec{k}, \vec{j}] = -1$ $\quad [\vec{j}, \vec{i}, \vec{k}] = -1$ $\quad [\vec{k}, \vec{j}, \vec{i}] = -1$

Aplicant les propietats, es calcula el producte mixt de tres vectors:

$$\begin{aligned} [\vec{u}, \vec{v}, \vec{w}] &= [(u_1\vec{i} + u_2\vec{j} + u_3\vec{k}), (v_1\vec{i} + v_2\vec{j} + v_3\vec{k}), (w_1\vec{i} + w_2\vec{j} + w_3\vec{k})] = \\ &= u_1v_2w_3[\vec{i}, \vec{j}, \vec{k}] + u_1v_3w_2[\vec{i}, \vec{k}, \vec{j}] + u_2v_1w_3[\vec{j}, \vec{i}, \vec{k}] + \\ &\quad + u_2v_3w_1[\vec{j}, \vec{k}, \vec{i}] + u_3v_1w_2[\vec{k}, \vec{i}, \vec{j}] + u_3v_2w_1[\vec{k}, \vec{j}, \vec{i}] = \\ &= u_1v_2w_3 - u_1v_3w_2 - u_2v_1w_3 + u_2v_3w_1 + u_3v_1w_2 - u_3v_2w_1 \end{aligned}$$

**PENSA**

Troba el valor d'aquest producte mixt:

$[\vec{u}, \vec{v}, \vec{u} + \vec{v}]$

**ACTIVITATS**

**30** Calcula el producte mixt dels vectors següents.

$\vec{u} = (3, 8, 0)$ $\quad \vec{v} = (0, -1, 3)$ $\quad \vec{w} = (-5, 4, 0)$

**31** Calcula el volum del paral·lelepípede definit pel vectors $\vec{u} = (-2, 0, 0)$, $\vec{v} = (3, 2, 1)$ i $\vec{w} = (-2, 0, 4)$.

# 11. Aplicacions del producte mixt



## 11.1. Volum d'un paral·lelepípede

El volum del paral·lelepípede determinat pels vectors $\overrightarrow{AB}$, $\overrightarrow{AC}$ i $\overrightarrow{AD}$ és el valor absolut del producte mixt dels tres vectors:

$$\text{Volum} = \left|[\overrightarrow{AB}, \overrightarrow{AC}, \overrightarrow{AD}]\right|$$

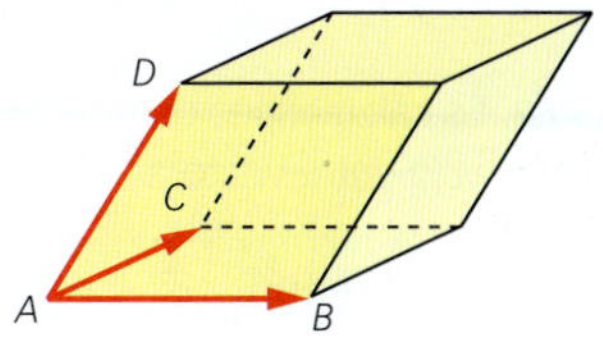


### Calcular el volum d'un paral·lelepípede

GEOGEBRA

Calcula el volum del paral·lelepípede sabent que els vèrtexs defineixen els vectors següents.

$$\vec{u} = (1, 1, 0) \qquad \vec{v} = (0, -1, 1) \qquad \vec{w} = (2, 3, 2)$$

**PRIMER.** Es calcula el producte mixt dels tres vectors.

$$[\vec{u}, \vec{v}, \vec{w}] = \begin{vmatrix} 1 & 1 & 0 \\ 0 & -1 & 1 \\ 2 & 3 & 2 \end{vmatrix} = -2 + 2 + 0 - 0 - 0 - 3 = -3$$

**SEGON.** El volum del paral·lelepípede és el valor absolut del producte mixt dels tres vectors.

$$\text{Volum} = |[\vec{u}, \vec{v}, \vec{w}]| = |-3| = 3\,\text{u}^3$$

## 11.2. Volum d'un tetraedre

El volum del tetraedre els vèrtexs del qual $A$, $B$, $C$ i $D$ són quatre punts de l'espai que no pertanyen al mateix pla es calcula mitjançant la fórmula:

$$\text{Volum} = \frac{\left|[\overrightarrow{AB}, \overrightarrow{AC}, \overrightarrow{AD}]\right|}{6}$$

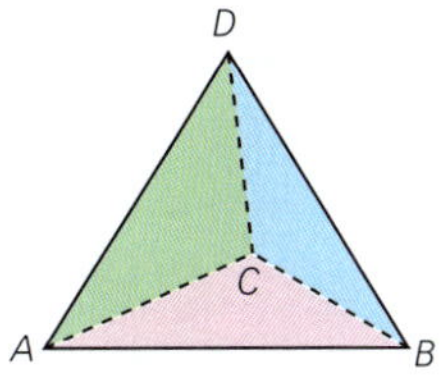


**FIXA-T'HI**

Un paral·lelepípede es descompon en 6 tetraedres amb volum idèntic.

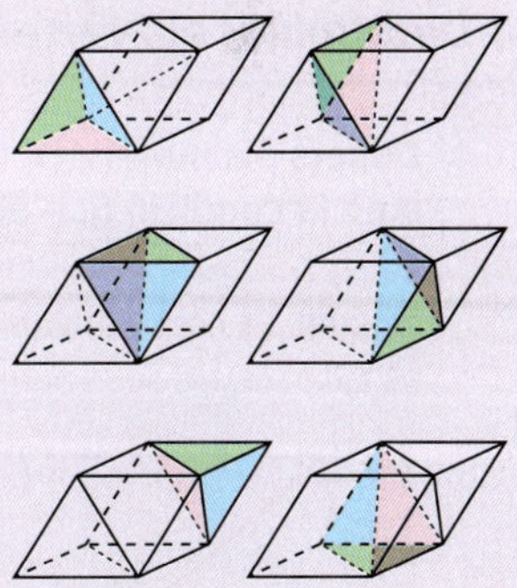

El volum del tetraedre és la sisena part del volum del paral·lelepípede.

### Calcular el volum d'un tetraedre

Determina el volum d'un tetraedre del qual es coneixen les coordenades dels quatre vèrtexs:

$$A(-1, 2, 1) \qquad B(3, 0, 2) \qquad C(1, 2, 3) \qquad D(-1, 0, 1)$$

**PRIMER.** Es calculen tres vectors que tinguin origen en un dels punts i extrem en els altres punts.

$$\overrightarrow{AB} = (4, -2, 1) \qquad \overrightarrow{AC} = (2, 0, 2) \qquad \overrightarrow{AD} = (0, -2, 0)$$

**SEGON.** Es troba el producte mixt dels tres vectors.

$$[\overrightarrow{AB}, \overrightarrow{AC}, \overrightarrow{AD}] = \begin{vmatrix} 4 & -2 & 1 \\ 2 & 0 & 2 \\ 0 & -2 & 0 \end{vmatrix} = -4 + 16 = 12$$

**TERCER.** El volum d'un tetraedre és la sisena part del valor absolut del producte mixt dels tres vectors formats pels vèrtexs.

$$\text{Volum} = \frac{|[\overrightarrow{AB}, \overrightarrow{AC}, \overrightarrow{AD}]|}{6} = \frac{12}{6} = 2\,\text{u}^3$$

**ACTIVITATS**

32 Troba el volum del paral·lelepípede determinat pels vectors:

$$\vec{u} = (1, -1, 1) \qquad \vec{v} = (1, 1, 1) \qquad \vec{w} = (0, 0, 2)$$

33 Troba el volum del tetraedre els vèrtexs del qual tenen les coordenades següents:

$$A(0, 0, 0) \qquad B(0, 0, 1) \qquad C(0, 2, 0) \qquad D(3, 0, 0)$$

# ACTIVITATS RESOLTES

## Operacions amb vectors

### Operar amb vectors fent servir les seves coordenades

**Donats els vectors $\vec{u} = (2, -2, 1)$, $\vec{v} = (-1, 1, 1)$ i $\vec{w} = (0, 2, -5)$, determina les coordenades del vector $2\vec{w} - \vec{v} + \frac{1}{2}\vec{u}$.**

**PRIMER.** Es calculen les coordenades de cada un dels termes de l'operació entre vectors.

$$2\vec{w} = (0, 4, -10) \qquad \vec{v} = (-1, 1, 1) \qquad \frac{1}{2}\vec{u} = \left(1, -1, \frac{1}{2}\right)$$

**SEGON.** Es fan les operacions indicades coordenada a coordenada.

$$2\vec{w} - \vec{v} + \frac{1}{2}\vec{u} = (0, 4, -10) - (-1, 1, 1) + \left(1, -1, \frac{1}{2}\right) =$$
$$= \left(2, 2, -\frac{21}{2}\right)$$

**PRACTICA**

**34.** Donats els vectors $\vec{u} = (0, 2, -1)$, $\vec{v} = (-1, 0, -3)$ i $\vec{w} = (4, -1, -2)$, determina les coordenades del vector $-\frac{1}{2}\vec{v} + 3\vec{u} - 2\vec{w}$.

## Operacions amb vectors

### Trobar les coordenades de l'origen o de l'extrem d'un vector que compleix certes condicions

**Donats els punts $A(4, -2, 1)$ i $B(-2, 0, 3)$, determina les coordenades del punt $C$ que verifica $\overrightarrow{AC} = 3\overrightarrow{BC}$.**

**PRIMER.** Es pren un punt genèric i es calculen les coordenades dels vectors. S'estableix la condició que s'ha de complir.

Si $C(x, y, z) \to \overrightarrow{AC} = (x - 4, y + 2, z - 1)$
$\overrightarrow{BC} = (x + 2, y, z - 3)$

La condició és

$$\overrightarrow{AC} = 3\overrightarrow{BC} \to (x - 4, y + 2, z - 1) = 3(x + 2, y, z - 3)$$

**SEGON.** S'iguala coordenada a coordenada i es resol el sistema.

$$x - 4 = 3x + 6 \to x = -5$$
$$y + 2 = 3y \to y = 1$$
$$z - 1 = 3z - 9 \to z = 4$$

El punt és $C(-5, 1, 4)$ .

**PRACTICA**

**35.** Donats els punts $A(1, 2, -1)$ i $B(3, 6, 9)$, troba les coordenades del punt $C$, sabent que $\overrightarrow{CB} = -3\overrightarrow{CA}$.

## Punt mitjà d'un segment

### Determinar els vèrtexs d'un paral·lelogram

**Donats els punts $A(1, 0, -2)$, $B(-1, 0, 2)$ i $C(-2, 1, 0)$, troba les coordenades d'un quart punt $D$ amb la condició que el quadrilàter $ABCD$ sigui un paral·lelogram.**

**PRIMER.** Es considera un punt genèric $D(x, y, z)$. Si els punts $ABCD$ determinen un paral·lelogram, les diagonals es tallen en els seus punts mitjans.

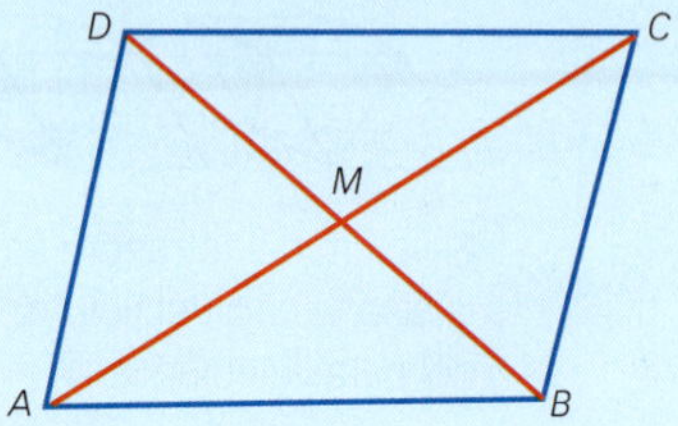


$M$ és el punt mitjà de $AC \to M\left(\frac{1 + (-2)}{2}, \frac{0 + 1}{2}, \frac{-2 + 0}{2}\right) = \left(-\frac{1}{2}, \frac{1}{2}, -1\right)$

$M$ és el punt mitjà de $BD \to M\left(\frac{-1 + x}{2}, \frac{0 + y}{2}, \frac{2 + z}{2}\right) = \left(\frac{x - 1}{2}, \frac{y}{2}, \frac{z + 2}{2}\right)$

**SEGON.** S'igualen les coordenades i es resol el sistema resultant.

$$\left(-\frac{1}{2}, \frac{1}{2}, -1\right) = \left(\frac{x - 1}{2}, \frac{y}{2}, \frac{z + 2}{2}\right) \to \begin{cases} -\frac{1}{2} = \frac{x - 1}{2} \\ \frac{1}{2} = \frac{y}{2} \\ -1 = \frac{z + 2}{2} \end{cases} \to \begin{cases} x = 0 \\ y = 1 \\ z = -4 \end{cases}$$

Per tant, el punt buscat és $D(0, 1, -4)$.

**PRACTICA**

**36.** Se sap que el quadrilàter $ABCD$ és un paral·lelogram. Troba les coordenades del punt $D$ D sabent que $A(2, 3, 1)$, $B(-1, 0, 4)$ i $C(-2, -1, 0)$.

## Bases

### Trobar les coordenades d'un vector respecte d'una base

**Donats els vectors $\vec{u} = (3, 0, 1)$, $\vec{v} = (1, 1, 1)$ i $\vec{w} = (2, -1, 1)$, comprova que són una base i calcula les coordenades del vector $\vec{z} = (1, 5, 1)$ en aquesta base.**

**PRIMER.** Es comprova si els tres vectors formen una base en $\mathbb{R}^3$.

$$\{(3, 0, 1), (1, 1, 1), (2, -1, 1)\} \rightarrow A = \begin{pmatrix} 3 & 0 & 1 \\ 1 & 1 & 1 \\ 2 & -1 & 1 \end{pmatrix} \qquad |A| = \begin{vmatrix} 3 & 0 & 1 \\ 1 & 1 & 1 \\ 2 & -1 & 1 \end{vmatrix} = 3 \neq 0$$

Com que el determinant és diferent de zero, els tres vectors són linealment independents i, per tant, són base de $\mathbb{R}^3$.

**SEGON.** S'expressa el vector com a combinació lineal dels vectors de la base.

$$(1, 5, 1) = x \cdot (3, 0, 1) + y \cdot (1, 1, 1) + z \cdot (2, -1, 1) = \\ = (3x + y + 2z, y - z, x + y + z)$$

**TERCER.** Es planteja i es resol el sistema d'equacions que resulta en igualar coordenada a coordenada.

$$\left.\begin{aligned} 3x + y + 2z &= 1 \\ y - z &= 5 \\ x + y + z &= 1 \end{aligned}\right\} \xrightarrow{y = z + 5} \left.\begin{aligned} 3x + z + 5 + 2z &= 1 \\ x + z + 5 + z &= 1 \end{aligned}\right\} \rightarrow \left.\begin{aligned} 3x + 3z &= -4 \\ x + 2z &= -4 \end{aligned}\right\} \xrightarrow{x = -4 - 2z} \begin{aligned} 3(-4 - 2z) + 3z &= -4 \\ -12 - 6z + 3z &= -4 \\ -3z = 8 \rightarrow z &= -\frac{8}{3} \end{aligned}$$

$$x = -4 - 2z \rightarrow x = \frac{4}{3} \qquad y = z + 5 \rightarrow y = \frac{7}{3}$$

En la nova base, les coordenades del vector són $\vec{z} = \left(\frac{4}{3}, \frac{7}{3}, -\frac{8}{3}\right)$.

**PRACTICA**

**37.** Calcula les coordenades del vector $\vec{x} = (1, 0, 1)$ en funció dels vectors $\vec{u} = (-1, 2, 1)$, $\vec{v} = (2, -1, 1)$ i $\vec{w} = (-2, 0, -3)$.

## Dependència lineal de vectors

### Calcular un paràmetre perquè tres vectors siguin linealment independents

**Determina el valor de $m$ perquè els vectors $\vec{u} = (3, 2, -1)$, $\vec{v} = (-3, -1, 0)$ i $\vec{w} = (3, -2, m)$ siguin linealment independents.**

**PRIMER.** Es calcula el determinant les files del qual corresponen a les coordenades dels vectors.

$$\begin{vmatrix} 3 & 2 & -1 \\ -3 & -1 & 0 \\ 3 & -2 & m \end{vmatrix} = 3m - 9$$

**SEGON.** Perquè tres vectors siguin linealment independents, el rang de la matriu formada per les seves coordenades ha de ser 3. Per tant, el determinant ha de ser diferent de 0.

Si $3m - 9 \neq 0 \rightarrow m \neq 3 \rightarrow$ Els vectors són linealment independents.

Si $3m - 9 = 0 \rightarrow m = 3 \rightarrow$ Els vectors són linealment dependents.

**PRACTICA**

**38.** Donats els vectors $\vec{v}_1 = (-1, 3, 4)$, $\vec{v}_2 = (2, -1, 3)$ i $\vec{v}_3 = (1, 2k + 1, k + 3)$, troba l'únic valor de $k$ per al qual aquests vectors no són base de $\mathbb{R}^3$.

## Producte escalar

### Determinar el mòdul d'un vector utilitzant la definició del producte escalar

**Calcula $|\vec{u} + \vec{v}|$ sabent que $|\vec{u}| = 4$, $|\vec{v}| = 2$ i $\widehat{\vec{u}\vec{v}} = 60°$.**

**PRIMER.** S'apliquen les propietats del producte escalar.

$$\vec{u} \cdot \vec{u} = |\vec{u}|^2 = 16$$

$$\vec{v} \cdot \vec{v} = |\vec{v}|^2 = 4$$

$$|\vec{u} + \vec{v}|^2 = (\vec{u} + \vec{v}) \cdot (\vec{u} + \vec{v}) = \vec{u} \cdot (\vec{u} + \vec{v}) + \vec{v} \cdot (\vec{u} + \vec{v}) = \\ = \vec{u} \cdot \vec{u} + \vec{u} \cdot \vec{v} + \vec{v} \cdot \vec{u} + \vec{v} \cdot \vec{v} = \\ = \vec{u} \cdot \vec{u} + 2\vec{u} \cdot \vec{v} + \vec{v} \cdot \vec{v}$$

**SEGON.** Es calcula el producte escalar utilitzant la seva definició.

$$|\vec{u} + \vec{v}|^2 = \vec{u} \cdot \vec{u} + 2\vec{u} \cdot \vec{v} + \vec{v} \cdot \vec{v} = \\ = 16 + 2|\vec{u}| \cdot |\vec{v}| \cdot \cos 60° + 4 = \\ = 16 + 2\left(4 \cdot 2 \cdot \frac{1}{2}\right) + 4 = 28$$

$$|\vec{u} + \vec{v}|^2 = 28 \rightarrow |\vec{u} + \vec{v}| = \sqrt{28} = 2\sqrt{7}$$

**PRACTICA**

**39.** Calcula l'angle que formen els vectors $\vec{u}$ i $\vec{v}$ sabent que $|\vec{u}| = 3$, $|\vec{v}| = 5$ i $|\vec{u} + \vec{v}| = 7$.

## Producte escalar

### Calcular el valor d'un paràmetre perquè dos vectors siguin perpendiculars

**Donats els punts $A(3, -1, 2)$, $B(-1, 0, 3)$, $C(1, -1, 2)$ i $D(-m, m, m+1)$, calcula el valor de $m$ per al qual els vectors $\overrightarrow{AB}$ i $\overrightarrow{CD}$ siguin perpendiculars.**

**PRIMER.** Es calculen les coordenades dels vectors i s'imposa la condició de perpendicularitat.

$$\overrightarrow{AB} = (-4, 1, 1)$$

$$\overrightarrow{CD} = (-m-1, m+1, m-1)$$

$$\overrightarrow{AB} \perp \overrightarrow{CD} \rightarrow \overrightarrow{AB} \cdot \overrightarrow{CD} = 0$$

$$(-4, 1, 1) \cdot (-m-1, m+1, m-1) =$$
$$= (4m+4) + (m+1) + (m-1) = 6m + 4$$

**SEGON.** Es resol l'equació resultant.

$$6m + 4 = 0 \rightarrow m = -\frac{2}{3}$$

$\overrightarrow{AB}$ i $\overrightarrow{CD}$ són perpendiculars si $m = -\dfrac{2}{3}$.

**PRACTICA**

**40.** Calcula el valor de $k$ perquè els vectors $\vec{u} = (-k, 2, 0)$ i $\vec{v} = (2, -k+2, k+1)$ siguin perpendiculars.

## Producte vectorial

### Determinar vectors perpendiculars a uns altres dos que compleixin certes condicionis

**Determina un vector unitari que sigui ortogonal als vectors $\vec{u} = (0, 1, 1)$ i $\vec{v} = (2, 1, 0)$.**

**PRIMER.** El producte vectorial dels dos vectors és un altre vector perpendicular a tots dos vectors.

$$\vec{u} \times \vec{v} = \begin{vmatrix} i & j & k \\ 0 & 1 & 1 \\ 2 & 1 & 0 \end{vmatrix} = -i + 2j - 2k$$

El vector $(-1, 2, -2)$, i qualsevol vector proporcional a aquest, $(-\lambda, 2\lambda, -2\lambda)$, són perpendiculars als vectors $\vec{u}$ i $\vec{v}$.

**SEGON.** S'imposa la condició que el seu mòdul sigui 1.

$$1 = |(-\lambda, 2\lambda, -2\lambda)| = \sqrt{\lambda^2 + 4\lambda^2 + 4\lambda^2} = \pm 3\lambda \rightarrow \lambda = \pm\frac{1}{3}$$

$$\rightarrow \begin{cases} \vec{w} = \left(-\dfrac{1}{3}, \dfrac{2}{3}, -\dfrac{2}{3}\right) \\ \vec{w}' = \left(\dfrac{1}{3}, -\dfrac{2}{3}, \dfrac{2}{3}\right) \end{cases}$$

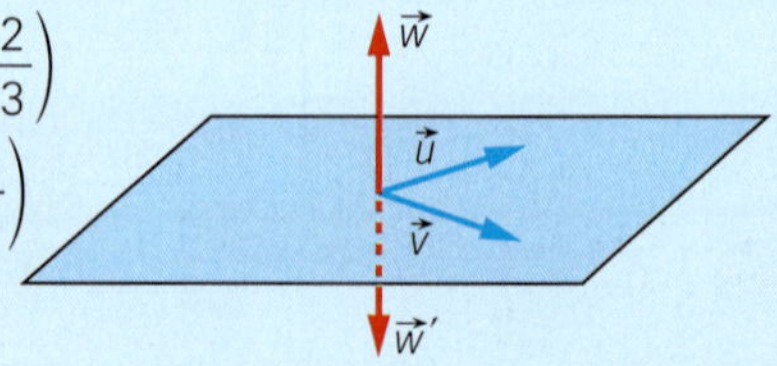


**PRACTICA**

**41.** Calcula un vector unitari i ortogonal als vectors $\vec{u} = (-1, 2, 0)$ i $\vec{v} = (2, -2, 1)$.

## Producte vectorial

### Determinar un vèrtex d'un triangle

**Donats els punts $A(1, 1, -2)$, $B(-2, 1, 0)$ i $C(m, 2, 1)$, determina el valor de $m$ perquè l'àrea del triangle $ABC$ sigui $\sqrt{\dfrac{19}{2}}$ u².**

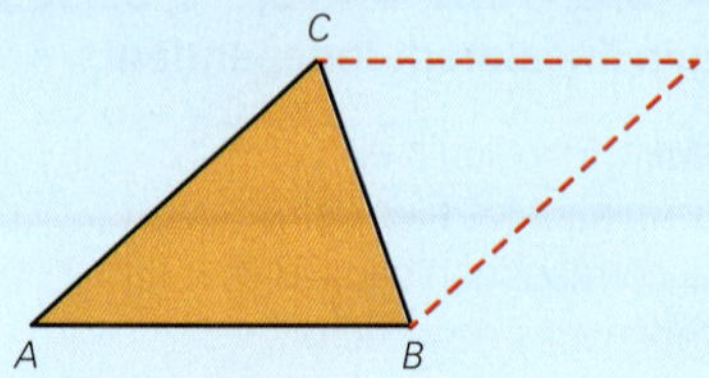


**PRIMER.** Es considera el paral·lelogram la meitat del qual és el triangle determinat pels tres punts. Es calculen les coordenades dels vectors que el determinen.

$$\overrightarrow{AB} = (-2-1, 1-1, 0-(-2)) = (-3, 0, 2)$$

$$\overrightarrow{AC} = (m-1, 2-1, 1-(-2)) = (m-1, 1, 3)$$

**SEGON.** S'utilitza el mòdul del producte vectorial per calcular la meitat de l'àrea del paral·lelogram.

$$\overrightarrow{AB} \times \overrightarrow{AC} = \begin{vmatrix} i & j & k \\ -3 & 0 & 2 \\ m-1 & 1 & 3 \end{vmatrix} = -2i + (2m+7)j - 3k = (-2, 2m+7, -3)$$

$$|\overrightarrow{AB} \times \overrightarrow{AC}| = \sqrt{(-2)^2 + (2m+7)^2 + (-3)^2} = \sqrt{4m^2 + 28m + 62}$$

$$A_{\text{Triangle}} = \frac{|\overrightarrow{AB} \times \overrightarrow{AC}|}{2} = \frac{\sqrt{4m^2 + 28m + 62}}{2} = \sqrt{\frac{19}{2}}$$

$$8m^2 + 56m + 124 = 76 \rightarrow \begin{cases} m = -1 \\ m = -6 \end{cases}$$

Per a $m = -1$ i $m = -6$, el triangle $ABC$ té una àrea de $\sqrt{\dfrac{19}{2}}$ u².

**PRACTICA**

**42.** Troba el vector $\vec{u}$ que té la mateixa direcció que $\vec{v} = (1, -2, 3)$ i que forma amb el vector $\vec{w} = (-2, 4, -1)$ un paral·lelogram de 25 u² d'àrea.

## Producte vectorial

### Determinar vectors coneixent condicions sobre el seu producte vectorial

**Donats els vectors:**

$$\vec{u} = (a, b, 1) \qquad \vec{v} = (-3, 4, 1) \qquad \vec{w} = (1, 2, c)$$

**determina el valor dels paràmetres $a, b, c \in \mathbb{R}$ de manera que els vectors $\vec{v}$ i $\vec{w}$ siguin perpendiculars i, a més, $\vec{u} \times \vec{w} = \vec{v}$, en què $\times$ denota el producte vectorial.**

**Quin angle formen $\vec{u}$ i $\vec{v}$ en aquest cas?**

**PRIMER.** S'escriuen les condicions dels vectors en funció de les seves coordenades.

$$\vec{v} \perp \vec{w} \rightarrow \vec{v} \cdot \vec{w} = 0 \rightarrow (-3, 4, 1) \cdot (1, 2, c) = 0$$

$$\vec{u} \times \vec{w} = \vec{v} \rightarrow \begin{vmatrix} \vec{i} & \vec{j} & \vec{k} \\ a & b & 1 \\ 1 & 2 & c \end{vmatrix} = (-3, 4, 1)$$

**SEGON.** Es desenvolupen els productes per obtenir equacions, igualant coordenada a coordenada en el cas dels vectors.

$$(-3, 4, 1) \cdot (1, 2, c) = 0 \rightarrow 5 + c = 0$$

$$\begin{vmatrix} \vec{i} & \vec{j} & \vec{k} \\ a & b & 1 \\ 1 & 2 & c \end{vmatrix} = (bc-2)\vec{i} + (1-ac)\vec{j} + (2a-b)\vec{k} =$$
$$= (bc-2, 1-ac, 2a-b) = (-3, 4, 1)$$

Igualant coordenada a coordenada s'obté:

$$\left.\begin{array}{l} bc - 2 = -3 \\ 1 - ac = 4 \\ 2a - b = 1 \end{array}\right\}$$

**TERCER.** Es resol el sistema format per totes les equacions obtingudes anteriorment.

$$\left.\begin{array}{r} 5 + c = 0 \\ bc - 2 = -3 \\ 1 - ac = 4 \\ 2a - b = 1 \end{array}\right\} \xrightarrow{c=-5} \left.\begin{array}{r} -5b - 2 = -3 \\ 1 + 5a = 4 \\ 2a - b = 1 \end{array}\right\} \rightarrow$$

$$\rightarrow \begin{cases} a = \dfrac{3}{5} \\ b = \dfrac{1}{5} \\ c = -5 \end{cases}$$

**QUART.** Es determina l'angle que formen els vectors $\vec{u}$ i $\vec{v}$.

Si $\vec{u} \times \vec{w} = \vec{v}$, per la definició de producte vectorial, $\vec{v}$ ha de ser perpendicular a $\vec{u}$ i $\vec{w}$.

$$\widehat{\vec{u}\vec{v}} = 90°$$

**PRACTICA**

**43.** Calcula $a$ i $b$ sabent que $\vec{u} = (-1, 0, 2)$, $\vec{v} = (a, b, 1)$ i $\vec{w} = (-2, 5, -1)$ i que $\vec{u} \times \vec{v} = \vec{w}$.

## Producte mixt

### Calcular el producte mixt aplicant les propietats

**Siguin $\vec{u}, \vec{v}$ dos vectors tals que $|\vec{u}| = 3$, $|\vec{v}| = 4$, $|\vec{u} - \vec{v}| = 5$.**

**Calcula el producte mixt $[\vec{u}, \vec{v}, \vec{u} \times \vec{v}]$, sent $\vec{u} \times \vec{v}$ el producte vectorial de $\vec{u}$ i $\vec{v}$.**

**PRIMER.** Es calcula l'angle que formen els vectors mitjançant les propietats i la definició del producte escalar.

$$(\vec{u} - \vec{v}) \cdot (\vec{u} - \vec{v}) = \vec{u} \cdot \vec{u} - 2(\vec{u} \cdot \vec{v}) + \vec{v} \cdot \vec{v}$$

Així, resulta:

$$|\vec{u} - \vec{v}|^2 = |\vec{u}|^2 - 2(\vec{u} \cdot \vec{v}) + |\vec{v}|^2$$

Substituint els valors coneguts en l'expressió anterior s'obté:

$$5^2 = 3^2 - 2(\vec{u} \cdot \vec{v}) + 4^2 \rightarrow 2(\vec{u} \cdot \vec{v}) = 0 \rightarrow \vec{u} \cdot \vec{v} = 0$$
$$\vec{u} \cdot \vec{v} = |\vec{u}| \cdot |\vec{v}| \cdot \cos\alpha = 0$$

Com que $|\vec{u}| \neq 0$ i $|\vec{v}| \neq 0 \rightarrow \cos\alpha = 0$

Per tant, s'obté: $\alpha = 90°$.

**SEGON.** Es permuten cíclicament els vectors que apareixen en el producte mixt fins a trobar l'expressió que sigui més fàcil de calcular.

$$[\vec{u}, \vec{v}, \vec{u} \times \vec{v}] = [\vec{u} \times \vec{v}, \vec{u}, \vec{v}] = [\vec{v}, \vec{u} \times \vec{v}, \vec{u}]$$

$$[\vec{u}, \vec{v}, \vec{u} \times \vec{v}] = \vec{u} \cdot (\vec{v} \times (\vec{u} \times \vec{v}))$$
$$[\vec{u} \times \vec{v}, \vec{u}, \vec{v}] = (\vec{u} \times \vec{v}) \cdot (\vec{u} \times \vec{v})$$
$$[\vec{v}, \vec{u} \times \vec{v}, \vec{u}] = \vec{v} \cdot ((\vec{u} \times \vec{v}) \times \vec{u})$$

En aquest cas, l'expressió més fàcil de calcular és:

$$[\vec{u} \times \vec{v}, \vec{u}, \vec{v}] = (\vec{u} \times \vec{v}) \cdot (\vec{u} \times \vec{v})$$

perquè consisteix a trobar el producte escalar d'un vector amb ell mateix.

**TERCER.** S'apliquen les definicions dels diferents productes per calcular el producte demanat.

- Producte escalar:

  $(\vec{u} \times \vec{v}) \cdot (\vec{u} \times \vec{v}) = |\vec{u} \times \vec{v}| \cdot |\vec{u} \times \vec{v}| = |\vec{u} \times \vec{v}|^2$

- Producte vectorial:

  $|\vec{u} \times \vec{v}| = |\vec{u}| \cdot |\vec{v}| \cdot \sin\alpha$

**QUART.** Se substitueixen en l'expressió anterior els valors coneguts, i es troba el producte demanat en l'enunciat del problema.

$$|\vec{u} \times \vec{v}| = |\vec{u}| \cdot |\vec{v}| \cdot \sin\alpha =$$
$$= 3 \cdot 4 \cdot \sin 90° = 12$$

$$[\vec{u}, \vec{v}, \vec{u} \times \vec{v}] = (\vec{u} \times \vec{v}) \cdot (\vec{u} \times \vec{v}) =$$
$$= |\vec{u} \times \vec{v}|^2 = 12^2 = 144$$

**PRACTICA**

**44.** Si $|\vec{u}| = 6$, $|\vec{v}| = 8$ i $|\vec{u} + \vec{v}| = 10$, determina $[\vec{u}, \vec{v}, \vec{w}]$, sent $\vec{w}$ el producte vectorial de $\vec{u}$ i $\vec{v}$.

## 1. Fa operacions amb vectors i treballa amb els conceptes de dependència i independència lineal

### ACTIVITATS FLAIX

**45** Calcula l'oposat d'aquests vectors.

a) $\vec{u} = (1, -2, 3)$ b) $\vec{v} = (0, 4, -5)$ c) $\vec{w} = (2, -3, -6)$

**46** Considera $\vec{u} = (-1, 2, 1)$, $\vec{v} = (2, -1, 0)$, $k = 2$. Fes les operacions amb vectors.

a) $\vec{u} + \vec{v}$ b) $\vec{u} - \vec{v}$ c) $\vec{v} - \vec{u}$ d) $k\vec{u}$

**47** Donats els vectors $\vec{u} = (3, 5, 1)$ i $\vec{v} = (6, -4, -2)$, fes les operacions següents.

a) $2\vec{u} + 3\vec{v}$ b) $5\vec{u} - 4\vec{v}$ c) $-\vec{u} + 2\vec{v}$ d) $-2\vec{u} - 3\vec{v}$

**48** **INVENTA.** Troba dos parells de vectors la suma dels quals sigui $\vec{u} + \vec{v} = (1, 0, -1)$.

**49** Troba dos vectors $\vec{u}$ i $\vec{v}$ que verifiquin les següents condicions simultàniament:

$$2\vec{u} + \vec{v} = (-3, 4, -1) \qquad 3\vec{u} - 2\vec{v} = (-8, 13, -19)$$

**50** Determina el valor del paràmetre $m$ perquè el mòdul del vector $\vec{v} = (3, -4, m)$ sigui 13.

**51** Calcula $m$ i $n$ perquè es verifiqui que $m\vec{a} + n\vec{b} = \vec{c}$, sent $\vec{a} = (2, 10, -4)$, $\vec{b} = (-1, 3, -2)$ i $\vec{c} = (11, 15, -2)$.

**52** Demostra que els vectors $\vec{u} = (2, -1, 0)$, $\vec{v} = (-1, 3, -5)$ i $\vec{w} = (5, -5, 5)$ són linealment dependents.

**53** **INVESTIGA.** Decideix si és cert o fals.

a) Si tres vectors formen una base, llavors un d'ells es pot posar com a combinació lineal dels altres dos.

b) Tres vectors linealment dependents poden formar una base.

c) Si tres vectors formen una base, llavors qualsevol altre vector es pot escriure com a combinació lineal d'aquests.

d) Dos vectors linealment independents poden formar una base de l'espai tridimensional.

**54** Determina per a quins valors de $m$ són linealment independents aquests vectors.

$\vec{u} = (2, 1, -3)$ $\vec{v} = (2, m + 3, -4)$ $\vec{w} = (-2, 2, m - 1)$

**55** Decideix si són bases de l'espai els trios de vectors següents.

a) $\vec{u} = (5, 2, -1)$ $\vec{v} = (4, 0, -2)$ $\vec{w} = (3, 4, 2)$

b) $\vec{u} = (5, -2, 3)$ $\vec{v} = (-2, 4, 2)$ $\vec{w} = (-1, 10, 9)$

c) $\vec{u} = (2, 3, 0)$ $\vec{v} = (0, -1, 3)$ $\vec{w} = (-1, -1, -1)$

**56** Siguin els vectors $\vec{u} = (1, 1, 2)$, $\vec{v} = (2, 1, 3)$ i $\vec{w} = (1, -a, 1)$.

a) Determina per a quins valors del paràmetre $a$ els vectors $\vec{u}$, $\vec{v}$ i $\vec{w}$ formen una base de l'espai tridimensional.

b) Per a $a = 2$, determina les coordenades del vector $\vec{x} = (-1, 5, 0)$ en aquesta base.

**57** Si tres vectors $\vec{u}$, $\vec{v}$ i $\vec{w}$ són linealment independents, podem afirmar que els vectors $\vec{u} + \vec{v}$, $\vec{u} - \vec{v}$ i $\vec{u} + \vec{v} - \vec{w}$ també ho són? Raona la teva resposta.

**58** Determina les coordenades del punt $M$ sabent que $A\left(\frac{3}{4}, -3, 4\right)$, $B(1, 8, -4)$ i $\frac{s}{r} = 3$.

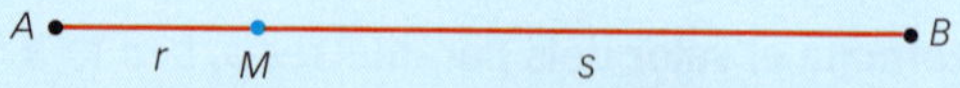


**59** **MATEMÀTIQUES I... IMPRESSIÓ 3D.** En una impressora 3D els objectes es construeixen a partir de les coordenades del capçal d'impressió, prenent l'origen $O(0, 0, 0)$ ) al centre de la superfície d'impressió, els eixos $OX$ i $OY$ a l'horitzontal i l'eix $OZ$ a la vertical.

Calcula les coordenades dels vèrtexs d'un cub de Rubik imprès en 3D l'aresta del qual fa 6 cm. Quines serien les coordenades del centre del cub? I les del centre de cada cara?

**60** Donats els punts $A(2, 3, 1)$, $B(0, -1, 5)$ i $C(3, 5, a)$, determina el valor de $a$ perquè els punts $A$, $B$ i $C$ estiguin alineats.

**61** Quina relació han de complir $a$ i $b$ perquè els tres vectors siguin paral·lels?

$\vec{u} = (a, 2, b)$ $\vec{v} = (3, a, 5)$ $\vec{w} = (1, -b, -1)$

**62** Donats els punts $M(2, 3, -4)$ i $N(5, 0, -1)$, determina un vector unitari en la direcció del vector $\overrightarrow{MN}$.

**63** **MATEMÀTIQUES I... GEOLOCALITZACIÓ.** La xarxa de satèl·lits Galileo és un sistema de geolocalització desenvolupat per la Unió Europea que facilita determinar la localització de qualsevol dispositiu. Per exemple, per saber el lloc exacte on ets, el teu telèfon mòbil rep senyals d'almenys tres satèl·lits, mesura el temps que triga a arribar el senyal de cada satèl·lit i calcula la distància a la qual et trobes. Amb aquestes dades determina la teva posició.

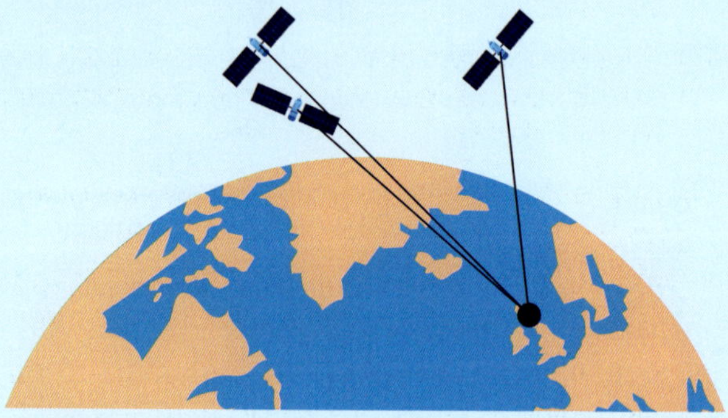

Quines són les coordenades del punt en el qual som si les distàncies, en milers de quilòmetres, als tres satèl·lits són $d_1 = 23{,}9$, $d_2 = 22{,}2$ i $d_3 = 24{,}1$ i les coordenades dels satèl·lits en aquest sistema de referència són $S_1(0, 0, 0)$ $S_2(3, 0, 0)$ i $S_3(-1, 1, 0)$?

## 2. Aplica i maneja el producte escalar de dos vectors, el seu significat, la seva expressió i les seves propietats

**ACTIVITATS FLAIX**

**64** Troba el producte escalar d'aquests vectors.
●○○
a) $\vec{u} = (1, 1, 3), \vec{v} = (0, -2, 0)$
b) $\vec{u} = (0, 0, 2), \vec{v} = (4, 5, 3)$
c) $\vec{u} = (1, 0, 2), \vec{v} = (0, 1, 0)$
d) $\vec{u} = (-1, 1, 2), \vec{v} = (2, 2, 1)$

**65** Determina el producte escalar dels vectors $\vec{u}$ i $\vec{v}$ en els casos següents.
●○○
a) $\vec{u} = \left(-2, 1, \frac{1}{3}\right)$ i $\vec{v} = (0, 2, -3)$
b) $\vec{u} = \left(-1, 2, \sqrt{\frac{1}{2}}\right)$ i $\vec{v} = \left(3, \frac{1}{2}, -\sqrt{2}\right)$

**66** Determina l'angle que formen els següents parells de vectors.
●●○
a) $\vec{u} = \left(-2, 1, \frac{1}{3}\right)$ i $\vec{v} = (0, 2, -3)$
b) $\vec{u} = \left(-1, 2, \sqrt{\frac{1}{2}}\right)$ i $\vec{v} = \left(3, \frac{1}{2}, -\sqrt{2}\right)$

**67** **INVENTA.** Donat el vector $\vec{u} = (2, -1, 4)$ troba tres vectors que li siguin perpendiculars.
●●○

**68** Sabent que $|\vec{u}| = 3$, $|\vec{v}| = 5$ i $\widehat{\vec{u}\vec{v}} = 60°$, determina el producte escalar dels vectors $\vec{u}$ i $\vec{v}$.
●○○

**69** Donats els vectors $\vec{u} = (-1, -1, -1)$ i $\vec{v} = (0, 2, 1)$, calcula:
●○○
a) $\vec{u} \cdot \vec{v}$
b) L'angle que formen els vectors $\vec{u}$ i $\vec{v}$.

**70** Determina el mòdul, el producte escalar i l'angle format pels vectors $\vec{u}$ i $\vec{v}$ en els casos següents.
●○○
a) $\vec{u} = (2, 1, -3)$ i $\vec{v} = (0, 2, 0)$
b) $\vec{u} = (-3, 5, 2)$ i $\vec{v} = (1, 1, -1)$

**71** Considera els vectors $\vec{u} = (1, m, 3)$ i $\vec{v} = (0, 2, -5)$. Determina el valor de $m$ sabent que els vectors formen un angle de 120°.
●●○

**72** Troba, en cada cas, el valor de $p$ perquè els vectors tinguin mòdul 7. Hi ha sempre una única solució? Raona la resposta.
●●○
a) $\vec{u} = (2, -3, p)$ b) $\vec{v} = (-5, p, 6)$ c) $\vec{w} = (p, -1, 6)$

**73** Comprova amb $\vec{u} = (-2, 3, 4)$ i $\vec{v} = (1, -2, -3)$ que, en general, no és cert que $|\vec{u} + \vec{v}| = |\vec{u}| + |\vec{v}|$.
●○○

**74** **INVESTIGA.** Com han de ser dos vectors perquè es verifiqui que $|\vec{u} + \vec{v}| = |\vec{u}| + |\vec{v}|$?
●●○

**75** Classifica en agut, obtús o recte l'angle que formen $\vec{u}$ i $\vec{v}$ segons el signe de $\vec{u} \cdot \vec{v}$.
●○○

**76** Demostra que aquests conjunts de vectors formen una base de l'espai tridimensional. Alguna de les bases és ortogonal? I ortonormal?
●○○
a) $\mathcal{B}_1 = \{(1, 3, -1), (0, 1, 0), (-1, 0, 2)\}$
b) $\mathcal{B}_2 = \{(-2, 1, 1), (1, 2, 0), (-2, 1, -5)\}$
c) $\mathcal{B}_3 = \left\{\left(0, \frac{1}{2}, \frac{\sqrt{3}}{2}\right), (1, 0, 0), \left(0, \frac{\sqrt{3}}{2}, -\frac{1}{2}\right)\right\}$

**77** **REPTE.** Demostra que si dos vectors $\vec{u}$ i $\vec{v}$ tenen el mateix mòdul, els vectors $\overrightarrow{u+v}$ i $\overrightarrow{u-v}$ són ortogonals.
●●●

**78** **REPTE.** Demostra que les diagonals d'un paral·lelogram només són iguals quan els costats són perpendiculars. Utilitza el resultat que afirma que si els costats d'un paral·lelogram són $\vec{u}$ i $\vec{v}$, llavors les diagonals són $\vec{u} + \vec{v}$ i $\vec{u} - \vec{v}$.
●●●

**79** Els vectors $\vec{u}$, $\vec{v}$ i $\vec{u} - \vec{v}$ formen un triangle. Demostra que es compleix el teorema del cosinus, aplicant la definició de mòdul que proporciona el producte escalar $|\vec{u} - \vec{v}|^2 = (\vec{u} - \vec{v}) \cdot (\vec{u} - \vec{v})$.
●●●

**80** Quin valor ha de prendre $t$ perquè els vectors $\vec{u} = (3, t, 5)$ i $\vec{v} = (2, -7, t)$ siguin perpendiculars? I perquè siguin paral·lels?
●●○

**81** Considera els punts $A(-1, 2, -1)$, $B(m, 1, 0)$ i $C(2, -m, 3)$.
●●○
a) Determina el valor de $m$ per al qual els vectors $\overrightarrow{AB}$ i $\overrightarrow{AC}$ són perpendiculars.
b) Troba l'angle format pels vectors $\overrightarrow{AB}$ i $\overrightarrow{AC}$ per a $m = 1$.

**82** Determina per a quins valors de $m$ són perpendiculars els vectors $\vec{u} = (1 - m^2, -m, m)$ i $\vec{v} = (m, 2m^2, 2)$.
●●○

**83** **INVENTA.** Troba dos vectors perpendiculars a $\vec{u} = (m^3, -1, m^2 - 1)$ i dos de perpendiculars a $\vec{v} = (2, -3, 1 - 2m)$.
●●○

**84** Quant ha de valer $m$ perquè els punts $A(5, m, 7)$, $B(3, -1, 4)$ i $C(6, 5, 4)$ formin un triangle rectangle amb l'angle recte a $B$?
●●○

**85** Considera el triangle $ABC$ els vèrtexs del qual són $A(1, -2, 0)$, $B(0, 3, 1)$ i $C(-1, 2, -3)$. Calcula'n el perímetre i l'amplitud dels angles.
●●○

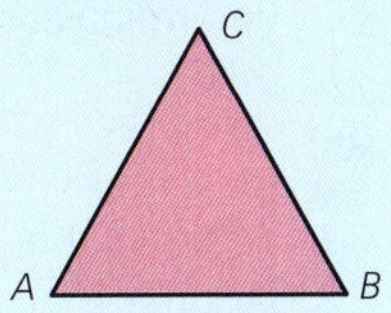


**86** Determina l'angle format pels vectors $\vec{u}$ i $\vec{v}$ sabent que $\vec{v} = (1, 2, 0)$ i $|Proj_{\vec{u}}\, \vec{v}| = -\sqrt{\frac{4}{5}}$.
●○○

**87** Donats els punts $A(0, -1, 2)$, $B(-1, 3, 0)$ i $C(0, -2, 0)$, calcula:
●●○
a) Les coordenades del punt $D$ que fan que $ABCD$ sigui un paral·lelogram.
b) El perímetre del paral·lelogram.
c) La longitud de les diagonals.
d) Els angles.

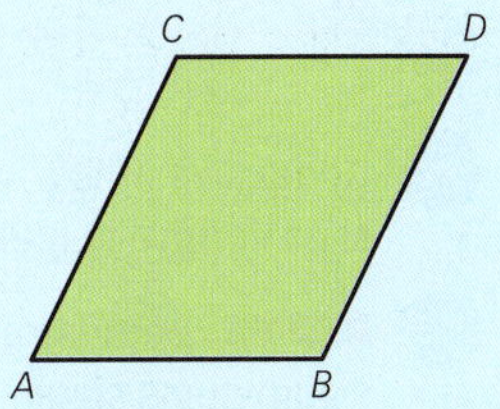

**88** Considera els punts $A(m, 2, 1)$, $B(1, 0, -1)$ i $C(3, 4, -2m)$. Hi ha cap valor de $m$ per al qual el triangle $ABC$ sigui rectangle al vèrtex $B$? Determina'n en aquest cas la longitud dels costats i l'amplitud dels angles.

**89** És isòsceles el triangle de vèrtexs $A(1, -2, 1)$, $B(-3, 1, 0)$ i $C(1, -2, -1)$? Raona la resposta.

## 3. Aplica i maneja el producte vectorial de vectors, el seu significat, la seva expressió i les seves propietats

**90** Sent $\vec{u} = (3, 2, 0)$ i $\vec{v} = (3, 6, -2)$, troba $\vec{u} \times \vec{v}$ i $\vec{v} \times \vec{u}$, i explica el resultat.

**91** Determina el producte vectorial dels vectors $\vec{u}$ i $\vec{v}$ en els casos següents.

a) $\vec{u} = (-1, 2, 2)$ i $\vec{v} = (3, 2, -5)$

b) $\vec{u} = \left(3, -4, \frac{1}{3}\right)$ i $\vec{v} = (1, -3, 2)$

c) $\vec{u} = \left(\sqrt{6}, \sqrt{3}, 0\right)$ i $\vec{v} = \left(1, \sqrt{2}, -1\right)$

**92** **INVENTA.** Escriu tres vectors perpendiculars a aquests dos $\vec{u} = (-1, 0, 2)$, $\vec{v} = (1, -3, 1)$.

**93** **MATEMÀTIQUES I... ELECTROMAGNETISME.** Quan una partícula carregada es mou a través d'un camp magnètic, actua sobre seu una força magnètica. Aquesta força es pot calcular mitjançant $\vec{F} = q \cdot (\vec{v} \times \vec{B})$, en què $\vec{F}$ és la força magnètica, $q$ és la càrrega elèctrica de la partícula, $\vec{v}$ és la velocitat i $\vec{B}$ és el camp magnètic en el qual es mou la partícula. Això permet, per exemple, que un motor elèctric converteixi l'energia en moviment.

Calcula la força magnètica d'una partícula de càrrega 2 C, que es mou al llarg de l'eix $X$ a 10 m/s i travessa un camp magnètic d'intensitat 1 T de direcció $Z$. És a dir, $\vec{v} = (10, 0, 0)$ m/s, $\vec{B} = (0, 0, 1)$ T i $q = 2$ C.

**94** Sabent que $\vec{u} = (1, 0, -1)$, $|\vec{v}| = 5$ i $\widehat{\vec{u}\vec{v}} = 45°$, determina el mòdul del producte vectorial dels vectors $\vec{u}$ i $\vec{v}$.

**95** **REPTE.** Demostra, usant les propietats dels determinants, que el producte vectorial distribueix la suma.

$$\vec{u} \times (\vec{v} + \vec{w}) = \vec{u} \times \vec{v} + \vec{u} \times \vec{w}$$

**96** Donats els vectors $\vec{u} = (0, 1, 0)$, $\vec{v} = (-1, -1, 2)$ i $\vec{w} = (-3, -3, 4)$, calcula:

a) $(\vec{u} + \vec{v}) \times \vec{w}$

b) $\vec{u} \times (\vec{v} - \vec{w})$

c) $\vec{v} \times (2\vec{u} - \vec{w})$

d) $(\vec{v} - \vec{u}) \times 2\vec{w}$

e) $(\vec{u} \times \vec{v}) \times (\vec{v} \times \vec{w})$

f) $2\vec{u} \times (\vec{w} \times 3\vec{v})$

**97** Comprova amb $\vec{u} = (3, -4, 5)$ i $\vec{v} = (-2, 3, 1)$ si es verifica la igualtat: $|\vec{u} \times \vec{v}| = |\vec{u}| \cdot |\vec{v}| - (\vec{u} \cdot \vec{v})^2$

**98** **REPTE.** Demostra que $(\vec{u} - \vec{v}) \times (\vec{u} + \vec{v}) = 2(\vec{u} \times \vec{v})$, siguin quins siguin els vectors $\vec{u}$ i $\vec{v}$.

**99** **MATEMÀTIQUES I... FÍSICA.** El moment angular d'una partícula descriu la rotació d'aquesta al voltant d'un punt. Aquesta magnitud influeix en la seva estabilitat i en la seva resposta a forces externes, de manera que amb més moment angular és més difícil de girar o canviar de direcció. Es calcula com el producte vectorial del vector de posició de l'objecte, $\vec{r}$, per la quantitat de moviment lineal $\vec{p} = m \cdot \vec{v}$.

Un satèl·lit que orbita a 2 800 km sobre la Terra fa una volta cada 95 minuts. Si considerem que el centre de la Terra té coordenades $O(0, 0, 0)$ i el satèl·lit és al punt $(0, 0, 9\,171\,000)$, calcula el moment angular del satèl·lit la massa del qual és de 1 200 kg.

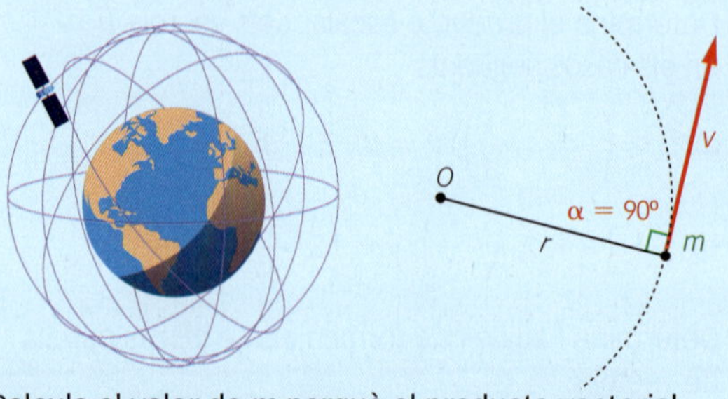


**100** Calcula el valor de $m$ perquè el producte vectorial dels vectors $\vec{u} = (-1, m, 0)$ i $\vec{v} = (-m, 0, 1)$ sigui proporcional al vector $\vec{w} = \left(1, -\frac{1}{2}, -2\right)$.

**101** Troba dos vectors que tinguin mòdul 5 i que siguin perpendiculars a $\vec{u} = (2, 0, -1)$ i $\vec{v} = (6, -3, 2)$.

**102** Donats els vectors: $\vec{u} = (1, -2, 4)$ i $\vec{v} = (-3, 0, 1)$ determina un vector $\vec{w}$ perpendicular a tots dos i amb mòdul 1.

**103** Troba un vector ortogonal als vectors $\vec{u} = (2, 1, 3)$ i $\vec{v} = (-3, -1, 6)$ la primera coordenada dels quals sigui 1.

**104** Si $|\vec{u}| = 3$ i $|\vec{v}| = 4$ i tots dos vectors formen un angle de 135°, determina l'angle que formen els vectors $2\vec{u} + \vec{v}$ i $3\vec{u} - 2\vec{v}$.

**105** Determina l'altura corresponent al vèrtex $B$ del triangle de vèrtexs $A(1, -3, 5)$, $B(-2, 1, 0)$ i $C(3, -1, 1)$.

**106** Determina el tipus de triangle que és el triangle de vèrtexs $A(-3, 3, 1)$, $B(-1, 0, 0)$ i $C(0,1, 1)$, i calcula'n:

a) El perímetre.

b) L'amplitud de tots els angles.

c) La superfície.

**107** **INVESTIGA.** Donats els punts $A(0, 2, 0)$, $B(1, 0, 0)$ i $C(0, 1, 4)$.

a) Determina les coordenades d'un punt $D$ perquè formi un paral·lelogram.

b) Calcula'n el perímetre i la superfície.

**108** Donat el triangle de vèrtexs $A(3, -1, 2)$, $B(2, 3, -2)$ i $C(1, -m, 3)$, calcula:

a) El valor de $m$ per al qual el triangle sigui rectangle, amb angle recte al vèrtex $A$.

b) L'altura corresponent al vèrtex $A$.

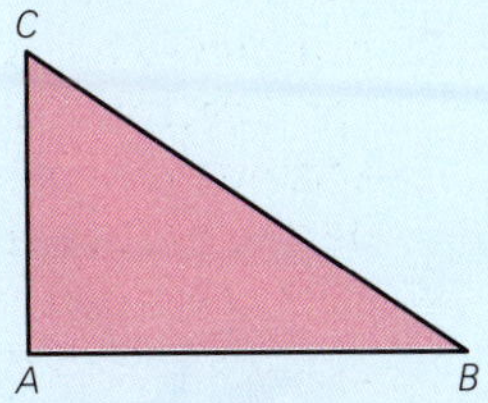


## 4. Aplica i maneja el producte mixt de dos vectors, el significat, l'expressió i les propietats que té

**109** Troba $[\vec{u}, \vec{v}, \vec{w}]$ en els casos següents.

a) $\vec{u} = (0, 4, 2)$ $\vec{v} = (-2, 7, 1)$ $\vec{w} = (5, -2, 1)$

b) $\vec{u} = (0, 4, 2)$ $\vec{v} = (5, -2, 1)$ $\vec{w} = (-2, 7, 1)$

**110** **INVESTIGA.** Explica per què per a qualsevol trio de vectors $\vec{a}$, $\vec{b}$ i $\vec{c}$:

$$[\vec{a} + 2\vec{b} - \vec{c}, -3\vec{a} + 5\vec{b}, -2\vec{a} + 7\vec{b} - \vec{c}] = 0$$

**111** Donat el vector $\vec{a} = (3, -5, 2)$, tria un altre vector $\vec{b}$ i comprova que $[\vec{a}, \vec{b}, 2\vec{a} - \vec{b}] = 0$. Explica per què passa.

**112** Comprova amb $\vec{u} = (3, -4, 5)$ i $\vec{v} = (-2, 3, 1)$ si es verifica la igualtat $|\vec{u} \times \vec{v}| = |\vec{u}| \cdot |\vec{v}| - (\vec{u} \cdot \vec{v})^2$.

**113** **REPTE.** Demostra que $(\vec{u} - \vec{v}) \times (\vec{u} + \vec{v}) = 2(\vec{u} \times \vec{v})$, siguin quins siguin els vectors $\vec{u}$ i $\vec{v}$.

**114** Troba un vector $\vec{u}$, de manera que per als vectors $\vec{a} = (3, 5, 1)$, $\vec{b} = (1, 0, -4)$ i $\vec{c} = (-3, -1, 2)$ es verifiqui que $2\vec{a} - 3\vec{u} = \vec{b} \times \vec{c}$.

**115** Poden ser aquests punts, en cada cas, els vèrtexs d'un paral·lelepípede? Raona la teva resposta.

a) $A(1, 1, -1)$, $B(-3, 0, -7)$, $C(1, 4, 5)$ i $D(-2, 3, 5)$

b) $A(1, 0, 0)$, $B(2, 3, -1)$, $C(4, 1, 2)$ i $D(0, -3, 1)$

**116** És possible que els punts $A(-6, 1, 1)$, $B(0, -2, 5)$, $C(-1, -3, 4)$ i $D(-8, 1, 1)$ siguin els quatre vèrtexs d'un tetraedre? Raona la resposta.

**117** Troba el valor de $m$ perquè els vectors $\vec{u} = (1, m - 2, -1)$, $\vec{v} = (2, 5, 0)$ i $\vec{w} = (1, m, 1)$ determinin un paral·lelepípede de volum 6.

**118** Determina el volum del tetraedre de vèrtexs $A(1, 2, 0)$, $B(0, 2, -1)$, $C(-1, 0, -6)$ i $D(4, 1, 1)$. Amb aquest volum, decideix si els punts són coplanaris o no.

**119** Els vectors $\vec{u} = (2, 1, -1)$, $\vec{v} = (-4, 0, 2)$ i $\vec{w} = (m, -1, 3)$ generen un paral·lelepípede de volum 30 u³. Determina els possibles valors del paràmetre $m$.

**120** Determina el valor del paràmetre $m$ sabent que el volum del tetraedre de vèrtexs $A(3, 5, 7)$, $B(1, 0, -1)$, $C(7, -1, 4)$ i $D(m, 4, -6)$ és 107 u³.

**121** **INVESTIGA.** Calcula el centre de gravetat del tetraedre els vèrtexs del qual són els punts $A(2, 3, 5)$, $B(0, -3, 5)$, $C(-2, 5, 7)$ i $D(7, 7, 3)$.

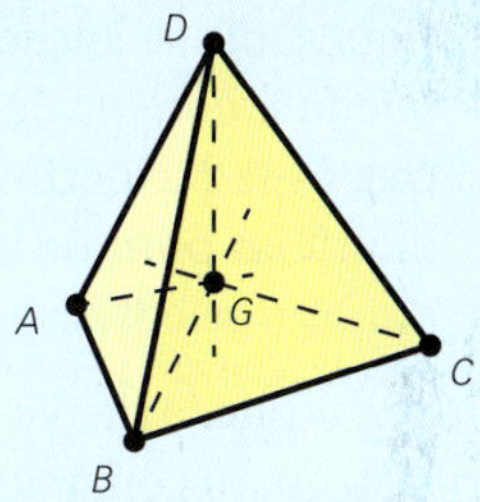


## PROBLEMES APARENTMENT DIFERENTS

CAP A LA UNIVERSITAT

**122** Considera els punts:
$S(-60\sqrt{5}, -30\sqrt{5}, 0)$
i $M\left(\frac{150}{\sqrt{5}}, \frac{75}{\sqrt{5}}, 0\right)$.

a) Troba el punt, $T$, del segment $\overline{SM}$ que es troba al doble de distància de $S$ que de $M$.

b) Calcula els mòduls de $\overrightarrow{ST}$ i $\overrightarrow{MT}$.

**123** El maig del 2016 Mart i la Terra es van alinear amb el Sol en oposició en situar-se la Terra al doble de distància del Sol que de Mart. Si el Sol estava, en milions de quilòmetres, en el punt $S(-60\sqrt{5}, -30\sqrt{5}, 0)$ i Mart a $M\left(\frac{150}{\sqrt{5}}, \frac{75}{\sqrt{5}}, 0\right)$:

a) Troba la posició en la qual estava la Terra.

b) A quina distància de la Terra estava el Sol? A quina distància estava Mart?

**124** Troba el mòdul del producte vectorial dels vectors $\overrightarrow{AB}$, $\overrightarrow{AC}$ sent $A(0, 0, 1)$, $B(70, 0, 1)$ i $C(0, 115, 1)$.

**125** Un camp de futbol se situa sobre els vèrtexs $A(0, 0, 1)$, $B(70, 0, 1)$ i $C(0, 115, 1)$. Calcula l'àrea del camp.

**126** Calcula el valor absolut del producte mixt dels vectors $\overrightarrow{AB}$, $\overrightarrow{AC}$ i $\overrightarrow{AD}$ sent $A(0, 0, 0)$, $B(0, 1, 2)$, $C(1, 5, 3)$ i $D(1, 0, 1)$.

**127** Determina el volum d'una piscina amb forma de paral·lelepípede sabent que quatre vèrtexs són en els punts $A(0, 0, 0)$, $B(0, 1, 2)$, $C(1, 5, 3)$ i $D(1, 0, 1)$.

## MATEMÀTIQUES EN EL MÓN REAL

### Explicar fenòmens naturals

Una superfície qualsevol sempre conté infinits punts, i de cadascun d'aquests punts en surt un vector perpendicular a aquesta superfície.

Com ja saps, aquests infinits vectors tenen un mòdul, una direcció i un sentit. Per a nosaltres, en aquest cas, el mòdul i el sentit seran fixos i, per tant, es mantenen constants, però, en canvi, la direcció la podrem modificar com ens convingui.

Tenint clares totes aquestes regles, el que fem ara és tombar tots aquests vectors mantenint en cada cas el mateix punt comú entre esfera i vector, de manera que, en comptes de ser perpendiculars a la superfície, són tangents a aquesta.

Doncs bé, gràcies a un teorema que hi ha en matemàtiques més avançades i que es diu de manera molt explícita «teorema de la bola peluda», se sap que sempre que es fa l'experiment que hem exposat, almenys hi haurà un punt de la superfície de l'esfera que es quedarà sense cobrir per algun vector.

Segur que ja de per si el nom del teorema et dona una pista, però com relacionem això amb el remolí dels cabells?

Extrapolarem el resultat matemàtic a nosaltres mateixos. Suposem que el nostre cap és la superfície esfèrica, i que cadascun dels nostres cabells és un vector perpendicular a la superfície del cap.

Pots pensar (i amb raó) que ni el nostre cap és exactament esfèric, ni tenim infinits cabells. Però també deus estar d'acord que són una bona aproximació a les condicions del teorema, i, per tant, també és vàlid.

Quan ens pentinem els cabells, realment estem fent que els nostres cabells-vectors es tornin tangents al nostre cap, per la qual cosa sempre hi haurà un trosset sense cabells, generalment a la coroneta.

Aquest mateix raonament el podem aplicar també als huracans o als remolins de l'aigua, que són dos fenòmens naturals en els quals al centre hi ha un punt en el qual no passa res.

**LLEGEIX I COMPRÈN**

1. Explica si hi pot haver més d'un punt buit en una esfera com la que hem descrit.

**INTERPRETA**

2. Defineix què serien el mòdul, la direcció i el sentit si fas l'estudi sobre el teu propi cap.

**REFLEXIONA**

3. Què creus que passaria si en comptes d'una esfera féssim el mateix procés en un cercle?

**APLICA**

4. Defineix la superfície (la que consideris que s'hi assembla més), els vectors i el seu canvi en la direcció en el cas dels huracans.
   Explica breument, amb base matemàtica i amb les teves paraules, el procés que ha de tenir lloc perquè es formi un huracà.

5. Quins altres fenòmens naturals tenen un procés similar?

# 5 Rectes i plans en l'espai

MATEMÀTIQUES EN EL MÓN REAL

## Defecte de fàbrica

Quantes vegades t'has assegut a la terrassa d'un bar i t'has trobat que la taula es belluga perquè està coixa? Segurament també et deu haver passat algun cop que, quan decideixes canviar de taula, no en trobes cap que no es bellugui.

Les terrasses dels bars solen estar situades a les voreres dels carrers, que de vegades es construeixen en pendent, i, per tant, les taules no reposen sobre una superfície llisa. En aquests casos, és molt difícil trobar una taula que no coixegi perquè la superfície en la qual es recolza no és regular.

Tot i així, deus haver observat que aquest fet no tan sols el trobem en les taules de les terrasses, sinó que és molt habitual que les taules dels interiors dels bars i restaurants també estiguin coixes. Sembla raonable pensar que no han estat ben fabricades o que es fan malbé molt ràpid per l'ús.

Què hi podem fer? La solució més comuna és calçar la taula per aconseguir que totes les potes es recolzin al terra i la superfície quedi horitzontal. Alguns establiments fan servir petits anivelladors ajustables a les potes de les taules que permeten un equilibri òptim en qualsevol superfície. Una altra alternativa és fer servir taules amb potes ajustables que es poden adaptar a diferents altures i terrenys irregulars, per assegurar una base estable.

### Per què algunes taules coixegen?

És important que totes les potes d'una taula estiguin anivellades i recolzades al terra per aconseguir que la taula sigui estable i evitar que es mogui o que s'inclini. Si la taula es belluga per un problema en una de les potes, s'ha d'ajustar la pota o reemplaçar-la per anivellar la taula i que quedi estable.

# 1. Equacions de la recta en l'espai

## 1.1. Equació vectorial

GEOGEBRA

Una recta en l'espai queda determinada per:

- Un punt $P_0$ de la recta: el vector $\overrightarrow{OP_0}$ és el vector de posició del punt $P_0$.
- Un vector $\vec{v}$ la direcció del qual és la recta i que es denomina **vector director**.

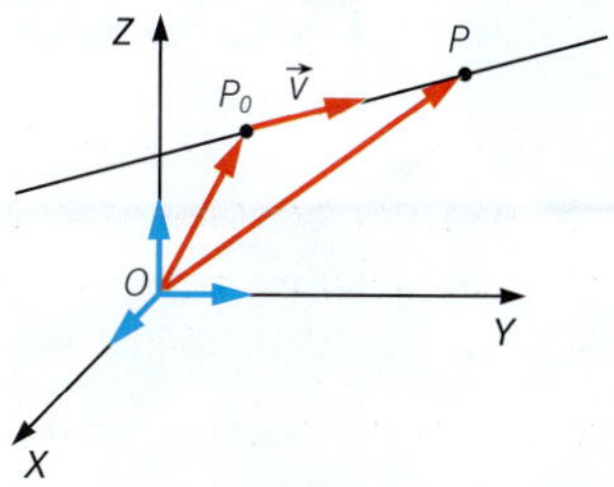


El vector $\overrightarrow{OP_0} + t\vec{v}$ és un vector amb origen en $O$ l'extrem del qual, donant diferents valors a $t$, determina qualsevol punt de la recta.

S'anomena **equació vectorial** de la recta $r$ l'expressió:

$$\overrightarrow{OP} = \overrightarrow{OP_0} + t\vec{v} \text{ en què } \begin{cases} P(x, y, z) & \text{Un punt de la recta} \\ \overrightarrow{OP_0} = (x_0, y_0, z_0) & \text{Vector de posició del punt } P_0 \\ \vec{v} = (v_1, v_2, v_3) & \text{Vector director de la recta} \\ t & \text{Qualsevol nombre real} \end{cases}$$

Expressat en coordenades: $(x, y, z) = (x_0, y_0, z_0) + t\,(v_1, v_2, v_3)$

**NO TE N'OBLIDIS**

Dos punts determinen una recta. Donats els punts $A$ i $B$, l'equació de la recta que determinen és:

$$\overrightarrow{OP} - \overrightarrow{OA} + t\overrightarrow{AP}$$

## 1.2. Equacions paramètriques

A partir de l'expressió vectorial $(x, y, z) = (x_0, y_0, z_0) + t\,(v_1, v_2, v_3)$, igualant coordenada a coordenada, s'obtenen les **equacions paramètriques** de la recta:

$$\left.\begin{aligned} x &= x_0 + tv_1 \\ y &= y_0 + tv_2 \\ z &= z_0 + tv_3 \end{aligned}\right\} \text{ sent } t \text{ un nombre real.}$$

**S'ESCRIU AIXÍ**

Les equacions paramètriques de la recta també es poden escriure com:

$$(x_0 + tv_1 y_0 + tv_2\, z_0 + tv_3)$$

## 1.3. Equació contínua

Aïllant $t$ i igualant, s'obté l'**equació contínua** de la recta.

$$\left.\begin{aligned} x &= x_0 + tv_1 \\ y &= y_0 + tv_2 \\ z &= z_0 + tv_3 \end{aligned}\right\} \begin{aligned} &\rightarrow t = \frac{x - x_0}{v_1} \\ &\rightarrow t = \frac{y - y_0}{v_2} \\ &\rightarrow t = \frac{z - z_0}{v_3} \end{aligned} \Bigg\} \rightarrow \frac{x - x_0}{v_1} = \frac{y - y_0}{v_2} = \frac{z - z_0}{v_3}$$

**NO TE N'OBLIDIS**

Només es pot escriure l'equació contínua quan totes les coordenades del vector director són diferents de zero.

## 1.4. Equacions implícites o cartesianes

Si se separen les igualtats de l'equació contínua i s'agrupen els termes en un membre, s'obtenen les **equacions implícites** de la recta.

$$\left.\begin{aligned} \frac{x - x_0}{v_1} &= \frac{y - y_0}{v_2} \\ \frac{x - x_0}{v_1} &= \frac{z - z_0}{v_3} \end{aligned}\right\} \rightarrow \left.\begin{aligned} v_2x - v_1y + (v_1y_0 - v_2x_0) &= 0 \\ v_3x - v_1z + (v_1z_0 - v_3x_0) &= 0 \end{aligned}\right\}$$

**ACTIVITATS**

1. Calcula l'equació contínua de la recta que passa pel punt $A(2, -1, -1)$ i el seu vector director és $\vec{v} = (-2, -4, 4)$.

2. Troba les equacions cartesianes de la recta que passa pel punt $A(3, 0, -7)$ i té vector director $\vec{v} = (-10, 2, 6)$.

**EXEMPLE**

1. Donats el punt $A(-2, 0, 1)$ i el vector $\vec{u} = (1, -1, 2)$, determina:

   a) Les equacions de la recta que passa per $A$ i té com a vector director $\vec{u}$.
   b) Si el punt $B(0, -1, 2)$ pertany a la recta.
   c) Un punt que pertanyi a la recta.

   a) Equació vectorial: $(x, y, z) = (-2, 0, 1) + t(1, -1, 2)$

   Equacions paramètriques: $(x, y, z) = (-2, 0, 1) + t(1, -1, 2) \rightarrow \left.\begin{array}{l} x = -2 + t \\ y = -t \\ z = 1 + 2t \end{array}\right\}$

   Equació contínua: $\dfrac{x+2}{1} = \dfrac{y}{-1} = \dfrac{z-1}{2}$

   Equació implícita: $\left.\begin{array}{l} \dfrac{x+2}{1} = \dfrac{y}{-1} \\ \dfrac{x+2}{1} = \dfrac{z-1}{2} \end{array}\right\} \rightarrow \left.\begin{array}{r} x + y + 2 = 0 \\ 2x - z + 5 = 0 \end{array}\right\}$

   b) Se substitueixen les coordenades del punt en qualsevol de les equacions i es comprova si es compleixen les igualtats.

   $\left.\dfrac{x+2}{1} = \dfrac{y}{-1} = \dfrac{z-1}{2}\right\} \xrightarrow{B(0,-1,2)} \left\{\dfrac{0+2}{1} \neq \dfrac{-1}{-1} \neq \dfrac{2-1}{2}\right.$

   $B$ no pertany a la recta.

   c) Per calcular un punt de la recta es dona un valor qualsevol a una variable i es calcula el valor de les altres dues.

   $\left.\begin{array}{r} x + y + 2 = 0 \\ 2x - z + 5 = 0 \end{array}\right\} \xrightarrow{\text{Per a } x=0} \left.\begin{array}{r} 0 + y + 2 = 0 \\ 2 \cdot 0 - z + 5 = 0 \end{array}\right\} \rightarrow \left.\begin{array}{l} y = -2 \\ z = 5 \end{array}\right\} \rightarrow P(0, -2, 5) \in r$

## Trobar l'equació de la recta que passa per dos punts

Troba l'equació contínua i les equacions implícites de la recta que passa pels punts $A(1, 1, 1)$ i $B(2, 0, 3)$.

**PRIMER.** Es calcula el vector definit pels dos punts.

$$\overrightarrow{AB} = (2-1, 0-1, 3-1) = (1, -1, 2) = \vec{v}$$

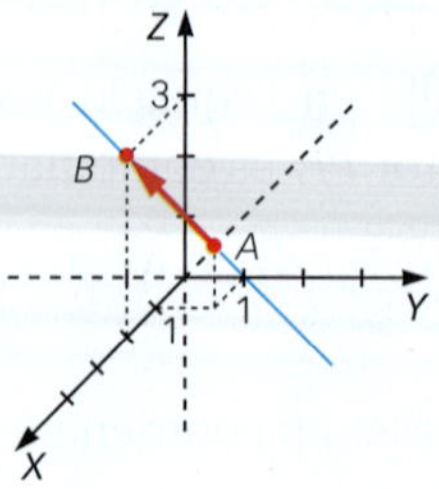


**SEGON.** S'escriu l'equació de la recta, coneguts un punt i el vector.

$$\frac{x-x_0}{v_1} = \frac{y-y_0}{v_2} = \frac{z-z_0}{v_3} \xrightarrow[\vec{v}=(1,-1,2)]{A(1,1,1)} \frac{x-1}{1} = \frac{y-1}{-1} = \frac{z-1}{2}$$

A partir de l'equació contínua, es calculen les equacions implícites.

$$\left.\begin{array}{l} \dfrac{x-1}{1} = \dfrac{y-1}{-1} \\ \dfrac{x-1}{1} = \dfrac{z-1}{2} \end{array}\right\} \rightarrow \left.\begin{array}{r} -(x-1) = y-1 \\ 2(x-1) = z-1 \end{array}\right\} \rightarrow \left.\begin{array}{r} x + y - 2 = 0 \\ 2x - z - 1 = 0 \end{array}\right\}$$

**ACTIVITATS**

3. Calcula l'equació contínua de la recta que passa per cada parell de punts.
   a) $A(2, -1, -1)$ i $B(0, -5, 3)$
   b) $A(1, 1, 1)$ i $B(-1, -1, -1)$
   c) $A(-2, -1, 0)$ i $B(2, -3, -1)$
   d) $A(0, 1, 0)$ i $B(-4, 2, 1)$

4. Troba les equacions cartesianes de la recta que passa per cada parell de punts.
   a) $A(3, 0, -7)$ i $B(-7, 2, -1)$
   b) $A(0, 0, 0)$ i $B(1, 0, 0)$
   c) $A(-1, -5, -3)$ i $B(-2, 0, 1)$
   d) $A(2, 3, 0)$ i $B(2, 1, -3)$

# 2. Equacions del pla en l'espai

## 2.1. Equació vectorial

GEOGEBRA

Un pla, $\pi$, queda determinat per:

- Un punt $P_0$ del pla: el vector $\overrightarrow{OP_0}$ és el vector de posició del punt $P_0$.
- Dos vectors $\vec{u}$ i $\vec{v}$ no paral·lels, els **vectors directors** del pla.

El vector $\overrightarrow{OP_0} + \lambda\vec{u} + \mu\vec{v}$ és un vector amb origen en $O$ l'extrem del qual, donant valors a $\lambda$ i $\mu$, determina qualsevol punt del pla $\pi$.

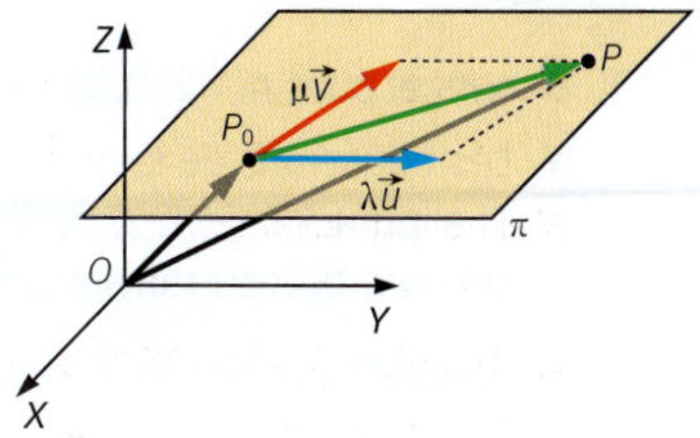


S'anomena **equació vectorial** del pla $\pi$ l'expressió:

$$\overrightarrow{OP} = \overrightarrow{OP_0} + \lambda\vec{u} + \mu\vec{v} \rightarrow \begin{cases} P(x, y, z) & \text{Un punt del pla} \\ \overrightarrow{OP_0} = (x_0, y_0, z_0) & \text{Vector de posició del punt } P_0 \\ \left.\begin{array}{l} \vec{u} = (u_1, u_2, u_3) \\ \vec{v} = (v_1, v_2, v_3) \end{array}\right\} & \text{Vectors directors del pla} \\ \lambda, \mu & \text{Dos nombres reals} \end{cases}$$

En coordenades: $(x, y, z) = (x_0, y_0, z_0) + \lambda \cdot (u_1, u_2, u_3) + \mu \cdot (v_1, v_2, v_3)$

**NO TE N'OBLIDIS**

Els vectors directors d'un pla no poden ser paral·lels, és a dir, no poden ser proporcionals.

## 2.2. Equacions paramètriques

A partir de l'equació vectorial del pla, igualant coordenada a coordenada, s'obtenen les **equacions paramètriques** del pla.

$$\left.\begin{array}{l} x = x_0 + \lambda u_1 + \mu v_1 \\ y = y_0 + \lambda u_2 + \mu v_2 \\ z = z_0 + \lambda u_3 + \mu v_3 \end{array}\right\} \text{ sent } \lambda \text{ i } \mu \text{ nombres reals.}$$

## 2.3. Equació general o implícita

Si s'aïlla en l'equació vectorial s'obté que, per a qualsevol punt del pla, $P$, el vector $\overrightarrow{PP_0}$ és combinació lineal dels vectors del pla $\vec{u}$ i $\vec{v}$.

$$\overrightarrow{OP} = \overrightarrow{OP_0} + \lambda\vec{u} + \mu\vec{v} \rightarrow \overrightarrow{OP} - \overrightarrow{OP_0} = \lambda\vec{u} + \mu\vec{v} \rightarrow$$
$$\rightarrow \overrightarrow{OP} + \overrightarrow{P_0O} = \lambda\vec{u} + \mu\vec{v} \rightarrow \overrightarrow{P_0P} = \lambda\vec{u} + \mu\vec{v}$$

Expressat en coordenades: $(x - x_0, y - y_0, z - z_0) = \lambda(u_1, u_2, u_3) + \mu(v_1, v_2, v_3)$

Això vol dir que els tres vectors són linealment dependents, cosa que en termes de matrius i determinants significa que:

$$\text{Rang} \begin{pmatrix} x - x_0 & y - y_0 & z - z_0 \\ u_1 & u_2 & u_3 \\ v_1 & v_2 & v_3 \end{pmatrix} = 2 \rightarrow \begin{vmatrix} x - x_0 & y - y_0 & z - z_0 \\ u_1 & u_2 & u_3 \\ v_1 & v_2 & v_3 \end{vmatrix} = 0$$

Desenvolupant el determinant s'obté l'**equació general** del pla:

$Ax + By + Cz + D = 0$, en què $A$, $B$, $C$ i $D$ són nombres reals.

**RECORDA**

- $-\overrightarrow{AB} = \overrightarrow{BA}$
- $\overrightarrow{AB} + \overrightarrow{BC} = \overrightarrow{AC}$

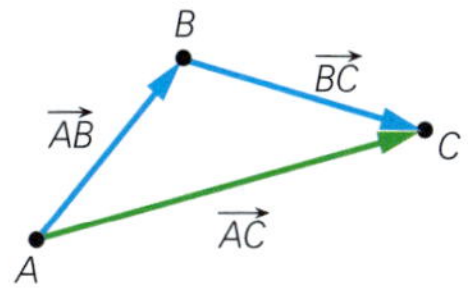


**ACTIVITATS**

5 Troba l'equació vectorial del pla en els casos següents.

a) $A(2, -1, -1)$, $B(0, -5, 3)$ i $C(1, 1, 1)$

b) $A(1, 1, 1)$, $B(-1, -1, -1)$ i $C(1, 2, 2)$

6 Troba les equacions paramètriques del pla corresponent.

a) $A(3, 0, -7)$, $\vec{u} = (-10, 2, 6)$ i $\vec{v} = (0, 3, 10)$

b) $A(0, 0, 0)$, $\vec{u} = (1, 0, 0)$ i $\vec{v} = (4, 4, 4)$

**EXEMPLE**

2. Donats el punt $A(1, -1, 0)$ i els vectors $\vec{u} = (1, -1, 2)$ i $\vec{v} = (2, 1, 0)$, calcula:
   a) Les equacions del pla que conté $A$ i té com a vector director $\vec{u}$ i $\vec{v}$.
   b) Si $B(0, -1, 2)$ pertany al pla.
   c) Un punt que pertanyi al pla.

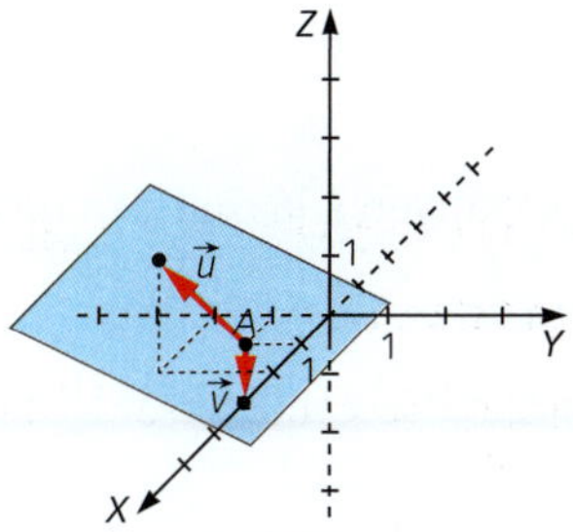


a) Equació vectorial: $(x, y, z) = (1, -1, 0) + \lambda(1, -1, 2) + \mu(2, 1, 0)$

Equacions paramètriques: $\left.\begin{array}{l} x = 1 + \lambda + 2\mu \\ y = -1 - \lambda + \mu \\ z = 2\lambda \end{array}\right\}$

Equació general: $\begin{vmatrix} x-1 & y+1 & z \\ 1 & -1 & 2 \\ 2 & 1 & 0 \end{vmatrix} = -2x + 4y + 3z + 6 = 0$

b) Se substitueixen les coordenades del punt en qualsevol de les equacions i es comprova si es compleixen les igualtats.

$-2x + 4y + 3z + 6 = 0 \xrightarrow{B(0,-1,2)} -2 \cdot 0 + 4 \cdot (-1) + 3 \cdot 2 + 6 \neq 0$

El punt $B$ no pertany al pla.

c) Per calcular un punt del pla es dona un valor qualsevol a dues de les variables de l'equació general i es calcula el valor de la tercera.

$-2x + 4y + 3z + 6 = 0 \xrightarrow{\text{Per a } x=-1,\, y=1} -2 \cdot (-1) + 4 \cdot 1 + 3z + 6 = 0$
$\rightarrow z = -4$

El punt $P(-1, 1, -4)$ pertany al pla.

**PENSA**

Donat el punt $P(a, b, c)$, digues quines condicions ha de complir perquè es trobi en algun dels plans que contenen dos dels eixos coordenats.

## Trobar l'equació del pla que passa per tres punts

Calcula l'equació general del pla que passa pels punts $A(1, -1, 0)$, $B(2, 0, 2)$ i $C(3, 0, 0)$.

**PRIMER.** Es calculen dos vectors a partir dels tres punts.

$\overrightarrow{AB} = (1, 1, 2) \qquad \overrightarrow{AC} = (2, 1, 0)$

**SEGON.** Es desenvolupa el determinant que expressa la seva equació general i s'iguala a zero.

$$\begin{vmatrix} x-1 & y+1 & z \\ 1 & 1 & 2 \\ 2 & 1 & 0 \end{vmatrix} = 4(y+1) + z - 2z - 2(x-1) = 0 \rightarrow$$
$$\rightarrow 2x - 4y + z - 6 = 0$$

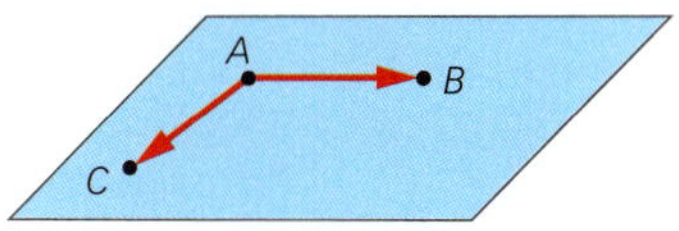


**ACTIVITATS**

7. Troba les equacions del pla que passa pel punt $P(-1, 0, 2)$ i conté la recta d'equació:

$$r: \frac{x-1}{1} = \frac{y-3}{-1} = \frac{z+4}{3}$$

8. Troba l'equació general del pla que passa pels punts $A(1, 1, -7)$, $B(5, -2, 9)$ i $C(5, -4, 0)$.

9. Determina totes les equacions del pla que conté els punts $A(2, 3, -1)$, $B(0, 1, 1)$ i $C(3, 0, 0)$.

# 3. Punts alineats i coplanaris

## 3.1. Punts alineats

Els **punts**, $P_1, P_2, P_3, \dots P_n$ estan **alineats** si pertanyen a la mateixa recta.

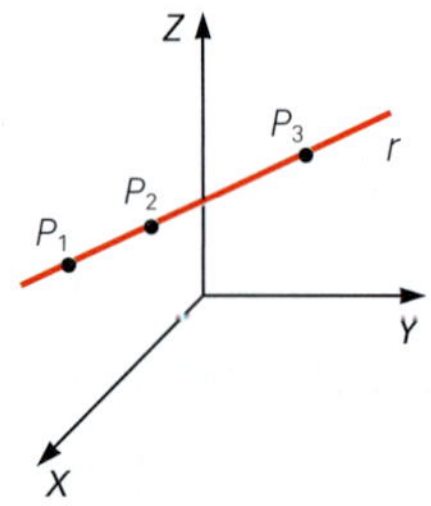


Dos punts sempre estan alineats. Hi ha una única recta que uneix dos punts.

### Comprovar si diversos punts estan alineats

Determina si els punts $A(2, 1, 0)$, $B(-1, 0, 2)$ i $C(5, 2, -2)$ estan alineats.

**PRIMER.** Es defineix l'equació de la recta que determinen dos d'aquests punts.

$\overrightarrow{AB} = (-3, -1, 2)$

Equació contínua de $r$: $\dfrac{x-2}{-3} = \dfrac{y-1}{-1} = \dfrac{z}{2}$

**SEGON.** Es comprova si la resta de punts pertanyen a la recta.

$$\frac{x-2}{-3} = \frac{y-1}{-1} = \frac{z}{2} \xrightarrow{C(5,2,-2)} \frac{5-2}{-3} = \frac{2-1}{-1} = \frac{-2}{2} \to C \in r$$

Per tant, els tres punts estan alineats.

## 3.2. Punts coplanaris

Quatre **punts** o més són **coplanaris** si pertanyen al mateix pla.

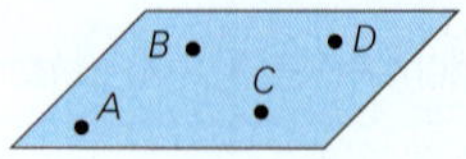


Tres punts sempre són coplanaris. Tres punts determinen un pla.

### Comprovar si diversos punts són coplanaris

Determina si els punts $A(2, 1, 0)$, $B(-1, 0, 2)$, $C(0, -2, -1)$ i $D(0, 3, -2)$ són coplanaris.

**PRIMER.** Es defineix l'equació del pla que determinen tres d'aquests punts.

$\overrightarrow{AB} = (-3, -1, 2)$ $\quad\overrightarrow{AC} = (-2, -3, -1)$

$$\begin{vmatrix} x-2 & y-1 & z \\ -3 & -1 & 2 \\ -2 & -3 & -1 \end{vmatrix} = 7x - 7y + 7z - 7 = 0$$

**SEGON.** Es comprova si la resta de punts pertanyen al pla.

$$7x - 7y + 7z - 7 = 0 \xrightarrow{D(0,3,-2)} 7 \cdot 0 - 7 \cdot 3 + 7 \cdot (-2) - 7 \neq 0 \to D \notin \pi$$

Els punts $A$, $B$, $C$ i $D$ no són coplanaris.

**PENSA**

Escriu quatre punts alineats i calcula l'equació del pla que els conté.

**ACTIVITATS**

10 Determina si els punts $A(1, -1, 0)$, $B(2, -2, 1)$ i $C(0, 0, -1)$ estan alineats.

11 Troba els valors de $a$ i $b$ que fan que els punts $P(2, -1, a)$, $Q(5, 1, 6)$ i $R(b, -5, 9)$ estiguin alineats.

12 Demostra si són o no són coplanaris els punts $A(3, -1, 2)$, $B(2, 5, 1)$, $C(-1, 0, 3)$ i $D(0, 1, -3)$.

13 Calcula el valor de $a$ perquè els punts $A(0, 0, 6)$, $B(1, -1, 7)$, $C(-2, 3, -5)$ i $D(-3, -1, a)$ siguin coplanaris.

# 4. Vector perpendicular a un pla

## 4.1. Vector normal en un pla

Donat el pla $\pi$: $Ax + By + Cz + D = 0$, el vector $\vec{n} = (A, B, C)$ és un vector perpendicular al pla $\pi$. Aquest vector s'anomena **vector normal** del pla.

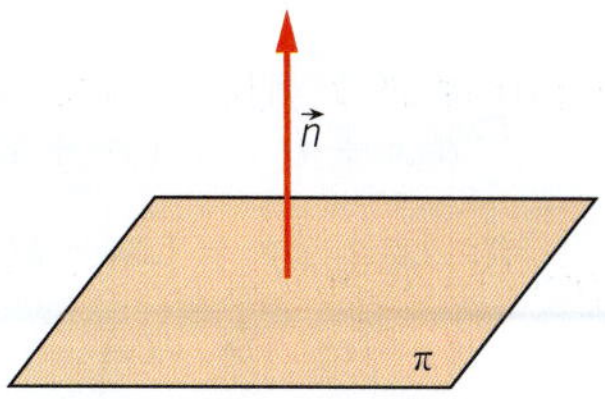


Sigui $\overrightarrow{PQ}$ un vector del pla $\pi$: $Ax + By + Cz + D = 0$:

$$\left.\begin{array}{r} Aq_1 + Bq_2 + Cq_3 + D = 0 \\ Ap_1 + Bp_2 + Cp_3 + D = 0 \end{array}\right\} \rightarrow$$
$$\rightarrow \vec{n} \cdot \overrightarrow{PQ} = A(q_1 - p_1) + B(q_2 - p_2) + C(q_3 - p_3) = 0$$

**EXEMPLE**

3. Comprova que $\vec{n} = (-2, 1, 1)$ és el vector normal de $\pi$: $-2x + y + z = 0$.

Es troben dos vectors directors de $\pi$ mitjançant les equacions paramètriques:

$$-2x + y + z = 0 \xrightarrow{x=\lambda,\, y=\mu} \pi: (x, y, z) = (\lambda, \mu, 2\lambda - \mu) \rightarrow \vec{u} = (1, 0, 2), \vec{v} = (0, 1, -1)$$

Es comprova que $\vec{n}$ és perpendicular a aquests dos vectors:

$$\left.\begin{array}{l} \vec{n} \cdot \vec{u} = (-2, 1, 1) \cdot (1, 0, 2) = -2 \cdot 1 + 1 \cdot 0 + 1 \cdot 2 = 0 \\ \vec{n} \cdot \vec{v} = (-2, 1, 1) \cdot (0, 1, -1) = -2 \cdot 0 + 1 \cdot 1 + 1 \cdot (-1) = 0 \end{array}\right\} \rightarrow \vec{n} \perp \pi$$

**S'ESCRIU AIXÍ**

$\vec{n}$ és un vector perpendicular al pla $\pi$ i s'escriu $\vec{n} \perp \pi$, quan és perpendicular a qualsevol vector contingut en el pla.

## 4.2. Vector director d'una recta expressada per dos plans

Donada $r$: $\left.\begin{array}{r} A_1x + B_1y + C_1z + D_1 = 0 \\ A_2x + B_2y + C_2z + D_2 = 0 \end{array}\right\}$, $\vec{n}_1 = (A_1, B_1, C_1)$ i $\vec{n}_2 = (A_2, B_2, C_2)$

són els vectors normals a cada un dels plans. Si $\vec{v}_r$ és el vector director de $r$:

$$\left.\begin{array}{l} r \text{ està continguda en } \pi_1 \rightarrow \vec{v}_r \perp \vec{n}_1 \\ r \text{ està continguda en } \pi_2 \rightarrow \vec{v}_r \perp \vec{n}_2 \end{array}\right\} \rightarrow \vec{v}_r = \vec{n}_1 \times \vec{n}_2$$

**FIXA-T'HI**

Donats dos vectors directors del pla $\vec{u}$ i $\vec{v}$, el producte vectorial, $\vec{u} \times \vec{v}$, és un vector perpendicular als vectors directors i, per tant, al pla.

Així, el vector normal del pla $\vec{n} = (A, B, C)$ i el vector $\vec{u} \times \vec{v}$ són paral·lels.

### Trobar el vector director d'una recta donada per dos plans

Calcula el vector director d'aquesta recta: $r$: $\left.\begin{array}{r} x - y + z - 2 = 0 \\ -x + 2z - 1 = 0 \end{array}\right\}$

**PRIMER.** Es calculen els vectors directors dels plans : $\vec{n}_1 = (1, -1, 1)$ i $\vec{n}_2 = (-1, 0, 2)$.

**SEGON.** El vector director de la recta és el producte vectorial d'aquests dos vectors.

$$\vec{n}_1 \times \vec{n}_2 = \begin{vmatrix} i & j & k \\ 1 & -1 & 1 \\ -1 & 0 & 2 \end{vmatrix} = -2i - 3j - k \rightarrow \vec{v}_r = (-2, -3, -1)$$

**ACTIVITATS**

14. El pla $\pi$ conté el punt $P(-1, 3, 1)$ i els seus vectors directors són $\vec{u} = (1, 0, 3)$ i $\vec{v} = (0, 1, -1)$. Comprova que el seu vector normal és paral·lel al vector $\vec{u} \times \vec{v}$.

15. Determina els vectors directors d'aquestes rectes.

a) $\left.\begin{array}{r} 2x - 3y + z - 5 = 0 \\ -2y + 2z + 3 = 0 \end{array}\right\}$

b) $\left.\begin{array}{r} -x + 3z + 1 = 0 \\ 2x - y + z + 3 = 0 \end{array}\right\}$

# 5. Posicions relatives de recta i pla

Per determinar la posició d'una recta i un pla s'estudia el sistema format per les equacions implícites de la recta i l'equació general del pla.

$$r: \begin{rcases} a_1x + b_1y + c_1z + d_1 = 0 \\ a_2x + b_2y + c_2z + d_2 = 0 \end{rcases}$$

$$\pi: Ax + By + Cz + D = 0$$

$$M = \begin{pmatrix} a_1 & b_1 & c_1 \\ a_2 & b_2 & c_2 \\ A & B & C \end{pmatrix} \qquad M^* = \begin{pmatrix} a_1 & b_1 & c_1 & d_1 \\ a_2 & b_2 & c_2 & d_2 \\ A & B & C & D \end{pmatrix}$$

**Secants**

La recta i el pla es tallen en un punt.

El sistema és compatible determinat.

Rang $(M) = 3$ Rang $(M^*) = 3$

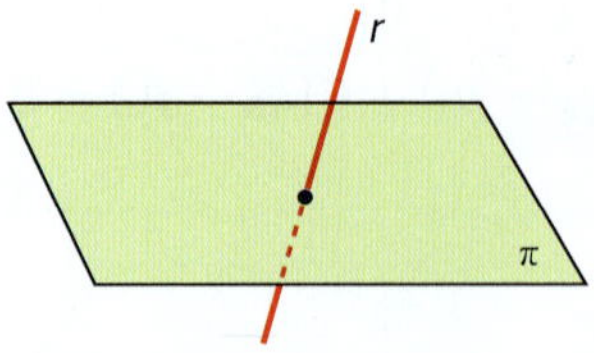


**Paral·lels**

La recta i el pla no es tallen.

El sistema és incompatible.

Rang $(M) = 2$ Rang $(M^*) = 3$

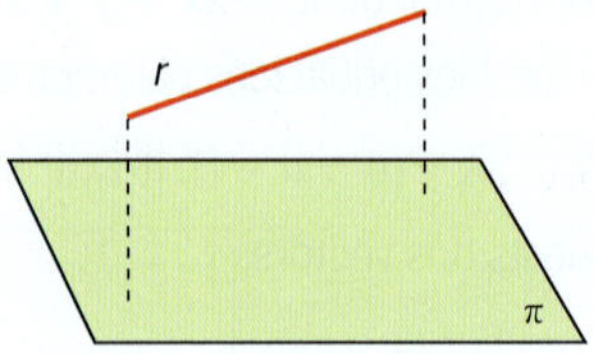


**Recta continguda en el pla**

La recta està continguda en el pla.

El sistema és compatible indeterminat.

Rang $(M) = 2$ Rang $(M^*) = 2$

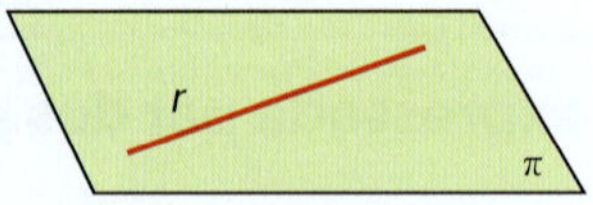


**FIXA-T'HI**

Les equacions implícites d'una recta representen la intersecció de dos plans.

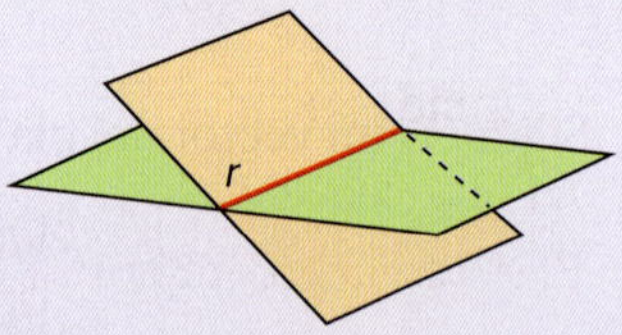


**RECORDA**

El rang de la matriu dels coeficients és sempre més petit o igual que el rang de la matriu ampliada.

Rang $(M) \leq$ Rang $(M^*)$

## Determinar la posició relativa d'un pla i una recta

Determina la posició relativa de la recta i el pla.

$$r: \begin{rcases} 2x + y + 2 = 0 \\ 2x + y + 1 = 0 \end{rcases} \qquad \pi: x + y - z + 3 = 0$$

**PRIMER.** Es troben la matriu dels coeficients i la matriu ampliada.

$$M = \begin{pmatrix} 2 & 1 & 0 \\ 2 & 0 & -1 \\ 1 & 1 & -1 \end{pmatrix} \qquad M^* = \begin{pmatrix} 2 & 1 & 0 & 2 \\ 2 & 0 & -1 & 1 \\ 1 & 1 & -1 & 3 \end{pmatrix}$$

**SEGON.** Es calcula el rang de la matriu dels coeficients i de la matriu ampliada.

Rang $(M) = 3$

Rang $(M^*) = 3$

El sistema és compatible determinat; per tant, la recta i el pla són secants.

**PENSA**

Quines condicions compleixen les rectes perpendiculars al pla: $Ax + By + Cz + D = 0$?

**ACTIVITATS**

**16** Calcula la posició relativa de la recta

$$r: \begin{rcases} x + y - z + 2 = 0 \\ -x + 3y - z + 1 = 0 \end{rcases}$$

i el pla:

$$\pi: 2x - 3y + z - 2 = 0$$

**17** Decideix la posició relativa de la recta i el pla.

$$r: \begin{rcases} x = 3 - \lambda \\ y = 2 \\ z = -1 + 3\lambda \end{rcases}$$

$$\pi: 2x - 3y + z - 2 = 0$$

## 6. Posicions relatives de dos plans

Per determinar la posició relativa de dos plans en l'espai s'estudia el sistema format per les equacions generals dels plans.

$$\pi_1\colon A_1x + B_1y + C_1z + D_1 = 0 \qquad \pi_2\colon A_2x + B_2y + C_2z + D_2 = 0$$

$$M = \begin{pmatrix} A_1 & B_1 & C_1 \\ A_2 & B_2 & C_2 \end{pmatrix} \qquad M^* = \begin{pmatrix} A_1 & B_1 & C_1 & D_1 \\ A_2 & B_2 & C_2 & D_2 \end{pmatrix}$$

**Coincidents**

La intersecció és tot el pla.

El sistema és compatible indeterminat.

Les dues equacions representen el mateix pla, tots els seus coeficients són proporcionals.

Rang $(M) = 1$ Rang $(M^*) = 1$

**Secants**

La intersecció dels plans és una recta.

El sistema és compatible indeterminat.

Les dues equacions no representen el mateix pla, alguns dels seus coeficients no són proporcionals.

Rang $(M) = 2$ Rang $(M^*) = 2$

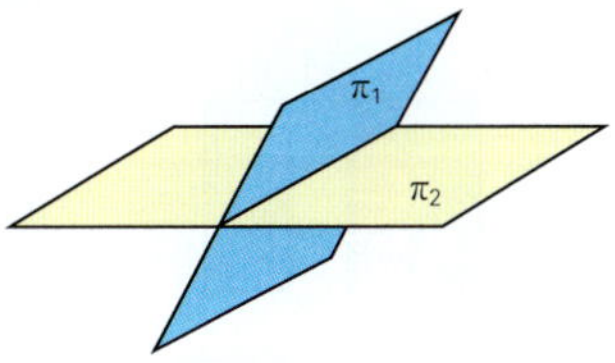


**Paral·lels**

Els dos plans no tenen punts en comú.

El sistema és incompatible.

Rang $(M) = 1$ Rang $(M^*) = 2$

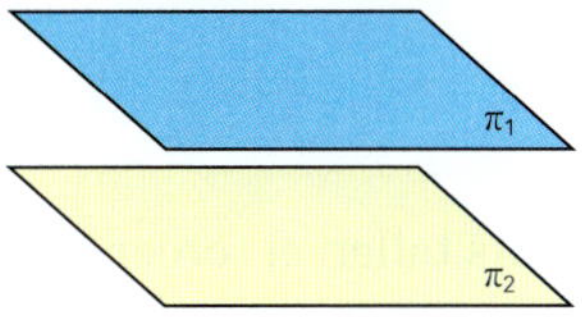


**PENSA**

Com són els vectors normals de dos plans perpendiculars? I si són secants, però no són perpendiculars?

### Determinar la posició relativa de dos plans

Determina la posició relativa dels plans.

$$\pi_1\colon x + y - z + 2 = 0$$
$$\pi_2\colon 2x + 2y - 2z + 5 = 0$$

**PRIMER.** Es troben la matriu dels coeficients i la matriu ampliada del sistema format per les dues equacions.

$$M = \begin{pmatrix} 1 & 1 & -1 \\ 2 & 2 & -2 \end{pmatrix} \qquad M^* = \begin{pmatrix} 1 & 1 & -1 & 2 \\ 2 & 2 & -2 & 5 \end{pmatrix}$$

**SEGON.** Es calcula el rang de la matriu dels coeficients i de la matriu ampliada.

Rang $(M) = 1$

Rang $(M^*) = 2$

El sistema és incompatible, els dos plans no tenen cap punt en comú i, per tant, són paral·lels.

**ACTIVITATS**

**18** Troba la posició relativa d'aquestes parelles de plans.

a) $\pi_1\colon -x + 2y - z = 0$
$\pi_2\colon x - 2y + z + 1 = 0$

b) $\pi_1\colon x - z + 11 = 0$
$\pi_2\colon -2y - z + 11 = 0$

**19** Escriu l'equació vectorial d'un pla que sigui paral·lel al pla que passa pels punts següents:

$A(0, 1, 2)$ $B(-1, 2, 3)$ $C(2, -1, 4)$

Explica quants plans hi ha que verifiquin aquesta condició.

## 7. Posicions relatives de tres plans

GEOGEBRA

Per determinar la posició relativa de tres plans en l'espai s'estudia el sistema format per les equacions dels tres plans.

$$\begin{aligned} \pi_1&: A_1x + B_1y + C_1z + D_1 = 0 \\ \pi_2&: A_2x + B_2y + C_2z + D_2 = 0 \\ \pi_3&: A_3x + B_3y + C_3z + D_3 = 0 \end{aligned} \qquad M^* = \left(\begin{array}{ccc|c} A_1 & B_1 & C_1 & D_1 \\ A_2 & B_2 & C_2 & D_2 \\ \underbrace{A_3 \quad B_3 \quad C_3}_{M} & & & D_3 \end{array}\right)$$

**Es tallen en un punt**

El sistema és compatible determinat.

Rang $(M) = 3$ Rang $(M^*) = 3$

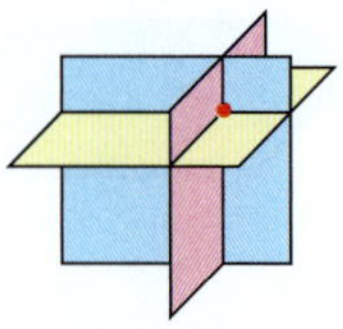

**Es tallen dos a dos**

El sistema és incompatible.

Rang $(M) = 2$ Rang $(M^*) = 3$

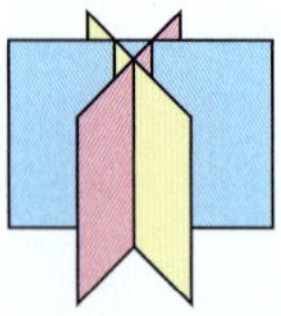

**Dos plans paral·lels tallen el tercer**

El sistema és incompatible.

Rang $(M) = 2$ Rang $(M^*) = 3$

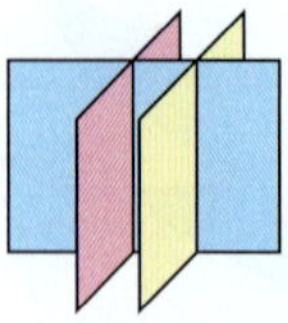

**No coincidents i es tallen en una recta**

El sistema és compatible indeterminat (no hi ha equacions proporcionals).

Rang $(M) = 2$ Rang $(M^*) = 2$

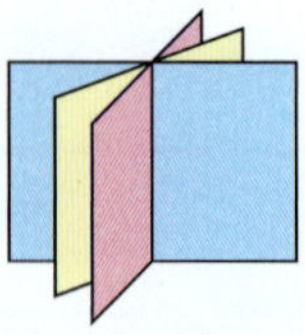

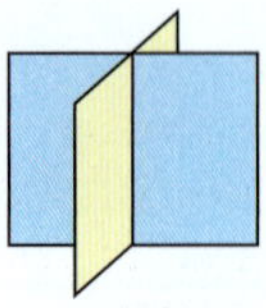

**Dos plans coincidents tallen el tercer**

El sistema és compatible indeterminat (dues de les equacions són proporcionals).

Rang $(M) = 2$ Rang $(M^*) = 2$

**Tres plans paral·lels**

El sistema és incompatible (cap de les equacions és proporcional).

Rang $(M) = 1$ Rang $(M^*) = 2$

**Dos plans coincidents i paral·lels al tercer**

El sistema és incompatible (dues equacions proporcionals i l'altra no).

Rang $(M) = 1$ Rang $(M^*) = 2$

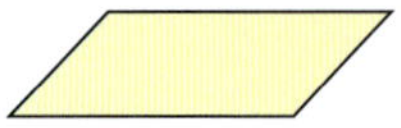

**Tres plans coincidents**

El sistema és compatible indeterminat (les equacions són proporcionals).

Rang $(M) = 1$ Rang $(M^*) = 1$

**PENSA**

En quants punts es tallen tres plans dos dels quals contenen una recta perpendicular al tercer?

**ACTIVITATS**

20 Escriu l'equació de tres plans en l'espai que es tallen en el punt (0, 0, 0). Comprova que verifiquen la condició de plans que es tallen en un punt.

21 Escriu l'equació vectorial de tres plans diferents que continguin l'eix $X$, i comprova que verifiquen la condició de ser plans concurrents en una recta.

Només en els casos en què Rang $(M)$ = Rang $(M^*)$ i el seu valor és 3 o 1, es pot concloure quina és la posició dels tres plans.

En la resta de casos s'ha d'estudiar la posició relativa dels plans dos a dos.

## Determinar la posició relativa de tres plans en l'espai

Determina la posició relativa dels plans.

$$\pi_1: x + y - z + 2 = 0$$
$$\pi_2: 2x + 2y - 2z + 5 = 0$$
$$\pi_3: -x + y + z = 0$$

**PRIMER.** Es troben la matriu dels coeficients i la matriu ampliada del sistema format per les tres equacions.

$$M = \begin{pmatrix} 1 & 1 & -1 \\ 2 & 2 & -2 \\ -1 & 1 & 1 \end{pmatrix}$$

$$M^* = \begin{pmatrix} 1 & 1 & -1 & 2 \\ 2 & 2 & -2 & 5 \\ -1 & 1 & 1 & 0 \end{pmatrix}$$

**SEGON.** Es calcula el rang de la matriu dels coeficients i la matriu ampliada.

$$\text{Rang} \begin{pmatrix} 1 & 1 & -1 \\ 2 & 2 & -2 \\ -1 & 1 & 1 \end{pmatrix} = 2$$

$$\text{Rang} \begin{pmatrix} 1 & 1 & -1 & 2 \\ 2 & 2 & -2 & 5 \\ -1 & 1 & 1 & 0 \end{pmatrix} = 3$$

**TERCER.** S'analitzen els resultats obtinguts en calcular els rangs anteriors, desfent, en cas que sigui necessari, qualsevol ambigüitat.

Rang $(M) = 2$ Rang $(M^*) = 3$

El sistema és incompatible, tot i que encara no es pot decidir.

S'estudia la posició dels plans dos a dos, per desfer l'ambigüitat que presenta l'estudi dels rangs.

$$\left.\begin{array}{l} \pi_1: x + y - z + 2 = 0 \\ \pi_2: 2x + 2y - 2z + 5 = 0 \end{array}\right\} \longrightarrow \text{Paral·lels}$$

$$\left.\begin{array}{l} \pi_1: x + y - z + 2 = 0 \\ \pi_3: -x + y + z = 0 \end{array}\right\} \longrightarrow \text{Secants}$$

$$\left.\begin{array}{l} \pi_2: 2x + 2y - 2z + 5 = 0 \\ \pi_3: -x + y + z = 0 \end{array}\right\} \longrightarrow \text{Secants}$$

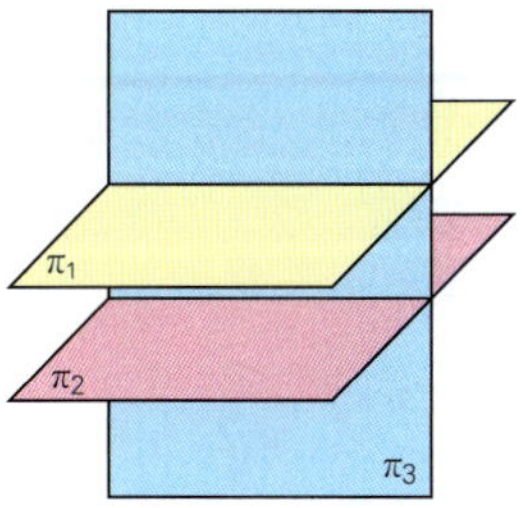


Els plans $\pi_1$ i $\pi_2$ són paral·lels i tallen $\pi_3$.

**PENSA**

Si Rang $(M) = 2$ i Rang $(M^*) = 3$, quina és la posició relativa dels tres plans?

**ACTIVITATS**

**22** Determina la posició relativa d'aquests plans.

$\pi_1: 6x + 3y - z = 0$

$\pi_2: 3x - 2y + z - 3 = 0$

$\pi_3: 2y - z + 1 = 0$

**23** Estudia la posició relativa dels plans.

$\pi_1: x - z + 2 = 0$

$\pi_2: 2x + 2y + 3z + 3 = 0$

$\pi_3: 3x + 8y + 7z + 1 = 0$

# 8. Posicions relatives de dues rectes

GEOGEBRA

Siguin les rectes $r$ i $s$, els punts i els vectors directors de les quals són:

$$r: \begin{cases} P(a, b, c) \\ \vec{v} = (v_1, v_2, v_3) \end{cases} \qquad s: \begin{cases} Q(a', b', c') \\ \vec{v}' = (v_1', v_2', v_3') \end{cases}$$

Aquestes rectes en l'espai poden ser:

**Coincidents**

Les dues rectes són la mateixa.

Els vectors $\vec{v}$ i $\vec{v}'$ i el vector $\overrightarrow{PQ}$ són proporcionals.

$$\text{Rang}\begin{pmatrix} v_1 & v_2 & v_3 \\ v_1' & v_2' & v_3' \\ a'-a & b'-b & c'-c \end{pmatrix} = 1$$

**Secants**

Les dues rectes es tallen en un sol punt.

Els vectors $\vec{v}$ i $\vec{v}'$ no són proporcionals i el vector $\overrightarrow{PQ}$ és combinació lineal de $\vec{v}$ i $\vec{v}'$.

$$\text{Rang}\begin{pmatrix} v_1 & v_2 & v_3 \\ v_1' & v_2' & v_3' \end{pmatrix} = 2$$

$$\text{Rang}\begin{pmatrix} v_1 & v_2 & v_3 \\ v_1' & v_2' & v_3' \\ a'-a & b'-b & c'-c \end{pmatrix} = 2$$

**Paral·leles**

Les dues rectes no tenen punts comuns, però estan contingudes en el mateix pla.

Els vectors $\vec{v}$ i $\vec{v}'$ són proporcionals, però no són proporcionals al vector $\overrightarrow{PQ}$.

$$\text{Rang}\begin{pmatrix} v_1 & v_2 & v_3 \\ v_1' & v_2' & v_3' \end{pmatrix} = 1$$

$$\text{Rang}\begin{pmatrix} v_1 & v_2 & v_3 \\ v_1' & v_2' & v_3' \\ a'-a & b'-b & c'-c \end{pmatrix} = 2$$

**Rectes que es creuen**

Les dues rectes no tenen punts comuns, ni estan contingudes en el mateix pla.

Els vectors $\vec{v}$, $\vec{v}'$ i $\overrightarrow{PQ}$ formen una base.

$$\text{Rang}\begin{pmatrix} v_1 & v_2 & v_3 \\ v_1' & v_2' & v_3' \\ a'-a & b'-b & c'-c \end{pmatrix} = 3$$

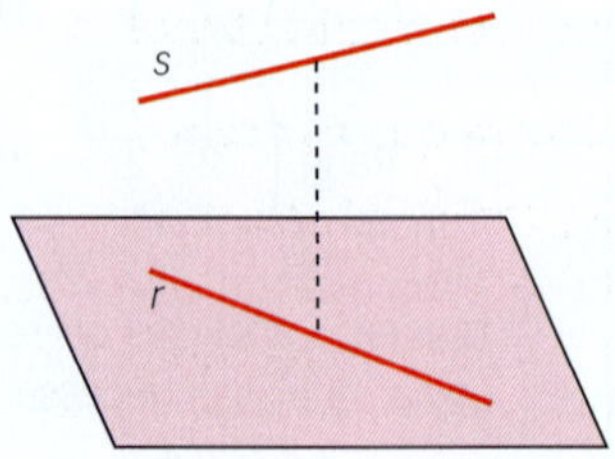


## Trobar la posició de dues rectes pels seus vectors directors

Determina la posició relativa de les rectes.

$$r: (x, y, z) = (1, -1, 0) + t(1, 1, 2) \qquad s: \frac{x-1}{1} = \frac{y-1}{-1} = \frac{z-1}{2}$$

**PRIMER.** Es troben un punt i el vector director en cada recta.

$$r: \begin{cases} P(1, -1, 0) \\ \vec{v} = (1, 1, 2) \end{cases} \qquad s: \begin{cases} Q(1, 1, 1) \\ \vec{v}' = (1, -1, 2) \end{cases}$$

**SEGON.** Es calculen el rang de la matriu que formen els vectors directors i de la matriu formada per aquests i el vector que té per extrems un punt de cada recta.

$$\text{Rang}\begin{pmatrix} 1 & 1 & 2 \\ 1 & -1 & 2 \end{pmatrix} = 2 \qquad \text{Rang}\begin{pmatrix} 1 & 1 & 2 \\ 1 & -1 & 2 \\ 0 & 2 & 1 \end{pmatrix} = 3$$

Les rectes es creuen.

**PENSA**

Analitza la posició relativa dels eixos de coordenades, dos a dos, pels seus vectors directors.

**ACTIVITATS**

**24** Determina la posició d'aquestes rectes.

$$r: (x, y, z) = (0, -5, 3) + t(1, 1, 1)$$
$$s: \frac{x-3}{2} = \frac{y}{2} = \frac{z+2}{2}$$

**25** Determina les posicions relatives de les rectes següents.

$$r: (x, y, z) = (2, 2, 2) + t(1, 1, 1)$$
$$s: (x, y, z) = (0, 0, 0) + t(1, 0, 0)$$

Es pot estudiar la posició relativa de dues rectes a partir de les seves equacions implícites.

$$r\colon \begin{rcases} A_1x + B_1y + C_1z + D_1 = 0 \\ A_1'x + B_1'y + C_1'z + D_1' = 0 \end{rcases} \qquad s\colon \begin{rcases} A_2x + B_2y + C_2z + D_2 = 0 \\ A_2'x + B_2'y + C_2'z + D_2' = 0 \end{rcases}$$

Per fer-ho, s'estudia el sistema format per les equacions de les dues rectes, és a dir, el rang de la matriu dels coeficients i de la matriu ampliada.

$$M = \begin{pmatrix} A_1 & B_1 & C_1 \\ A_1' & B_1' & C_1' \\ A_2 & B_2 & C_2 \\ A_2' & B_2' & C_2' \end{pmatrix} \qquad M^* = \begin{pmatrix} A_1 & B_1 & C_1 & D_1 \\ A_1' & B_1' & C_1' & D_1' \\ A_2 & B_2 & C_2 & D_2 \\ A_2' & B_2' & C_2' & D_2' \end{pmatrix}$$

**Coincidents**

La seva intersecció és tota la recta. Rang $(M) = 2$ Rang $(M^*) = 2$
El sistema és compatible indeterminat.

**Secants**

La seva intersecció és un punt. Rang $(M) = 3$ Rang $(M^*) = 3$
El sistema és compatible determinat.

**Paral·leles**

No tenen intersecció. Rang $(M) = 2$ Rang $(M^*) = 3$
El sistema és incompatible.
Els vectors directors són proporcionals, per tant Rang $(M) = 2$.

**Rectes que es creuen**

No tenen intersecció. Rang $(M) = 3$ Rang $(M^*) = 4$
El sistema és incompatible.
Els vectors directors no són proporcionals, per tant Rang $(M) = 3$.

### Trobar la posició de dues rectes mitjançant les seves equacions implícites

Determina la posició relativa de les rectes.

$$r\colon \begin{rcases} x + y - z + 2 = 0 \\ 2x + 3y - z + 1 = 0 \end{rcases} \qquad s\colon \begin{rcases} -x + 2y + 2z + 2 = 0 \\ x + y + z = 0 \end{rcases}$$

**PRIMER.** Es troben la matriu dels coeficients i la matriu ampliada del sistema format per les quatre equacions.

$$M = \begin{pmatrix} 1 & 1 & -1 \\ 2 & 3 & -1 \\ -1 & 2 & -2 \\ 1 & 1 & 1 \end{pmatrix} \qquad M^* = \begin{pmatrix} 1 & 1 & -1 & 2 \\ 2 & 3 & -1 & 1 \\ -1 & 2 & -2 & 2 \\ 1 & 1 & 1 & 0 \end{pmatrix}$$

**SEGON.** Es calcula el rang de la matriu dels coeficients i de la matriu ampliada.

Rang $(M) = 3$ Rang $(M^*) = 4$

Per tant, les dues rectes es creuen.

**PENSA**

Analitza la posició relativa de les diagonals d'un cub en què $A(0, 0, 0)$ i $B(1, 1, 1)$ són vèrtexs oposats.

**ACTIVITATS**

**26** Estudia la posició relativa d'aquestes rectes.

$$r\colon \begin{rcases} -x + 2y - z = 0 \\ 2x + y - z = 0 \end{rcases} \qquad s\colon \begin{rcases} x + y - z + 2 = 0 \\ x - 2y + z = 0 \end{rcases}$$

**27** Estudia la posició relativa de les rectes.

$$r\colon \begin{rcases} y - z - 3 = 0 \\ 2x - z + 1 = 0 \end{rcases} \qquad s\colon \begin{rcases} -y + z = 0 \\ 2x - 3y + z - 1 = 0 \end{rcases}$$

# 9. Perpendicularitat entre recta i pla

Una **recta** $r$ i un **pla** $\pi$ són **ortogonals** quan el vector director de la recta és perpendicular al pla.

**S'ESCRIU AIXÍ**

Dir que dos elements són **perpendiculars** és equivalent a afirmar que un és **normal** a l'altre o que són **ortogonals**.

## Calcular una recta perpendicular a un pla

Troba la recta perpendicular al pla $\pi$: $2x - 3y + z - 1 = 0$, que passa pel punt $P(0, 2, 0)$.

**PRIMER.** Es troba un vector normal al pla.

Un vector normal al pla $\pi$ és $\vec{n} = (2, -3, 1)$.

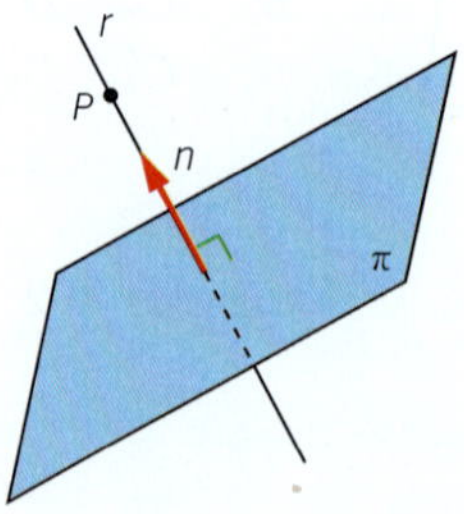


**SEGON.** Es calcula l'equació de la recta que té per vector director el vector normal al pla i passa pel punt demanat.

$\vec{n} = (2, -3, 1)$

$P(0, 2, 0)$

L'equació de la recta és de la forma:

$$r: \frac{x}{2} = \frac{y-2}{-3} = \frac{z}{1}$$

## Calcular un pla perpendicular a una recta

Troba el pla perpendicular a la recta $r: \dfrac{x}{2} = \dfrac{y-2}{-3} = \dfrac{z}{1}$, que conté el punt $P(0, 2, 0)$.

**PRIMER.** Es troba un vector director de la recta.

Un vector director de la recta és $\vec{v} = (2, -3, 1)$.

**SEGON.** Es calcula l'equació del pla que té per vector normal el vector director de la recta.

$\vec{v} = (2, -3, 1)$

L'equació del pla és de la forma:

$\pi: 2x - 3y + z + D = 0$

**TERCER.** S'imposa la condició que el punt pertanyi al pla per calcular el valor de la constant $D$.

$P(0, 2, 0) \rightarrow 2 \cdot 0 - 3 \cdot 2 + 0 + D = 0 \rightarrow$
$\rightarrow D = 6$

Per tant, l'equació del pla perpendicular a la recta $r$ que passa pel punt $P$ és:

$\pi: 2x - 3y + z + 6 = 0$

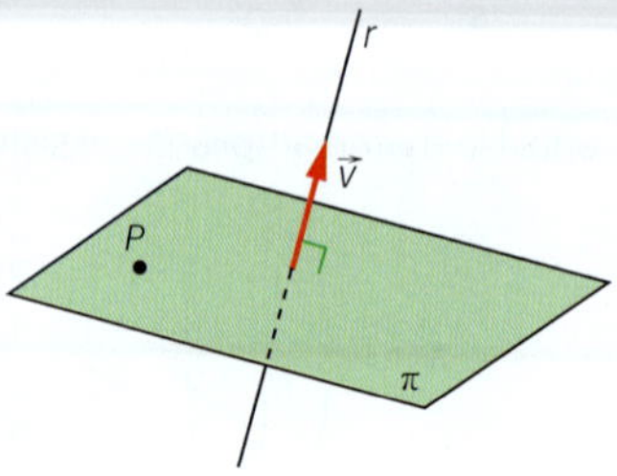


**ACTIVITATS**

**28** Troba els plans que passen pel punt $P(2, 1, 2)$ i són perpendiculars a les rectes.

a) $r: \dfrac{x-2}{2} = \dfrac{y-3}{2} = \dfrac{z-1}{3}$

b) $s: \left.\begin{array}{r} x - 2y + 3z - 1 = 0 \\ x + 2z = 0 \end{array}\right\}$

**29** Troba l'equació de la recta que passa per l'origen de coordenades i és perpendicular al pla.

$$\pi: \left.\begin{array}{l} x = 3 - 3\lambda + 2\mu \\ y = -\lambda + \mu \\ z = 2 \end{array}\right\}$$

Quin és el seu punt de tall?

# 10. Feix de plans



## 10.1. Feix de plans paral·lels

Donat el pla $\pi: Ax + By + Cz + D = 0$, s'anomena **feix de plans paral·lels** a $\pi$ el conjunt de tots els plans que li són paral·lels.

Un pla paral·lel a $\pi: Ax + By + Cz + D = 0$ té el mateix vector normal que $\pi$, $\vec{n} = (A, B, C)$. D'aquesta manera, l'equació general d'un pla paral·lel a $\pi$ serà de la forma:

$$\pi: Ax + By + Cz + D' = 0, \quad \text{amb } D' \in \mathbb{R}$$

**FIXA-T'HI**

Tots els plans del feix de plans paral·lels a $\pi$ són perpendiculars a la recta el vector director de la qual és el vector normal de $\pi$.

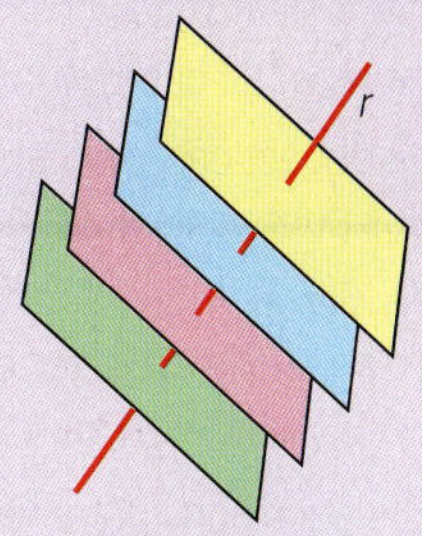


## 10.2. Feix de plans secants

El **feix de plans secants** a una recta $r$ és el conjunt de tots els plans que contenen aquesta recta.

Si s'expressa la recta com una intersecció de dos plans:

$$r: \left.\begin{aligned} A_1x + B_1y + C_1z + D_1 &= 0 \\ A_2x + B_2y + C_2z + D_2 &= 0 \end{aligned}\right\}$$

Qualsevol pla $\pi: A'x + B'y + C'z + D' = 0$ que contingui la recta no canvia la solució del sistema d'equacions.

$$r: \left.\begin{aligned} A_1x + B_1y + C_1z + D_1 &= 0 \\ A_2x + B_2y + C_2z + D_2 &= 0 \\ A'x + B'y + C'z + D' &= 0 \end{aligned}\right\}$$

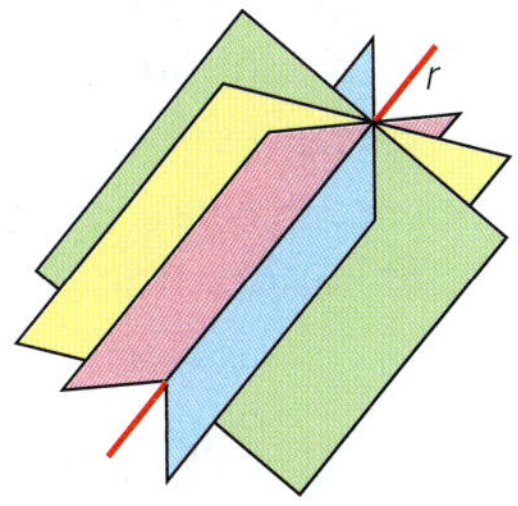


Així, l'equació del nou pla és combinació lineal de les altres.

$A'x + B'y + C'z + D' = \mu(A_1x + B_1y + C_1z + D_1) + \lambda(A_2x + B_2y + C_2z + D_2)$

En la pràctica, es considera que l'equació del feix de plans secants és:

$(A_1x + B_1y + C_1z + D_1) + \lambda(A_2x + B_2y + C_2z + D_2) = 0$, amb $\lambda \in \mathbb{R}$

**EXEMPLE**

4. Troba el feix de plans secants i el feix de plans perpendiculars de la recta $r: \dfrac{x}{2} = \dfrac{y-2}{-3} = \dfrac{z}{1}$.

S'escriu la recta en forma implícita: $\left.\begin{aligned} \frac{x}{2} &= \frac{y-2}{-3} \\ \frac{y-2}{-3} &= \frac{z}{1} \end{aligned}\right\} \rightarrow \left.\begin{aligned} 3x + 2y - 4 &= 0 \\ y + 3z - 2 &= 0 \end{aligned}\right\}$

El feix de plans secants és: $(3x + 2y - 4) + \lambda(y + 3z - 2) = 0$.

Es troba el vector director de la recta: $\vec{v} = (2, -3, 1)$.

El feix de plans perpendiculars té per vector normal el vector director de la recta $\vec{v} = (2, -3, 1) \rightarrow 2x - 3y + z + D = 0$.

**ACTIVITATS**

30 Troba el feix de plans secants i el feix de plans perpendiculars a la recta:

$$r: \frac{x-1}{1} = \frac{y+1}{-1} = \frac{z}{-1}$$

31 Calcula l'equació de la recta que té com a feix de plans perpendiculars $x - y + z + D = 0$, sabent que passa pel punt $P(0, 0, 0)$.

Quin és el seu feix de plans secants?

## Equacions de la recta

### Comprovar que un punt pertany a una recta segons un paràmetre

**En l'espai es dona la recta definida pels dos punts (1, 2, 3) i (−1, 6, 2). Troba el valor del paràmetre *k* perquè el punt (*k*, 2*k*, 3*k*) pertanyi a la recta.**

**PRIMER.** Es determina l'equació de la recta.

En aquest cas, per calcular l'equació de la recta es coneixen dos punts pels quals passa:

$A(1, 2, 3) \qquad B(-1, 6, 2)$

Se'n calcula el vector director:

$\overrightarrow{AB} = (-1, 6, 2) - (1, 2, 3) = (-2, 4, -1)$

Les equacions paramètriques de la recta són:

$$r: \left.\begin{aligned} x &= 1 - 2\lambda \\ y &= 2 + 4\lambda \\ z &= 3 - \lambda \end{aligned}\right\}$$

**SEGON.** S'aplica la condició que el punt pertany a la recta.

Com que $(k, 2k, 3k) \in r$, compleix l'equació de la recta:

$$\left.\begin{aligned} k &= 1 - 2\lambda \\ 2k &= 2 + 4\lambda \\ 3k &= 3 - \lambda \end{aligned}\right\}$$

**TERCER.** Es resol el sistema d'equacions que en resulta.

En la primera equació, *k* ja està aïllada i se substitueix en les altres dues:

$$\left.\begin{aligned} k &= 1 - 2\lambda \\ 2k &= 2 + 4\lambda \\ 3k &= 3 - \lambda \end{aligned}\right\} \xrightarrow{k=1-2\lambda} \left.\begin{aligned} 2(1-2\lambda) &= 2 + 4\lambda \\ 3(1-2\lambda) &= 3 - \lambda \end{aligned}\right\}$$

$$\to \left.\begin{aligned} 2 - 4\lambda &= 2 + 4\lambda \\ 3 - 6\lambda &= 3 - \lambda \end{aligned}\right\} \to \left\{\begin{aligned} \lambda &= 0 \\ k &= 1 \end{aligned}\right.$$

**QUART.** Se substitueixen els valors del paràmetre per obtenir el punt demanat.

$k = 1 \to (k, 2k, 3k) = (1, 2, 3)$

**CINQUÈ.** Es comprova que el punt pertany a la recta.

Se substitueix el punt i es veu que existeix un λ per al qual es verifiquen les equacions.

$$\left.\begin{aligned} 1 &= 1 - 2\lambda \\ 2 &= 2 + 4\lambda \\ 3 &= 3 - \lambda \end{aligned}\right\} \to \lambda = 0$$

(1, 2, 3) és el punt de la recta per al valor $\lambda = 0$.

**PRACTICA**

**32.** Considera la recta que passa pels punts $A(0, -2, 1)$ i $B(4, 0, -1)$.

a) Determina el valor del paràmetre *a* perquè el punt $C(4 + a, a - 1, -a)$ pertanyi a la recta.

b) Calcula el valor de *m* perquè $D(2m, 3m + 2, 5 + m)$ pertanyi a la recta.

## Equacions de la recta

### Calcular l'equació d'una recta que passa per un punt i és paral·lela a una altra recta

**Troba l'equació de la recta que passa pel punt *P*(−1, 2, 0) i és paral·lela a la recta** $r: \dfrac{x-1}{2} = \dfrac{y}{-1} = \dfrac{z+3}{-2}$.

**PRIMER.** Es calcula el vector director de la recta que es dona. El vector director de la recta serà el mateix perquè les dues rectes són paral·leles.

$$r: \frac{x-1}{2} = \frac{y}{-1} = \frac{z+3}{-2} \to \vec{v}_r = (2, -1, -2)$$

**SEGON.** S'escriu l'equació de la recta amb el vector director que s'ha calculat i el punt que es dona. L'equació contínua de la recta serà:

$$\left.\begin{aligned} \vec{v}_s &= (2, -1, -2) \\ P&(-1, 2, 0) \end{aligned}\right\} \to s: \frac{x+1}{2} = \frac{y-2}{-1} = \frac{z}{-2}$$

**PRACTICA**

**33.** Troba l'equació de la recta que conté el punt $P(-1, -2, -3)$ i és paral·lela a la recta $r: \left.\begin{aligned} x + y - z - 1 &= 0 \\ y - 2z &= 0 \end{aligned}\right\}$.

## Equacions del pla

### Calcular l'equació d'un pla que conté una recta i un punt exterior a la recta

**Troba l'equació del pla que conté el punt *P*(0, −2, 3) i la recta *r*: (λ + 2, λ, −λ).**

**PRIMER.** Es calculen les coordenades del vector director de la recta i d'un dels seus punts.

$$r: \left\{\begin{aligned} &\vec{v} = (1, 1, -1) \\ &(\lambda + 2, \lambda, -\lambda) \end{aligned}\right. \xrightarrow{\lambda=0} Q(2, 0, 0) \in r$$

**SEGON.** Dos vectors directors del pla són:

- El vector director de la recta.
- El vector amb origen en el punt que dona el problema i d'extrem, el punt trobat.

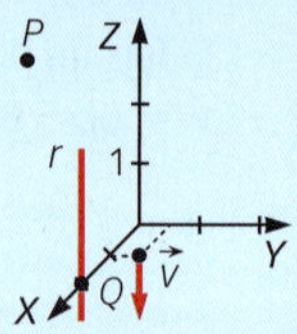


$\overrightarrow{PQ} = (2 - 0, 0 + 2, 0 - 3) = (2, 2, -3)$

$$\begin{vmatrix} x & y+2 & z-3 \\ 1 & 1 & -1 \\ 2 & 2 & -3 \end{vmatrix} = -x + y + 2 = 0$$

El pla que conté *P* i *r* és $\pi: x - y - 2 = 0$.

**PRACTICA**

**34.** Troba l'equació del pla que conté el punt $P(-1, -2, -3)$ i la recta $r: \left.\begin{aligned} x + y - z - 1 &= 0 \\ y - 2z &= 0 \end{aligned}\right\}$.

## Equacions del pla

### Calcular l'equació d'un pla que conté dues rectes secants

**Troba l'equació del pla que conté aquestes dues rectes.** $r: \dfrac{x+1}{1} = \dfrac{y}{-2} = \dfrac{z}{1}$ $\quad s: \dfrac{x}{2} = \dfrac{y-2}{2} = \dfrac{z+1}{-1}$

**PRIMER.** Es determina la posició relativa de les dues rectes.

$$r: \begin{cases} \vec{v}_r = (1, -2, 1) \\ P(-1, 0, 0) \end{cases} \quad s: \begin{cases} \vec{v}_s = (2, 2, -1) \\ Q(0, 2, -1) \end{cases} \quad \text{Rang}\begin{pmatrix} 1 & -2 & 1 \\ 2 & 2 & -1 \\ 0+1 & 2-0 & -1-0 \end{pmatrix} = 2 \quad \text{Rang}\begin{pmatrix} -1 & -2 & 1 \\ -2 & -4 & 2 \end{pmatrix} = 1$$

Les rectes són secants.

**SEGON.** Els vectors directors del pla són els vectors directors de les rectes. Qualsevol punt de les rectes pertanyerà al pla.

$$\pi: \begin{cases} \vec{v}_r = (1, -2, 1) \\ \vec{v}_s = (2, 2, -1) \\ P(-1, 0, 0) \end{cases} \quad \begin{vmatrix} x+1 & y & z \\ 1 & -2 & 1 \\ 2 & 2 & -1 \end{vmatrix} = 3y + 6z = 0$$

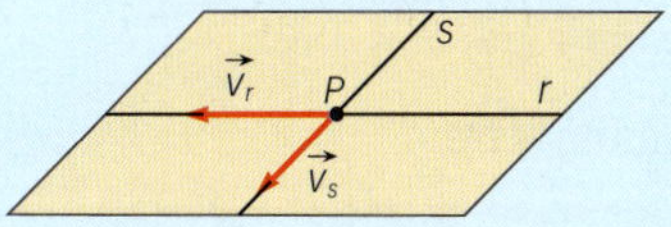


El pla que conté les dues rectes és $\pi: y + 2z = 0$.

**PRACTICA**

**35.** Troba l'equació del pla que conté aquestes dues rectes.

$$r: \left.\begin{matrix} 2x + z - 2 = 0 \\ y + 2 = 0 \end{matrix}\right\} \qquad s: \left.\begin{matrix} 2x + y + 2 = 0 \\ z - 2 = 0 \end{matrix}\right\}$$

## Equacions del pla

### Calcular l'equació d'un pla que conté dues rectes paral·leles

**Troba l'equació del pla que conté aquestes dues rectes.** $r: \dfrac{x}{-1} = \dfrac{y-1}{-2} = \dfrac{z+2}{1}$ $\quad s: \dfrac{x+1}{-2} = \dfrac{y-3}{-4} = \dfrac{z}{2}$

**PRIMER.** Es determina la posició relativa de les dues rectes.

$$r: \begin{cases} \vec{v}_r = (-1, -2, 1) \\ P(0, 1, -2) \end{cases} \quad s: \begin{cases} \vec{v}_s = (-2, -4, 2) \\ Q(-1, 3, 0) \end{cases} \quad \text{Rang}\begin{pmatrix} -1 & -2 & 1 \\ -2 & -4 & 2 \\ -1-0 & 3-1 & 0+2 \end{pmatrix} = 2 \quad \text{Rang}\begin{pmatrix} -1 & -2 & 1 \\ -2 & -4 & 2 \end{pmatrix} = 1$$

Les rectes són paral·leles.

**SEGON.** Els vectors directors del pla són un dels vectors directors d'una de les rectes i el vector generat per un punt de cada recta. Qualsevol punt de les rectes pertanyerà al pla.

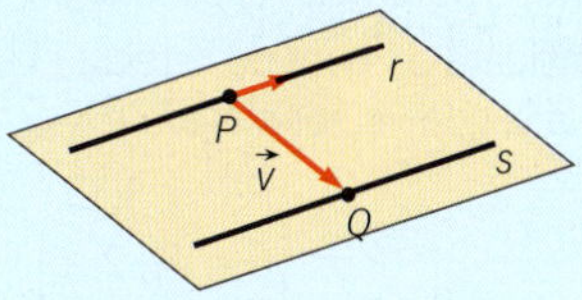


$$\pi: \begin{cases} \vec{v}_r = (-1, -2, 1) \\ \overrightarrow{PQ} = (-1, 2, 2) \\ P(0, 1, -2) \end{cases} \quad \begin{vmatrix} x & y-1 & z+2 \\ -1 & -2 & 1 \\ -1 & 2 & 2 \end{vmatrix} = -6x + y - 4z - 9 = 0$$

El pla que conté les dues rectes és: $\pi: -6x + y - 4z - 9 = 0$.

**PRACTICA**

**36.** Troba l'equació del pla que conté aquestes dues rectes.

$$r: \begin{cases} x = -1 - \lambda \\ y = \lambda \\ z = 2 + 2\lambda \end{cases} \qquad s: \dfrac{x}{-2} = \dfrac{y-2}{2} = \dfrac{z+1}{4}$$

# ACTIVITATS RESOLTES

## Equacions del pla

### Calcular l'equació d'un pla que passa per un punt i és paral·lel a un altre pla

**Troba l'equació del pla que conté el punt $P(2, -1, -2)$ i que és paral·lel al pla $\pi: -2x + 3y - z + 3 = 0$.**

**PRIMER.** Es determina el vector normal al pla donat.

$$\pi: -2x + 3y - z + 3 = 0 \rightarrow \vec{n} = (-2, 3, -1)$$

**SEGON.** El pla que es busca té com a vector normal el vector calculat i passa pel punt donat.

Si el vector normal de $\pi'$ és $\vec{n} = (-2, 3, -1)$:

$$\pi': -2x + 3y - z + D = 0$$

Si $P(2, -1, -2)$ és en el pla:

$$-2x + 3y - z + D = 0 \xrightarrow{P(2,-1,-2)} \rightarrow -2 \cdot 2 + 3 \cdot (-1) - (-2) + D = 0 \rightarrow D = 5$$

Per tant, l'equació del pla és:

$$\pi': -2x + 3y - z + 5 = 0$$

**PRACTICA**

**37.** Troba l'equació del pla que conté $P(3, -1, 2)$ i que és paral·lel al pla $r: 3x - y + z + 1 = 0$.

## Equacions del pla

### Calcular l'equació d'un pla que conté una recta i que és perpendicular a un altre pla

**Troba l'equació del pla perpendicular al pla $\pi: x + y - 2z + 1 = 0$ que conté la recta $r: \dfrac{x-2}{1} = \dfrac{y}{2} = \dfrac{z}{-1}$.**

**PRIMER.** Es determinen el vector normal al pla donat, i el vector director i un punt de la recta donada.

$$\vec{n} = (1, 1, -2) \qquad r: \begin{cases} \vec{v}_r = (1, 2, -1) \\ P(2, 0, 0) \end{cases}$$

**SEGON.** El pla que es busca té com a vectors directors aquests dos vectors i passa per qualsevol punt de la recta.

$$\pi: \begin{cases} \vec{n} = (1, 1, -2) \\ \vec{v}_r = (1, 2, -1) \\ P(2, 0, 0) \end{cases} \qquad \begin{vmatrix} x-2 & y & z \\ 1 & 1 & -2 \\ 1 & 2 & -1 \end{vmatrix} = 3x - y + z - 6$$

El pla buscat és $\pi: 3x - y + z - 6 = 0$.

**PRACTICA**

**38.** Troba l'equació del pla perpendicular al pla $\pi: -x - 2y + 3z + 2 = 0$ que conté $r: \dfrac{x+1}{3} = \dfrac{y-2}{-2} = \dfrac{z}{2}$.

## Equacions de rectes i plans

### Calcular l'equació de la recta perpendicular a dues rectes

**Donades les rectes: $r: \dfrac{x+1}{1} = \dfrac{y-1}{2} = \dfrac{z}{1}$ i $s: \begin{cases} 2x + y - 3 = 0 \\ -2x + z - 1 = 0 \end{cases}$, troba l'equació de la recta perpendicular a totes dues.**

**PRIMER.** Es determina la posició relativa de les dues rectes. Si les rectes són secants o es creuen, la solució és única.

$$\vec{v}_r = (1, 2, 1) \qquad \vec{v}_s = (2, 1, 0) \times (-2, 0, 1) = (1, -2, 2)$$

Els vectors directors de les rectes no són proporcionals; per tant, les rectes es tallen o es creuen en l'espai.

**SEGON.** Es determina el pla que conté una de les rectes i és perpendicular a l'altra recta.

Es considera un punt de la recta $r$ i el seu vector director per assegurar que la recta estigui continguda en el pla, i com a segon vector s'agafa $\vec{n} = \vec{u} \times \vec{v}$, que és perpendicular a les dues rectes i, per tant, a $s$.

$$\pi: \begin{cases} P(-1, 1, 0) \\ \vec{u} = (1, 2, 1) \\ \vec{n} = \vec{u} \times \vec{v} = (6, -1, -4) \end{cases} \qquad \pi: \begin{vmatrix} x+1 & y-1 & z \\ 1 & 2 & 1 \\ 6 & -1 & -4 \end{vmatrix} = -7x + 10y - 13z - 17 = 0$$

**TERCER.** Es determina el punt d'intersecció del pla amb la recta que no hi està continguda.

$$\left.\begin{aligned} 2x + y - 3 &= 0 \\ -2x + z - 1 &= 0 \\ -7x + 10y - 13z - 17 &= 0 \end{aligned}\right\} \rightarrow Q(0, 3, 1)$$

**QUART.** La recta té vector director $\vec{n}$ i passa pel punt calculat.

$$t: \begin{cases} \vec{n} = \vec{u} \times \vec{v} = (6, -1, -4) \\ Q(0, 3, 1) \end{cases} \rightarrow t: (x, y, z) = (0, 3, 1) + \lambda(6, -1, -4)$$

**PRACTICA**

**39.** Troba l'equació de la recta secant perpendicular comuna a $r$ i $s$.

$$r: \begin{cases} x = 1 - \lambda \\ y = 2 + \lambda \\ z = -1 \end{cases} \qquad s: \begin{cases} x - 2y - z + 2 = 0 \\ y + 2z = 0 \end{cases}$$

## Posicions relatives de dues rectes

### Determinar les posicions relatives de dues rectes en funció d'un paràmetre

**Considera les rectes:**

$$r: x-3 = y-4 = \frac{z-5}{2}$$

$$s: \frac{x-5}{-2} = \frac{y-4}{-1} = \frac{z-m}{2}, \text{ en què } m \in \mathbb{R}$$

**Estudia, segons els valors del paràmetre $m$, les posicions relatives de les dues rectes.**

**PRIMER.** Es troben un punt i un vector director de cada recta.

$$r: \begin{cases} P(3, 4, 5) \\ \vec{v} = (1, 1, 2) \end{cases} \qquad s: \begin{cases} Q(5, 4, m) \\ \vec{v}' = (-2, -1, 2) \end{cases}$$

**SEGON.** S'escriuen la matriu formada pels vectors directors i la matriu formada per aquests i el vector que té per extrems un punt de cada recta.

$$A = \begin{pmatrix} 1 & 1 & 2 \\ -2 & -1 & 2 \end{pmatrix}$$

$$\overrightarrow{PQ} = (2, 0, m-5) \rightarrow B = \begin{pmatrix} 1 & 1 & 2 \\ -2 & -1 & 2 \\ 2 & 0 & m-5 \end{pmatrix}$$

**TERCER.** Es calcula el rang de les matrius.

- Rang de $A$:
  Els vectors no són proporcionals $\rightarrow$ Rang $(A) = 2$
- Rang de $B$:

$$\begin{vmatrix} 1 & 1 & 2 \\ -2 & -1 & 2 \\ 2 & 0 & m-5 \end{vmatrix} = m+3$$

Si $m = -3 \rightarrow$ Rang $(B) = 2$
Si $m \neq -3 \rightarrow$ Rang $(B) = 3$

**QUART.** S'analitzen els resultats obtinguts en els càlculs anteriors.

- Si $m = -3 \rightarrow$ Rang $(A) = 2$ i Rang $(B) = 2$
  En aquest cas, les rectes són secants i es tallen en un punt.

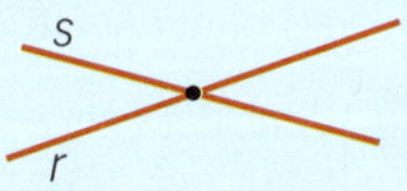


- Si $m \neq -3 \rightarrow$ Rang $(A) = 2$ i Rang $(B) = 3$
  En aquest cas, les rectes no es tallen en cap punt. Les rectes es creuen.

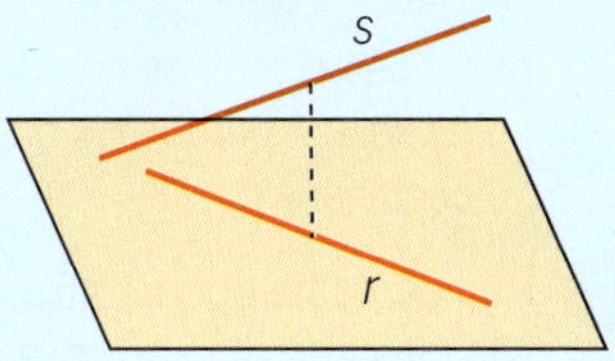


**PRACTICA**

**40.** Estudia, segons els valors del paràmetre $m$, la posició relativa d'aquestes rectes.

$$r: (m+\lambda, -1+(2m-1)\lambda, 2\lambda)$$

$$s: \frac{x}{m+1} = 2-y = z+2$$

## Posicions relatives de recta i pla

### Determinar les posicions relatives d'una recta i un pla en funció d'un paràmetre

**Siguin el pla $\pi$: $ax + 2y - 4z = b$ i la recta $r$: $\frac{x-3}{4} = \frac{y-1}{-4} = \frac{z+3}{1}$.**

**Determina els valors de $a$ i $b$ perquè la recta $r$ estigui continguda en el pla $\pi$.**

**PRIMER.** Es calculen les equacions implícites de la recta.

$$r: \frac{x-3}{4} = \frac{y-1}{-4} = \frac{z+3}{1} \rightarrow \left.\begin{matrix} \frac{x-3}{4} = \frac{y-1}{-4} \\ \frac{x-3}{4} = \frac{z+3}{1} \end{matrix}\right\}$$

$$\rightarrow r: \left.\begin{matrix} x+y-4=0 \\ x-4z-15=0 \end{matrix}\right\}$$

**SEGON.** Es troben la matriu dels coeficients i la matriu ampliada del sistema format per les equacions implícites de la recta i del pla.

$$M = \begin{pmatrix} 1 & 1 & 0 \\ 1 & 0 & -4 \\ a & 2 & -4 \end{pmatrix} \qquad M^* = \begin{pmatrix} 1 & 1 & 0 & -4 \\ 1 & 0 & -4 & -15 \\ a & 2 & -4 & -b \end{pmatrix}$$

**TERCER.** Es calcula el rang de la matriu de coeficients i de la matriu ampliada segons els paràmetres.

$$|M| = 12 - 4a = 0 \rightarrow a = 3$$

- Si $a \neq 3 \rightarrow$ Rang $(M) = 3$ i Rang $(M^*) = 3$
- Si $a = 3 \rightarrow$ Rang $(M) = 2$

$$\text{Rang}\begin{pmatrix} 1 & 1 & 0 & -4 \\ 1 & 0 & -4 & -15 \\ 3 & 2 & -4 & -b \end{pmatrix} = \text{Rang}\begin{pmatrix} 1 & 1 & 0 & -4 \\ 0 & -1 & -4 & -11 \\ 0 & -1 & -4 & -b+12 \end{pmatrix} =$$

$$= \text{Rang}\begin{pmatrix} 1 & 1 & 0 & -4 \\ 0 & -1 & -4 & -11 \\ 0 & 0 & 0 & -b+23 \end{pmatrix} = \begin{cases} 2 & \text{si } b = 23 \\ 3 & \text{si } b \neq 23 \end{cases}$$

**QUART.** S'analitzen els resultats obtinguts en calcular els rangs anteriors segons els paràmetres.

- Si $a \neq 3 \rightarrow$ Rang $(M) = 3$ i Rang $(M^*) = 3$
  La recta i el pla es tallen en un punt.
- Si $a = 3$ i $b \neq 23 \rightarrow$ Rang $(M) = 2$ i Rang $(M^*) = 3$
  La recta i el pla són paral·lels.
- Si $a = 3$ i $b = 23 \rightarrow$ Rang $(M) = 2$ i Rang $(M^*) = 2$
  La recta està continguda en el pla.
  El pla $\pi$: $3x + 2y - 4z = 23$ conté
  la recta $r$: $\frac{x-3}{4} = \frac{y-1}{-4} = \frac{z+3}{1}$.

**PRACTICA**

**41.** Donats el pla $\pi$: $ax + 2y - 4z - b = 0$ i la recta $r$: $\frac{x-1}{2} = \frac{y}{-3} = z+3$, determina els valors de $a$ i $b$ perquè la recta estigui continguda en el pla.

## ACTIVITATS FINALS

### 1. Obté les equacions de plans i de rectes en les diferents formes

**ACTIVITATS FLAIX**

**42** ●○○ Siguin els punts $A(2, 1, 1)$, $B(-3, 0, 2)$ i $C(1, -2, 4)$. Indica si algun d'aquests punts pertany a la recta.

$$r: \left.\begin{matrix} x = 4 - t \\ y = 1 - t \\ z = 1 + t \end{matrix}\right\}.$$

**43** ●○○ Escriu les equacions vectorial, paramètrica i contínua de les rectes amb vector director $\vec{v} = (1, 2, -1)$ i que passen per:

a) $A(1, 0, -1)$ b) $B(2, -1, 3)$ c) $C(-2, -1, 4)$

**44** ●○○ Determina el punt de la recta $r: \left.\begin{matrix} x + y + z = 0 \\ 2x - y - z - 6 = 0 \end{matrix}\right\}$ en què la segona coordenada sigui nul·la.

**45** ●○○ **INVENTA.** Escriu tres punts que pertanyin a la recta $(x, y, z) = (1, -1, 2) + t(0, 1, 3)$.

**46** ●●○ Determina totes les equacions de la recta que passa pel punt $A(1, 2, 2)$ i té la direcció del vector $\vec{v} = (-1, 2, 3)$.

**47** ●●○ Troba les equacions de la recta que passa per $A(3, 5, -1)$ i $B(2, 1, -2)$.

**48** ●●○ Determina les equacions de les rectes que passen per $A(-3, 2, 7)$ i són paral·leles a cada un dels eixos.

**49** ●●○ Determina, en cada cas, les equacions de la recta que passa pel punt $P$ i és paral·lela a la recta $r$:

a) $P(1, -3, 0)$ i $r: \dfrac{x}{2} = \dfrac{y - 3}{5} = z$

b) $P(5, 1, 1)$ i $r: \left.\begin{matrix} x - 2y = 0 \\ y - z = 0 \end{matrix}\right\}$

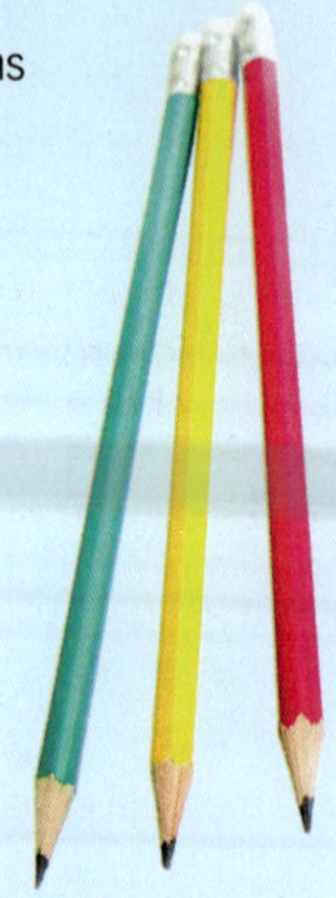

**50** ●●○ **INVESTIGA.** Existeix algun valor de $m$ per al qual el punt $M(m, m, m)$ pertanyi a la recta $r$?

a) $r: (5 - 3t, 1 + t, -1 + 3t)$

b) $r: x - 1 = \dfrac{y + 2}{-2} = z$

**51** ●●○ Calcula els valors de $m$ i $n$ per als quals el punt $P(m + n, 2m - n, 2)$ pertanyi a la recta que passa pels punts $A(2, 1, 0)$ i $B(-3, 0, -1)$.

**52** ●●○ El punt $P(-1, 2, 7)$, pertany a la recta $r: \left.\begin{matrix} x = -2 + \lambda \\ y = 3 - \lambda \\ z = 2 + 3\lambda \end{matrix}\right\}$?

En cas negatiu, troba l'equació en forma paramètrica de la recta paral·lela a $r$ que passa per aquest punt.

**53** ●●○ Troba les equacions del pla que:

a) Passa pels punts $A(2, 0, 0)$, $B(1, -1, 1)$, $C(4, 1, 1)$.

b) Conté el punt $P(2, 1, 1)$ els vectors directors del qual són $\vec{u} = (1, 0, 1)$ i $\vec{v} = (-2, 1, 0)$.

c) Conté el punt $P(-3, 3, 1)$ el vector normal del qual és $\vec{n} = (2, 1, -1)$.

**54** ●○○ El pla $mx + 3y - 2z + 4 = 0$ passa pel punt $P(1, -2, 1)$. Calcula el valor de $m$.

**55** ●○○ Determina l'equació del pla que conté el punt $P(3, 3, 1)$ i és paral·lel al pla d'equació $x - y + z - 1 = 0$.

**56** ●○○ Determina l'equació general del pla que conté el punt $P(2, -4, 2)$ i és perpendicular a la recta $r: (\lambda, \lambda, \lambda)$.

**57** ●●○ Determina l'equació del pla en què el punt $P(1, 3, 2)$ és el més proper a l'origen de coordenades.

**58** ●○○ Determina l'equació general del pla que conté el punt $P(-1, -1, 1)$, té la direcció del vector $\vec{v} = (1, 0, -2)$ i és paral·lel a la recta d'equació $s: \dfrac{x + 5}{3} = \dfrac{y + 2}{5} = \dfrac{z}{4}$.

**59** ●○○ Determina els punts de tall d'aquests plans amb els eixos de coordenades.

a) $\pi: 2x - 3y + 4z - 12 = 0$ b) $\pi: 2x - z + 6 = 0$

**60** ●○○ Sabem que el pla $\pi = Ax + By + Cz - 8 = 0$ talla els eixos de coordenades en els punts $P(4, 0, 0)$, $Q(0, -2, 0)$ i $R(0, 0, 1)$. Determina l'equació del pla $\pi$.

**61** ●○○ Calcula el valor de $m$ en cada cas perquè el punt $A(2, -1, m)$ pertanyi a les rectes:

a) $r: \left.\begin{matrix} x = \lambda - 2 \\ y = \lambda + 1 \\ z = 3\lambda + 2 \end{matrix}\right\}$ b) $s: \left.\begin{matrix} x + 3y - z = 0 \\ x - y + 3z = 0 \end{matrix}\right\}$

**62** ●●○ Escriu dos punts que estiguin alineats amb $A(1, 0, 2)$ i $B(-1, 1, 1)$.

**63** ●○○ Calcula el valor de $a$ perquè els punts $A(4, -2, 1)$, $B(2, 2, -1)$ i $C(-1, a, -4)$ estiguin alineats.

**64** ●○○ Tres vèrtexs consecutius d'un paral·lelogram són $A(3, 1, 0)$, $B(4, 5, 2)$ i $C(4, 7, -2)$.

a) Troba el quart vèrtex del paral·lelogram.

b) Calcula'n el perímetre.

**65** ●●○ **INVENTA.** Escriu dos punts que siguin coplanaris als punts $A(1, 0, 2)$, $B(-1, 1, 1)$ i $C(2, 5, -1)$.

**66** ●○○ Considera els punts de l'espai: $A(0, 0, 1)$, $B(1, 1, 2)$ i $C(0, -1, -1)$.

a) Troba l'equació del pla $ABC$.

b) Si $D$ és el punt de coordenades $(k, 0, 0)$, quant ha de valer $k$ perquè els quatre punts $A$, $B$, $C$ i $D$ siguin coplanaris?

**67** ●●○ Una pilota ha quedat atrapada a la capçada d'un arbre, en la posició $P(0, 1, 15)$. Des del terra, una noia situada a $C(-5, 2, 0)$ llança una altra pilota seguint una trajectòria recta amb la intenció de fer-les xocar, perquè la primera caigui a terra. Escriu l'equació de la trajectòria que ha de portar la segona pilota per xocar amb la primera.

**68** Siguin els punts $A(1, 1, 1)$, $B(a, 2, b)$ i $C(1, 0, 0)$.

a) Si $a = 2$, calcula $b$ perquè els tres punts determinin un pla que passi pel punt $P(2, 0, 1)$. Quina és l'equació d'aquest pla?

b) Calcula els valors de $a$ i $b$ perquè els punts $A$, $B$ i $C$ estiguin alineats.

**69** **INVESTIGA.** Indica si és cert o fals.

a) Donats dos punts, sempre hi ha una única recta que passa pels dos punts.

b) Donats tres punts, sempre hi ha un únic pla que passa pels tres punts.

c) Donats dos punts i un vector director, sempre hi ha un únic pla que passa pels dos punts i que conté el vector.

d) Donats un punt i un vector sempre hi ha un únic pla que passa pel punt i és perpendicular al vector.

e) Donats un punt i dos vectors, sempre hi ha un únic pla que passa pel punt i conté aquests vectors.

## 2. Analitza les posicions relatives de rectes i plans en l'espai aplicant diferents mètodes

**ACTIVITATS FLAIX**

**70** Estudia les posicions relatives.

a) $r_1: \dfrac{x}{2} = \dfrac{y}{3} = \dfrac{z}{4}$ $\quad r_2: \dfrac{x}{-2} = \dfrac{y}{5} = \dfrac{z}{3}$

b) $r_1: \dfrac{x}{3} = \dfrac{y}{2} = \dfrac{z}{-2}$ $\quad \pi_1: 3x + 2y - 2z = 0$

c) $\pi_1: 2x - y + z = 0$ $\quad \pi_2: 2x - y + z = 1$

**71** Estudia les posicions relatives de les parelles de rectes següents.

a) $r: \dfrac{x-2}{-1} = \dfrac{y+2}{3} = z - 3$

$s: x - 2 = \dfrac{y+4}{-1} = \dfrac{z-4}{-2}$

b) $r: \dfrac{x-3}{2} = \dfrac{y-2}{-1} = z + 4$

$s: \dfrac{x+1}{-4} = \dfrac{y-5}{2} = \dfrac{z+1}{-2}$

**72** Digues si aquestes dues rectes es tallen i, en cas afirmatiu, determina el punt de tall.

$$r: \left.\begin{array}{l} x = -4 + 7\lambda \\ y = 2\lambda \\ z = -1 \end{array}\right\} \qquad s: \left.\begin{array}{l} x = 1 - \mu \\ y = 10 + 4\mu \\ z = 3 + 2\mu \end{array}\right\}$$

**73** Digues si les dues rectes es tallen i, en cas afirmatiu, calcula el pla que les conté.

$$r: \frac{x+3}{2} = \frac{y-1}{2} = \frac{z+1}{-1} \qquad s: \left.\begin{array}{l} x = 3 - 2\lambda \\ y = 1 + \lambda \\ z = -\lambda \end{array}\right\}$$

**74** Decideix les posicions relatives de les parelles següents formades per una recta i un pla.

a) $r: \left.\begin{array}{l} x = 3 - \lambda \\ y = 2 \\ z = -1 + 3\lambda \end{array}\right\}$ $\qquad \pi: 2x - 3y + z - 2 = 0$

b) $r: \left.\begin{array}{l} -4x + y - 2z + 3 = 0 \\ 2x + 4y + z + 4 = 0 \end{array}\right\}$ $\qquad \pi: \left.\begin{array}{l} x = -1 - \lambda + \mu \\ y = 2 + 2\lambda - \mu \\ z = 3 - \mu \end{array}\right\}$

**75** **INVENTA.** Escriu les equacions que es demanen.

a) Dues rectes paral·leles.

b) Dos plans paral·lels.

c) Una recta perpendicular a un pla.

**76** Estudia les posicions relatives dels plans.

a) $\pi: \left.\begin{array}{l} x = 2 + 2\lambda + \mu \\ y = -1 + 2\lambda - 3\mu \\ z = 1 + 5\mu \end{array}\right\}$

$\pi': -5x + 5y + 4z - 12 = 0$

b) $\pi: x - 2y + 4z - 1 = 0$

$\pi': 2x + 5y - 3z + 2 = 0$

**77** Estudia les posicions relatives d'aquests trios de plans.

a) $\pi: 4x + y + 3z + 2 = 0$

$\pi': -3x + 5y + 4z - 7 = 0$

$\pi'': y + 3z - 6 = 0$

b) $\pi: x - 2y + 3z - 1 = 0$

$\pi': 2x + y - z + 5 = 0$

$\pi'': 7x - 4y + 7z + 7 = 0$

**78** **REPTE.** En el tetraedre de vèrtexs $A(0, 0, 0)$, $B(0, 0, 1)$, $C(0, 1, 0)$ i $D(1, 0, 0)$, calcula l'equació de la recta que conté l'altura traçada des del punt $A$.

**79** Calcula el valor que ha de tenir $m$ perquè les rectes següents es tallin en un punt.

$$r: \frac{x-m}{-1} = \frac{y+10}{4} = \frac{z+3}{1}$$

$$s: \left.\begin{array}{l} x = 1 \\ y = 6 + 4\lambda \\ z = -1 + 2\lambda \end{array}\right\}$$

**80** Determina el valor que ha de tenir $m$ perquè les rectes

$r: \dfrac{x-1}{4} = \dfrac{y+1}{m^2} = \dfrac{z-m}{-4}$ i $s: \left.\begin{array}{l} x = t + 2 \\ y = t \\ z = 1 - t \end{array}\right\}$ siguin

paral·leles i troba l'equació del pla que les conté.

**81** Determina, segons el paràmetre $m$, la posició relativa entre les rectes $r: \left.\begin{array}{l} x + z - 1 = 0 \\ 2x + y + z + 1 = 0 \end{array}\right\}$ i $s: -x = y = \dfrac{z+1}{m}$.

**82** **REPTE.** Determina el valor de $m$ perquè les rectes $r: \dfrac{x}{2} = \dfrac{y}{m} = \dfrac{z}{-3}$ i $s: x = y = z$ siguin secants i perpendiculars. Determina, en aquest cas, l'equació de la recta secant perpendicular comuna a les dues rectes.

**83** Donada la recta $r\colon \left.\begin{matrix} x = y \\ z = x \end{matrix}\right\}$ i el pla $\pi\colon 2x + 3y - az = 0$, estudia la posició relativa entre la recta i el pla segons el valor del paràmetre $a$. Troba, quan sigui possible, les coordenades del punt d'intersecció.

**84** Considera el pla $\pi\colon ax + 2y - 4z - b = 0$ i la recta $r\colon \frac{x-3}{4} = \frac{y-1}{-4} = \frac{z+3}{1}$. Estudia, segons els valors de $a$ i $b$, la posició relativa entre la recta i el pla.

**85** Siguin dos plans d'equacions $\pi_1\colon ax + 9y - 3z - 8 = 0$ i $\pi_2\colon x + ay - z = 0$. Determina el valor de $a$ perquè:

a) Els plans siguin paral·lels.

b) Els plans siguin perpendiculars.

**86** **MATEMÀTIQUES I... ESPORT.** En una simulació d'un partit de pàdel reproduït per ordinador, una jugadora copeja la pilota en el punt $P(5, 2, 2)$ per fer un mat i la pilota segueix una trajectòria recta amb vector director $\vec{v} = (6, 3, -1)$. El terra se situa sobre el pla $\pi_1\colon z = 0$, amb una de les cantonades en l'origen de coordenades i dues parets en els plans $\pi_2\colon x = 0$ i $\pi_3\colon y = 0$.

Les coordenades de tots els punts són positives. Si la pista de pàdel mesura $10 \times 20$ m, entrarà la pilota dins del camp?

**87** Estudia segons el paràmetre $k$ la posició relativa d'aquests tres plans.

$$\pi_1\colon x + y + z - 3 = 0$$
$$\pi_2\colon x + 2y + 3 = 0$$
$$\pi_3\colon x + 4y + kz + 15 = 0$$

**88** **REPTE.** Considera els plans $\pi_1\colon x - y = a$, $\pi_2\colon x + a^2z = 2a + 1$ i $\pi_3\colon x - y + (a^2 - a)z = 2a$.

a) Estudia, en funció del paràmetre $a$, la posició relativa dels tres plans.

b) Si existeix el cas en què els tres plans són secants en un punt o en una recta, troba el lloc geomètric i expressa'l amb detall.

**89** Determina l'equació del pla que conté els punts $A(0, 1, 1)$ i $B(1, 0, 1)$ i és paral·lel a la recta d'equació $r\colon (-3 + \lambda, 0, 1 + 2\lambda)$.

**90** Determina l'equació del pla que conté la recta d'equació $r\colon \left.\begin{matrix} 2x + y - z = 4 \\ x + y - 2z = 3 \end{matrix}\right\}$ i el punt $P(-2, 2, -2)$.

**91** Calcula l'equació de la recta perpendicular al pla de l'equació $\pi\colon -x + 3y - 5z + 2 = 0$ i que passa pel punt $A(0, -1, 5)$.

**92** Donada la recta $r\colon \left.\begin{matrix} x = \lambda \\ y = \lambda - 1 \\ z = 2\lambda + 1 \end{matrix}\right\}$ i el pla $\pi\colon 7x - 2y + 6z + 9 = 0$, determina el pla que conté la recta $r$ i és perpendicular al pla $\pi$.

**93** Calcula l'equació del pla que conté la recta $r\colon \frac{x+1}{-2} = \frac{y+1}{2} = \frac{z+3}{-1}$ i és paral·lel a la recta $s\colon \left.\begin{matrix} x + 2y - z + 4 = 0 \\ 2x - 3y + 2z + 4 = 0 \end{matrix}\right\}$.

**94** **REPTE.** Donats els punts $A(-1, 0, 1)$ i $B(0, 1, 1)$, troba dues rectes perpendiculars entre si que passin per un dels punts. En algun cas podria ser alguna de les rectes la que passa pels punts $A$ i $B$?

**95** Donades les rectes:

$$r_1\colon x = y = z$$
$$r_2\colon \frac{x-1}{2} = \frac{y}{3} = \frac{z}{2}$$
$$r_3\colon -x + 2 = \frac{y-1}{2} = \frac{z}{3}$$

Determina'n els tres punts de tall amb el pla $\pi$: $5x - 4y + 7z + 1 = 0$.

**96** Donada la recta $r\colon (1, 1 + \lambda, 3 + 2\lambda)$ i els punts $A(2, 1, 1)$ i $B(-3, 4, 3)$, determina el punt o els punts $P$ de la recta $r$ per als quals $APB$ és un triangle rectangle d'hipotenusa $AB$.

**97** Considerem la recta $r\colon 2x - 2 = y + 2 = \frac{z+1}{4}$ i el punt $P(3, 5, -1)$. Troba un punt $Q$ que pertanyi a la recta $r$ tal que la recta que passa pels punts $P$ i $Q$ sigui paral·lela al pla $\pi\colon 3x - 2y + z + 13 = 0$.

**98** Demostra que les rectes $r\colon (2t - 1, 1 - t, -t)$ i $s\colon \frac{x+5}{-1} = \frac{y-3}{3} = \frac{z-2}{m}$ són secants per a qualsevol valor del paràmetre $m$. Després, determina la recta perpendicular comuna a totes dues i el pla que les conté.

**99** Donada la recta i el pla següents:

$$r\colon \left.\begin{matrix} x = 1 - t \\ y = 2 + 3t \\ z = 5 \end{matrix}\right\} \qquad \pi\colon 3x + y - 2z + 8 = 0$$

a) Determina la posició relativa de la recta amb el pla.

b) Calcula l'equació de la recta paral·lela a $s\colon \frac{x-1}{2} = y = \frac{z-1}{3}$ que talla el pla $\pi$ en el punt $P$ corresponent a $x = 1$ i $y = 5$.

**100** Considera l'equació del pla $\pi\colon 2x + y - z + 2 = 0$ i de la recta $r\colon (5 - 2t, t, 6 + mt)$. Determina:

a) La posició relativa entre la recta i el pla segons el paràmetre $m$.

b) Per a $m = -3$, l'equació del pla que conté la recta i és perpendicular al pla.

c) Per a $m = -3$, l'equació del pla que és paral·lel al pla i conté la recta.

**101** Justifica que les rectes d'equacions $r: \left.\begin{array}{r} x+y-z=5 \\ 2x+y-2z=2 \end{array}\right\}$ i $s: \left.\begin{array}{l} x=3+2\lambda \\ y=10+2\lambda \\ z=5+\lambda \end{array}\right\}$ són secants en un punt. Determina:

a) El punt d'intersecció entre les dues rectes.

b) L'equació general de la recta que és secant i perpendicular a totes dues rectes.

c) L'equació del pla paral·lel a totes dues rectes i que conté el punt $A(3, 2, 1)$.

## 3. Resol problemes de geometria en l'espai

**102** **MATEMÀTIQUES I... ARQUITECTURA.** Una teulada de dos vessants és una coberta amb dos components inclinats en direccions oposades, col·locats de manera que coincideixen en una línia recta anomenada carener.

Troba la direcció que ha de tenir el carener d'una teulada si el sostre se situa sobre els plans $\pi_1$: $-z+x=4$, $\pi_2$: $-z-x=-6$. Quina és l'altura de la casa si el terra se situa a $z=0$?

**103** Donades les rectes:

$$r: \frac{x-2}{1}=\frac{y+1}{2}=\frac{z}{-1}$$

$$s: \frac{x-1}{1}=\frac{y+7}{2}=\frac{z+5}{3}$$

i el punt $P(1, 1, -1)$, busquem l'equació de la recta que passa per $P$ i que talla $r$ i $s$. Per fer-ho:

a) Troba l'equació general o cartesiana (és a dir, l'equació de la forma $Ax+By+Cz+D=0$) del pla $\pi$ que conté la recta $r$ i el punt $P$.

b) Troba el punt $M$ calculant el punt d'intersecció del pla $\pi$ amb la recta $s$.

c) Troba l'equació de la recta que passa pels punts $P$ i $M$.

d) Comprova que la recta trobada en l'apartat anterior és la que busquem.

**104** Considera les rectes d'equacions $r: \left.\begin{array}{r} x=1 \\ z-y=1 \end{array}\right\}$ i $s: \left.\begin{array}{l} x=\lambda \\ y=a \\ z=1+\lambda \end{array}\right\}$.

a) Estudia, segons el paràmetre $a$, la posició relativa entre les rectes $r$ i $s$.

b) Per a $a=1$, determina l'equació de la recta secant perpendicular comuna a $r$ i $s$.

c) Per a $a=0$, determina l'equació de la recta secant perpendicular comuna a $r$ i $s$.

**105** Considera les rectes d'equacions:

$$r: \left.\begin{array}{r} x+y+2z+1=0 \\ x-y+3=0 \end{array}\right\} \text{ i } s: \left.\begin{array}{l} x=m+2\lambda \\ y=2-\lambda \\ z=-1+3\lambda \end{array}\right\}.$$

a) Estudia la posició relativa de les rectes en funció de $m$.

b) Per a $m=0$, troba l'equació de la recta perpendicular comuna a totes dues rectes.

**106** Considera les rectes $r$: $(4+2\lambda, 2-\lambda, 1+\lambda)$ i $s$: $(4+t, 2+3t, m-2t)$.

a) Determina la posició relativa de $r$ i $s$ segons el paràmetre $m$.

b) Calcula la perpendicular comuna a $r$ i $s$ per a $m=1$.

**107** Determina l'equació de la recta secant a les rectes d'equacions $r: \left.\begin{array}{l} x=2+t \\ y=1 \\ z=t-1 \end{array}\right\}$ i $s: \frac{x-2}{2}=y-5=\frac{z-2}{1}$, sabent que passa pel punt $A(0, 0, 1)$.

**108** Donades les rectes d'equacions $r: \left.\begin{array}{l} x=3-\lambda \\ y=m+\lambda \\ z=2+2\lambda \end{array}\right\}$ i $s: x-1=\frac{y}{-1}=\frac{z+2}{3}$, calcula els valors de $m$ per als quals les rectes són coplanàries. Quina és la posició relativa de $r$ i $s$ segons aquest valor de $m$?

**109** **REPTE.** Troba els extrems d'un segment $AB$ sabent que el punt $A$ pertany al pla $2x+y+z=0$, el punt $B$ a la recta $\frac{x-1}{2}=\frac{y-2}{-1}=\frac{z}{3}$ i el punt mitjà del segment és $(0, 0, 0)$.

**110** Justifica que els plans $\pi_1$: $2x-y+3z-5=0$ i $\pi_2$: $5x-y+6z=3$ són secants en una recta. Determina l'equació paramètrica d'aquesta recta.

**111** Es consideren la recta $r$: $(x, y, z)=(t+1, 2t, 3t)$, el pla $\pi$: $x-2y-z=0$ i el punt $P(1, 1, 1)$. Es demana:

a) Determinar l'equació del pla $\pi_1$ que passa pel punt $P$ i és paral·lel al pla $\pi$.

b) Determinar l'equació del pla $\pi_2$ que conté la recta $r$ i passa pel punt $P$.

c) Calcular l'equació paramètrica de la recta intersecció dels plans anteriors $\pi_1$ i $\pi_2$.

**112** Estudia la posició relativa dels plans següents segons el valor del paràmetre $a$:

$$\pi_1: \left.\begin{array}{l} x=3-\lambda+2\mu \\ y=\lambda-\mu \\ z=1+2\mu \end{array}\right\} \qquad \pi_2: 4x+ay-2z-5=0$$

**113** Determina el punt d'intersecció de la recta $r: \frac{x-2}{2}=y=z$ amb el pla paral·lel a $\pi$: $-2x+y-z-3=0$ que conté el punt $A(1, 1, 1)$.

**114** **MATEMÀTIQUES I… INFRAESTRUCTURES.** En els projectes de multitud d'infraestructures i construccions es fan servir elements geomètrics simples com poden ser punts, rectes i plans. En un garatge hi ha tres plantes. Cadascuna mesura 40 × 40 m. Cada planta té una rampa que puja a la planta següent. Si situem el garatge en punts de coordenades positives, obtenim:

- Els plans en què se situa el terra de cada planta són: $\pi_1$: $z = 0$, $\pi_2$: $z = 3$, $\pi_3$: $z = 8$.
- Les parets se situen sobre els plans $\pi_4$: $x = 0$, $\pi_5$: $y = 0$, $\pi_6$: $x = 40$, $\pi_7$: $y = 40$.

Les rampes arriben fins a la paret a (0, 3, 3) i a (0, 0, 8) i mesuren 5 m d'amplada. Raona sobre quin dels plans següents se situa la rampa que va de la planta baixa a la primera planta i sobre quin se situa la que va de la segona planta a la tercera $\pi_8$: $3x + 20z = 60$, $\pi_9$: $x + 4z = 32$. En quins vèrtexs del terra acaba cada rampa? Són paral·lels?

**115** Determina l'equació del pla paral·lel a la recta d'equació $r$: $\left.\begin{array}{r} x + y - 2z = 3 \\ x - y + 3z = -1 \end{array}\right\}$ que conté la recta d'equació $s$: $\dfrac{x+2}{-3} = \dfrac{2-y}{2} = z$.

**116** Estudia la posició relativa dels plans:

$$\pi_1: 3x - my - 2z - (m-1) = 0$$
$$\pi_2: x + 3y - (m-1)z = 0$$
$$\pi_3: 2x - 5y + 3z - 1 = 0$$

segons els diferents valors del paràmetre $m$.

**117** Determina les condicions que han de complir $a$ i $b$ perquè els plans d'equacions $\pi_1$: $ax + z - 1 = 0$, $\pi_2$: $x + bz + 2 = 0$ i $\pi_3$: $\sqrt{5}x + 3y + 2z - 3 = 0$, es tallin en un punt. Determina les coordenades d'aquest punt.

**118** Determina $a$ i $b$ perquè els plans $\alpha$: $x + 2y - z - 1 = 0$, $\beta$: $2x + y + az = 0$ i $\chi$: $3x + 3y - 2z = b$ siguin del mateix feix de plans.

**119** Donada la recta $r$: $\dfrac{x-3}{2} = \dfrac{y+1}{3} = z$, el pla $\pi$: $x - y + 2z + 1 = 0$ i el punt $P(2, 1, -5)$, determina:

a) La posició relativa entre la recta $r$ i el pla $\pi$. Si existeix, determina el punt d'intersecció.

b) L'equació del pla que conté la recta $r$ i el punt $P$.

**120** Siguin el punt $A(1, 2, 1)$ i la recta $r$: $x + 1 = y - 2 = \dfrac{z-3}{4}$.

a) Determina l'equació de la recta $s$ que passa per $A$ i talla perpendicularment la recta $r$.

b) Determina l'equació paramètrica d'una recta que talli $r$ i $s$.

**121** Donat el pla $\pi$: $5x - 4y + z = 0$ i la recta $r$: $x = \dfrac{y}{2} = \dfrac{z}{3}$, troba l'equació de la recta $s$ continguda en $\pi$ que és perpendicular a $r$ i que passa per l'origen de coordenades $O(0, 0, 0)$.

**122** Considera les rectes:

$$r: \left.\begin{array}{l} x = m - 2\lambda \\ y = -3 - \lambda \\ z = -1 + 2\lambda \end{array}\right\} \qquad s: \left.\begin{array}{r} x + y - z = 0 \\ 2x + z = 1 \end{array}\right\}$$

a) Estudia'n, segons $m$, la posició relativa.

b) Per a $m = \dfrac{3}{4}$, determina l'equació de la recta secant perpendicular comuna a totes dues rectes. Fes el mateix per a $m = -1$.

**123** Determina l'equació de la recta que talla les rectes d'equacions $r_1$: $\left.\begin{array}{r} x = 0 \\ z = 1 \end{array}\right\}$ i $r_2$: $(2\lambda - 3, 1, \lambda)$, i que és paral·lela a la recta $r_3$: $x = -y = z$.

**124** Les aspes d'una turbina estan col·locades sobre els plans d'equacions:

$\pi_1$: $-3x + 2y + 6z = 9$,
$\pi_2$: $-5x - y - 3z = -11$,
$\pi_3$: $x = 1$

Troba l'equació de l'eix de gir de la turbina.

**125** **MATEMÀTIQUES I… ÒPTICA.** La cambra fosca és un dispositiu que consisteix en una caixa amb un petit forat en un dels costats. La llum que entra a través del forat projecta una imatge invertida a l'interior del que hi ha davant mateix de la caixa. Aquest fenomen és similar al que fa l'ull en plasmar una imatge a la retina o una càmera fotogràfica en fer una foto.

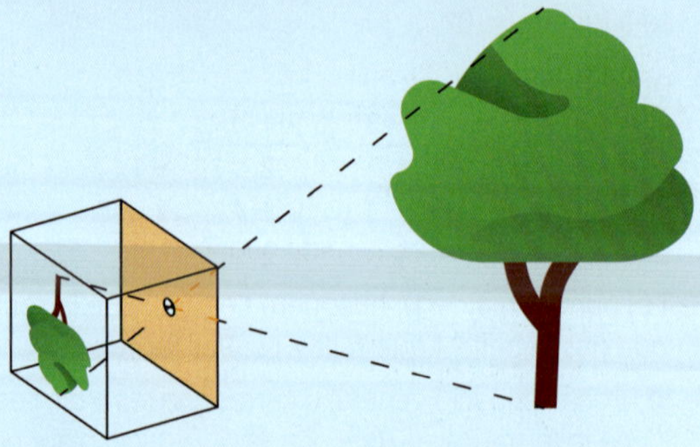

Considerant un sistema de coordenades, si en una cambra fosca la llum entra pel punt $P(-1, 1, 3)$ i es projecta contra el pla de fons l'equació del qual és $5x - 3y + z = 2$, quines seran les coordenades dels vèrtexs d'un triangle $A(-4, -3, 1)$, $B(-7, 5, 4)$ i $C(-8, -8, -2)$ que hi ha al davant?

**126** **MATEMÀTIQUES I… ETOLOGIA.** L'etologia estudia el comportament animal. Els depredadors marins, les abelles o les persones a les ciutats on es produeixen aglomeracions segueixen una estratègia de moviment anomenada vol de Lévy, en honor al matemàtic francès Paul-Pierre Lévy, i combinen trajectòries rectes llargues amb girs a l'atzar. Un tauró blanc porta una anella de seguiment que ha passat pels punts $A(-3, -3, 3)$, $B(-2, 2, 4)$ i $C(1, 2, 1)$ i després fa un gir de 90°. Escriu les equacions de les trajectòries de $A$ a $B$ i de $B$ a $C$. Quina trajectòria porta després de passar per $C$, si segueix en el mateix pla?

**127** **MATEMÀTIQUES I… MINERALS.** La pirita és un mineral que es presenta en forma de cristalls, generalment de forma cúbica, tot i que no sempre. Es compon de ferro i sofre, $FeS_2$, i sol ser de color groc, de manera que rep el nom d'*or dels necis*. Si tenim un cristall de pirita i considerem un sistema de coordenades amb l'origen situat al centre del cub i els plans *OX*, *OY* i *OZ* paral·lels a les cares del cristall:

a) Quines equacions tindran les arestes del cub? I les diagonals?

b) Troba les equacions dels nou plans de simetria del cristall de pirita.

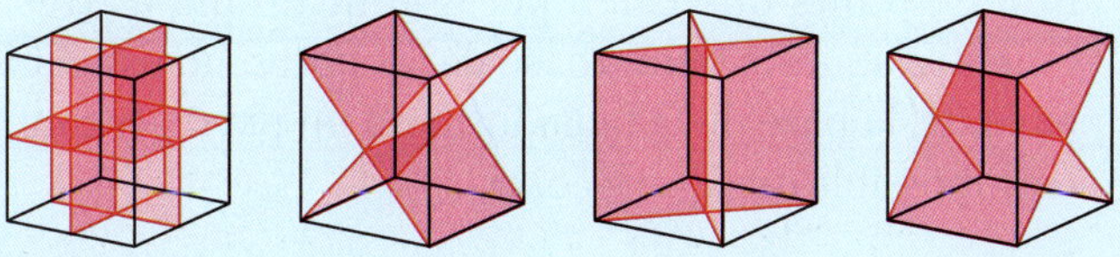

**128** **MATEMÀTIQUES I… GEOLOGIA.** Quan es produeix una falla en una capa geològica, la capa es parteix en dos i genera un pla anomenat capbussament del pla de falla. Per determinar el capbussament del pla es fan servir diversos mètodes, i un d'ells és calcular-lo a partir de les dues línies que defineixen la falla: la línia de rumb i la línia de capbussament.

La línia de rumb és una línia per la qual s'ha partit la capa, mentre que la línia de capbussament és una línia continguda en el capbussament del pla de falla i perpendicular a la de rumb.

a) Calcula l'equació del capbussament del pla en una falla sabent que la línia de rumb passa pels punts $P_1(21, 13, 50)$ i $P_2(19, 40, 50)$ i la línia de capbussament passa pel punt $Q(35, 11, 49)$.

b) Quines són les equacions de les rectes de capbussament i de rumb?

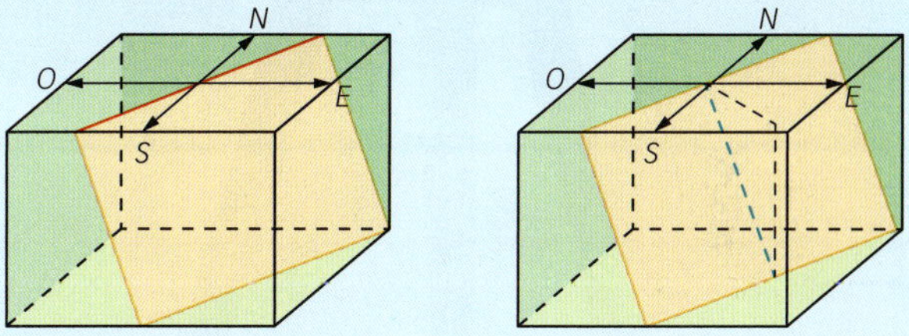


## PROBLEMES APARENTMENT DIFERENTS

CAP A LA UNIVERSITAT

**129** Des de l'origen de coordenades, es traça un rectangle de coordenades positives de mida $160 \times 90$ cm amb els costats paral·lels als eixos *X* i *Y*.

a) Troba l'equació de la recta que forma l'eix *Z*. A partir d'aquesta, calcula l'equació de les rectes paral·leles que passin pels possibles vèrtexs del rectangle anterior.

b) Troba l'equació del pla paral·lel al rectangle que passa per $P(0, 0, 75)$.

**130** En dissenyar una habitació mitjançant un programa considerem les parets com els plans $y = 0$, $x = 0$, i el terra com a $z = 0$, i l'habitació se situa en els punts de coordenades positives. Una taula de quatre potes de $160 \times 90$ cm i de 75 cm d'altura, té col·locada una de les potes sobre el punt $(0, 0, 0)$ i amb el tauler paral·lel als eixos *X* i *Y*.

a) Troba l'equació de les possibles rectes sobre les quals se situen totes les potes.

b) Quina és l'equació del pla en què es dibuixaria el tauler de la taula?

**131** Estudia la posició relativa d'aquestes rectes:

a) Recta que passa per $A(4, 4, 3)$ i $B(6, 4, 1)$.

b) Recta que passa per $C(7, 1, 1)$ i el vector director és $\vec{v} = (-2, 3, 1)$.

**132** Dos avions segueixen trajectòries rectilínies. El primer està situat, segons el radar, en el punt $A(4, 4, 3)$, i ha de passar pel punt $B(6, 4, 1)$, en què es proveirà en vol. El segon avió és a $C(7, 1, 1)$ i la direcció és la del vector $\vec{v} = (-2, 3, 1)$. Com són les trajectòries dels avions entre si?

**133** Estudia la posició relativa d'aquests plans:

$\pi_1$: $2x + 7y - z - 4 = 0$

i $\pi_2$: $-3x + y + z - 8 = 0$.

**134** Dues cares d'un cub de Rubik poden estar recolzades a la vegada en els plans d'equació $\pi_1$: $2x + 7y - z - 4 = 0$ i $\pi_2$: $-3x + y + z - 8 = 0$? Raona la resposta.

MATEMÀTIQUES EN EL MÓN REAL

## Fer taules estables

Quan recolzem una taula, el terra fa la funció d'un pla. Perquè la taula sigui estable, els quatre punts que són la base de les potes també han de formar un pla, és a dir, han de ser coplanaris.

En aquest cas, el pla de les potes i del terra seran el mateix quan posem la taula dreta, o sigui, seran plans coincidents.

A la pràctica, però, moltes vegades les taules dels bars no són de bona qualitat i amb el pas del temps les potes no estan en la posició original.

Com ja sabem, per construir un pla qualsevol es necessiten tres punts. Com que, en general, les taules tenen quatre potes, si els punts que són la base de les potes no són coplanaris, aleshores formen un espai tridimensional i, per tant, la taula quedarà coixa.

Com podem prevenir aquest tipus d'incomoditats?

Doncs, a més d'utilitzar materials més bons i taules ben equilibrades, també hi ha altres opcions basades en les matemàtiques.

Si fem servir un tovalló doblegat i el posem sota de la pota més curta, el que fem matemàticament és desplaçar aquest punt que feia saltar a una dimensió més i convertir-lo en coplanari amb els altres tres. Així tindrem una taula ferma.

D'altra banda, hi ha l'opció de construir taules de només tres potes, perquè d'aquesta manera no quedaran mai coixes. Això és possible perquè el nombre mínim de punts que calen per definir un pla és tres, i mentre aquests punts, base de les potes, no estiguin alineats, la base de la taula formarà un pla i, per tant, és impossible que quedi coixa.

Per aquest motiu, molts tamborets només tenen tres potes, encara que hi ha molts altres objectes que s'aprofiten d'aquesta propietat, com els tricicles amb els quals juguen els nens i les nenes o els trípodes utilitzats en fotografia.

És curiós que, tot i que tinguem la imatge que les matemàtiques són abstractes, les podem aplicar fins i tot a la taula d'un bar.

**LLEGEIX I COMPRÈN**

1. Explica amb les teves paraules el salt de dimensió que hi ha entre quatre punts que són coplanaris i uns altres quatre punts que no ho són.

**INTERPRETA**

2. Creus que una taula de 5, 6 o 7 potes té més possibilitats d'estar coixa? Per què?

**REFLEXIONA**

3. Si els éssers humans poguéssim veure en més de tres dimensions, quants punts com a mínim necessitaríem per construir un espai de quatre dimensions? I de cinc dimensions?

**APLICA**

4. Busca altres objectes que puguin tenir el mateix problema que les taules.

# 6 Angles i distàncies

**MATEMÀTIQUES EN EL MÓN REAL**

## Angles guanyadors

Si algun cop has vist carreres de motos per la televisió, deus haver observat que de vegades, a la pantalla, es mostren gràfiques relatives a paràmetres com la velocitat, l'acceleració, el temps de la volta i l'angle d'inclinació de cada una de les motos en temps real.

Per obtenir aquestes dades, els equips de MotoGP fan servir diverses eines, com càmeres i aparells de telemetria instal·lats a les motos.

Aquests dispositius recopilen informació detallada sobre el rendiment de les motos i les trameten als enginyers de l'equip en temps real.

La informació recopilada és analitzada acuradament pels enginyers de l'equip per tal d'identificar àrees en què es pot millorar el rendiment de la moto i del pilot. Tenint en compte aquesta informació els equips de MotoGP poden ajustar la configuració de la moto i optimitzar l'estratègia de carrera per donar instruccions als pilots amb la finalitat d'obtenir millors resultats a la pista.

I, per descomptat, en aquest procés les matemàtiques hi tenen molt a dir.

**Com es coneix l'angle d'inclinació amb el qual el pilot agafa un revolt?**

Els pilots de MotoGP tenen una gran habilitat per inclinar les motos als revolts a altes velocitats. La precisió en la mesura de l'angle d'inclinació és important per a la seguretat del pilot. Si s'inclina massa, la moto pot perdre tracció, lliscar i provocar una caiguda. Per tant, els equips de MotoGP han d'assegurar-se que els pilots no superin un angle d'inclinació segur per minimitzar el risc d'accidents.

# 1. Angles en l'espai

## 1.1. Angle entre dues rectes

L'**angle** que formen **dues rectes**, *r* i *s*, és l'angle més petit que es pot formar entre els seus vectors directors, $\vec{u}$ i $\vec{v}$. Es calcula com:

$$\cos\alpha = \frac{|\vec{u}\cdot\vec{v}|}{|\vec{u}|\cdot|\vec{v}|} \rightarrow \alpha = \text{arc cos}\left(\frac{|\vec{u}\cdot\vec{v}|}{|\vec{u}|\cdot|\vec{v}|}\right)$$

**FIXA-T'HI**

L'angle entre dues rectes és sempre més petit o igual a 90° i, per tant, el seu cosinus és sempre positiu.

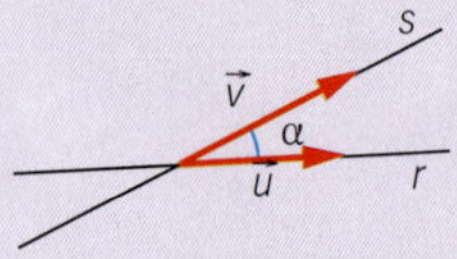


## 1.2. Angle entre una recta i un pla

L'**angle** que formen una **recta** *r* i un **pla** π és el complementari de l'angle més petit format pel vector director de la recta, $\vec{u}$, i el vector normal al pla, $\vec{n}$. Es calcula com:

$$\cos(90° - \alpha) = \frac{|\vec{u}\cdot\vec{n}|}{|\vec{u}|\cdot|\vec{n}|} \rightarrow \alpha = 90° - \text{arc cos}\left(\frac{|\vec{u}\cdot\vec{n}|}{|\vec{u}|\cdot|\vec{n}|}\right)$$

**FIXA-T'HI**

En mesurar l'angle entre una recta i un pla, recorda que $90° - \alpha$ i $\alpha$ són complementaris; per tant, $\cos(90° - \alpha) = \sin\alpha$.

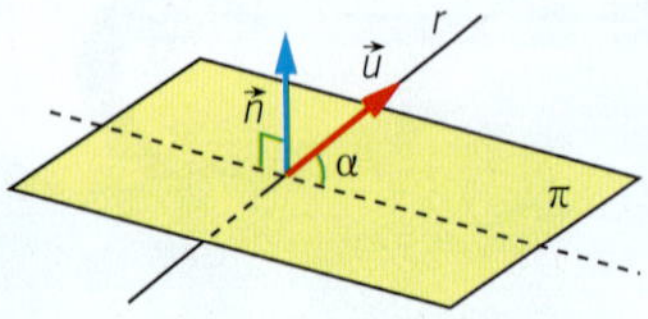


### Calcular l'angle entre dues rectes i entre una recta i un pla

Troba l'angle que formen:

a) Les rectes $r: \frac{x-2}{-2} = \frac{y+1}{3} = \frac{z}{1}$ i $s: \left.\begin{array}{l} x = \lambda \\ y = 3 \\ z = 2 + \lambda \end{array}\right\}$.

b) La recta $r: \frac{x}{-1} = \frac{y-6}{1} = \frac{z}{1}$ i el pla $\pi: x + y + z = 0$.

**PRIMER.** Es troba el vector director de cada recta i el vector normal al pla, i se'n calculen el producte escalar i els mòduls.

a) Vector director de $r \rightarrow \vec{u} = (-2, 3, 1)$

Vector director de $s \rightarrow \vec{v} = (1, 0, 1)$

$\vec{u}\cdot\vec{v} = -2\cdot1 + 3\cdot0 + 1\cdot1 = -1$

$|\vec{u}| = \sqrt{14}$ $\quad |\vec{v}| = \sqrt{2}$

b) Vector director $\rightarrow \vec{u} = (-1, 1, 1)$

Vector normal $\rightarrow \vec{n} = (1, 1, 1)$

$\vec{u}\cdot\vec{n} = -1\cdot1 + 1\cdot1 + 1\cdot1 = 1$

$|\vec{u}| = \sqrt{3}$ $\quad |\vec{n}| = \sqrt{3}$

**SEGON.** S'apliquen les fórmules per calcular l'angle.

a) $\cos\alpha = \frac{|-1|}{\sqrt{14}\cdot\sqrt{2}} = \frac{1}{2\sqrt{7}} \rightarrow \alpha = \text{arc cos}\left(\frac{1}{2\sqrt{7}}\right) = 79°\,6'\,24''$

b) $\cos(90° - \alpha) = \frac{|1|}{\sqrt{3}\cdot\sqrt{3}} = \frac{1}{3} \rightarrow \alpha = 90° - \text{arc cos}\left(\frac{1}{3}\right) = 19°\,28'\,16''$

**PENSA**

Quin angle forma una recta continguda en un pla amb una altra que li és perpendicular? I amb una paral·lela?

**ACTIVITATS**

1 Troba l'angle que formen la recta *r*, que passa pels punts $A(1, 1, 1)$ i $B(0, 0, 0)$ i la recta $s: (x, y, z) = (-1, 2, 3) + \lambda(1, 2, -3)$.

2 Calcula l'angle que formen la recta $r: (x, y, z) = (0, 0, 1) + \lambda(1, 0, -1)$ i el pla de l'equació $\pi: x + y - 3z + 2 = 0$.

## 1.3. Angle entre dos plans

L'**angle** que formen **dos plans**, $\pi_1$ i $\pi_2$, és l'angle més petit que es forma entre els respectius vectors normals, $\vec{n}_1$ i $\vec{n}_2$. Es calcula com:

$$\cos\alpha = \frac{|\vec{n}_1 \cdot \vec{n}_2|}{|\vec{n}_1| \cdot |\vec{n}_2|} \rightarrow \alpha = \text{arc cos}\left(\frac{|\vec{n}_1 \cdot \vec{n}_2|}{|\vec{n}_1| \cdot |\vec{n}_2|}\right)$$

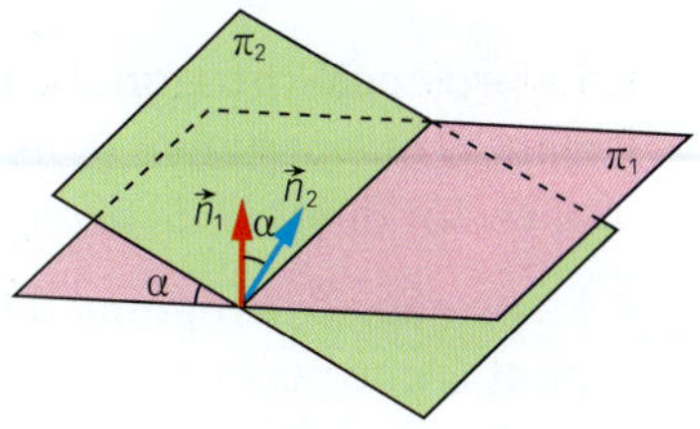


L'angle entre dos plans és igual a l'angle que formen dues rectes perpendiculars, respectivament, a cada un d'ells.

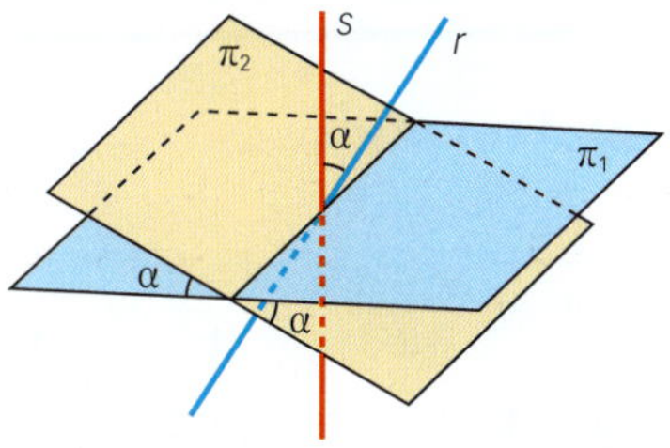


### Calcular l'angle entre dos plans

GEOGEBRA

Troba l'angle que es forma entre els plans següents:

$$\pi_1\colon x + 2y - z + 2 = 0$$

$$\pi_2\colon \left.\begin{aligned} x &= 3 + \lambda + 2\mu \\ y &= 3 - \lambda + \mu \\ z &= 3 \end{aligned}\right\}$$

**PRIMER.** Es troben els vectors normals a cada pla.

Vector normal a $\pi_1 \rightarrow \vec{n}_1 = (1, 2, -1)$

Per calcular el vector normal a $\pi_2$, primer es troba l'equació implícita.

$$\begin{vmatrix} x-3 & y-3 & z-3 \\ 1 & -1 & 0 \\ 2 & 1 & 0 \end{vmatrix} = 0 \rightarrow 3(z-3) = 0 \rightarrow z - 3 = 0 \rightarrow z = 3$$

Vector normal a $\pi_2 \rightarrow \vec{n}_2 = (0, 0, 1)$

**SEGON.** Es calculen el producte escalar dels vectors normals a cada pla i els mòduls respectius.

$\vec{n}_1 \cdot \vec{n}_2 = 1 \cdot 0 + 2 \cdot 0 + (-1) \cdot 1 = -1$

$\vec{n}_1 = (1, 2, -1) \rightarrow |\vec{n}_1| = \sqrt{6}$

$\vec{n}_2 = (0, 0, 1) \rightarrow |\vec{n}_2| = 1$

**TERCER.** S'aplica la fórmula per calcular l'angle que formen els dos plans.

$$\cos\alpha = \frac{|\vec{n}_1 \cdot \vec{n}_2|}{|\vec{n}_1| \cdot |\vec{n}_2|} = \frac{|-1|}{\sqrt{6} \cdot 1} = \frac{1}{\sqrt{6}} \rightarrow \alpha = \text{arc cos}\left(\frac{1}{\sqrt{6}}\right) = 65^\circ\, 54'\, 19''$$

**FIXA-T'HI**

L'angle entre dos plans, com l'angle entre dues rectes, és sempre més petit o igual que 90° i, per tant, el seu cosinus és sempre positiu.

Si els plans són perpendiculars:

$\vec{n}_1 \cdot \vec{n}_2 = 0 \rightarrow \cos\alpha = 0$

**PENSA**

Si el vector normal a un pla és perpendicular a un vector director d'un altre, quin angle es forma entre els plans?

**ACTIVITATS**

**3** Calcula l'angle que formen les parelles de plans següents.

a) $\pi_1\colon 3x - 2y + z - 3 = 0$ $\quad \pi_2\colon x - y - 25 = 0$

b) $\pi_1\colon x + y + z = 0$ $\quad \pi_2\colon x + 2y + 3z - 2 = 0$

c) $\pi_1\colon 2y + 2z - 3 = 0$ $\quad \pi_2\colon -y - z + 2 = 0$

**4** Troba l'angle que formen els plans següents.

$$\pi_1\colon \left.\begin{aligned} x &= 1 - \lambda + \mu \\ y &= \lambda + \mu \\ z &= \lambda + \mu \end{aligned}\right\}$$

$\pi_2\colon (x, y, z) = (-1, -1, 2) + \lambda(1, 1, 1) + \mu(1, 0, -1)$

# 2. Projeccions ortogonals

## 2.1. Projecció ortogonal d'un punt

- La **projecció ortogonal d'un punt** $P$ **sobre una recta** $r$ és un altre punt $Q$ que pertany a la recta, i tal que el vector $\overrightarrow{PQ}$ és perpendicular al vector director de la recta.
- La **projecció ortogonal d'un punt** $P$ **sobre un pla** $\pi$ és un altre punt $Q$ que pertany a la recta, i tal que el vector $\overrightarrow{PQ}$ és perpendicular al pla.

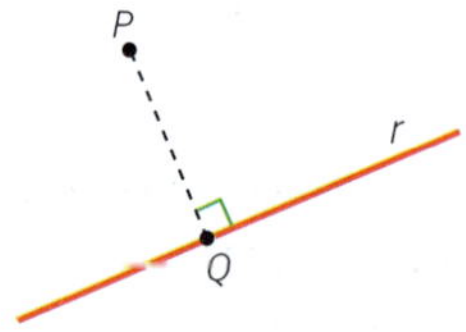


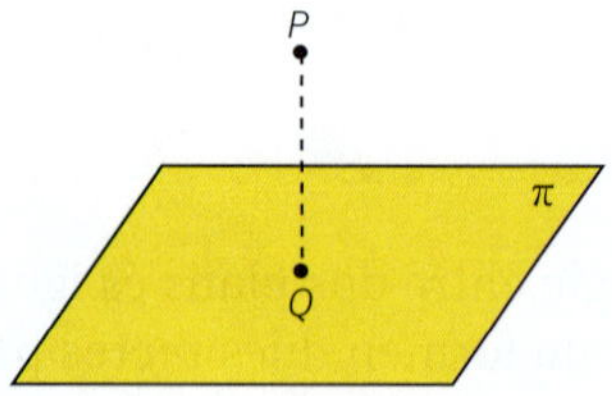


### Calcular la projecció ortogonal d'un punt sobre una recta

Determina la projecció ortogonal de $P(0, 0, 0)$ sobre $r$: $\dfrac{x-1}{2} = \dfrac{y-3}{1} = \dfrac{z}{-1}$.

**PRIMER.** Es troba l'equació del pla perpendicular a la recta $r$ que passa pel punt $P$.

$$\left.\begin{array}{r}\text{Vector normal} \rightarrow \vec{n} = (2, 1, -1)\\ \text{Punt} \rightarrow P(0, 0, 0)\end{array}\right\} \rightarrow 2(x-0) + 1(y-0) - 1(z-0) = 0 \rightarrow \rightarrow \pi\text{: } 2x + y - z = 0$$

**SEGON.** Es calcula el punt de tall de la recta amb el pla que s'ha trobat, i aquest punt serà la projecció ortogonal.

$$\left.\begin{array}{r}\dfrac{x-1}{2} = \dfrac{y-3}{1} = \dfrac{z}{-1}\\ 2x + y - z = 0\end{array}\right\} \rightarrow \left.\begin{array}{r}x - 2y = -5\\ x + 2z = 1\\ 2x + y - z = 0\end{array}\right\} \rightarrow \left\{\begin{array}{l}x = -2/3\\ y = 13/6\\ z = 5/6\end{array}\right. \rightarrow Q\left(-\dfrac{2}{3}, \dfrac{13}{6}, \dfrac{5}{6}\right)$$

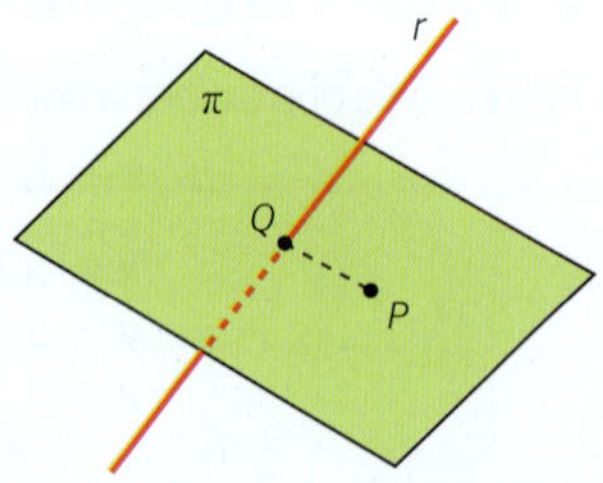


### Calcular la projecció ortogonal d'un punt sobre un pla

Determina la projecció ortogonal de $P(0, 0, 0)$ sobre el pla $\pi$: $2x - 3y + z - 2 = 0$.

**PRIMER.** Es troba l'equació de la recta perpendicular al pla $\pi$ que passa pel punt $P$.

$$\left.\begin{array}{r}\text{Vector normal} \rightarrow \vec{n} = (2, -3, 1)\\ \text{Punt} \rightarrow P(0, 0, 0)\end{array}\right\} \rightarrow r\text{: } \dfrac{x-0}{2} = \dfrac{y-0}{-3} = \dfrac{z-0}{1}$$

**SEGON.** Es calcula el punt de tall del pla amb la recta que s'ha trobat, i aquest punt serà la projecció ortogonal.

$$\left.\begin{array}{r}\dfrac{x}{2} = \dfrac{y}{-3} = \dfrac{z}{1}\\ 2x - 3y + z - 2 = 0\end{array}\right\} \rightarrow \left.\begin{array}{r}3x + 2y = 0\\ x - 2z = 0\\ 2x - 3y + z = 2\end{array}\right\} \rightarrow \left\{\begin{array}{l}x = 2/7\\ y = -3/7\\ z = 1/7\end{array}\right. \rightarrow Q\left(\dfrac{2}{7}, -\dfrac{3}{7}, \dfrac{1}{7}\right)$$

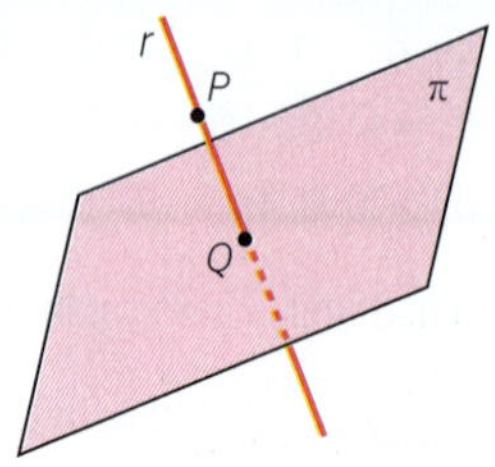


**ACTIVITATS**

**5** Troba en cada cas la projecció dels punts $A(0, 0, 0)$, $B(-1, 1, 1)$ i $C(0, 2, 0)$ sobre la recta $r$.

a) $r$: $\dfrac{x-3}{3} = \dfrac{y-2}{2} = \dfrac{z-1}{1}$

b) $r$: $\left.\begin{array}{r}x + 2z = 3\\ y - z = 0\end{array}\right\}$

**6** Calcula la projecció dels punts $A(0, 0, 0)$, $B(-1, 1, 1)$ i $C(0, 2, 0)$ sobre el pla $\pi$, determinat per les rectes:

$r$: $\dfrac{x-3}{3} = \dfrac{y-2}{2} = \dfrac{z-1}{1}$

$s$: $\left.\begin{array}{r}x + 2z = 3\\ y - z = 0\end{array}\right\}$

## 2.2. Projecció ortogonal d'una recta sobre un pla

La **projecció ortogonal d'una recta** $r$ **sobre un pla** $\pi$ és una recta $s$ que està continguda en el pla, i tal que el pla $\pi'$ que conté les dues rectes és perpendicular al pla $\pi$.

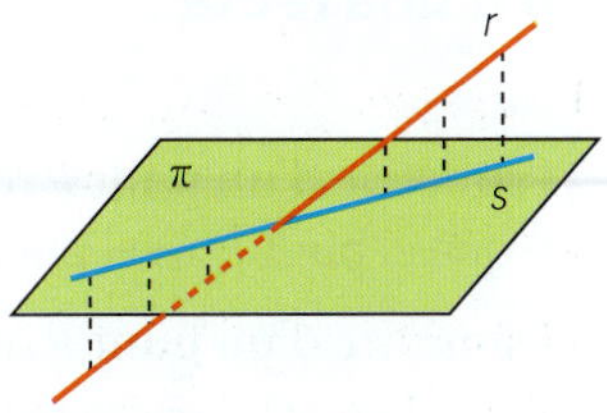


### Calcular la projecció ortogonal d'una recta sobre un pla

GEOGEBRA

Troba la projecció ortogonal de la recta $r: \dfrac{x-1}{2} = \dfrac{y-3}{1} = \dfrac{z}{-1}$ sobre el pla de l'equació $\pi: 2x - 3y + z - 2 = 0$.

**PRIMER.** Es troben el vector director de $r$, el vector normal a $\pi$ i un punt de $r$.

Vector director de $r \rightarrow \vec{u} = (2, 1, -1)$

Vector normal a $\pi \rightarrow \vec{n} = (2, -3, 1)$

Punt de $r \rightarrow P(1, 3, 0)$

**SEGON.** Es calcula el pla $\pi'$ que passa pel punt $P$ i té com a vectors directors el vector director de la recta i el vector normal al pla $\pi$.

$$\pi': \begin{vmatrix} x-1 & y-3 & z \\ 2 & 1 & -1 \\ 2 & -3 & 1 \end{vmatrix} = 0 \rightarrow \pi': -2(x-1) - 4(y-3) - 8z = 0$$
$$\rightarrow \pi': x + 2y + 4z - 7 = 0$$

El pla $\pi'$ conté la recta $r$ i és perpendicular al pla $\pi$.

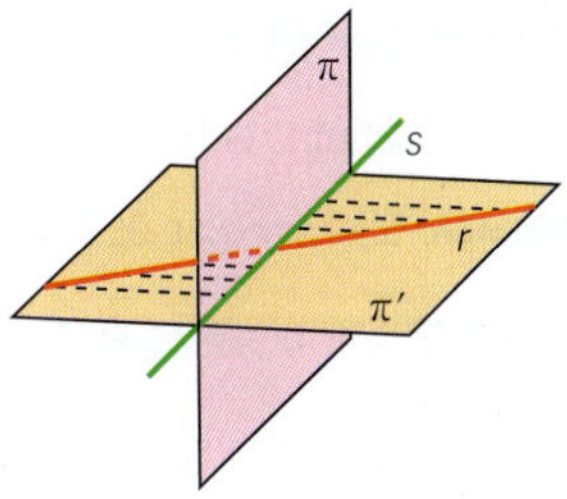


**TERCER.** Es troba la intersecció dels dos plans, $\pi$ i $\pi'$, que és la recta $s$, projecció ortogonal de $r$ sobre $\pi$.

$$s: \begin{rcases} 2x - 3y + z - 2 = 0 \\ x + 2y + 4z - 7 = 0 \end{rcases} \xrightarrow{\text{Es resol}} \begin{cases} x = \dfrac{25}{7} - 2\lambda \\ y = \dfrac{12}{7} - \lambda \\ z = \lambda \end{cases}$$

Per tant, l'equació de la recta és $s: \begin{rcases} x = \dfrac{25}{7} - 2\lambda \\ y = \dfrac{12}{7} - \lambda \\ z = \lambda \end{rcases}$

**PENSA**

La projecció ortogonal d'una recta sobre un pla és sempre una recta?

La projecció ortogonal d'una recta sobre un pla també es pot calcular escollint dos punts de la recta, calculant-ne la projecció ortogonal sobre el pla i, posteriorment, trobant la recta que passa per les projeccions.

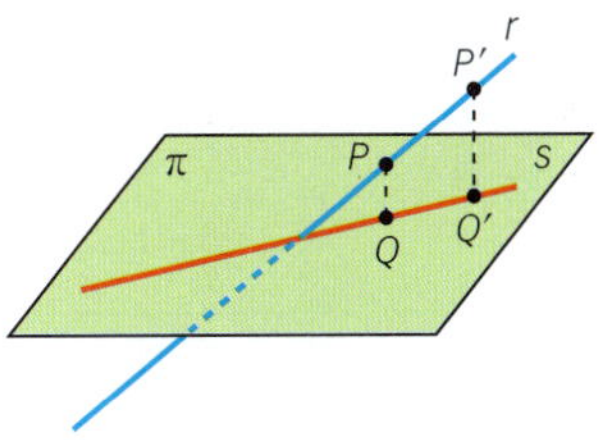


**ACTIVITATS**

**7** Calcula la projecció ortogonal de la recta:

$$r: \frac{x}{-3} = y - 2 = \frac{3-z}{3}$$

sobre el pla:

$\pi: x - 3y - 2z + 5 = 0$

**8** Troba la intersecció de les projeccions de les rectes:

$$r: \begin{rcases} x + 2y - 2 = 0 \\ x - y + 1 = 0 \end{rcases} \qquad s: \begin{rcases} x = -8 + \lambda \\ y = 1 + \lambda \\ z = -1 + \lambda \end{rcases}$$

sobre el pla $\pi: x - y + z + 2 = 0$

# 3. Punts simètrics

## 3.1. Simètric d'un punt respecte d'un altre punt o d'una recta

- El **simètric d'un punt $P$ respecte d'un altre punt $Q$** és un punt $P'$ tal que el punt $Q$ és el punt mitjà del segment $PP'$.
- El **simètric d'un punt $P$ respecte d'una recta $r$** és un punt $P'$ tal que la recta $r$ passa pel punt mitjà del segment $PP'$, i el vector $\overrightarrow{PP'}$ és perpendicular a la recta $r$.

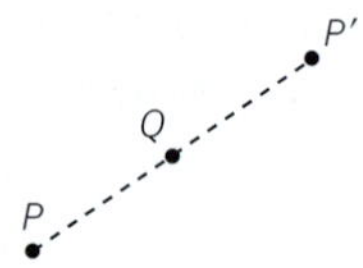


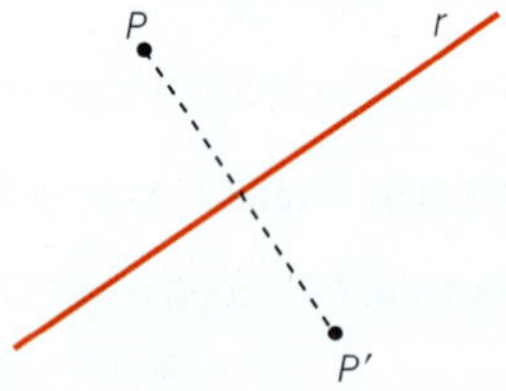


### Calcular el simètric d'un punt respecte d'un altre punt

Troba el simètric del punt $P(0, 2, -1)$ respecte del punt $Q(-1, 0, 2)$.

**PRIMER.** Si el simètric és $P'(a, b, c)$, es troba el punt mitjà del segment $PP'$.

$$P(0, 2, -1) \ i \ P'(a, b, c) \rightarrow \text{El punt mitjà és } \left(\frac{a}{2}, \frac{2+b}{2}, \frac{-1+c}{2}\right).$$

**SEGON.** Es resol el sistema que es forma en igualar el punt mitjà al punt $Q$.

$$(-1, 0, 2) = \left(\frac{a}{2}, \frac{2+b}{2}, \frac{-1+c}{2}\right) \rightarrow \begin{cases} a = -2 \\ b = -2 \\ c = 5 \end{cases}$$

El punt simètric és $P'(-2, -2, 5)$.

### Calcular el simètric d'un punt respecte d'una recta

Calcula el simètric del punt $P(-1, -1, 0)$ respecte de $r$: $\frac{x-1}{1} = \frac{y}{2} = \frac{z+2}{2}$.

**PRIMER.** Es troba la projecció ortogonal del punt sobre la recta. Per fer-ho, es calcula l'equació del pla perpendicular a la recta que passa pel punt.

$$\left.\begin{array}{r} \text{Vector normal} \rightarrow \vec{n} = (1, 2, 2) \\ P(-1, -1, 0) \end{array}\right\} \rightarrow \pi\text{: } x + 2y + 2z + 3 = 0$$

Es calcula el punt d'intersecció entre aquest pla i la recta.

$$\left.\begin{array}{r} \frac{x-1}{1} = \frac{y}{2} = \frac{z+2}{2} \\ x + 2y + 2z + 3 = 0 \end{array}\right\} \rightarrow \left.\begin{array}{r} 2x - y - 2 = 0 \\ 2x - z - 4 = 0 \\ x + 2y + 2z + 3 = 0 \end{array}\right\} \rightarrow \begin{cases} x = 1 \\ y = 0 \\ z = -2 \end{cases} \rightarrow Q(1, 0, -2)$$

**SEGON.** Es calcula el simètric del punt respecte de la projecció.

$$(1, 0, -2) = \left(\frac{-1+a}{2}, \frac{-1+b}{2}, \frac{c}{2}\right) \rightarrow \begin{cases} a = 3 \\ b = 1 \\ c = -4 \end{cases}$$

El punt simètric és $P'(3, 1, -4)$.

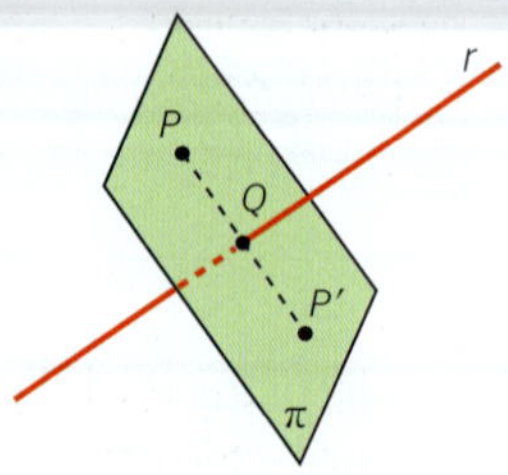


**ACTIVITATS**

9 Troba el simètric de $P(0, 0, 1)$ respecte de $Q(1, -2, 1)$.

10 Troba el simètric del punt $P(-1, 2, 3)$ respecte de la recta següent.

$$r\text{: } \frac{x-3}{3} = \frac{y-1}{-2} = \frac{z}{2}$$

11 Troba el simètric del punt $P(1, -2, 4)$ respecte de la recta $x - 1 = y = z + 3$.

12 Troba el simètric del punt $P(1, 0, -2)$ respecte de la recta $r$: $\frac{x}{2} = \frac{y-1}{-1} = \frac{z}{4}$.

13 Calcula els vèrtexs del triangle simètric al format pels punts $A(0, -1, 2)$, $B(-1, 2, 0)$ i $C(2, 0, -1)$.

a) Respecte de l'origen de coordenades.

b) Respecte de la recta $r$: $(x, y, z) = (1, 1, 1) + \lambda(1, 1, 1)$.

## 3.2. Simètric d'un punt respecte d'un pla

El **simètric d'un punt** $P$ **respecte d'un pla** $\pi$ és un altre punt $P'$ tal que el pla $\pi$ passa pel punt mitjà del segment $PP'$, i el vector $\overrightarrow{PP'}$ és perpendicular al pla $\pi$.

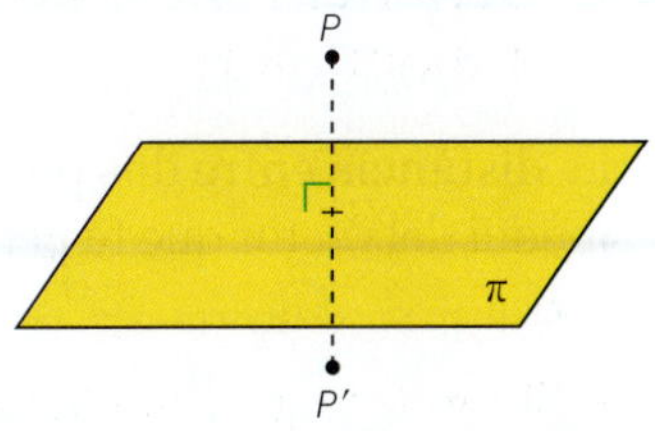


### Calcular el simètric d'un punt respecte d'un pla

Calcula el simètric del punt $P(-1, -1, 0)$ respecte de $\pi$: $x + 2y + 2z + 12 = 0$.

**PRIMER.** Es troba la projecció ortogonal del punt sobre el pla.

Es troba l'equació de la recta perpendicular al pla que passa pel punt $P$.

$$\left.\begin{array}{r}\text{Vector director} \rightarrow \vec{n} = (1, 2, 2)\\ P(-1, -1, 0)\end{array}\right\} \rightarrow r: \frac{x+1}{1} = \frac{y+1}{2} = \frac{z}{2}$$

Es calcula el punt d'intersecció entre aquest pla i la recta.

$$\left.\begin{array}{r}\frac{x+1}{1} = \frac{y+1}{2} = \frac{z}{2}\\ x + 2y + 2z + 12 = 0\end{array}\right\} \rightarrow \left.\begin{array}{r}2x - y + 1 = 0\\ 2x - z + 2 = 0\\ x + 2y + 2z + 12 = 0\end{array}\right\} \rightarrow \left\{\begin{array}{l}x = -2\\ y = -3\\ z = -2\end{array}\right. \rightarrow Q(-2, -3, -2)$$

**SEGON.** Es calcula el simètric del punt respecte de la projecció.

$$(-1, -1, 0) = \left(\frac{-2+a}{2}, \frac{-3+b}{2}, \frac{-2+c}{2}\right) \rightarrow \left\{\begin{array}{l}a = 0\\ b = 1\\ c = 2\end{array}\right.$$

El punt simètric és $P'(0, 1, 2)$.

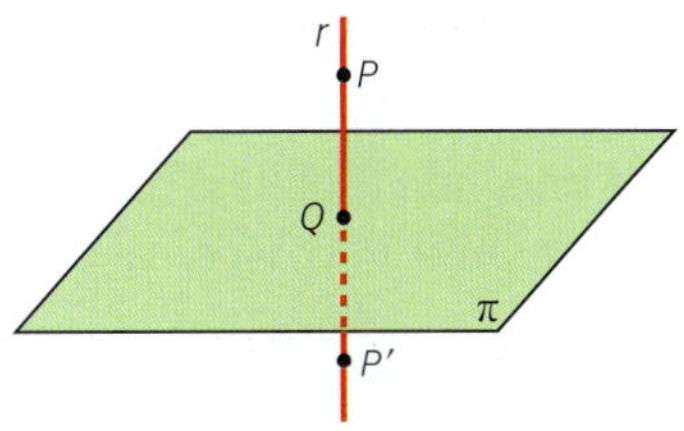


Hi ha infinites rectes respecte de les quals dos punts fixats són simètrics.

Donats dos punts $P$ i $P'$, hi ha un únic pla $\pi$ respecte del qual són simètrics. Aquest pla conté el punt mitjà del segment $PP'$ i és perpendicular a $\overrightarrow{PP'}$.

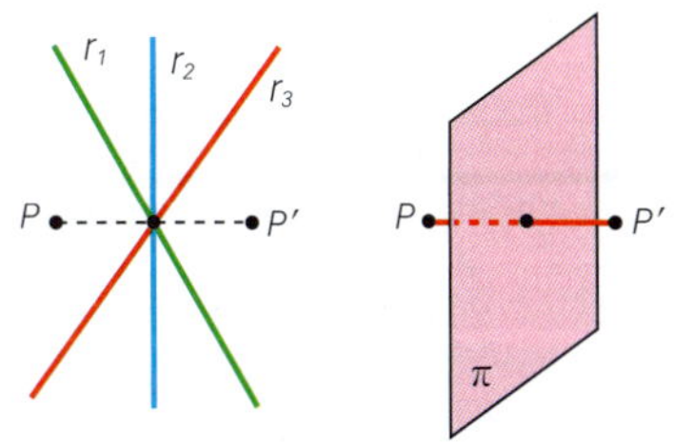


**EXEMPLE**

1. Si els punts $P(1, 0, 5)$ i $P(3, 2, -3)$ són simètrics, troba una recta i el pla respecte dels quals aquests punts són simètrics.

   Es calcula $Q$, el punt mitjà de $P$ i $P'$, i el vector $\overrightarrow{PP'}$:

   $$\left(\frac{1+3}{2}, \frac{0+2}{2}, \frac{5-3}{2}\right) \rightarrow Q(2, 1, 1) \qquad \overrightarrow{PP'} = (2, 2, -8)$$

   Una recta respecte de la qual són simètrics passa per un punt mitjà i el seu vector director serà perpendicular a $\overrightarrow{PP'} = (2, 2, -8)$, per exemple.

   Com que $(2, 2, 1) \cdot (2, 2, -8) = 0 \rightarrow r: \frac{x-2}{2} = \frac{y-1}{2} = \frac{z-1}{1}$

   El pla respecte del qual són simètrics passa pel punt mitjà i té per vector normal $\overrightarrow{PP'} = (2, 2, -8) \rightarrow \pi: 2x + 2y - 8z + D = 0$.

   $$2 \cdot 2 + 2 \cdot 1 - 8 \cdot 1 + D = 0 \rightarrow D = 2 \rightarrow \pi: 2x + 2y - 8z + 2 = 0$$

**ACTIVITATS**

**14** Troba el simètric del punt $P(0, 1, -3)$ respecte del pla l'equació del qual és:

$$\pi: x + y + z - 2 = 0$$

**15** Si els punts $P(2, 0, 2)$ i $P'(3, 1, -3)$ són simètrics, troba un punt, una recta i un pla respecte dels quals aquests punts són simètrics. Són únics?

# 4. Distància a punts i a plans

## 4.1. Distància entre dos punts

La **distància entre dos punts** $A(a_1, a_2, a_3)$ i $B(b_1, b_2, b_3)$ en l'espai és un mòdul del vector que té per extrems aquests punts.

$$d(A, B) = |\overrightarrow{AB}|$$

$$d(A, B) = \left|(b_1 - a_1, b_2 - a_2, b_3 - a_3)\right| = \sqrt{(b_1 - a_1)^2 + (b_2 - a_2)^2 + (b_3 - a_3)^2}$$

**EXEMPLE**

2. Calcula la distància entre els punts $A(-1, 2, 0)$ i $B(2, 0, -1)$.

$\overrightarrow{AB} = (2 - (-1), 0 - 2, -1 - 0) = (3, -2, -1)$

$d(A, B) = |(3, -2, -1)| = \sqrt{9 + 4 + 1} = \sqrt{14}$ u

**PENSA**

Troba el simètric de $P(1, 1, 1)$ respecte dels plans $x = 0$, $y = 0$ i $z = 0$. Calcula les distàncies que hi ha entre ells. Quina figura formen en unir-se?

## 4.2. Distància d'un punt a un pla

La **distància d'un punt** $P$ **a un pla** $\pi$ és la distància entre el punt $P$ i la seva projecció sobre el pla $\pi$.

Coneguda l'equació del pla $\pi$: $Ax + By + Cz + D = 0$, la distància d'un punt $P(x_1, y_1, z_1)$ al pla $\pi$ es pot calcular mitjançant l'expressió:

$$d(P, \pi) = \frac{|Ax_1 + By_1 + Cz_1 + D|}{\sqrt{A^2 + B^2 + C^2}}$$

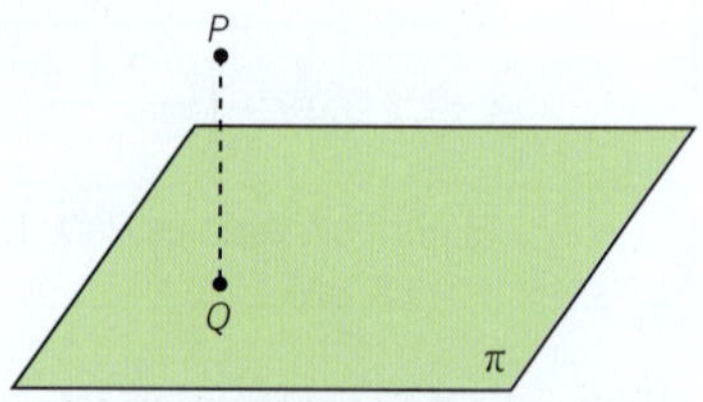


### Calcular la distància d'un punt a un pla

Troba la distància del punt $P(2, 1, 0)$ al pla $\pi$: $2x - 3y + z - 2 = 0$.

**PRIMER.** Es calcula el vector normal al pla i el seu mòdul.

$\vec{n} = (2, -3, 1) \rightarrow |\vec{n}| = \sqrt{14}$

**SEGON.** Se substitueixen les dades en l'expressió que s'utilitza per trobar la distància.

$$d(P, \pi) = \frac{|Ax_1 + By_1 + Cz_1 + D|}{\sqrt{A^2 + B^2 + C^2}} = \frac{|2 \cdot 2 + (-3) \cdot 1 + 1 \cdot 0 - 2|}{\sqrt{14}} = \frac{\sqrt{14}}{14} \text{ u}$$

**ACTIVITATS**

16 Determina la distància entre els parells de punts següents.

a) $A(1, 4, -2)$ i $B(3, 2, 1)$

b) $A(0, -1, 5)$ i $B(3, -2, -1)$

17 Calcula el perímetre del triangle els vèrtexs del qual són els punts: $A(0, 0, -3)$, $B(2, 2, 2)$ i $C(2, 0, 5)$.

18 Troba en cada cas la distància del punt al pla:

$$\pi: \left.\begin{array}{l} x = 2 - \lambda + \mu \\ y = 3\lambda - 2\mu \\ z = 1 + \lambda - 2\mu \end{array}\right\}$$

a) $A(2, 1, 0)$

b) $B(-1, 1, 1)$

### 4.3. Distància entre dos plans

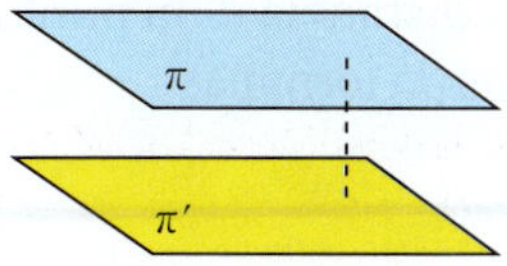


- Si els plans són coincidents o es tallen, la distància que els separa és zero.
- Si els plans són paral·lels, la distància entre tots dos és igual a la distància entre qualsevol punt d'un dels plans i l'altre pla.

#### Calcular la distància entre dos plans

Troba la distància que separa els plans:

$$\pi_1: x - y = 0 \qquad \pi_2: 3x - 3y - 1 = 0$$

**PRIMER.** Es determina la posició relativa a partir dels vectors normals.

$$\left.\begin{array}{l}\text{Vector normal a } \pi_1: \vec{n}_1 = (1, -1, 0)\\ \text{Vector normal a } \pi_2: \vec{n}_2 = (3, -3, 0)\end{array}\right\} \rightarrow (3, -3, 0) = 3 \cdot (1, -1, 0)$$

Són proporcionals; per tant, els plans són paral·lels.

**SEGON.** Es troba un punt $P$ d'un dels plans paral·lels i el mòdul del vector normal a l'altre pla.

$$P(x_1, y_1, z_1) = P(1, 1, 2) \in \pi_1 \qquad \vec{n}_2 = (3, -3, 0) \rightarrow |\vec{n}_2| = 3\sqrt{2}$$

**TERCER.** Es troba la distància entre el punt $P \in \pi_1$ i el pla $\pi_2$.

$$d(\pi_1, \pi_2) = d(P, \pi_2) = \frac{|A'x_1 + B'y_1 + C'z_1 + D'|}{\sqrt{A'^2 + B'^2 + C'^2}} = \frac{|3 \cdot 1 + (-3) \cdot 1 + 0 \cdot 2 - 1|}{3\sqrt{2}} = \frac{\sqrt{2}}{6} \text{ u}$$

**FIXA-T'HI**

Si les equacions dels plans paral·lels són de la forma:

$$\pi: Ax + By + Cz + D = 0$$
$$\pi': Ax + By + Cz + D' = 0$$

per calcular la distància s'utilitza l'expressió següent:

$$d(\pi, \pi') = \frac{|D - D'|}{\sqrt{A^2 + B^2 + C^2}}$$

### 4.4. Distància entre una recta i un pla

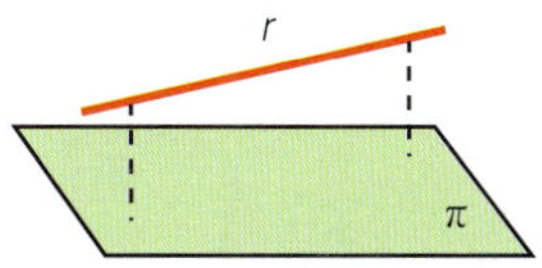


- Si la recta i el pla tenen algun punt en comú, la distància entre ells és zero.
- Si la recta i el pla són paral·lels, la distància entre tots dos és igual a la distància entre qualsevol punt de la recta al pla.

#### Calcular la distància entre una recta i un pla

Troba la distància entre la recta $r: \dfrac{x-1}{2} = \dfrac{y}{2} = \dfrac{z}{-1}$ i el pla $\pi: x - y - 2 = 0$.

**PRIMER.** Es determina la posició relativa.

$$\vec{v} = (2, 2, -1), \vec{n} = (1, -1, 0) \rightarrow \vec{v} \cdot \vec{n} = 2 \cdot 1 + (-2) \cdot 1 + (-1) \cdot 0 = 0$$

$P(1, 0, 0) \in r$ i $P \notin \pi \rightarrow r$ i $\pi$ són paral·lels.

**SEGON.** Es troba un punt $P$ de la recta i el mòdul del vector normal al pla.

$$P(x_1, y_1, z_1) = P(1, 0, 0) \in r$$
$$\vec{n} = (1, -1, 0) \rightarrow |\vec{n}| = \sqrt{2}$$

**TERCER.** Es troba la distància entre el punt $P \in r$ i el pla $\pi$.

$$d(r, \pi) = d(P, \pi) = \frac{|Ax_1 + By_1 + Cz_1 + D|}{\sqrt{A^2 + B^2 + C^2}} = \frac{|1 \cdot 1 + (-1) \cdot 0 + 0 \cdot 0 - 2|}{\sqrt{2}} = \frac{\sqrt{2}}{2} \text{ u}$$

**FIXA-T'HI**

Posició relativa d'una recta $r$ amb vector director $\vec{v}$, i un pla $\pi$ amb vector normal $\vec{n}$:

- Si $\vec{v} \cdot \vec{n} \neq 0$, es tallen en un punt.
- Si $\vec{v} \cdot \vec{n} = 0$, són paral·lels o la recta està continguda en el pla.

**ACTIVITATS**

19 Troba la distància que hi ha entre els plans:

$$\pi_2: 2x - 2y + 3z = 0$$
$$\pi_2: 4x - 4y + 6z = 12$$

20 Calcula la distància entre la recta $r: \dfrac{x}{1} = \dfrac{y-2}{1} = \dfrac{z}{1}$ i el pla $\pi: x + 2y - 3z = 0$.

# 5. Distància d'un punt a una recta

La **distància d'un punt** $P$ **a una recta** $r$ es pot calcular amb la fórmula:

$$d(P, r) = \frac{|\vec{v}_r \times \overrightarrow{AP}|}{|\vec{v}_r|}$$

sent $\vec{v}_r$ el vector director de la recta i $A$ un punt qualsevol de la recta.

Per demostrar aquest resultat s'utilitza l'àrea del paral·lelogram $PABC$:

$$\text{Àrea} = \text{Base} \cdot \text{Altura} = |\vec{v}_r| \cdot h$$

$$\text{Àrea} = |\vec{v}_r \times \overrightarrow{AP}|$$

Com que $h = d(P, r)$, igualant i aïllant $h$, s'obté:

$$|\vec{v}_r| \cdot h = |\vec{v}_r \times \overrightarrow{AP}| \rightarrow h = \frac{|\vec{v}_r \times \overrightarrow{AP}|}{|\vec{v}_r|}$$

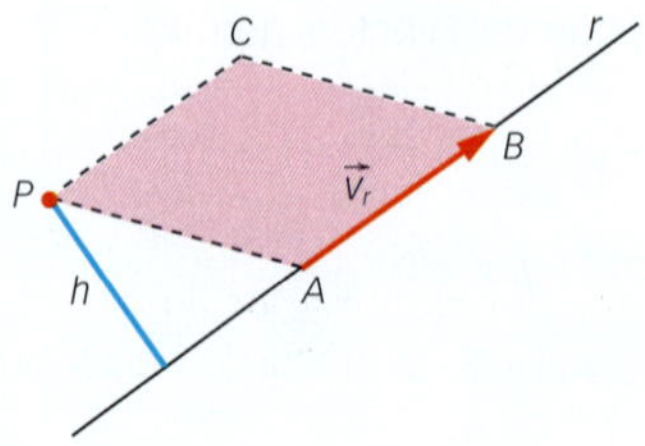


**FIXA-T'HI**

La distància d'un punt $P$ a una recta $r$ també es pot calcular com la distància entre el punt $P$ i la seva projecció ortogonal sobre la recta $r$.

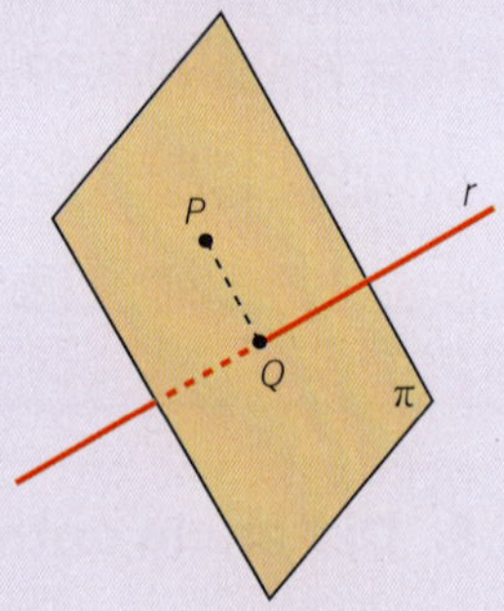


## Calcular la distància d'un punt a una recta

GEOGEBRA

Troba la distància del punt $P(2, 1, 0)$ a la recta $r: \frac{x}{1} = \frac{y}{2} = \frac{z-2}{1}$.

**PRIMER.** Es troba la projecció ortogonal del punt $P$ sobre la recta $r$.
L'equació del pla perpendicular és:

$$\left.\begin{array}{r}\text{Vector normal} \rightarrow \vec{n} = (1, 2, 1)\\ P(2, 1, 0)\end{array}\right\} \rightarrow \pi: x + 2y + z - 4 = 0$$

$$\left.\begin{array}{r}\frac{x}{1} = \frac{y}{2} = \frac{z-2}{1}\\ x + 2y + z - 4 = 0\end{array}\right\} \rightarrow \left.\begin{array}{r}2x - y = 0\\ x - z = -2\\ x + 2y + z = 4\end{array}\right\} \rightarrow \left\{\begin{array}{l}x = 1/3\\ y = 2/3\\ z = 7/3\end{array}\right. \rightarrow Q\left(\frac{1}{3}, \frac{2}{3}, \frac{7}{3}\right)$$

**SEGON.** Es calcula la distància de $P$ a la projecció $Q$.

$$d(P, Q) = \sqrt{(b_1 - a_1)^2 + (b_2 - a_2)^2 + (b_3 - a_3)^2} =$$

$$= \sqrt{\left(\frac{1}{3} - 2\right)^2 + \left(\frac{2}{3} - 1\right)^2 + \left(\frac{7}{3} - 0\right)^2} =$$

$$= \sqrt{\frac{75}{9}} = \frac{5\sqrt{3}}{3} \text{ u}$$

**PENSA**

Si una recta $r$ pertany a un pla $\pi$, explica en quins casos es compleix que $d(P, r) = d(P, \pi)$.

**ACTIVITATS**

21 Troba la distància del punt $P(1, 1, -1)$ a la recta $r: \frac{x+2}{3} = \frac{y-1}{1} = \frac{z}{-2}$.

22 Determina la distància entre el punt i la recta.

$$P\left(0, \frac{1}{2}, 0\right) \qquad r: \left.\begin{array}{r}2x - y = 6\\ x + z = -1\end{array}\right\}$$

23 Troba la distància del punt $P(0, 1, -2)$ a la recta $r: \frac{x+3}{2} = y + 1 = \frac{z+2}{-1}$.

24 Calcula la distància del punt $P(0, 0, -3)$ a la recta $r: \left.\begin{array}{r}x + y - z + 1 = 0\\ 2y + 3z = 0\end{array}\right\}$

25 Calcula l'àrea del triangle que té per vèrtexs els punts:

$A(2, 0, 0)$ $\quad B(-1, 3, 2)$ $\quad C(1, -4, -4)$

Si prens, per exemple, com a base el costat $AB$, l'altura serà la distància del vèrtex $C$ a la recta que determinen els punts $A$ i $B$.

## 6. Distàncies entre rectes



### 6.1. Distàncies entre rectes paral·leles i secants

- Si les rectes són secants o són coincidents, la distància entre elles és zero.
- Si les rectes són paral·leles, la distància entre elles és igual a la distància de qualsevol punt d'una a l'altra.

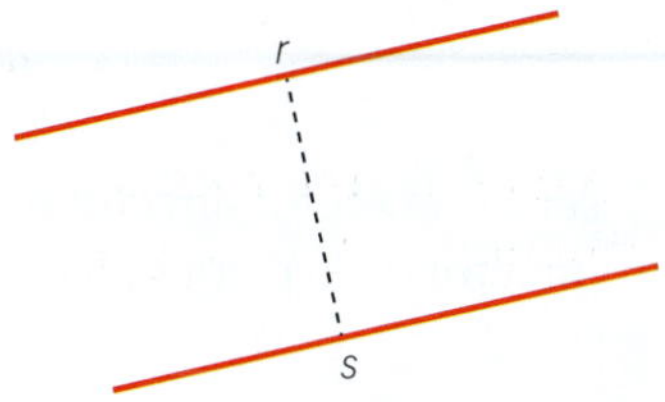


**EXEMPLE**

3. Calcula la distància entre aquestes dues rectes.

$$r: \frac{x-1}{1} = \frac{y}{-2} = \frac{z+2}{-2} \qquad s: \left.\begin{matrix} -2y + 2z + 2 = 0 \\ 2x + y - 1 = 0 \end{matrix}\right\}$$

Es determina la posició relativa de les rectes, i per fer-ho, es troben un vector director i un punt de cada recta.

$$r: \begin{cases} \vec{v}_r = (1, -2, -2) \\ P_r(1, 0, -2) \end{cases}$$

Es calcula el vector director de $s$.

$$\vec{n}_1 \times \vec{n}_2 = \begin{vmatrix} \vec{i} & \vec{j} & \vec{k} \\ 0 & -2 & 2 \\ 2 & 1 & 0 \end{vmatrix} = -2\vec{i} + 4\vec{j} + 4\vec{k} \rightarrow \vec{v}_s = (-2, 4, 4)$$

Es troba un punt de $s$. Substituint, per exemple, $x = 1$:

$$\left.\begin{matrix} -2y + 2z + 2 = 0 \\ 2 + y - 1 = 0 \end{matrix}\right\} \rightarrow \left.\begin{matrix} -2y + 2z + 2 = 0 \\ y = -1 \end{matrix}\right\} \rightarrow 2 + 2z + 2 = 0 \rightarrow z = -2$$

Aleshores $P_s(1, -1, -2)$ és un punt de la recta $s$.

Es troba la posició relativa de les rectes $r$ i $s$.

$$\text{Rang}\begin{pmatrix} 1 & -2 & -2 \\ -2 & 4 & 4 \end{pmatrix} = 1$$

$$\text{Rang}\begin{pmatrix} 1 & -2 & -2 \\ -2 & 4 & 4 \\ 1-1 & -1-0 & -2-(-2) \end{pmatrix} = 2$$

Els vectors $\vec{v}_r$ i $\vec{v}_s$ són proporcionals entre si, però no són proporcionals al vector $\overrightarrow{P_rP_s}$; per tant, les rectes $r$ i $s$ són paral·leles.

Per trobar la distància entre les dues rectes, es calcula la distància entre un punt de la recta $r$ i de la recta $s$.

$$\vec{v}_s \times \overrightarrow{P_rP_s} = \begin{vmatrix} \vec{i} & \vec{j} & \vec{k} \\ -2 & 4 & 4 \\ 0 & -1 & 0 \end{vmatrix} = 4\vec{i} + 2\vec{k} = (4, 0, 2)$$

$$d(P, s) = \frac{|\vec{v}_s \times \overrightarrow{P_rP_s}|}{|\vec{v}_s|} = \frac{\sqrt{16+4}}{\sqrt{4+16+16}} = \frac{\sqrt{5}}{3}\ \text{u}$$

**PENSA**

Troba les rectes que disten $n$ unitats de cada un dels eixos de coordenades.

**ACTIVITATS**

26 Calcula la distància entre aquestes rectes.

$$r: \frac{x+1}{-1} = \frac{y+1}{-1} = \frac{z+1}{-1} \qquad s: \left.\begin{matrix} 2x - 3y = 0 \\ 2y - 3z = 0 \end{matrix}\right\}$$

27 Determina la distància entre les rectes $r$ i $s$, les equacions de les quals són:

$r: x = y = z$

$s: x = y - 1 = z + 2$

## 6.2. Distància entre dues rectes que es creuen

La **distància entre dues rectes**, $r$ i $s$, que es creuen es calcula:

$$d(r, s) = \frac{\left|\left[\overrightarrow{AB}, \vec{v}_r, \vec{v}_s\right]\right|}{\left|\vec{v}_r \times \vec{v}_s\right|}$$

sent $\vec{v}_r$ el vector director de la recta $r$, $A$ un punt de la recta $r$, $\vec{v}_s$ el vector director de la recta $s$ i $B$ un punt de la recta $s$.

Per comprovar aquest resultat s'utilitza el volum del paral·lelepípede determinat pels vectors $\overrightarrow{AB}$, $\vec{v}_r$ i $\vec{v}_s$.

$$\text{Volum} = (\text{Àrea Base}) \cdot \text{Altura} = \left|\vec{v}_r \times \vec{v}_s\right| \cdot h$$

$$\text{Volum} = \left|\left[\overrightarrow{AB}, \overrightarrow{AC}, \overrightarrow{AD}\right]\right|$$

Com que $d(r, s) = h$, igualant i aïllant $h$, s'obté:

$$\left|\vec{v}_r \times \vec{v}_s\right| \cdot h = \left|\left[\overrightarrow{AB}, \overrightarrow{AC}, \overrightarrow{AD}\right]\right| \rightarrow h = \frac{\left|\left[\overrightarrow{AB}, \overrightarrow{AC}, \overrightarrow{AD}\right]\right|}{\left|\vec{v}_r \times \vec{v}_s\right|} = \frac{\left|\left[\overrightarrow{AB}, \vec{v}_r, \vec{v}_s\right]\right|}{\left|\vec{v}_r \times \vec{v}_s\right|}$$

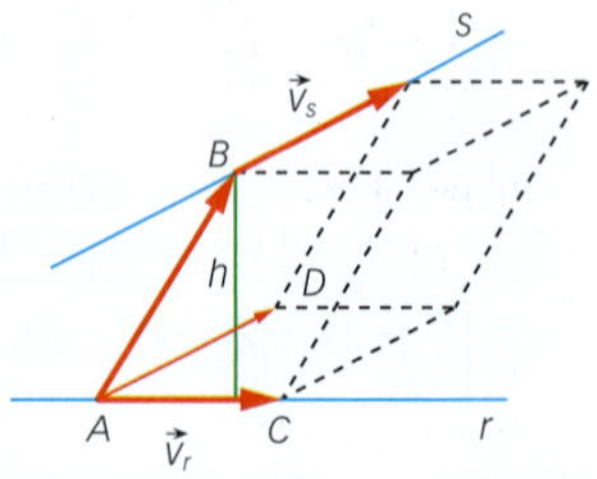


### Calcular la distància entre dues rectes

Troba la distància entre les rectes $r: \frac{x-1}{2} = \frac{y}{3} = \frac{z}{-1}$ $s: \frac{x}{1} = \frac{y}{2} = \frac{z}{-1}$.

**PRIMER.** Es troba la posició relativa de les rectes, i per fer-ho es busquen un punt i un vector director de cada recta.

$P_r(1, 0, 0)$ $\quad$ $P_s(0, 0, 0)$

$\vec{v}_r = (2, 3, -1)$ $\quad$ $\vec{v}_s = (1, 2, -1)$ $\quad$ $\overrightarrow{P_rP_s} = (-1, 0, 0)$

$$\text{Rang}\begin{pmatrix} -1 & 0 & 0 \\ 2 & 3 & -1 \\ 1 & 2 & -1 \end{pmatrix} = 3 \rightarrow \text{Les rectes es creuen.}$$

**SEGON.** S'estudia el cas que es presenta.

- Si $r$ i $s$ són coincidents $\rightarrow d(r, s) = 0$.
- Si $r$ i $s$ són secants $\rightarrow d(r, s) = 0$.
- Si $r$ i $s$ són paral·leles $\rightarrow d(r, s) = d(P, s)$ amb $P \in r$.
- Si $r$ i $s$ es creuen $\rightarrow d(r, s) = d(s, \pi_r)$ en què $\pi_r$ conté $r$ i és paral·lel a $s$. En aquest cas, es compleix que $d(r, s) = d(s, \pi_r)$.

**TERCER.** Si les rectes són paral·leles, es calcula la distància, i si es creuen, es troba l'equació del pla $\pi$ que conté $r$ i és paral·lel a $s$.

$$\pi_r = \begin{vmatrix} x-1 & y & z \\ 2 & 3 & -1 \\ 1 & 2 & -1 \end{vmatrix} = 0 \rightarrow \pi_r\!: -x + y + z + 1 = 0$$

**QUART.** Es troba la distància de la recta al pla.

$$d(s, \pi_r) = d(P_s, \pi_r) = \frac{|(-1) \cdot 0 + 1 \cdot 0 + 1 \cdot 0 + 1|}{\sqrt{3}} = \frac{\sqrt{3}}{3}\ \text{u}$$

**NO TE N'OBLIDIS**

Si $\vec{v}_r$ i $\vec{v}_s$ són els vectors directors de $r$ i $s$, respectivament, i $A \in r$ i $B \in s$:

- $\vec{v}_r \times \vec{v}_s = 0 \rightarrow$ Són paral·leles.
- $\left.\begin{matrix} \vec{v}_r \times \vec{v}_s \neq 0 \\ [\overrightarrow{AB}, \vec{v}_r, \vec{v}_r] = 0 \end{matrix}\right\} \rightarrow$ Es tallen.
- $\left.\begin{matrix} \vec{v}_r \times \vec{v}_s \neq 0 \\ [\overrightarrow{AB}, \vec{v}_r, \vec{v}_r] \neq 0 \end{matrix}\right\} \rightarrow$ Es creuen.

**ACTIVITATS**

28. Calcula la distància entre les rectes.

$r: \frac{x}{2} = \frac{y}{3} = \frac{z}{-1}$ $\qquad$ $s: \frac{x}{1} = \frac{y+1}{-3} = \frac{z}{-1}$

29. Troba la distància entre la recta $r$, que passa per l'origen i per $P(-1, 2, 1)$, i la recta $s$, que passa per $Q(1, 1, 1)$ i és perpendicular al pla $\pi$: $x = 0$.

# 7. Llocs geomètrics. L'esfera



## 7.1. Lloc geomètric en l'espai

Un **lloc geomètric** és el conjunt de tots els punts de l'espai que compleixen una determinada propietat geomètrica.

**EXEMPLE**

4. Troba el lloc geomètric dels punts de l'espai que equidisten de dos punts fixos $A(0, 0, 0)$ i $B(1, 2, 3)$.

Sigui $P(x, y, z)$ un punt de l'espai que pertany al lloc geomètric.

$d(A, P) = \sqrt{(x-0)^2 + (y-0)^2 + (z-0)^2}$

$d(B, P) = \sqrt{(x-1)^2 + (y-2)^2 + (z-3)^2}$

Igualant les dues distàncies, s'obté l'equació del lloc geomètric.

$\sqrt{x^2 + y^2 + z^2} = \sqrt{x^2 - 2x + y^2 - 4y + z^2 - 6z + 14} \rightarrow$

$\rightarrow x^2 + y^2 + z^2 = x^2 - 2x + y^2 - 4y + z^2 - 6z + 14 \rightarrow 2x + 4y + 6z - 14 = 0$

El lloc geomètric demanat és el pla $\pi$: $2x + 4y + 6z - 14 = 0$.

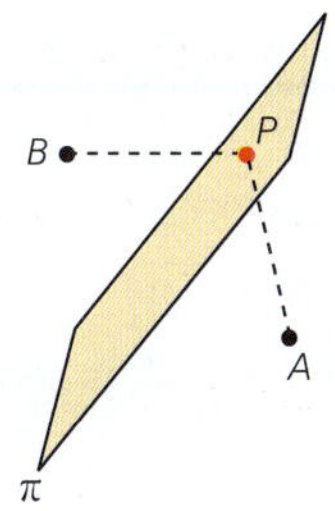


## 7.2. Superfície esfèrica

Una **esfera** és el lloc geomètric dels punts de l'espai que són a la mateixa distància d'un punt fix, anomenat **centre**. La distància constant s'anomena **radi**.

L'**equació de l'esfera** del centre $C(a, b, c)$ i radi $r$ és:

$$(x-a)^2 + (y-b)^2 + (z-c)^2 = r^2$$

Considerant $A = -2a$, $B = -2b$, $C = -2c$ i $D = a^2 + b^2 + c^2 - r^2$, s'obté l'**equació general de l'esfera**.

$$x^2 + y^2 + z^2 + Ax + By + Cz + D = 0$$

**PENSA**

Indica si els punts $P_1(0, 1, 0)$, $P_2(1, 1, -1)$ i $P_3(-1, 1, 2)$ es troben dins, fora o pertanyen a l'esfera $x^2 + y^2 - z^2 = 1$.

**EXEMPLE**

5. Troba l'equació de l'esfera de centre $C(-1, 2, 3)$ i que passa per l'origen.

$d(O, C) = r \rightarrow \sqrt{(-1)^2 + 2^2 + 3^2} = \sqrt{14}$

L'equació de l'esfera és:

$(x+1)^2 + (y-2)^2 + (z-3)^2 = \left(\sqrt{14}\right)^2 \rightarrow (x+1)^2 + (y-2)^2 + (z-3)^2 = 14$

L'equació general de l'esfera s'obté desenvolupant l'expressió anterior.

$x^2 + 2x + 1 + y^2 - 4y + 4 + z^2 - 6z + 9 = 14 \rightarrow$

$\rightarrow x^2 + y^2 + z^2 + 2x - 4y - 6z = 0$

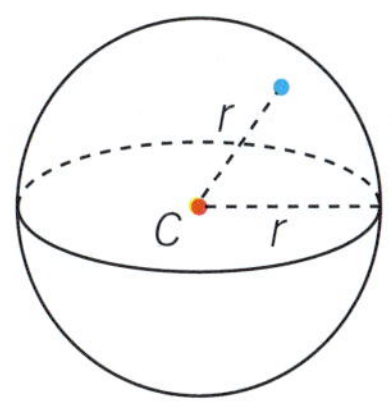


**ACTIVITATS**

30 Determina l'equació general del lloc geomètric dels punts de l'espai que equidisten dels punts:

a) $A(-3, 1, 1)$ i $B(1, 3, 5)$. b) $A(-1, 4, 2)$ i $B(3, -2, 1)$.

31 Determina l'equació de l'esfera de centre el punt $C$ i radi $r$ en cada un dels casos.

a) $C(-2, 1, 3)$ i $r = 4$ b) $C(4, -1, 0)$ i $r = \sqrt{2}$

# ACTIVITATS RESOLTES

## Angles en l'espai

### Determinar un pla que forma un cert angle amb un altre pla

**Troba el valor de $a$ perquè els plans $\pi_1$: $x - y + az - 1 = 0$ i $\pi_2$: $2x - y + 2z + 5 = 0$ formin un angle de 45°.**

**PRIMER.** Es calculen els vectors normals dels dos plans.

$\vec{n}_{\pi_1} = (1, -1, a)$ $\qquad$ $\vec{n}_{\pi_2} = (2, -1, 2)$

**SEGON.** S'aplica la fórmula que permet calcular l'angle.

$$\cos 45° = \frac{|\vec{n}_{\pi_1} \cdot \vec{n}_{\pi_2}|}{|\vec{n}_{\pi_1}| \cdot |\vec{n}_{\pi_2}|} = \frac{|(1, -1, a) \cdot (2, -1, 2)|}{\sqrt{a^2+2} \cdot \sqrt{9}} = \frac{|3+2a|}{3\sqrt{a^2+2}} \rightarrow \frac{\sqrt{2}}{2} = \frac{|3+2a|}{3\sqrt{a^2+2}}$$

**TERCER.** Es resol l'equació resultant per calcular el paràmetre.

$$\left(3\sqrt{2(a^2+2)}\right)^2 = (6+4a)^2 \rightarrow 2a^2 - 48a = 0 \rightarrow a_1 = 0, a_2 = 24$$

S'obtenen dos valors perquè hi ha dos plans que formen un angle de 45° amb $\pi_2$:
$\pi = x - y - 1 = 0$ i $\pi' = x - y + 24z - 1 = 0$

**PRACTICA**

**32.** Considera els plans:
$\pi_1 = x + y - 6 = 0$
$\pi_2 = 2x + 4y + \lambda z + 2 = 0$
en què $\lambda$ és un paràmetre real.
Calcula raonadament $\lambda$ perquè els plans $\pi_1$ i $\pi_2$ es tallin formant un angle de 45°.

## Projeccions ortogonals

### Calcular una recta perpendicular a una altra recta que passa per un cert punt

**Troba la recta que passa per $P(1, 2, 1)$ i talla perpendicularment $r: x + 1 = y - 2 = \dfrac{z-3}{4}$.**

**PRIMER.** Es calcula la projecció ortogonal de $P$ sobre $r$.

Es troba el pla que passa per $P$ i és perpendicular a $r$.

$$\pi: \begin{cases} \vec{n} = \vec{v}_r = (1, 1, 4) \rightarrow x + y + 4z + D = 0 \\ P(1, 2, 1) \rightarrow 1 + 2 + 4 + D = 0 \rightarrow D = -7 \end{cases}$$

$\pi: x + y + 4z - 7 = 0$

Es troba la intersecció entre el pla i la recta.

$$\left.\begin{array}{r} x + 1 = y - 2 = \dfrac{z-3}{4} \\ x + y + 4z - 7 = 0 \end{array}\right\} \rightarrow \left.\begin{array}{r} x - y + 3 = 0 \\ 4x - z + 7 = 0 \\ x + y + 4z - 7 = 0 \end{array}\right\} \rightarrow$$

$$\rightarrow Q\left(-\frac{4}{3}, \frac{5}{3}, \frac{5}{3}\right)$$

**SEGON.** Es troben el vector d'extrems, el punt que s'ha calculat i el que dona el problema.

$$\overrightarrow{PQ} = \left(-\frac{4}{3} - 1, \frac{5}{3} - 2, \frac{5}{3} - 1\right) = \left(-\frac{7}{3}, -\frac{1}{3}, \frac{2}{3}\right)$$

**TERCER.** La recta que es busca té com a vector director $\overrightarrow{PQ}$ i passa per $P$.

Es pren com a vector director de la recta un múltiple de $\overrightarrow{PQ}$.

$$s: \frac{x-1}{-7} = \frac{y-2}{-1} = \frac{z-1}{2}$$

**PRACTICA**

**33.** Donat el punt $P(-1, 0, 2)$ i $r: \left.\begin{array}{r} x - y + 1 = 0 \\ x - 2z - 2 = 0 \end{array}\right\}$, troba la recta que passa per $P$ i talla perpendicularment $r$.

## Projeccions ortogonals

### Calcular un pla paral·lel a una recta que passa per un cert punt

**Troba un dels plans que contenen $P(0, -2, 3)$ i que és paral·lel a $r: x - 2 = y = \dfrac{z}{-1}$.**

**PRIMER.** Es calcula la projecció ortogonal de $P$ sobre $r$.

Es troba el pla que passa per $P$ i és perpendicular a $r$.

$$\pi: \begin{cases} \vec{n} = \vec{v}_r = (1, 1, -1) \rightarrow x + y - z + D = 0 \\ P(0, -2, 3) \rightarrow 0 - 2 - 3 + D = 0 \rightarrow D = 5 \end{cases}$$

$\pi: x + y - z + 5 = 0$

Es calcula la intersecció entre el pla i la recta.

$$\left.\begin{array}{r} x - 2 = y = \dfrac{z}{-1} \\ x + y - z + 5 = 0 \end{array}\right\} \rightarrow \left.\begin{array}{r} x - y - 2 = 0 \\ -x - z + 2 = 0 \\ x + y - z + 5 = 0 \end{array}\right\} \rightarrow Q\left(-\frac{1}{3}, -\frac{7}{3}, \frac{7}{3}\right)$$

**SEGON.** Es calculen el vector d'extrems, el punt que s'ha calculat i el que dona el problema.

$$\overrightarrow{PQ} = \left(-\frac{1}{3}, -\frac{7}{3} + 2, \frac{7}{3} - 3\right) = \left(-\frac{1}{3}, -\frac{1}{3}, -\frac{2}{3}\right)$$

**TERCER.** El pla que es busca té com a vector normal el que s'ha calculat i conté el punt del problema.

$$\vec{n} = \overrightarrow{PQ} = \left(-\frac{1}{3}, -\frac{1}{3}, -\frac{2}{3}\right) \rightarrow -\frac{1}{3}x - \frac{1}{3}y - \frac{2}{3}z + D = 0$$

$$P(0, -2, 3) \rightarrow 0 + \frac{2}{3} - \frac{6}{3} + D = 0 \rightarrow D = \frac{4}{3}$$

$\pi': x + y + 2z - 4 = 0$

**PRACTICA**

**34.** Considera $P(2, -2, 1)$ i $r: \left.\begin{array}{r} 2x - y = 0 \\ x - 2z + 1 = 0 \end{array}\right\}$.

Troba el pla que conté $P$ i és paral·lel a $r$.

## Punts simètrics

### Calcular una regla simètrica respecte d'un pla

**Determina l'equació de la recta simètrica de la recta $r$: $x = y = z$ respecte del pla $\pi$: $2x + y - z - 6 = 0$.**

**PRIMER.** Es prenen dos punts de la recta i se'n calculen els simètrics respecte del pla.

Dos punts de la recta són $P(0, 0, 0)$ i $Q(1, 1, 1)$.

Es troben les equacions de dues rectes perpendiculars al pla, una que passi per $P$ i l'altra per $Q$.

$$\left.\begin{array}{r}\text{Vector director} \rightarrow \vec{n} = (2, 1, -1)\\ P(0, 0, 0)\end{array}\right\} \rightarrow \frac{x}{2} = \frac{y}{1} = \frac{z}{-1} \qquad \left.\begin{array}{r}\text{Vector director} \rightarrow \vec{n} = (2, 1, -1)\\ Q(1, 1, 1)\end{array}\right\} \rightarrow \frac{x-1}{2} = \frac{y-1}{1} = \frac{z-1}{-1}$$

Es calcula la intersecció entre les rectes i el pla.

$$\left.\begin{array}{r}\frac{x}{2} = \frac{y}{1} = \frac{z}{-1}\\ 2x + y - z - 6 = 0\end{array}\right\} \rightarrow \left.\begin{array}{r}x - 2y = 0\\ x + 2z = 0\\ 2x + y - z - 6 = 0\end{array}\right\} \rightarrow \left\{\begin{array}{l}x = 2\\ y = 1\\ z = -1\end{array}\right. \rightarrow P'(2, 1, -1)$$

$$\left.\begin{array}{r}\frac{x-1}{2} = \frac{y-1}{1} = \frac{z-1}{-1}\\ 2x + y - z - 6 = 0\end{array}\right\} \rightarrow \left.\begin{array}{r}x - 2y + 1 = 0\\ x + 2z - 3 = 0\\ 2x + y - z - 6 = 0\end{array}\right\} \rightarrow x = \frac{7}{3}, y = \frac{5}{3}, z = \frac{1}{3} \rightarrow Q'\left(\frac{7}{3}, \frac{5}{3}, \frac{1}{3}\right)$$

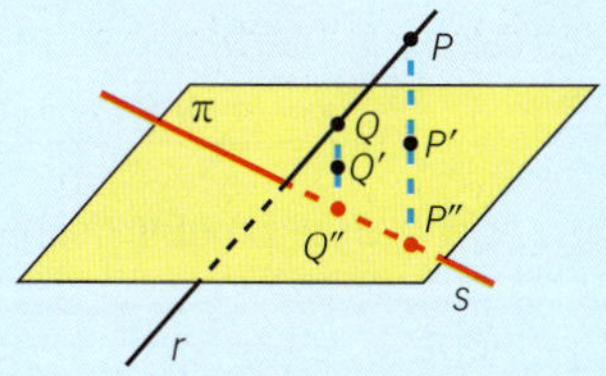


Es calcula el simètric de cada punt respecte de la seva projecció en el pla.

$$(2, 1, -1) = \left(\frac{a}{2}, \frac{b}{2}, \frac{c}{2}\right) \rightarrow P''(4, 2, -2)$$

$$\left(\frac{7}{3}, \frac{5}{3}, \frac{1}{3}\right) = \left(\frac{a+1}{2}, \frac{b+1}{2}, \frac{c+1}{2}\right) \rightarrow Q''\left(\frac{11}{3}, \frac{7}{3}, -\frac{1}{3}\right)$$

**SEGON.** La recta buscada és la que passa pels dos punts calculats.

$$\left.\begin{array}{r}\text{Vector director} \rightarrow \overrightarrow{P''Q''} = \left(-\frac{1}{3}, \frac{1}{3}, \frac{5}{3}\right)\\ P''(4, 2, -2)\end{array}\right\} \rightarrow s: (x, y, z) = (4, 2, -2) + \lambda\left(-\frac{1}{3}, \frac{1}{3}, \frac{5}{3}\right)$$

**PRACTICA**

**35.** Determina l'equació de la recta simètrica de la recta $r: x + 2 = y - 1 = z + 1$ respecte del pla $\pi: x - z + 2 = 0$.

## Punts simètrics

### Calcular el simètric d'un punt respecte d'un pla quan depèn de paràmetres

**Determina els valors de $a$ i $b$ perquè els punts $A(1, 0, 1)$ i $B\left(\frac{1}{3}, a, b\right)$ siguin simètrics respecte del pla $\pi$: $x - y + z = 1$.**

**PRIMER.** Es calcula el punt simètric del punt les coordenades del qual es coneixen respecte del pla.

Es troba l'equació de la recta perpendicular al pla que passa per $A$.

$$\left.\begin{array}{r}\text{Vector director} \rightarrow \vec{n}\,(1, -1, 1)\\ A(1, 0, 1)\end{array}\right\} \rightarrow r: \frac{x-1}{1} = \frac{y}{-1} = \frac{z-1}{1}$$

Es calcula el punt d'intersecció entre aquesta recta i el pla.

$$\left.\begin{array}{r}\frac{x-1}{1} = \frac{y}{-1} = \frac{z-1}{1}\\ x - y + z - 1 = 0\end{array}\right\} \rightarrow \left.\begin{array}{r}x + y - 1 = 0\\ x - z = 0\\ x - y + z - 1 = 0\end{array}\right\} \rightarrow x = \frac{2}{3}, y = \frac{1}{3}, z = \frac{2}{3} \rightarrow Q\left(\frac{2}{3}, \frac{1}{3}, \frac{2}{3}\right)$$

Es calcula el punt simètric de $A$.

$$\left(\frac{2}{3}, \frac{1}{3}, \frac{2}{3}\right) = \left(\frac{1 + x_0}{2}, \frac{y_0}{2}, \frac{1 + z_0}{2}\right) \rightarrow A'\left(\frac{1}{3}, \frac{2}{3}, \frac{1}{3}\right)$$

**SEGON.** El punt calculat i el punt que dona el problema han de ser el mateix. Se n'igualen les coordenades i es troba el valor dels paràmetres.

$$\left(\frac{1}{3}, \frac{2}{3}, \frac{1}{3}\right) = \left(\frac{1}{3}, a, b\right) \rightarrow a = \frac{2}{3}, b = \frac{1}{3}$$

**PRACTICA**

**36.** Determina els valors de $a$ i $b$ perquè els punts $A(2, 1, 0)$ i $B\left(a, b, \frac{1}{7}\right)$ siguin simètrics respecte del pla $\pi: 2x - 3y + z + 2 = 0$.

# ACTIVITATS RESOLTES

## Punts simètrics

### Resoldre problemes de simetries

**Calcula la recta continguda en el pla $\pi_1$: $x + y + z = 3$, paral·lela al pla $\pi_2$: $x = 0$, i que passa pel punt simètric a $B(-1, 1, 1)$ respecte de $\pi_2$.**

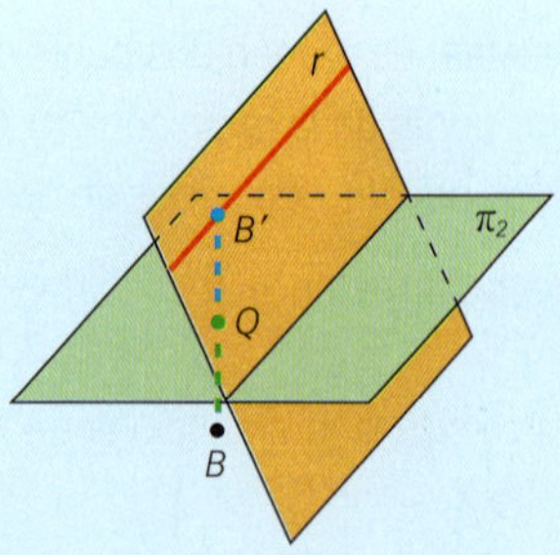


**PRIMER.** Es calcula la simetria que es demana.

Es calcula el simètric de $B(-1, 1, 1)$ respecte de $\pi_2$: $x = 0$.

$$\text{Vector director} \to \left.\begin{array}{r}\vec{n}_2 = (1, 0, 0)\\ B(-1, 1, 1)\end{array}\right\} \to s\text{:} \left.\begin{array}{l} x = -1 + \lambda \\ y = 1 \\ z = 1 \end{array}\right\}$$

Es calcula la intersecció entre $\pi_2$ i $r$.

$$x = 0 \xrightarrow{x=-1+\lambda,\, y=1,\, z=1} -1 + \lambda = 0 \to \lambda = 1 \to Q(0, 1, 1)$$

Es calcula $B'$, el simètric del punt $B$ respecte del pla $\pi_2$.

$$(0, 1, 1) = \left(\frac{-1+a}{2}, \frac{1+b}{2}, \frac{1+c}{2}\right) \to B'(1, 1, 1)$$

**SEGON.** La recta que es busca té com a vector director el producte vectorial dels vectors normals dels dos plans i passa pel punt que s'ha calculat.

$$\text{Vector director} \to \left.\begin{array}{r}\vec{v} = \vec{n}_1 \times \vec{n}_2 = (1, 1, 1) \times (1, 0, 0) = (0, 1, -1)\\ B'(1, 1, 1)\end{array}\right\} \to r\text{:} \left.\begin{array}{l} x = 1 \\ y = 1 + \lambda \\ z = 1 - \lambda \end{array}\right\}$$

**PRACTICA**

**37.** Calcula la recta continguda en el pla $\pi$: $y + z = 0$, paral·lela al pla $OXY$, i que passa pel punt simètric a $B(0, 1, -1)$ respecte de $OXY$.

## Punts simètrics

### Calcular el pla de simetria de dos punts

**Considera els punts $P(2,3,1)$ i $Q(0,1,1)$. Troba l'equació del pla respecte del qual aquests punts són simètrics.**

**PRIMER.** Es calcula el punt mitjà del segment que té per extrems els dos punts que es donen.

Sigui $M$ el punt mitjà de $PQ$:

$$M\left(\frac{2+0}{2}, \frac{3+1}{2}, \frac{1+1}{2}\right) = (1, 2, 1)$$

**SEGON.** El pla buscat té com a vector normal el vector d'extrems els dos punts que es donen i conté el punt mitjà que s'ha calculat.

$$\pi\text{:} \left\{\begin{array}{l}\vec{n} = \overrightarrow{PQ} = (-2, -2, 0) \to -2x - 2y + D = 0\\ M(1, 2, 1) \xrightarrow{-2x-2y+D=0} -2 - 4 + D = 0 \to D = 6\end{array}\right.$$

El pla buscat és:

$$\pi\text{: } -2x - 2y + 6 = 0$$

**PRACTICA**

**38.** Considera els punts:

$$P(-3, 0, -1) \text{ i } Q(2, 1, 1)$$

Troba l'equació del pla respecte del qual aquests punts són simètrics.

## Distàncies

### Buscar punts que estan a una certa distància

**Determina els punts de la recta $r$: $(\lambda, 1 + \lambda, 2\lambda)$ que es troben a una distància de 3 unitats del pla $\pi$: $2x - 2y + z + 1 = 0$.**

**PRIMER.** Es pren un punt genèric de la recta i es calcula el mòdul del vector normal del pla.

$$P(\lambda, 1 + \lambda, 2\lambda) \in r \quad \text{amb } \lambda \in \mathbb{R}$$

$$\vec{n} = (2, -2, 1) \to |\vec{n}| = \sqrt{9} = 3$$

**SEGON.** Es troba la distància del punt de la recta al pla.

$$d(P, \pi) = \frac{|2 \cdot \lambda - 2 \cdot (1 + \lambda) + 2\lambda + 1|}{3} = \frac{|2\lambda - 1|}{3}$$

**TERCER.** S'imposa la condició que ens demana el problema i es resol l'equació.

$$\frac{|2\lambda - 1|}{3} = 3 \to |2\lambda - 1| = 9 \to \left\{\begin{array}{l} 2\lambda - 1 = 9 \to \lambda = 5 \\ 2\lambda - 1 = -9 \to \lambda = -4 \end{array}\right.$$

$$\text{Els punts són } P(\lambda, 1 + \lambda, 2\lambda) \begin{array}{l} \xrightarrow{\lambda=5} P(5, 6, 10) \\ \xrightarrow{\lambda=-4} Q(-4, -3, -8) \end{array}$$

**PRACTICA**

**39.** Determina els punts de la recta $r$: $(0, 1 + \lambda, 1)$ que es troben a una distància de $\sqrt{5}$ unitats del pla $\pi$: $x - 2y - 2 = 0$.

## Distàncies

### Determinar una recta que està a una certa distància d'una altra recta

**Calcula $m$ perquè la distància entre les rectes $r$ i $s$ sigui de $\sqrt{2}$ unitats.**

$$r: x = -y = z - m \qquad s: \left.\begin{matrix} x + 2y = 7 \\ x - z = 3 \end{matrix}\right\}$$

**PRIMER.** Es calculen els vectors directors i un punt de cada recta.

$$r: x = -y = z - m \rightarrow \begin{cases} \vec{v}_r = (1, -1, 1) \\ A(0, 0, m) \end{cases} \qquad s: \left.\begin{matrix} x + 2y = 7 \\ x - z = 3 \end{matrix}\right\} \rightarrow \begin{cases} \vec{v}_s = (1, 2, 0) \times (1, 0, -1) = (-2, 1, -2) \\ \text{Per a } x = 3 \rightarrow B(3, 2, 0) \end{cases}$$

**SEGON.** S'aplica la fórmula de la distància entre dues rectes.

$$\left.\begin{matrix} \overrightarrow{AB} = (3, 2, -m) \\ \vec{v}_r \times \vec{v}_s = (1, -1, 1) \times (-2, 1, -2) = (1, 0, -1) \\ \left|[\overrightarrow{AB}, \vec{v}_r, \vec{v}_s]\right| = \begin{vmatrix} 3 & 2 & m \\ 1 & -1 & 1 \\ -2 & 1 & -2 \end{vmatrix} = 3 - m \end{matrix}\right\} \rightarrow d(r, s) = \frac{\left|[\overrightarrow{AB}, \vec{v}_r, \vec{v}_s]\right|}{|\vec{v}_r \times \vec{v}_s|} = \frac{|3 - m|}{\sqrt{2}}$$

**TERCER.** S'imposa la condició que demana el problema i es resol l'equació.

$$\frac{|3 - m|}{\sqrt{2}} = \sqrt{2} \rightarrow |3 - m| = 2 \rightarrow \begin{cases} 3 - m = 2 \rightarrow m = 1 \\ 3 - m = -2 \rightarrow m = 5 \end{cases}$$

Hi ha dues rectes la distància de les quals a la recta $s$ és de $\sqrt{2}$ unitats.

Per a $m = 1$: $r: x = -y = z - 1$

Per a $m = 5$: $r: x = -y = z - 5$

**PRACTICA**

**40.** Donades les rectes $r: x = -y = z - 1$ i $s: x - 2 = y = z - m$, troba $m$ perquè la distància entre elles sigui de $\sqrt{2}$ unitats.

## Distàncies

### Calcular punts d'una recta que equidisten d'uns altres dos punts

**Es donen els punts $A(2, 1, 1)$ i $B(1, 0, -1)$ i la recta $r: x - 5 = y = \frac{z + 2}{-2}$. Calcula raonadament el punt $C$ de $r$ que equidista de $A$ i $B$.**

**PRIMER.** S'escriu la recta en forma paramètrica per determinar les coordenades d'un punt genèric de la recta.

Un punt de la recta és $P(5, 0, -2)$ i un vector director és $\vec{v} = (1, 1, -2)$.

$$r: \left.\begin{matrix} x = 5 + \lambda \\ y = \lambda \\ z = -2 - 2\lambda \end{matrix}\right\} \rightarrow \text{Un punt genèric de la recta serà de la forma } C(5 + \lambda, \lambda, -2 - 2\lambda).$$

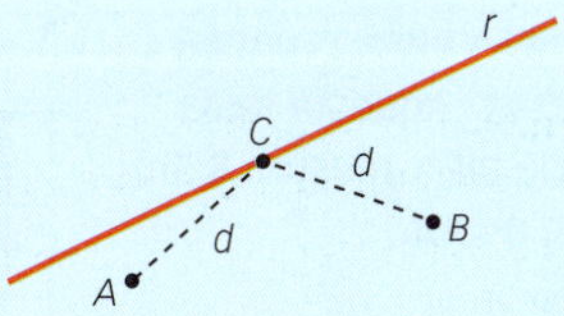


**SEGON.** Es calcula la distància de $C$ als punts $A$ i $B$.

$$d(C, A) = \sqrt{(-3 - \lambda)^2 + (1 - \lambda)^2 + (3 + 2\lambda)^2} = \sqrt{6\lambda^2 + 16\lambda + 19}$$

$$d(C, B) = \sqrt{(-4 - \lambda)^2 + (-\lambda)^2 + (1 + 2\lambda)^2} = \sqrt{6\lambda^2 + 12\lambda + 17}$$

**TERCER.** S'igualen els resultats per calcular el valor del paràmetre.

$$d(C, A) = d(C, B) \rightarrow \sqrt{6\lambda^2 + 16\lambda + 19} = \sqrt{6\lambda^2 + 12\lambda + 17} \rightarrow 6\lambda^2 + 16\lambda + 19 = 6\lambda^2 + 12\lambda + 17 \rightarrow \lambda = -\frac{1}{2}$$

El punt demanat és:

$$C(5 + \lambda, \lambda, -2 - 2\lambda) \xrightarrow{\lambda = -\frac{1}{2}} C\left(\frac{9}{2}, -\frac{1}{2}, -1\right)$$

**PRACTICA**

**41.** Considera els punts $P(-3, 0, -1)$ i $Q(2, 1, 1)$ i la recta $r: x + 1 = y = -z$. Calcula el punt $A$ de $r$ que equidista dels dos punts.

## 1. Determina angles i distàncies utilitzant els productes escalar, vectorial i mixt

### Angles

**42** Considera les rectes que es tallen en el punt $P(1, 0, -1)$, els vectors del qual són $\vec{u} = (2, 1, -2)$ i $\vec{v} = (2, -2, -1)$, respectivament. Determina l'angle que formen quan es tallen.

**43** Determina els angles que descriuen les parelles de rectes següents.

a) $r: \left.\begin{aligned} x &= -\lambda \\ y &= 2 - 4\lambda \\ z &= 7 + 14\lambda \end{aligned}\right\}$  $s: \left.\begin{aligned} x - 2y + z &= 6 \\ -x + 4z &= 0 \end{aligned}\right\}$

b) $r: \left.\begin{aligned} 2x - y + 3z &= 0 \\ 3x - 2y + 4z &= 5 \end{aligned}\right\}$  $s: \dfrac{x+1}{2} = \dfrac{y+4}{2} = \dfrac{z-2}{-1}$

**44** Dues rectes que es tallen en el punt $P(5, -2, 7)$, els vectors directors de les quals són $\vec{u} = (0, 1, 1)$ i $\vec{v} = (a, 1, 0)$, respectivament, formen un angle de 60°. Determina els possibles valors del paràmetre $a$.

**45** Classifica com a agut, obtús o recte l'angle que formen $\vec{u}$ i $\vec{v}$ segons el signe de $\vec{u} \cdot \vec{v}$.

**46** **INVESTIGA.** Per a quins valors de $k$ els vectors $\vec{a} = (k, 3, 5)$ i $\vec{b} = (2, -4, -2)$ formen un angle obtús? Poden dues rectes formar un angle obtús?

**47** Decideix si el triangle de vèrtexs $A(-2, 4, 0)$, $B(3, -3, 1)$ i $C(6, -2, 4)$ és rectangle, acutangle o obtusangle.

**48** Calcula l'angle que formen $\vec{a}$ i $\vec{b}$, sabent que $|\vec{a}| = 3$, $|\vec{b}| = 8$ i que $|\vec{a} + \vec{b}| = 6$.

**49** Calcula l'angle que formen aquestes parelles de rectes i plans.

a) $\pi: x - 2y + 3z = 8$  $r: \left.\begin{aligned} x &= -1 + \lambda \\ y &= 2 + 2\lambda \\ z &= 3 - \lambda \end{aligned}\right\}$

b) $\pi: x - 3y - z = 6$  $r: \dfrac{x-3}{2} = \dfrac{y-3}{2} = \dfrac{z-1}{-4}$

**50** **MATEMÀTIQUES I... OCI.** Aquesta taula de billar mesura 8 dm d'altura.

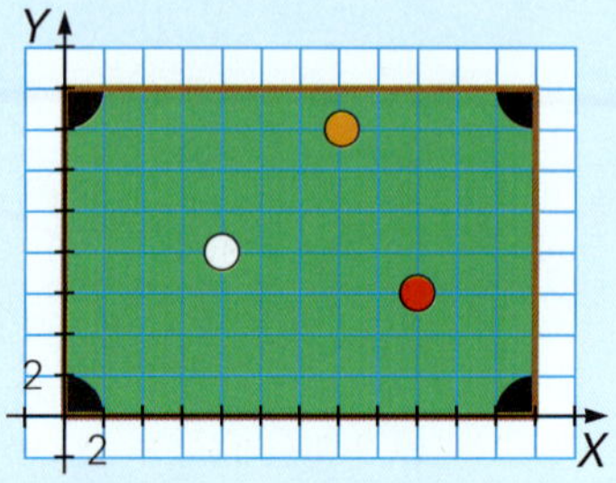


a) Indica les coordenades dels punts en què es troben cada bola i cada tronera.

b) Escriu les equacions de les rectes que passen per:

- La bola blanca i la taronja.
- La bola blanca i la vermella.
- La bola taronja i la tronera D.
- La bola vermella i la tronera C.

c) Si es copeja la bola taronja amb la blanca, amb quin angle ha de sortir la taronja per entrar al cantó D?

d) Si es copeja la bola vermella amb la blanca, amb quin angle ha de sortir la vermella per entrar al cantó C?

**51** Determina el valor del paràmetre $m$ perquè la recta $r: x = \dfrac{y}{m} + -z$ i el pla $\pi: x - z = 0$ formin un angle de 30°.

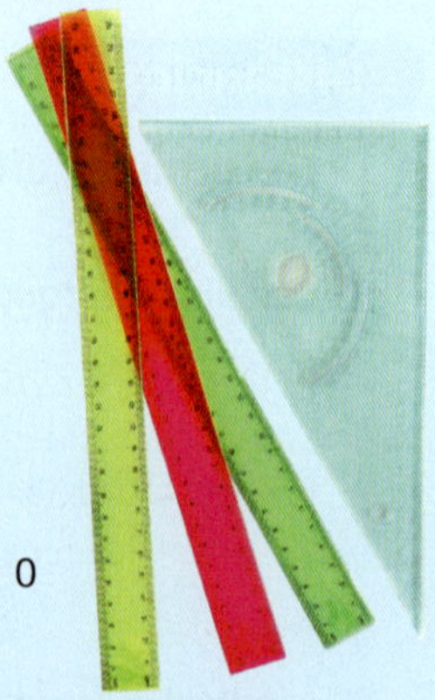

**52** **INVENTA.** Escriu les equacions de dues rectes que formen 45° amb l'eix $OX$.

**53** Comprova que els plans $\pi_1: y + 2z = 0$ i $\pi_2: 3y + z = 0$ contenen l'eix $OX$ i determina l'angle que formen.

**54** Troba l'angle que defineixen aquestes parelles de plans.

a) $\pi_1: 2x - y + 3z = -9$  $\pi_2: 2x - 2y - 2z = 19$

b) $\pi_1: -x + 5y + 3z = -1$  $\pi_2: 3x + 5y + 7z = 9$

c) $\pi_1: -4x + 12y - 28z = -13$  $\pi_2: \left.\begin{aligned} x &= -2 + t + 3s \\ y &= 2 - 2t + s \\ z &= 1 - t \end{aligned}\right\}$

**55** Estudia la posició relativa entre les rectes $r$ i $s$. En cas que siguin secants, determina l'angle que formen i el seu punt d'intersecció.

$r: \dfrac{x+1}{2} = \dfrac{y-1}{4} = 3 - z$  $s: \left.\begin{aligned} x + 3y &= 2 \\ 2y + z &= 5 \end{aligned}\right\}$

**56** Determina la posició relativa entre les rectes següents i, en cas que sigui possible, l'angle que determinen i el seu punt d'intersecció.

$r: (2 - \lambda, 3 + \lambda, 1 + \lambda)$  $s: \left.\begin{aligned} x + y - 5 &= 0 \\ x - z + 1 &= 0 \end{aligned}\right\}$

**57** **INVESTIGA.** Quin angle formen dues rectes que es creuen?

**58** Calcula el valor de $m$ perquè les rectes $r$ i $s$ siguin secants.

$r: \left.\begin{aligned} x + y + z + 3 &= 0 \\ x - y - z - 1 &= 0 \end{aligned}\right\}$  $s: (-1 + 2\lambda, -1 + \lambda, m - 2\lambda)$

Per a aquest valor de $m$, troba l'angle que formen $r$ i $s$ i el punt d'intersecció entre elles.

**59** **REPTE.** Considera les rectes següents:

$r: \left.\begin{aligned} x &= -2 + t \\ y &= 4 - t \\ z &= m - 2t \end{aligned}\right\}$  $s: x = y = z$

a) Estudia la posició relativa de les rectes segons el paràmetre $m$.

b) En cas que siguin secants per a algun valor de $m$, determina el punt d'intersecció i l'angle que formen.

**60** Considera la recta $r: \left.\begin{aligned} x - 2y + z - 3 &= 0 \\ -3x + y - z + 4 &= 0 \end{aligned}\right\}$ i el pla $\pi: ax + y - 2z - 1 = 0$.

a) Comprova que el punt $A(1, -1, 0)$ pertany a la recta $r$.

b) Sabent que el punt $A(1, -1, 0)$ també pertany al pla $\pi$, determina l'angle format entre tots dos.

**61** Siguin la recta i el pla amb les equacions següents.

$r: \left(1 + 2\lambda, \dfrac{\lambda}{2}, a - 3\lambda\right) \qquad \pi: x + 2y + az - 2 = 0$

a) Determina la posició relativa entre la recta i el pla en funció dels valors del paràmetre $a$.

b) Per a $a = 0$, determina l'angle format per la recta i el pla.

c) Quan $a = 1$, determina l'equació del pla perpendicular al donat i que contingui la recta.

**62** **INVESTIGA.** Sigui la recta $r$ i un pla $\pi$. Analitza en quines circumstàncies no hi ha un únic pla que és perpendicular a $\pi$ i que conté $r$.

**63** Considera el punt $P(2, 0, 0)$, la recta $r: \dfrac{x}{3} = y = \dfrac{z}{-1}$ i el pla $\pi: x + y - z - 5 = 0$.

a) Comprova que el punt no pertany a la recta ni al pla.

b) Determina en quin punt són secants la recta i el pla, i troba l'angle que formen.

c) Troba l'angle format pel pla que conté la recta $r$ i el punt $P$ amb el pla $\pi$.

**64** **REPTE.** Considera els plans d'equacions $\pi_1: ax + y + 2z + 1 = 0$, $\pi_2: -2x + ay + 5z + 1 = 0$ i $\pi_3: 4x - y + az - 2 = 0$. Demostra que hi ha un únic valor de $a$ per al qual els plans són secants dos a dos i, per a aquest valor, determina els angles formats per cada parell de plans.

## Projeccions ortogonals

**ACTIVITATS FLAIX**

**65** Troba la projecció de cada punt sobre l'eix indicat.

a) $A(3, 0, 0)$ sobre $OX$.

b) $B(1, 2, 5)$ sobre $OX$.

c) $C(0, 1, 0)$ sobre $OY$.

d) $D(-2, -1, 4)$ sobre $OY$.

e) $E(0, 0, -4)$ sobre $OZ$.

f) $F(3, -7, 2)$ sobre $OZ$.

**66** Determina, en cada un dels casos, la projecció ortogonal del punt $P$ sobre la recta $r$.

a) $P(2, 2, 0)$ $r: (\lambda, -\lambda, 3 + \lambda)$

b) $P\left(0, \dfrac{1}{2}, 0\right)$

$r: \left.\begin{array}{r} 2x - y = 6 \\ x + z = -1 \end{array}\right\}$

c) $P(-3, 0, 1)$

$r: \left.\begin{array}{l} x = 10 - 3t \\ y = 2t \\ z = -5 \end{array}\right\}$

**67** **INVENTA.** Escriu tres punts tals que $P(2, 0, 1)$ sigui la sevaprojecció ortogonal sobre el pla $\pi: x + y - 2z + 4 = 0$. Quina relació compleixen?

**68** Determina, en cada cas, la projecció ortogonal del punt sobre el pla.

a) $P(2, 0, -1)$ i $\pi: \left.\begin{array}{l} x = \lambda \\ y = \beta \\ z = 3\beta - 11 - 2\lambda \end{array}\right\}$

b) $P\left(1, -\dfrac{1}{2}, 0\right)$ i $\pi: -3x + 2y - 4z - 25 = 0$

c) $P(3, 3, 1)$ i $\pi: x + y + z - 3 = 0$

**69** Determina, en cada cas, la projecció ortogonal de $r$ sobre $\pi$.

a) $r: (2\lambda, -1 + \lambda, 5 - \lambda)$
$\pi: -x + 2y - 3z + 1 = 0$

b) $r: \dfrac{x - 2}{1} = \dfrac{y - 2}{1} = \dfrac{z - 2}{-1}$

**70** **INVESTIGA.** Raona quan és certa cada afirmació.

a) La projecció ortogonal d'un pla sobre un altre pot ser:
- Un pla.
- Una recta.
- Un punt.

b) La projecció ortogonal d'una recta sobre un pla pot ser:
- Un pla.
- Una recta.
- Un punt.

**71** Determina la projecció ortogonal de la recta $r: (1 - \lambda, \lambda, -2\lambda)$ sobre el pla:

a) $OXY$. b) $OXZ$. c) $OYZ$.

**72** Donada la recta $r: \dfrac{x - 3}{2} = \dfrac{y + 1}{3} = \dfrac{z}{1}$, el pla $\pi: x - y + 2z + 1 = 0$ i el punt $P(2, 1, -5)$, calcula:

a) La projecció ortogonal del punt $P$ sobre el pla $\pi$.

b) La projecció ortogonal de la recta $r$ sobre el pla $\pi$.

## Simetries

**ACTIVITATS FLAIX**

**73** Determina els punts simètrics de cada punt sobre l'eix indicat.

a) $A(3, 0, 0)$ sobre $OX$.

b) $B(1, 2, 5)$ sobre $OX$.

c) $C(0, 1, 0)$ sobre $OY$.

d) $D(-2, -1, 4)$ sobre $OY$.

e) $E(0, 0, -4)$ sobre $OZ$.

f) $F(3, -7, 2)$ sobre $OZ$.

**74** Determina, en cada un dels casos, el punt simètric del punt $P$ respecte de la recta $r$.

a) $P(0, -2, 0)$ i $r: \dfrac{x + 2}{2} = \dfrac{y - 1}{-3} = z - 6$

b) $P(-1, 2, 13)$ i $r: \left.\begin{array}{r} x - 2y = 8 \\ -2x + y + z = 1 \end{array}\right\}$

**75** Determina el punt simètric de $P(2, -1, 0)$ respecte del pla.

a) *OXY*.

b) *OXZ*.

c) *OYZ*.

Treu conclusions a partir dels resultats que hagis obtingut.

**76** Determina, en cada un dels casos, el punt simètric del punt *P* respecte del pla $\pi$.

a) $P(1, 0, 1)$ i $\pi: 2x - y - 5z - 12 = 0$

b) $P(-1, 1, 0)$ i $\pi: 3x + 2y - 38 = 0$

c) $P\left(0, \frac{1}{2}, -1\right)$ i $\pi: -2y + 5z - 23 = 0$

**77** **INVENTA.** Busca dos punts simètrics respecte del pla $\pi: x - 2y + 3 = 0$.

**78** Determina, en cada cas, la recta simètrica de la recta *r* respecte del pla $\pi$.

a) $r: (2\lambda, -1 + \lambda, 5 - \lambda)$ $\quad \pi: -x + 2y - 3z + 1 = 0$

b) $r: \dfrac{x}{-3} = y - 2 = \dfrac{3 - z}{3}$ $\quad \pi: x - 3y - 2z + 5 = 0$

c) $r: \left.\begin{array}{r} -x + 3y - 1 = 0 \\ 2y - z + 4 = 0 \end{array}\right\}$ $\quad \pi: -2x + y - z + 4 = 0$

**79** El punt $A(-1, 2, 0)$ és simètric del punt $A'(3, -4, 2)$ respecte del pla $\pi$. Podries dir tres punts que pertanyin al pla?

**80** **INVESTIGA.** Donat el pla $\pi: ax + by + cz + d = 0$, calcula el simètric del punt $\left(0, 0, -\dfrac{d}{c}\right)$.

**81** Per a cada valor de *a*, els punts $P(1, 2, 3)$ i $A(0, 1, a)$ són simètrics respecte d'un pla.

Troba, de manera raonada, l'equació d'aquest pla. En particular, troba el pla per a $a = 2$.

**82** Escriu les equacions implícites d'una recta amb la direcció del vector $(1, -1, 0)$ i que passa per $P'$, el punt simètric de $P(0, -2, 0)$ respecte del pla $\pi: x + 3y + z = 5$.

## Distàncies

### ACTIVITATS FLAIX

**83** Determina la distància del punt $(1, 2, -3)$ al pla:

a) *OXY* b) *OXZ* c) *OYZ*

**84** Calcula la distància entre cada un dels parells de punts següents.

a) $A(2, 0, 0)$ i $B(-1, 0, 0)$

b) $A(2, 1, 3)$ i $B(-1, 1, 3)$

c) $A(0, 1, 0)$ i $B(0, 3, 0)$

d) $A(3, 2, 1)$ i $B(3, 5, 1)$

e) $A(0, 0, -3)$ i $B(0, 0, -1)$

f) $A(1, 4, -1)$ i $B(1, 4, 5)$

**85** És isòsceles el triangle de vèrtexs $A(2, 5, -1)$, $B(3, -2, 4)$ i $C(-2, -3, 11)$?

**86** Determina la distància entre el punt *P* i el pla $\pi$ en cada cas.

a) $P(-3, 5, -4)$ i $\pi: -x + 2y + 2z + 1 = 0$

b) $P\left(0, \frac{1}{2}, -3\right)$ i $\pi: 2x - 2y - z + 1 = 0$

**87** **INVENTA.** Dona l'equació d'un pla i escriu aquests elements que disten 2 unitats del pla.

a) Un punt. b) Una recta. c) Un pla.

**88** Determina un punt de la recta $r: \left.\begin{array}{r} x - z = 2 \\ y + 2z = 3 \end{array}\right\}$ que es trobi a una distància de $\sqrt{6}$ unitats del pla d'equació $\pi: x - y - 2z + 5 = 0$.

**89** Troba la distància al pla $\pi: 8x - 4y + z - 5 = 0$ dels punts $P(2, 4, 12)$, $Q(0, -1, 1)$ i $R(1, 3, 2)$. Què pots dir del punt *Q*? I què tenen en comú *P* i *R*?

**90** Determina el punt del pla $\pi$ més proper al punt *A* i la distància que els separa, en cada cas.

a) $A(0, -1, 1)$ i $\pi: x - y - z - 3 = 0$

b) $A(-2, 1, -4)$ i $\pi: 3x + 5y - 2z + 7 = 0$

**91** Donada la recta $r: \dfrac{x - 1}{2} = \dfrac{y + 1}{3} = \dfrac{z + 2}{2}$ i els plans $\pi_1: 3x + 4y = 1$ i $\pi_2: 4x - 3z = 1$, determina els punts de la recta que equidisten d'ambdós plans.

**92** Troba els punts de $r: \left.\begin{array}{r} x + y = 0 \\ x - z = 0 \end{array}\right\}$ que disten $\dfrac{1}{3}$ del pla $\pi: 2x - y + 2z + 1 = 0$.

**93** Calcula la distància entre les parelles de plans següents.

a) $\pi: \left.\begin{array}{l} x = -4 + 2\lambda + 2\mu \\ y = 1 + \lambda - \mu \\ z = 2 - \lambda - 5\mu \end{array}\right\}$ $\quad \pi': \left.\begin{array}{l} x = 4 + 4\mu \\ y = 3 + \lambda + \mu \\ z = -4 + 2\lambda - 4\mu \end{array}\right\}$

b) $\pi: \left.\begin{array}{l} x = 1 + 3\lambda - \mu \\ y = -2\lambda + \mu \\ z = 3 + \mu \end{array}\right\}$ $\quad \pi': \left.\begin{array}{l} x = 5 + 4\lambda \\ y = -1 + \lambda - 2\mu \\ z = 8 + 3\lambda + 2\mu \end{array}\right\}$

c) $\pi: 2x - 4y + z - 7 = 0$ $\quad \pi': -x + 3y - 5z + 9 = 0$

**94** Troba l'equació dels plans paral·lels a $\pi: x + 2y + 3z = 12$ la distància dels quals a l'origen de coordenades sigui de $\sqrt{14}$ unitats.

**95** Dues de les sis cares d'un cub es troben en els plans $\pi_1: 2x - 2y + z - 1 = 0$ i $\pi_2: 2x - 2y + z - 5 = 0$. Calcula la longitud de l'aresta del cub.

**96** **REPTE.** Troba el valor de *m* perquè la recta que passa per $A(-1, 1, 1)$ i $B(-3, 2, -5)$ disti 3 unitats del pla $\pi: 2x - 2y - z - m = 0$.

**97** Determina, en cada cas, la distància entre la recta $r$ i el pla $\pi$.

a) $r: \begin{rcases} x + 2y - z = 1 \\ -x + y + 3z = 2 \end{rcases}$

$\pi: x + 2y - z + 6 = 0$

b) $r: \dfrac{x-3}{2} = \dfrac{2y-1}{6} = \dfrac{z}{-4}$

$\pi: x - 2y - z + 3 = 0$

c) $r: \begin{rcases} x = 3 + t \\ y = -5 + 2t \\ z = -1 + 4t \end{rcases}$

$\pi: 2x - 3y + z - 7 = 0$

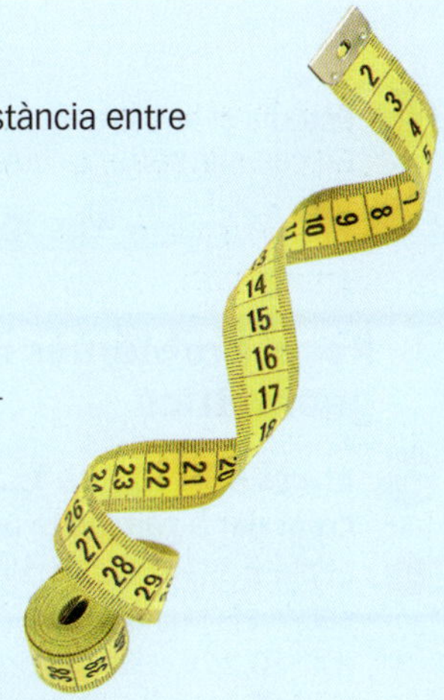

**98** El pla $\pi$ és el que passa pels punts $P_1(-3, 0, 0)$, $P_2(1, -1, -1)$ i $P_3(-1, 0, -1)$. Troba els dos punts de la recta $r: (\lambda, 1, -2 - \lambda)$ que disten 1 unitat de $\pi$.

**99** **REPTE.** Donats el pla $\pi: 2x + y - z + 6 = 0$, la recta $r: x = y = \dfrac{z-2}{2}$ i el punt $A(-2, 2, 1)$:

a) Determina un punt $P$ de la recta $r$ de manera que la recta que passi pels punts $P$ i $A$ sigui paral·lela al pla $\pi$.

b) Troba l'equació d'aquesta recta paral·lela i la distància del punt $P$ al pla $\pi$.

**100** Calcula els valors del paràmetre $D$ per als quals la distància de la recta $r: \dfrac{x-3}{-4} = -y = z - 1$ al pla $\pi: x - 2y + 2z + D = 0$ és de 2 unitats.

**101** Determina per a quins valors de $D$ la distància entre la recta $r: \begin{rcases} x = 3 \\ y + z = 1 \end{rcases}$ i el pla $\pi: 3x + y + z + D = 0$ és de $2\sqrt{11}$ unitats.

**102** **INVENTA.** Donat el punt $(0, -1, 3)$, escriu l'equació de:

a) Una recta la distància al punt de la qual sigui 3 unitats.

b) Un pla la distància al punt del qual sigui 3 unitats.

**103** Determina la distància entre el punt i la recta en cada un dels casos següents:

a) $P(2, 2, 0)$ i $r: (\lambda, -\lambda, 3 + \lambda)$

b) $P(-1, 3, 1)$ i $r: \dfrac{x-1}{3} = \dfrac{y-3}{2} = -z$

c) $P\left(0, \dfrac{1}{2}, 0\right)$ i $r: \begin{rcases} 2x - y = 6 \\ x + z = -1 \end{rcases}$

d) $P(-3, 0, 1)$ i $r: \begin{rcases} x = 10 - 3t \\ y = 2t \\ z = -5 \end{rcases}$

**104** Calcula la longitud de l'altura que parteix del vèrtex $B$ en el triangle de vèrtexs $A(3, -1, -2)$, $B(4, 2, 1)$ i $C(5, 3, 4)$.

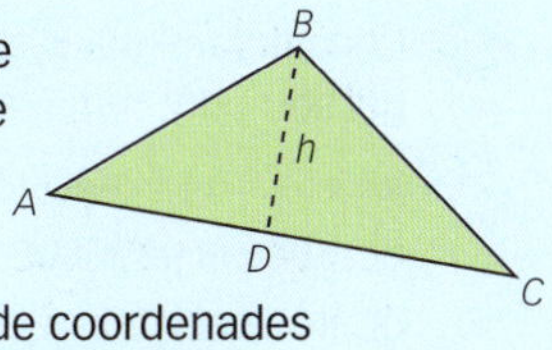


**105** Troba la distància entre l'origen de coordenades i la recta d'intersecció dels plans d'equacions $\pi_1: x + y + 2z = 4$ i $\pi_2: 2x - y + z = 2$.

**106** Es consideren els punts $A(2, -1, 0)$, $B(3, 1, 1)$, $C(0, 1, 2)$ i $D(5, 4, m)$ i el pla $\pi: 2x + 2y - z + 1 = 0$. Troba:

a) El valor de $m$ perquè els quatre punts siguin coplanaris (es trobin en un mateix pla).

b) L'angle que forma el pla que determinen els punts $A$, $B$ i $C$ amb el pla $\pi$.

c) L'equació dels plans paral·lels a $\pi$ i que es troben a 2 unitats de distància.

d) El punt $P$ del pla $\pi$ que es trobi més proper al punt $Q(-1, 2, 0)$.

**107** **MATEMÀTIQUES I... AVIACIÓ.** A l'oceà, on no hi ha cobertura de radar, si dos avions volen a la mateixa altitud i en rutes paral·leles, han d'estar separats, com a mínim, per 50 quilòmetres. Decideix si compleixen la normativa dos avions que segueixen aquestes trajectòries en què la distància ve donada en desenes de quilòmetres.

$r: \begin{rcases} x = 5 + \lambda \\ y = -2 + \lambda \\ z = 1 + \lambda \end{rcases} \qquad s: x = y - 2 = z + 5$

**108** En cadascun dels casos següents, determina la distància entre les rectes donades fent servir aquests tres mètodes:

- **Mètode 1:** Calculant el pla que conté $r$ i és paral·lel a $s$, i després trobant $d(P_s, r)$.
- **Mètode 2:** Calculant la recta secant perpendicular comuna a $r$ i $s$, i després trobant la distància entre els punts de tall amb les rectes.
- **Mètode 3:** Utilitzant la fórmula de la distància entre dues rectes que es tallen.

a) $r: \begin{rcases} x = 2 - \lambda \\ y = 3\lambda \\ z = \lambda \end{rcases}$ i $s: \dfrac{x-1}{3} = y - 3 = \dfrac{z+1}{2}$

b) $r: \begin{rcases} 2x - y + 2z = 3 \\ x + 2y + 2z = 0 \end{rcases}$ i $s: x = y = z$

c) $r: \begin{rcases} -x + 2z = 2 \\ y = \dfrac{1}{2} \end{rcases}$ i $s: \begin{rcases} x - 3 = y \\ z = 1 \end{rcases}$

**109** **REPTE.** Troba la condició que ha de complir un punt de coordenades $A(x, y, z)$ perquè la distància de $A$ fins a $P(0, 0, 0)$ sigui igual que la de $A$ fins a $Q(0, 1, 2)$.

Explica si el conjunt de tots els punts que satisfan aquesta condició forma un pla.

**110** Donat el pla $\pi: x + 3y + z = 4$:

a) Determina la distància de l'origen de coordenades al pla $\pi$.

b) Calcula el punt simètric de l'origen de coordenades respecte del pla $\pi$.

c) Calcula l'angle que forma el pla $\pi$ i el pla de l'equació $x = 0$.

d) Calcula el volum del tetraedre $T$ determinat pel pla $\pi$ i els plans coordenats.

## 2. Estudia situacions geomètriques relatives a objectes

ACTIVITATS FLAIX

**111** Troba l'equació de l'esfera de centre $C$ i radi $r$ en cada cas.

a) $C(5, 1, -2), r = 5.$

b) $C(0, 2, 3), r = 1.$

c) $C(-2, 3, -1), r = 2.$

d) $C(4, 0, 1), r = 3.$

**112** Determina l'equació general del lloc geomètric dels punts de l'espai que equidisten dels plans:

a) $\pi_1$: $x + 2y - 2z + 3 = 0$
$\pi_2$: $2x - y + 2z - 7 = 0$

b) $\pi_1$: $3x + 4z + 9 = 0$
$\pi_2$: $4x - 3y + 6 = 0$

**113** **INVESTIGA.** De quin lloc geomètric es tracta en cada cas?

a) Els punts que equidisten de dos punts donats.

b) Els punts que equidisten de dues rectes paral·leles.

c) Els punts que equidisten d'un punt i una recta.

**114** Troba els punts tals que, units amb els punts $A(3, 5, -1)$, $B(5, 9, -5)$ i $C(6, 2, 2)$, formen un tetraedre de 15 unitats de volum.

**115** Troba els punts de la recta:

$$r: \frac{x+1}{2} = \frac{y}{-3} = \frac{z-2}{2}$$

que equidisten dels plans $\pi_1$: $x + y - z + 1 = 0$ i $\pi_2$: $x - y + z + 2 = 0$.

**116** Determina l'equació de l'esfera de centre el punt $C$, sabent que el punt $A$ es troba a la seva superfície.

a) $C(-1, 2, 3)$ i $A(2, 3, 2)$

b) $C(0, -1, 1)$ i $A(3, -1, 5)$

**117** Troba l'equació de l'esfera que passa pels punts $A(0, 0, 0)$, $B(1, 0, 0)$, $C(0, 1, 0)$ i $D(0, 0, 1)$. Calcula'n també el centre i el radi.

**118** Calcula el centre i el radi de cada esfera.

a) $x^2 + y^2 + z^2 - 4x + 2y - 2z + 2 = 0$

b) $x^2 + y^2 + z^2 - 4y + 6z + 11 = 0$

**119** Determina l'equació del pla tangent a l'esfera, de centre el punt $C$, en el punt $A$.

a) $C(-1, 2, 3)$ i $A(2, 3, 2)$

b) $C(0, -1, 1)$ i $A(3, -1, 5)$

**120** L'esfera de centre $C$ és tangent al pla $\pi$. Troba en cada cas l'equació de l'esfera i el punt de tangència.

a) $C(-3, 1, 0)$ i $\pi$: $4x - 3y + 5 = 0$

b) $C(2, -1, 3)$ i $\pi$: $x - y + z = 0$

**121** Determina l'equació d'una esfera que té el centre en la recta $r$: $\left.\begin{array}{l} x + y = 4 \\ z - x = 1 \end{array}\right\}$ i és tangent al pla $\pi$: $x - y + 2z - 4 = 0$ en el punt $P(3, 1, 1)$.

**122** Estudia si aquesta equació correspon a una esfera. En cas afirmatiu, calcula el centre i el radi.

$$x^2 + y^2 + z^2 - 2y + 2 = 0$$

## 3. Resol problemes reals aplicant conceptes geomètrics

**123** **MATEMÀTIQUES I... ORDINADORS.** Un ordinador creat per a *gaming* té una pantalla central situada sobre el pla $\pi_1$: $-y + z = 1$ i dues pantalles auxiliars situades sobre els plans
$\pi_2$: $-0{,}26x - 0{,}68y + 0{,}68z = 0{,}09$ y
$\pi_3$: $-0{,}26x + 0{,}68y - 0{,}68z = -0{,}17$.

a) Calcula l'angle que forma cada pantalla auxiliar amb la pantalla central.

b) Calcula l'amplada de la pantalla central en decímetres.

**124** Donades les rectes $r_1$: $x = y = z$, $r_2$: $\frac{x-1}{2} = \frac{y}{3} = \frac{z}{2}$ i $r_3$: $\frac{x-2}{-1} = \frac{y-1}{2} = \frac{z}{3}$, determina'n els tres punts de tall $A$, $B$ i $C$, respectivament, amb el pla $\pi$: $5x - 4y + 7z + 1 = 0$ i troba l'àrea del triangle $ABC$.

**125** Considera els punts $P(1, 2, 3)$ i $Q(-1, 0, 1)$ i la recta $r$: $\left.\begin{array}{l} x + y + 2z + 1 = 0 \\ x - y + 3 = 0 \end{array}\right\}$.

a) Determina el punt simètric de $P$ respecte de $r$.

b) Calcula un punt $R$ de la recta $r$ de manera que el triangle $PQR$ sigui rectangle en $Q$ i determina'n l'àrea.

**126** Tenim un punt $A(12, -1, 1)$ i una recta $r$ que passa pel punt $P(1, 1, 1)$ i té com a vector director el vector $\vec{v}(3, 4, 0)$. Troba el punt o els punts de la recta $r$ que determinen, juntament amb $A$ i $P$, un triangle d'àrea igual a 50 unitats quadrades.

**127** **REPTE.** Siguin els punts $A(1, 3, -2)$, $B(2, 2m + 1, m)$ i $C(m + 1, 4, 3)$.

a) Determina per a quin valor de $m$ el triangle $ABC$ és un rectangle, amb l'angle recte en el vèrtex $A$.

b) Per a $m = 0$, determina el punt o els punts $D$ de la recta $r$: $(\lambda, 3, \lambda)$ tals que el volum del tetraedre format pels punts $A$, $B$, $C$ i $D$ sigui de 0,5 u$^3$.

**128** Considera el pla $\pi$, perpendicular al segment $PQ$ pel seu punt mitjà, amb $P(8, 13, 8)$ i $Q(-4, -11, -8)$.

a) Calcula l'equació del pla $\pi$.

b) Troba la projecció ortogonal de l'origen sobre $\pi$.

c) Troba el volum del tetraedre determinat pels punts en els quals el pla $\pi$ talla els eixos coordenats i l'origen de coordenades.

**129** Donats el punt $P(1, 1, 3)$ i la recta $r: \left.\begin{array}{r} 2x - y - 2z + 3 = 0 \\ x - y + 4 = 0 \end{array}\right\}$, calcula un punt $R$ de la recta $r$ tal que el triangle $PQR$ sigui rectangle a $P$, amb $Q$ el punt de tall de la recta $r$ amb el pla $OXY$. Determina'n l'àrea.

**130** **MATEMÀTIQUES I... TOPOGRAFIA.** En els estudis topogràfics, les mesures es fan amb un teodolit sostingut en un trípode. El trípode té les potes recolzades en els punts $A(-3, -5, 1)$, $B(-4, 3, 2)$ i $C(2, 1, 1)$. La longitud de la pota a $A$ és 7 u, la posada a $B$ mesura $\sqrt{17}$ u i la que és a $C$ mesura $3\sqrt{2}$ u.

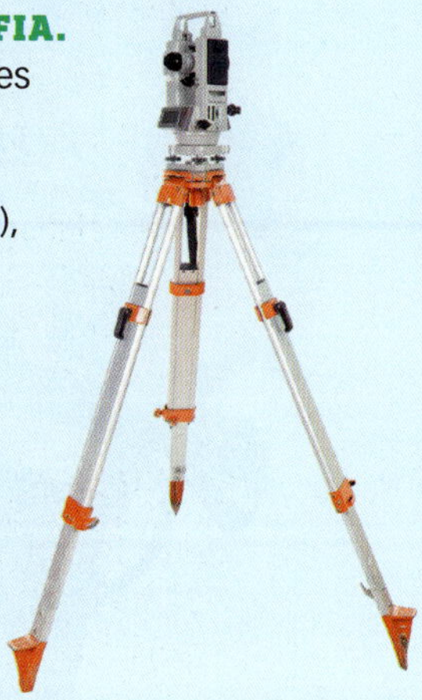

a) Calcula les coordenades del punt en què es troba el teodolit.

b) A quina distància es troba el teodolit del pla en el qual se sustenen les potes?

INTERNET

**131** **MATEMÀTIQUES I... AVIACIÓ.** La separació vertical reduïda mínima (RVSM per les sigles en anglès) indica la distància vertical mínima que han de mantenir dues aeronaus a l'aire per poder volar en condicions de seguretat, i oscil·la entre 1 000 i 2 000 peus. Aquest fet permet que els avions volin a diferents alçades.

S'observen dos avions en vol amb aquestes trajectòries:

$$T_1: \left.\begin{array}{r} x + 2y = 5 \\ y - z = 3 \end{array}\right\} \qquad T_2: \left.\begin{array}{r} x - y = -4 \\ 3y - 2z = 1 \end{array}\right\}$$

a) Comprova que les seves trajectòries no es tallen.

b) Esbrina si les trajectòries mantindran la RVSM si els coeficients indiquen valors en milers de peus.

**132** **MATEMÀTIQUES I... ASTRONOMIA.** El pla orbital d'un planeta és el que conté la seva òrbita i la inclinació orbital és l'angle que forma aquest pla amb el pla que conté la seva línia equatorial. Respecte del pla orbital de la Terra, Mercuri té una inclinació orbital de 7°.

Troba l'equació del pla orbital de Mercuri sabent que la trajectòria talla el pla de la Terra en els punts $P_1(2, 3, 0)$ i $P_2(-2, 5, 0)$.

**133** **MATEMÀTIQUES I... TELECOMUNICACIONS.** Les antenes parabòliques tenen forma de paraboloide. Aquesta forma té la propietat que qualsevol ona que xoca contra la superfície interior rebota i passa per un punt fix, el focus, en què es col·loca el receptor. Matemàticament l'equació del paraboloide amb l'eix paral·lel a $OZ$ i amb vèrtex en $P(p_1, p_2, p_3)$ és

$$z - p_3 = a((x - p_1)^2 + (y - p_2)^2)$$

en què $a$ és un paràmetre que determina la distància entre el focus i el vèrtex: $d = \frac{a}{4}$ u.

Calcula les coordenades del focus d'una antena parabòlica l'equació de la qual és $z = \frac{1}{10} \cdot ((x - 2)^2 + (y - 3)^2)$.

**134** **MATEMÀTIQUES I... GEOLOGIA.** S'anomena pla de falla o de cabussament el pla mitjançant el qual es trenca una capa geològica. Si en una falla el pla de cabussament és definit per l'equació $2x - 13y - z = 5$, calcula l'angle que forma amb el pla horitzontal d'equació $z = 0$.

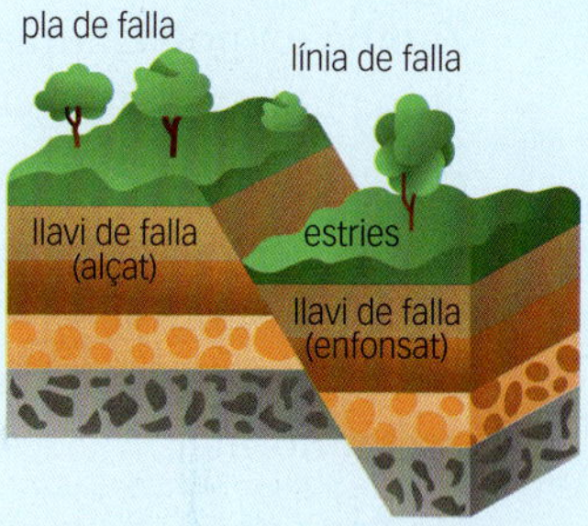


## PROBLEMES APARENTMENT DIFERENTS

CAP A LA UNIVERSITAT

**135** Troba la projecció ortogonal del punt $P(-2, -4, 4)$ sobre el pla $\pi_1: x - y + 4z - 3 = 0$.

**136** Un ocell situat a $P(-2, -4, 4)$ sobrevola una carretera inclinada sobre el pla $\pi_1: x - y + 4z - 3 = 0$. Quan els raigs de sol incideixen perpendicularment sobre la carretera, en quin punt de la carretera es pot veure l'ombra de l'ocell?

**137** Troba la distància entre els plans següents.

$\pi_1: 3x + 2y - 4z + 20 = 0$

$\pi_2: 3x + 2y - 4z - 20 = 0$

**138** Un pastís de pasta fullada té les capes sobre els plans $\pi_1: 3x + 2y - 4z + 20 = 0$ i $\pi_2: 3x + 2y - 4z - 20 = 0$.

Quin és el gruix, en centímetres, que ocupa la merenga?

**139** Donat el punt $P(1, 2, 1)$ i el pla $\pi: x + y + 3z = 0$, calcula.

a) La recta, $r$, perpendicular a $\pi$ que passa per $P$.

b) El punt de tall entre $r$ i $\pi$.

c) La distància de $P$ a $\pi$.

**140** Un helicòpter situat a $P(1, 2, 1)$ està a punt d'aterrar a l'heliport, situat sobre $\pi: x + y + 3z = 0$.

a) Calcula l'equació de la trajectòria més curta des de la seva posició a l'heliport.

b) Troba el punt en què aterrarà.

c) Calcula la distància que recorre.

## MATEMÀTIQUES EN EL MÓN REAL

### Saber quant s'inclina un pilot de MotoGP.

Ara que ja hem estudiat aquesta unitat, podem explicar de manera bastant més clara com es mesura l'angle amb el qual els pilots agafen cada revolt.

El primer que cal fer és definir quines són les nostres referències. Considerem que el terra de la pista és un pla, i que la moto és un altre pla. Els angles els mesurarem sobre el pla vertical, és a dir, quan la moto es trobi completament recta direm que el pilot s'ha inclinat 0°.

Òbviament, en aquest cas, els plans serien perpendiculars; per tant, si el pilot en un revolt perd l'equilibri i cau a terra, direm que és a 90° d'inclinació.

Un cop clars aquests conceptes, ens endinsem a la part més tecnològica. Les motos de competició porten incorporat un dispositiu que és capaç de mesurar en cada moment el vector normal del pla de la moto. També en porten un altre que és capaç de situar en quin punt exacte del circuit es troba.

Com que el terra del circuit es manté invariable, es coneix el seu vector normal en cada punt amb anterioritat. A més, com ja hem comentat, també se sap en quin punt exacte es troba la moto en cada moment i el seu vector normal.

Un cop coneguts aquests vectors normals, aquesta informació s'envia en temps real a un ordinador, que s'encarrega de fer els càlculs de manera immediata. Aquest ordinador només utilitza la fórmula que hem estudiat en aquesta unitat per a l'estudi d'angles entre plans:

$$\cos\alpha = \frac{|\vec{n}\cdot\vec{n}'|}{|\vec{n}|\cdot|\vec{n}'|}$$

Quan es coneix aquest cosinus, només s'ha d'aïllar α fent la secant o inversa del cosinus per determinar l'angle d'inclinació de la moto.

Com a curiositat, segur que t'agradarà saber que el rècord de màxima inclinació el té Marc Màrquez amb 70,8°, i que el va aconseguir al circuit de Phillip Island (Austràlia).

Aquests avenços tecnològics en esports de motor com la MotoGP o la Fórmula 1, en realitat són molt importants per a la societat perquè amb el temps passen a formar part de les noves mesures de seguretat que van incorporant els vehicles que fem servir en la nostra vida diària.

**LLEGEIX I COMPRÈN**

1. Explica amb les teves paraules el procés desenvolupat per calcular el grau d'inclinació d'una moto quan circula per un circuit.

**INTERPRETA**

2. Quin és l'interval de l'angle que pot arribar a inclinar-se una moto sense perdre adherència i caure?

**REFLEXIONA**

3. Quina posició té la moto si el seu vector normal és paral·lel al pla?

**APLICA**

4. Si en un mateix punt un pilot ha inclinat la moto en un angle $\alpha$ i un altre en un angle $\beta$, sabent que $\cos\alpha = 0{,}94$ i que $\cos\beta = 0{,}86$, quin pilot ha inclinat més la moto? Raona la resposta.

# 7 Límits i continuïtat

MATEMÀTIQUES EN EL MÓN REAL

## La meta inassolible

L'atletisme és un esport olímpic que inclou una àmplia varietat de disciplines, com ara curses de velocitat, de llarga distància, salts, llançaments i proves de camp. La cursa de 100 m és una de les disciplines més populars i emocionants de l'atletisme i els corredors que hi competeixen són considerats els més ràpids i àgils del món.

En una cursa de 100 m els millors aconsegueixen marques de menys de 10 s, la qual cosa demana un nivell excepcional de velocitat i explosivitat.

Amb l'entrenament adequat, els atletes poden superar obstacles aparentment impossibles i aconseguir nivells sorprenents d'èxit i assoliment. A través d'una combinació de resistència, força, tècnica i determinació, aquests corredors es preparen intensament per competir a cada cursa, afinant la velocitat i agilitat per arribar a la línia de meta en el menor temps possible i obtenir marques impressionants.

Tanmateix, la paradoxa de Zenó mostra com fins i tot els millors afronten desafiaments aparentment insuperables. Si un corredor només pot avançar la meitat de la distància que queda per recórrer a cada moviment, sembla que no podrà arribar mai a la meta... O sí? Amb una estratègia de fraccions que escurça la distància restant a cada instant i una determinació incansable, els corredors avancen cap a l'objectiu.

Aquesta antiga paradoxa planteja interrogants fascinants sobre la naturalesa del temps i l'espai, desafiant la nostra intuïció i posant a prova els límits de la nostra comprensió.

### Els atletes arriben a la meta?

Si una persona ha de córrer 100 m, primer recorrerà la meitat d'aquesta distància, i només li quedaran 50 m per recórrer. Però llavors tornarà a recórrer primer una meitat, i així només li quedaran 25 m.

Aquest procés es pot continuar aplicant i sempre quedarà una meitat per recórrer. Així que, teòricament, no podria arribar a la meta.

# 1. Límit d'una funció en l'infinit

## 1.1. Límit finit d'una funció

- El límit d'una funció $f(x)$, quan $x$ tendeix a $+\infty$, és un nombre real $L$, i s'escriu $\lim\limits_{x \to +\infty} f(x) = L$, si a mesura que augmenta el valor de $x$, el valor de la funció avaluada en $x$, $f(x)$, s'aproxima cada vegada més a $L$.

  De manera teòrica: $\lim\limits_{x \to +\infty} f(x) = L$, si per a qualsevol nombre positiu tan petit com es vulgui, ε, es pot trobar un nombre $x_0$ tal que:

  Per a qualsevol $x > x_0$ es compleix que $|f(x) - L| < \varepsilon$.
- El límit d'una funció $f(x)$, quan $x$ tendeix a $-\infty$, és un nombre real $L$, i s'escriu $\lim\limits_{x \to -\infty} f(x) = L$, si a mesura que disminueix el valor de $x$, el valor de la funció avaluada en $x$, $f(x)$, s'aproxima cada vegada més a $L$.
- De manera teòrica: $\lim\limits_{x \to -\infty} f(x) = L$, si per a qualsevol nombre positiu tan petit com es vulgui, ε, es pot trobar un nombre $x_0$ tal que:

  Per a qualsevol $x < x_0$ es compleix que $|f(x) - L| < \varepsilon$.

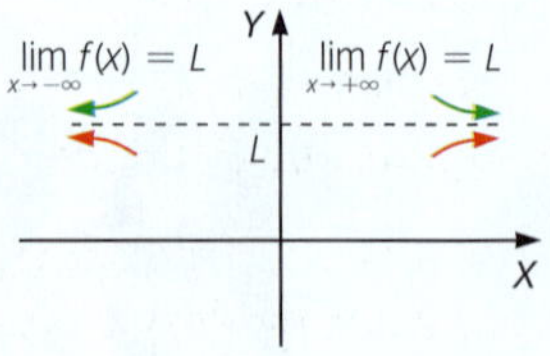


**EXEMPLES**

1. Calcula els límits de la funció $f(x) = \dfrac{x+2}{x}$ quan $x$ tendeix a infinit.

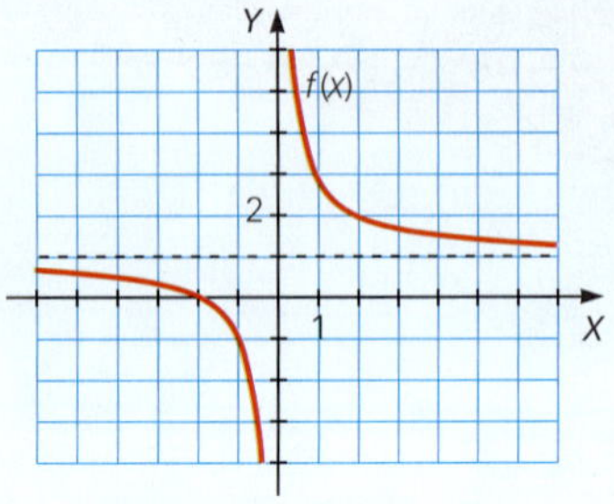


Si $x$ pren valors molt grans, $x \to +\infty$, els valors de $f(x)$ s'aproximen a 1.

$$\lim_{x \to +\infty} f(x) = \lim_{x \to +\infty} \frac{x+2}{x} = 1$$

Si $x$ pren valors molt petits, $x \to -\infty$, els valors de $f(x)$ també s'aproximen a 1.

$$\lim_{x \to -\infty} f(x) = \lim_{x \to -\infty} \frac{x+2}{x} = 1$$

2. Comprova, per definició, que $\lim\limits_{x \to +\infty} \dfrac{2x-3}{x} = 2$.

Donat un valor de ε molt petit, per exemple ε = 0,0001, es busca $x_0$ tal que per a qualsevol $x > x_0$ es compleix que:

$$|f(x) - 2| < \varepsilon \rightarrow \left|\frac{2x-3}{x} - 2\right| = \left|\frac{-3}{x}\right| < 0{,}0001$$

$$\text{Si es pren } x_0 = 10\,000 \xrightarrow{x > x_0} x = 10\,001 \rightarrow \left|\frac{-3}{10\,001}\right| < 0{,}0001$$

$$\text{I si es pren } x_0 = 30\,000 \xrightarrow{x > x_0} x = 30\,001 \rightarrow \left|\frac{-3}{30\,001}\right| < 0{,}0001$$

S'obté el mateix per a $x = 30\,002$, $x = 30\,003$, $x = 30\,004$...
És a dir, per a tot $x > x_0$.

**FIXA-T'HI**

En parlar dels límits quan $x$ tendeix a infinit es fa referència tant a $\lim\limits_{x \to +\infty} f(x)$ com a $\lim\limits_{x \to -\infty} f(x)$.

**ACTIVITATS**

1. Observa la gràfica i calcula els límits de la funció en l'infinit.

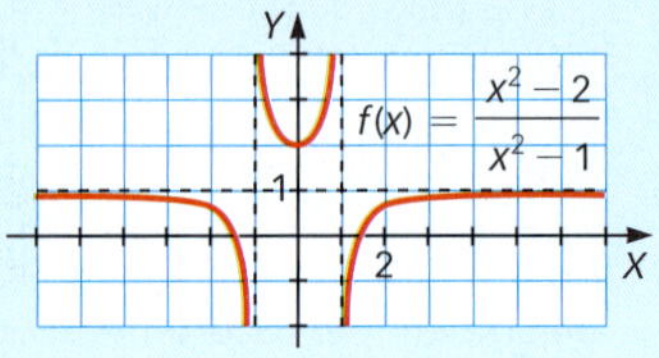


2. Aplica la definició de límit i demostra que es compleix que:

$$\lim_{x \to +\infty} \frac{3x}{x-5} = 1$$

Comprova-ho per a ε = 0,0001.

## 1.2. Límit infinit d'una funció

Donada una funció $f(x)$:

- Si per a valors molt grans de $x$, els valors corresponents de $f(x)$ són més grans que qualsevol nombre prefixat → $\lim_{x \to +\infty} f(x) = +\infty$
- Si per a valors molt grans de $x$, els valors corresponents de $f(x)$ són més petits que qualsevol nombre prefixat → $\lim_{x \to +\infty} f(x) = -\infty$
- Si per a valors molt petits de $x$, els valors corresponents de $f(x)$ són més grans que qualsevol nombre prefixat → $\lim_{x \to -\infty} f(x) = +\infty$
- Si per a valors molt petits de $x$, els valors corresponents de $f(x)$ són menors que qualsevol nombre prefixat → $\lim_{x \to -\infty} f(x) = -\infty$

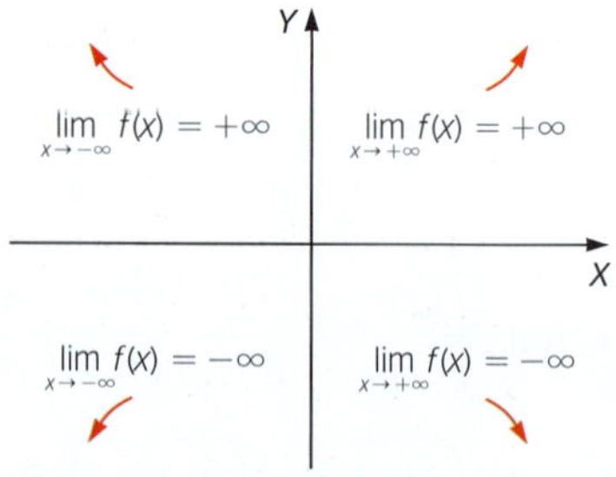


**EXEMPLE**

3. Calcula els límits en l'infinit de la funció $f(x) = 1 - x^3$.

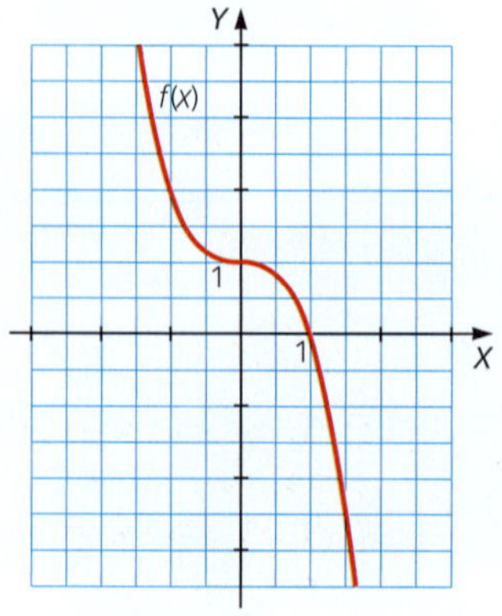


Si $x$ pren valors molt grans, $x \to +\infty$, la funció decreix indefinidament, i per a qualsevol nombre prefixat, sempre existirà un valor a partir del qual $f(x)$ serà més petit que aquest nombre.

$$\lim_{x \to +\infty} f(x) = \lim_{x \to +\infty} (1 - x^3) = -\infty$$

Si $x$ pren valors molt petits, $x \to -\infty$, la funció creix indefinidament, i per a qualsevol nombre prefixat, sempre existirà un valor a partir del qual $f(x)$ serà més gran que aquest nombre.

$$\lim_{x \to -\infty} f(x) = \lim_{x \to -\infty} (1 - x^3) = +\infty$$

Hi ha funcions que no tenen límit, és a dir, no presenten cap tendència.

**EXEMPLE**

4. Raona per què $\lim_{x \to +\infty} \sin x$ no existeix.

Per a valors de $x$ molt grans, se sap que la funció està entre $-1$ i 1, però no s'acosta a un únic valor. Per tant, $\lim_{x \to +\infty} \sin x$ no existeix.

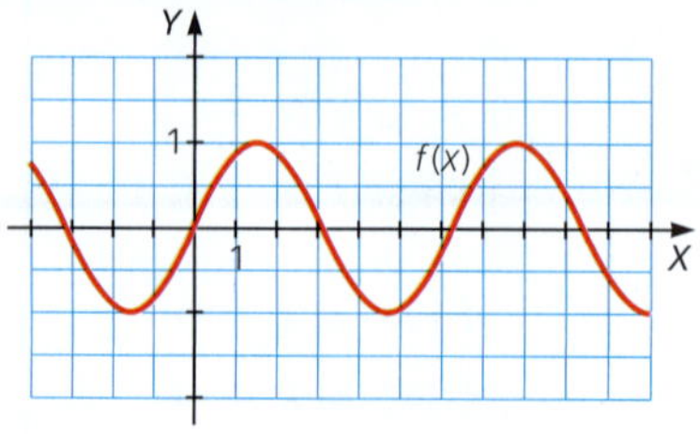


**NO TE N'OBLIDIS**

El límit d'una funció pot ser un nombre, $+\infty$, $-\infty$ o no existir.

**ACTIVITATS**

3 Observa la gràfica de $f(x) = \dfrac{x^3 - 3x}{2}$ i calcula els límits de la funció en l'infinit.

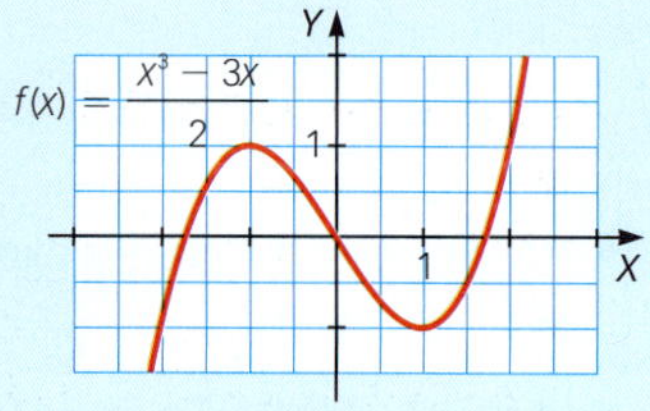


4 Busca funcions els límits de les quals siguin els següents.

a) $\lim_{x \to +\infty} f(x) = +\infty$

b) $\lim_{x \to +\infty} f(x) = -\infty$

c) $\lim_{x \to -\infty} f(x) = +\infty$

d) $\lim_{x \to -\infty} f(x) = -\infty$

e) $\lim_{x \to +\infty} f(x)$ no existeix.

f) $\lim_{x \to -\infty} f(x)$ no existeix.

## 2. Operacions amb límit

Si $f(x)$ i $g(x)$ són dues funcions que tenen límits finits $A$ i $B$, respectivament, llavors:

- $\lim\limits_{x\to\infty} [f(x) + g(x)] = \lim\limits_{x\to\infty} f(x) + \lim\limits_{x\to\infty} g(x) = A + B$
- $\lim\limits_{x\to\infty} [f(x) - g(x)] = \lim\limits_{x\to\infty} f(x) - \lim\limits_{x\to\infty} g(x) = A - B$
- $\lim\limits_{x\to\infty} [f(x) \cdot g(x)] = \lim\limits_{x\to\infty} f(x) \cdot \lim\limits_{x\to\infty} g(x) = A \cdot B$
- $\lim\limits_{x\to\infty} \dfrac{f(x)}{g(x)} = \dfrac{\lim\limits_{x\to\infty} f(x)}{\lim\limits_{x\to\infty} g(x)} = \dfrac{A}{B}$, sempre que $B \neq 0$
- $\lim\limits_{x\to\infty} \sqrt[p]{f(x)} = \sqrt[p]{\lim\limits_{x\to\infty} f(x)} = \sqrt[p]{A}$ i $\lim\limits_{x\to\infty} (f(x))^p = \left(\lim\limits_{x\to\infty} f(x)\right)^p = A^p$
- $\lim\limits_{x\to\infty} \log_a f(x) = \log_a \lim\limits_{x\to\infty} f(x) = \log_a A$, sempre que $A > 0$
- $\lim\limits_{x\to\infty} f(x)^{g(x)} = \left(\lim\limits_{x\to\infty} f(x)\right)^{\lim\limits_{x\to\infty} g(x)} = A^B$, si $A \neq 0$ o bé $B \neq 0$

S'ESCRIU AIXÍ

S'escriu $\lim\limits_{x\to\infty} f(x)$, significa que els resultats són vàlids per a $\lim\limits_{x\to+\infty} f(x)$ i $\lim\limits_{x\to-\infty} f(x)$.

En el càlcul de límits a vegades s'opera amb expressions on apareix infinit. Algunes d'aquestes expressions tenen resultats que són coneguts. Si $k$ és un nombre real finit:

**Suma i resta**

$(+\infty) + k = +\infty$

$(-\infty) + k = -\infty$

$(+\infty) - k = +\infty$

$(-\infty) - k = -\infty$

$(+\infty) + (+\infty) = +\infty$

$(-\infty) + (-\infty) = -\infty$

$-(-\infty) = +\infty$

**Producte**

$k \cdot (+\infty) = \begin{cases} +\infty \text{ si } k > 0 \\ -\infty \text{ si } k < 0 \end{cases}$

$k \cdot (-\infty) = \begin{cases} -\infty \text{ si } k > 0 \\ +\infty \text{ si } k < 0 \end{cases}$

$(+\infty) \cdot (+\infty) = +\infty$

$(+\infty) \cdot (-\infty) = -\infty$

$(-\infty) \cdot (-\infty) = +\infty$

**Quocient**

$\dfrac{k}{+\infty} = \dfrac{k}{-\infty} = 0$

$\dfrac{k}{0} = \infty$, si $k \neq 0$

$\dfrac{+\infty}{k} = \begin{cases} +\infty \text{ si } k \geq 0 \\ -\infty \text{ si } k < 0 \end{cases}$

$\dfrac{-\infty}{k} = \begin{cases} -\infty \text{ si } k \geq 0 \\ +\infty \text{ si } k < 0 \end{cases}$

**Potència**

$k^{+\infty} = \begin{cases} +\infty & \text{si } k > 1 \\ 0 & \text{si } 0 \leq k < 1 \end{cases}$

$k^{-\infty} = \begin{cases} 0 & \text{si } k > 1 \\ +\infty & \text{si } 0 \leq k < 1 \end{cases}$

$(+\infty)^k = \begin{cases} +\infty & \text{si } k > 0 \\ 0 & \text{si } k < 0 \end{cases}$

$(+\infty)^{+\infty} = +\infty$

$(+\infty)^{-\infty} = 0$

PENSA

Calcula.

$(-\infty)^{+\infty}$ $(-\infty)^{-\infty}$

$\dfrac{0}{+\infty}$ $\dfrac{0}{-\infty}$

ACTIVITATS

5 Determina el valor de les expressions següents.

a) $2 + (+\infty)$

b) $2 + (-\infty)$

c) $2 \cdot (+\infty) + (+\infty)$

d) $2 \cdot (-\infty) \cdot (+\infty)$

6 Troba el valor d'aquestes expressions.

a) $2^{+\infty} + (+\infty) \cdot (+\infty)$

b) $2^{-\infty} + (-\infty) \cdot (-\infty)$

c) $(+\infty)^2 + (+\infty)$

d) $(-\infty)^2 \cdot (+\infty)$

**EXEMPLE**

5. Coneguts aquests límits:

$\lim_{x \to +\infty} f(x) = 1 \quad \lim_{x \to -\infty} f(x) = -\infty \quad \lim_{x \to +\infty} g(x) = +\infty \quad \lim_{x \to -\infty} g(x) = -1$

determina els límits que apareixen a continuació.

a) $\lim_{x \to +\infty} [f(x) + g(x)] = \lim_{x \to +\infty} f(x) + \lim_{x \to +\infty} g(x) = 1 + (+\infty) = +\infty$

b) $\lim_{x \to -\infty} [f(x) - g(x)] = \lim_{x \to -\infty} f(x) - \lim_{x \to -\infty} g(x) = -\infty - (-1) = -\infty$

c) $\lim_{x \to -\infty} [f(x) \cdot g(x)] = \lim_{x \to -\infty} f(x) \cdot \lim_{x \to -\infty} g(x) = (-\infty) \cdot (-1) = +\infty$

d) $\lim_{x \to +\infty} \frac{f(x)}{g(x)} = \frac{\lim_{x \to +\infty} f(x)}{\lim_{x \to +\infty} g(x)} = \frac{1}{+\infty} = 0$

e) $\lim_{x \to -\infty} \frac{f(x)}{g(x)} = \frac{\lim_{x \to -\infty} f(x)}{\lim_{x \to -\infty} g(x)} = \frac{-\infty}{-1} = +\infty$

f) $\lim_{x \to +\infty} \sqrt{f(x)} = \sqrt{\lim_{x \to +\infty} f(x)} = \sqrt{1} = 1$

g) $\lim_{x \to +\infty} g(x)^3 = \left(\lim_{x \to +\infty} g(x)\right)^3 = (+\infty)^3 = +\infty$

h) $\lim_{x \to +\infty} g(x)^{-4} = \left(\lim_{x \to +\infty} g(x)\right)^{-4} = (+\infty)^{-4} = \frac{1}{(+\infty)^4} = 0$

i) $\lim_{x \to +\infty} \log f(x) = \log \lim_{x \to +\infty} f(x) = \log 1 = 0$

j) $\lim_{x \to -\infty} f(x)^{g(x)} = \left(\lim_{x \to -\infty} f(x)\right)^{\lim_{x \to -\infty} g(x)} = (-\infty)^{-1} = \frac{1}{-\infty} = 0$

En altres casos, els resultats que s'obtenen no permeten determinar si un límit existeix i quin és el resultat, o si no existeix. Els casos en els quals això passa es denominen **indeterminacions**.

**Indeterminacions**

- Indeterminacions del tipus $\infty - \infty$.

  $(+\infty) - (+\infty) \quad (-\infty) - (-\infty) \quad (-\infty) + (+\infty) \quad (+\infty) + (-\infty)$

- Indeterminacions del tipus $0 \cdot \infty$.

  $0 \cdot (+\infty) \qquad (+\infty) \cdot 0$

  $0 \cdot (-\infty) \qquad (-\infty) \cdot 0$

- Indeterminacions dels tipus $\frac{0}{0}$ i $\frac{\infty}{\infty}$.

  $\frac{0}{0} \qquad \frac{+\infty}{+\infty} \qquad \frac{+\infty}{-\infty} \qquad \frac{-\infty}{+\infty} \qquad \frac{-\infty}{-\infty}$

- Indeterminacions dels tipus $1^\infty$, $\infty^0$ i $0^0$.

  $1^{+\infty} \qquad 1^{-\infty} \qquad (+\infty)^0 \qquad (-\infty)^0 \qquad 0^0$

**ACTIVITATS**

7 Si $\lim_{x \to +\infty} f(x) = -8$ i $\lim_{x \to +\infty} g(x) = +\infty$, calcula:

a) $\lim_{x \to +\infty} [f(x) + g(x)]$

b) $\lim_{x \to +\infty} [f(x) \cdot g(x)]$

c) $\lim_{x \to +\infty} \sqrt[3]{f(x)}$

d) $\lim_{x \to +\infty} \sqrt[3]{g(x)}$

8 Si $\lim_{x \to -\infty} f(x) = +\infty$ i $\lim_{x \to -\infty} g(x) = -5$, troba:

a) $\lim_{x \to -\infty} [f(x) + g(x)]$

b) $\lim_{x \to -\infty} [f(x) \cdot g(x)]$

c) $\lim_{x \to -\infty} \sqrt{g(x)}$

d) $\lim_{x \to -\infty} f(x)^{g(x)}$

## 3. Càlcul de límits

### 3.1. Límit de funcions amb potències

$$\lim_{x \to +\infty} x^n = \begin{cases} +\infty & \text{si } n > 0 \\ 1 & \text{si } n = 0 \\ 0 & \text{si } n < 0 \end{cases} \qquad \lim_{x \to -\infty} x^n = \begin{cases} +\infty & \text{si } n > 0 \text{ i } n \text{ parell} \\ -\infty & \text{si } n > 0 \text{ i } n \text{ imparell} \\ 1 & \text{si } n = 0 \\ 0 & \text{si } n < 0 \end{cases}$$

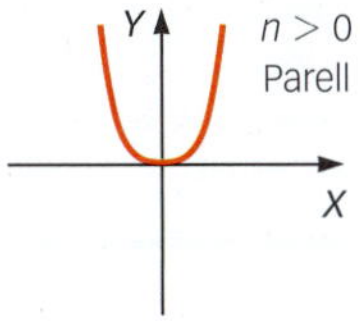


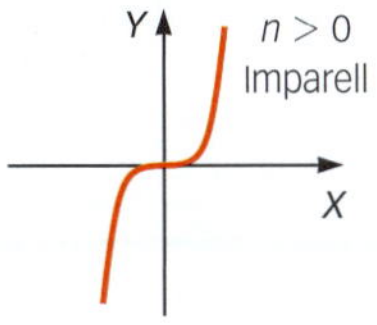


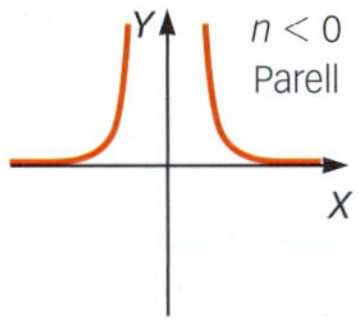


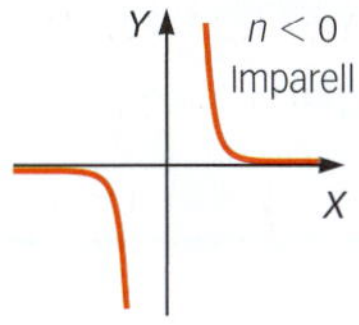


**EXEMPLE**

6. Calcula aquests límits de potències.

a) $\lim\limits_{x \to +\infty} x^5 = +\infty$, perquè $5 > 0$.

b) $\lim\limits_{x \to +\infty} \dfrac{1}{x^3} = 0$, perquè $-3 < 0$.

c) $\lim\limits_{x \to +\infty} \sqrt[5]{x^7} = +\infty$, perquè $\dfrac{7}{5} > 0$.

d) $\lim\limits_{x \to -\infty} x^4 = +\infty$, perquè $4 > 0$ i parell.

e) $\lim\limits_{x \to -\infty} x^3 = -\infty$, perquè $3 > 0$ i imparell.

f) $\lim\limits_{x \to -\infty} \dfrac{1}{x^2} = 0$, perquè $-2 < 0$.

### 3.2. Límit de funcions exponencials

$$\lim_{x \to +\infty} a^x = \begin{cases} +\infty & \text{si } a > 1 \\ 0 & \text{si } 0 < a < 1 \\ \text{No existeix} & \text{si } a < 0 \end{cases} \qquad \lim_{x \to -\infty} a^x = \begin{cases} 0 & \text{si } a > 1 \\ +\infty & \text{si } 0 < a < 1 \\ \text{No existeix} & \text{si } a < 0 \end{cases}$$

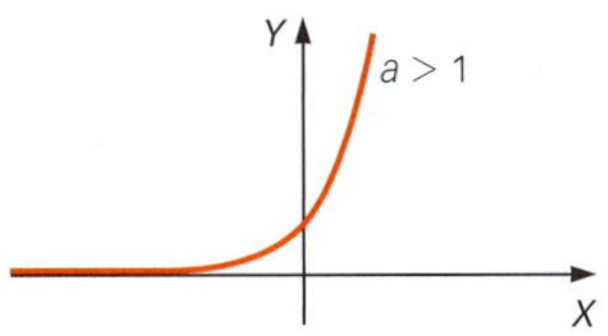


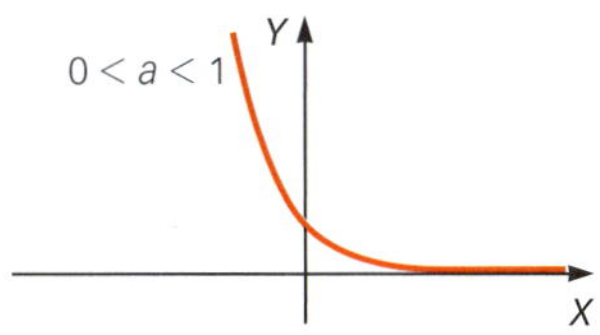


**RECORDA**

En una funció exponencial $f(x) = a^x$, el nombre $a$ sempre és positiu i diferent de 1.

**EXEMPLE**

7. Calcula aquests límits.

a) $\lim\limits_{x \to +\infty} 2^x = +\infty$, perquè $2 > 1$.

b) $\lim\limits_{x \to +\infty} \left(\dfrac{1}{2}\right)^x = 0$, perquè $0 < \dfrac{1}{2} < 1$.

c) $\lim\limits_{x \to +\infty} (-2)^x \to$ No existeix.

d) $\lim\limits_{x \to -\infty} 2^x = 0$, perquè $2 > 1$.

e) $\lim\limits_{x \to -\infty} \left(\dfrac{1}{2}\right)^x = +\infty$, perquè $0 < \dfrac{1}{2} < 1$.

f) $\lim\limits_{x \to -\infty} (-2)^x \to$ No existeix.

**PENSA**

Per què $\lim\limits_{x \to -\infty} k^x$ no pot ser $-\infty$?

**ACTIVITATS**

9 Calcula els límits següents.

a) $\lim\limits_{x \to +\infty} x^7$

b) $\lim\limits_{x \to -\infty} x^7$

c) $\lim\limits_{x \to +\infty} \sqrt[7]{x}$

d) $\lim\limits_{x \to -\infty} \sqrt[7]{x}$

e) $\lim\limits_{x \to +\infty} \dfrac{1}{x^7}$

f) $\lim\limits_{x \to -\infty} \dfrac{1}{x^7}$

10 Calcula aquests límits.

a) $\lim\limits_{x \to +\infty} 7^x$

b) $\lim\limits_{x \to -\infty} 7^x$

c) $\lim\limits_{x \to +\infty} (\sqrt{7})^x$

d) $\lim\limits_{x \to -\infty} (\sqrt{7})^x$

e) $\lim\limits_{x \to +\infty} 7^{\frac{1}{x}}$

f) $\lim\limits_{x \to +\infty} 7^{\frac{1}{x}}$

### 3.3. Límit de funcions racionals

Una funció racional és una expressió de la forma $f(x) = \dfrac{P(x)}{Q(x)}$ on $P(x)$ i $Q(x)$ són polinomis.

Per calcular el límit d'una funció racional quan $x$ tendeix a $\infty$ es divideix i es multiplica en el numerador per la $x$ de més grau, i es fa el mateix en el denominador:

$$\lim_{x\to+\infty}\frac{a_kx^k+\cdots+a_1x+a_0}{b_px^p+\cdots+b_1x+b_0}=\lim_{x\to+\infty}\frac{x^k\left(a_k\dfrac{x^k}{x^k}+\cdots+a_1\dfrac{x}{x^k}+a_0\dfrac{1}{x^k}\right)}{x^p\left(b_p\dfrac{x^p}{x^p}+\cdots+b_1\dfrac{x}{x^p}+b_0\dfrac{1}{x^p}\right)}=$$

$$=\frac{\lim\limits_{x\to+\infty}x^k\left(a_k\lim\limits_{x\to+\infty}\dfrac{x^k}{x^k}+\cdots+a_1\lim\limits_{x\to+\infty}\dfrac{x}{x^k}+a_0\lim\limits_{x\to+\infty}\dfrac{1}{x^k}\right)}{\lim\limits_{x\to+\infty}x^p\left(b_p\lim\limits_{x\to+\infty}\dfrac{x^p}{x^p}+\cdots+b_1\lim\limits_{x\to+\infty}\dfrac{x}{x^p}+b_0\lim\limits_{x\to+\infty}\dfrac{1}{x^p}\right)}=$$

$$=\frac{\lim\limits_{x\to+\infty}x^k(a_k+\cdots+0+0)}{\lim\limits_{x\to+\infty}x^p(b_p+\cdots+0+0)}=\frac{a_k}{b_p}\lim_{x\to+\infty}x^{k-p}=\begin{cases}0 & \text{si } k<p\\ \dfrac{a_k}{b_p} & \text{si } k=p\\ \infty & \text{si } k>p\end{cases}$$

De la mateixa manera, es té que:

$$\lim_{x\to-\infty}\frac{a_kx^k+\cdots+a_1x+a_0}{b_px^p+\cdots+b_1x+b_0}=\frac{a_k}{b_p}\lim_{x\to-\infty}\frac{x^k}{x^p}=\frac{a_k}{b_p}\lim_{x\to-\infty}x^{k-p}=\begin{cases}0 & \text{si } k<p\\ \dfrac{a_k}{b_p} & \text{si } k=p\\ \infty & \text{si } k>p\end{cases}$$

**EXEMPLE**

8. Calcula aquests límits de funcions racionals.

a) $\lim\limits_{x\to+\infty}\dfrac{3x-2}{2x^2-1}=\dfrac{3}{2}\cdot\lim\limits_{x\to+\infty}x^{-1}=0$

b) $\lim\limits_{x\to+\infty}\dfrac{3x^2+x-2}{2x^2-1}=\dfrac{3}{2}\cdot\lim\limits_{x\to+\infty}x^0=\dfrac{3}{2}$

c) $\lim\limits_{x\to+\infty}\dfrac{3x^2+x-2}{2x-1}=\dfrac{3}{2}\cdot\lim\limits_{x\to+\infty}x=+\infty$

d) $\lim\limits_{x\to-\infty}\dfrac{3x^2+x-2}{-2x-1}=-\dfrac{2}{3}\cdot\lim\limits_{x\to-\infty}x=+\infty$

e) $\lim\limits_{x\to+\infty}\dfrac{3x-2}{2\sqrt{x}-1}=\lim\limits_{x\to+\infty}\dfrac{3x-2}{2x^{\frac{1}{2}}-1}=\dfrac{3}{2}\cdot\lim\limits_{x\to+\infty}x^{\frac{1}{2}}=+\infty$

**FIXA-T'HI**

Si $f(x)=\dfrac{a_kx^k+\cdots+a_1x+a_0}{b_px^p+\cdots+b_1x+b_0}$:

$$\lim_{x\to+\infty}f(x)=\begin{cases}+\infty \text{ si } k>p \text{ i } \dfrac{a_k}{b_p}>0\\ -\infty \text{ si } k>p \text{ i } \dfrac{a_k}{b_p}<0\end{cases}$$

$$\lim_{x\to-\infty}f(x)=\begin{cases}+\infty \text{ si } k-p \text{ és parell i } \dfrac{a_k}{b_p}>0\\ +\infty \text{ si } k-p \text{ és imparell i } \dfrac{a_k}{b_p}<0\\ -\infty \text{ si } k-p \text{ és imparell i } \dfrac{a_k}{b_p}>0\\ -\infty \text{ si } k-p \text{ és parell i } \dfrac{a_k}{b_p}<0\end{cases}$$

**FIXA-T'HI**

Si $f(x)=\dfrac{a_kx^k+\cdots+a_1x+a_0}{b_px^p+\cdots+b_1x+b_0}$:

$$\lim_{x\to+\infty}f(x)=\begin{cases}+\infty \text{ si } k>p \text{ i } \dfrac{a_k}{b_p}>0\\ -\infty \text{ si } k>p \text{ i } \dfrac{a_k}{b_p}<0\end{cases}$$

$$\lim_{x\to-\infty}f(x)=\begin{cases}-\infty \text{ si } k>p \text{ i } \dfrac{a_k}{b_p}>0\\ +\infty \text{ si } k>p \text{ i } \dfrac{a_k}{b_p}<0\end{cases}$$

**PENSA**

Si $P(x)$ i $Q(x)$ tenen grau 0, quant val $\lim\limits_{x\to+\infty}\dfrac{P(x)}{Q(x)}$?

**ACTIVITATS**

11 Troba els límits en l'infinit de cadascuna d'aquestes funcions.

a) $\lim\limits_{x\to+\infty}\left(\dfrac{2x}{x-1}\right)^3$

b) $\lim\limits_{x\to-\infty}\dfrac{(3x+1)x^4}{(x^2-6)(2x-1)^3}$

12 Completa $\lim\limits_{x\to+\infty}\dfrac{\square}{2x^3-x+12}$, escrivint en el numerador una funció de manera que el resultat sigui:

a) $+\infty$

b) 4

c) 0

# 4. Resolució d'algunes indeterminacions

A continuació, s'estudiaran certs mètodes que permeten resoldre una indeterminació i trobar el valor del límit.

## 4.1. Indeterminació de tipus $\frac{\infty}{\infty}$

Aquestes indeterminacions solen aparèixer en calcular límits de quocients de polinomis o quocients on poden aparèixer radicals. Es resolen dividint entre la potència més gran de $x$ del denominador.

### Resoldre límits que presenten una indeterminació de tipus $\frac{\infty}{\infty}$

Resol aquests límits.

a) $\lim_{x \to +\infty} \frac{3x^2}{\sqrt{4x+1}}$ b) $\lim_{x \to -\infty} \frac{\sqrt[3]{x^2+2}}{3x+1}$

**PRIMER.** Es determina que el límit presenta el tipus d'indeterminació $\frac{\infty}{\infty}$.

a) $\lim_{x \to +\infty} \frac{3x^2}{\sqrt{4x+1}} \to \frac{3\,(+\infty)}{\sqrt{+\infty}} \to \frac{\infty}{\infty}$

b) $\lim_{x \to -\infty} \frac{\sqrt[3]{x^2+2}}{3x+1} \to \frac{\sqrt[3]{+\infty}}{-\infty} \to \frac{\infty}{\infty}$

**SEGON.** Es troba la potència més gran de $x$ entre el numerador i el denominador, considerant que l'exponent de les $x$ que estan dins de l'arrel queda dividit entre l'índex de l'arrel.

a) $\frac{3x^2}{\sqrt{4x+1}}$ $\begin{matrix} \to \text{Grau més alt de } x\text{: } 2 \\ \to \text{Grau més alt de } x\text{: } \frac{1}{2} \end{matrix}$ $\to$ $x$ de grau més alt $\to x^2$

b) $\frac{\sqrt[3]{x^2+2}}{3x+1}$ $\begin{matrix} \to \text{Grau més alt de } x\text{: } \frac{2}{3} \\ \to \text{Grau més alt de } x\text{: } 1 \end{matrix}$ $\to$ $x$ de grau més alt $\to x$

**TERCER.** Es divideixen tant el numerador com el denominador entre la potència de $x$ obtinguda anteriorment.

a) $$\lim_{x \to +\infty} \frac{3x^2}{\sqrt{4x+1}} = \lim_{x \to +\infty} \frac{\frac{3x^2}{x^2}}{\frac{\sqrt{4x+1}}{x^2}} = \lim_{x \to +\infty} \frac{3}{\sqrt{\frac{4x}{x^4} + \frac{1}{x^4}}} = \frac{3}{0} = +\infty$$

b) $$\lim_{x \to -\infty} \frac{\sqrt[3]{x^2+2}}{3x+1} = \lim_{x \to -\infty} \frac{\frac{\sqrt[3]{x^2+2}}{x}}{\frac{3x+1}{x}} = \lim_{x \to -\infty} \frac{\sqrt[3]{\frac{x^2+2}{x^3}}}{\frac{3x+1}{x}} = \frac{0}{3} = 0$$

**NO TE N'OBLIDIS**

$\sqrt[n]{+\infty} = +\infty$

$\sqrt[n]{-\infty} = \begin{cases} -\infty & \text{si } n \text{ és imparell} \\ \text{No existeix} & \text{si } n \text{ és parell} \end{cases}$

**NO TE N'OBLIDIS**

$\frac{+\infty}{k} = \begin{cases} +\infty \text{ si } k \geq 0 \\ -\infty \text{ si } k < 0 \end{cases}$

$\frac{-\infty}{k} = \begin{cases} -\infty \text{ si } k \geq 0 \\ +\infty \text{ si } k < 0 \end{cases}$

$\frac{a}{\infty} = 0$

$\frac{a}{0} = \infty$, si $k \neq 0$

**ACTIVITATS**

**13** Resol els límits següents.

a) $\lim_{x \to +\infty} \frac{\sqrt{x^2+3}}{2x+1}$

b) $\lim_{x \to +\infty} \frac{2x^2+x-1}{\sqrt{x^2+3}}$

c) $\lim_{x \to -\infty} \frac{2x^2+x-1}{\sqrt{x^2+3}}$

d) $\lim_{x \to +\infty} \frac{2x^2-12x+9}{\sqrt[3]{x^5+5x-2}}$

**14** Calcula aquests límits.

a) $\lim_{x \to +\infty} \frac{\sqrt{x}+x}{x}$

b) $\lim_{x \to +\infty} \frac{7x+\sqrt{3x-2}}{2x}$

c) $\lim_{x \to +\infty} \frac{2x-\sqrt{6+x}}{2x+4}$

d) $\lim_{x \to -\infty} \frac{\sqrt{x^2+1}+2x}{6x-3}$

### 4.2. Indeterminació de tipus $\infty - \infty$

Aquestes indeterminacions solen aparèixer en calcular límits de funcions amb diferència de radicals o diferència de quocients de polinomis.

- Si es tracta d'una diferència de radicals, es multiplica i es divideix pel conjugat, és a dir, per la suma dels radicals.
- Si es tracta d'una diferència de quocients de polinomis, primer es fa l'operació indicada.

#### Resoldre límits que presenten una indeterminació de tipus $\infty - \infty$

Resol aquests límits.

a) $\lim\limits_{x\to+\infty}\left(\dfrac{x^2-3}{x-5}-\dfrac{x^3}{x^2+1}\right)$ b) $\lim\limits_{x\to-\infty}\left(\sqrt{x^4+1}-\sqrt{x^2-1}\right)$

**PRIMER.** Es determina que el límit presenta el tipus d'indeterminació $\infty - \infty$.

a) $\lim\limits_{x\to+\infty}\left(\dfrac{x^2-3}{x-5}-\dfrac{x^3}{x^2+1}\right)\to\infty-\infty$

b) $\lim\limits_{x\to-\infty}\left(\sqrt{x^4+1}-\sqrt{x^2-1}\right)\to\infty-\infty$

**SEGON.** S'opera tenint en compte si apareixen radicals o quocients de polinomis.

- Si és una diferència de quocients de polinomis, es fa la resta de les fraccions algebraiques.

a) $\dfrac{x^2-3}{x-5}-\dfrac{x^3}{x^2+1}=\dfrac{\cancel{x^4}-2x^2-3-\cancel{x^4}+5x^3}{(x-5)(x^2+1)}=\dfrac{5x^3-2x^2-3}{x^3-5x^2+x-5}$

- Si és una diferència de radicals, es multiplica i es divideix pel conjugat.

b) $\sqrt{x^4+1}-\sqrt{x^2-1}=\dfrac{\left(\sqrt{x^4+1}-\sqrt{x^2-1}\right)\left(\sqrt{x^4+1}+\sqrt{x^2-1}\right)}{\sqrt{x^4+1}+\sqrt{x^2-1}}=$

$=\dfrac{x^4-x^2+2}{\sqrt{x^4+1}+\sqrt{x^2-1}}$

**TERCER.** Es calcula el límit amb el nou resultat.

a) $\lim\limits_{x\to+\infty}\left(\dfrac{x^2-3}{x-5}-\dfrac{x^3}{x^2+1}\right)=\lim\limits_{x\to+\infty}\dfrac{5x^3-2x^2-3}{x^3-5x^2+x-5}=5$

b) $\lim\limits_{x\to-\infty}\left(\sqrt{x^4+1}-\sqrt{x^2-1}\right)=\lim\limits_{x\to-\infty}\dfrac{x^4-x^2+2}{\sqrt{x^4+1}+\sqrt{x^2-1}}=+\infty$

**PENSA**

$\lim\limits_{x\to+\infty}(P(x)-Q(x))=a$

Què es pot dir dels polinomis $P(x)$ i $Q(x)$?

**RECORDA**

El conjugat de $a+b$ és $a-b$. Així, resulta:

$(a+b)(a-b)=a^2-b^2$

**ACTIVITATS**

**15** Calcula els límits següents.

a) $\lim\limits_{x\to+\infty}\left(\dfrac{x^2-1}{x}-\dfrac{1+2x^2}{2x-1}\right)$

b) $\lim\limits_{x\to+\infty}\left(\sqrt{x^2-2x}-x\right)$

c) $\lim\limits_{x\to+\infty}\left(2x-\sqrt{1+4x}\right)$

d) $\lim\limits_{x\to+\infty}\left(\sqrt{9x^2+3x}-3x\right)$

**16** Substitueix $a$, $b$, $c$ i $d$ per nombres, de manera que:

a) $\lim\limits_{x\to+\infty}\left(\sqrt{x^2+ax}-x\right)=1$

b) $\lim\limits_{x\to+\infty}\left(\sqrt{4x^2+bx-3}-2x\right)=-\dfrac{1}{4}$

c) $\lim\limits_{x\to+\infty}\left(\sqrt{9x^2+7}-cx\right)=0$

d) $\lim\limits_{x\to+\infty}\left(\sqrt{dx^2+x-5}-2x\right)=+\infty$

## 4.3. Indeterminació de tipus $1^{\infty}$

Si $\lim\limits_{x \to a} f(x) = 1$ i $\lim\limits_{x \to a} g(x) = \infty$, es compleix que:

$$\lim_{x \to a} f(x)^{g(x)} = e^{\lim\limits_{x \to a}[f(x)-1] \cdot g(x)}$$

### Resoldre límits que presenten una indeterminació de tipus tipo $1^{\infty}$

Resol aquests límits.

a) $\lim\limits_{x \to +\infty} \left(\dfrac{x^2-3}{x^2-5}\right)^{3x+1}$

b) $\lim\limits_{x \to -\infty} \left(\dfrac{x-3}{x-5}\right)^{-3x^2+1}$

**PRIMER.** Es determina que el límit presenta el tipus d'indeterminació $1^{\infty}$.

a) $\lim\limits_{x \to +\infty} \left(\dfrac{x^2-3}{x^2-5}\right)^{3x+1} = \left(\lim\limits_{x \to +\infty} \dfrac{x^2-3}{x^2-5}\right)^{\lim\limits_{x \to +\infty}(3x-1)} \to 1^{\infty}$

$\lim\limits_{x \to \infty} f(x)^{g(x)} = \left(\lim\limits_{x \to \infty} f(x)\right)^{\lim\limits_{x \to \infty} g(x)}$

b) $\lim\limits_{x \to -\infty} \left(\dfrac{x-3}{x-5}\right)^{-3x+1} = \left(\lim\limits_{x \to -\infty} \dfrac{x-3}{x-5}\right)^{\lim\limits_{x \to -\infty}(-3x+1)} \to 1^{\infty}$

$\lim\limits_{x \to \infty} f(x)^{g(x)} = \left(\lim\limits_{x \to \infty} f(x)\right)^{\lim\limits_{x \to \infty} g(x)}$

**SEGON.** Es resta 1 a la funció que actua com a base de la potència.

a) $\dfrac{x^2-3}{x^2-5} - 1 = \dfrac{\cancel{x^2} - 3 - \cancel{x^2} + 5}{x^2-5} = \dfrac{2}{x^2-5}$

b) $\dfrac{x-3}{x-5} - 1 = \dfrac{\cancel{x} - 3 - \cancel{x} + 5}{x-5} = \dfrac{2}{x-5}$

**TERCER.** Es multiplica el resultat obtingut per la funció que actua com a exponent de la potència.

a) $\dfrac{2}{x^2-5} \cdot (3x+1) = \dfrac{6x+2}{x^2-5}$

b) $\dfrac{2}{x-5} \cdot (-3x^2+1) = \dfrac{-6x^2+2}{x-5}$

**QUART.** S'aplica la fórmula per resoldre la indeterminació $1^{\infty}$.

a) $\lim\limits_{x \to +\infty} \left(\dfrac{x^2-5}{x^2+5}\right)^{\frac{3x+1}{4}} = e^{\lim\limits_{x \to +\infty}\left(\frac{x^2-3}{x^2-5}-1\right) \cdot (3x+1)} = e^{\lim\limits_{x \to +\infty} \frac{6x+2}{x^2-5}} = e^0 = 1$

b) $\lim\limits_{x \to -\infty} \left(\dfrac{x-3}{x-5}\right)^{-3x^2+1} = e^{\lim\limits_{x \to -\infty}\left(\frac{x-3}{x-5}-1\right) \cdot (-3x^2+1)} = e^{\lim\limits_{x \to -\infty} \frac{-6x^2+2}{x-5}} = e^{-\infty} = 0$

**RECORDA**

En la successió de terme general:

$a_n = \left(1 + \dfrac{1}{n}\right)^n$:

$a_1 = \left(1 + \dfrac{1}{1}\right)^1 = 2$

$a_2 = \left(1 + \dfrac{1}{2}\right)^2 = \dfrac{9}{4} = 2{,}25$

$a_3 = \left(1 + \dfrac{1}{3}\right)^3 = \dfrac{64}{27} = 2{,}37037\ldots$

…

$a_{100} = 1{,}01^{100} = 2{,}70581\ldots$

Es tracta d'una successió que és sempre creixent i que tendeix cap al nombre 2,718281…, que es denomina nombre $e$.

És a dir: $\lim\limits_{n \to \infty} \left(1 + \dfrac{1}{n}\right)^n = e$

**PENSA**

Si $\lim\limits_{x \to a} f(x)^{g(x)} \to 1^{\infty}$, quin és el valor de $\lim\limits_{x \to a} g(x)^{f(x)}$?

**ACTIVITATS**

**17** Troba el valor dels límits següents.

a) $\lim\limits_{x \to +\infty} \left(1 + \dfrac{1}{x}\right)^{x-1}$

b) $\lim\limits_{x \to +\infty} \left(1 - \dfrac{3}{x}\right)^{6x+2}$

c) $\lim\limits_{x \to -\infty} \left(2 - \dfrac{4x-1}{4x}\right)^{3x+2}$

d) $\lim\limits_{x \to -\infty} \left(\dfrac{x}{x+3}\right)^{3x+1}$

**18** Calcula els límits següents.

a) $\lim\limits_{x \to +\infty} \left(\dfrac{x^2+1}{x^2}\right)^{x-1}$

b) $\lim\limits_{x \to +\infty} \left(\dfrac{x^2-x+2}{x^2+1}\right)^{x+6}$

c) $\lim\limits_{x \to -\infty} \left(\dfrac{x^2-1}{x^2+1}\right)^{\frac{1}{2x}}$

d) $\lim\limits_{x \to -\infty} \left(\dfrac{x^2-2x+2}{2x^2+3x-2}\right)^{x^3-3x}$

## 5. Límit d'una funció en un punt



### 5.1. Límits laterals

En aproximar-nos a un punt es pot fer per l'esquerra, amb valors més petits o per la dreta, amb valors més grans.

- El **límit** d'una funció $f(x)$ quan $x$ tendeix a un punt $c$ **per l'esquerra** és un nombre real $L$, i s'escriu $\lim_{x\to c^-} f(x) = L$, si existeix un nombre positiu tan petit com es vulgui, $\varepsilon$, tal que es pugui trobar un nombre $\delta > 0$ que verifiqui que:

$$\text{Si } c - \delta < x < c, \text{ llavors } |f(x) - L| < \varepsilon$$

- El **límit** d'una funció $f(x)$ quan $x$ tendeix a un punt $c$ **per la dreta** és un nombre real $L$, i s'escriu $\lim_{x\to c^+} f(x) = L$, si existeix un nombre positiu tan petit com es vulgui, $\varepsilon$, tal que es pugui trobar un nombre $\delta > 0$ que verifiqui que:

$$\text{Si } c < x < c + \delta, \text{ llavors } |f(x) - L| < \varepsilon$$

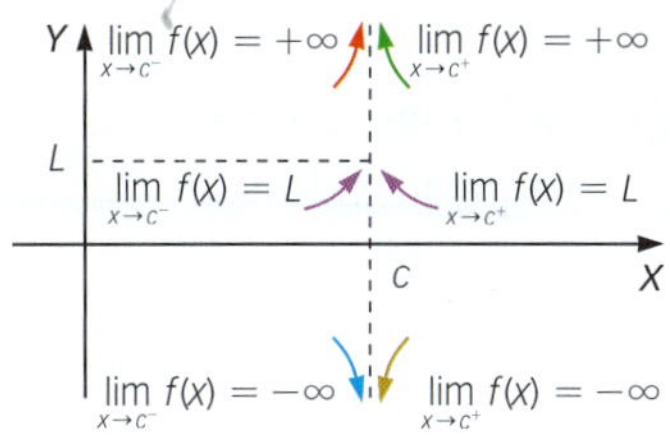


**S'ESCRIU AIXÍ**

A vegades, per indicar els límits laterals se solen utilitzar les expressions $f(c^-)$ i $f(c^+)$.

$$f(c^-) = \lim_{x\to c^-} f(x)$$
$$f(c^+) = \lim_{x\to c^+} f(x)$$

**EXEMPLE**

GEOGEBRA

9. Utilitza les gràfiques per calcular els límits laterals de les funcions.

a) En $x = 1$.

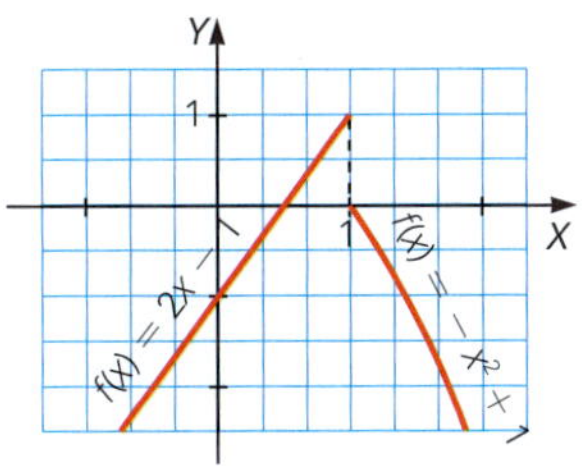


Per calcular el límit lateral d'una funció en un punt se substitueix en la funció la variable $x$ pel punt; si no s'obté una indeterminació, aquest és el límit lateral.

Per l'esquerra:

$$\lim_{x\to 1^-} f(x) = \lim_{x\to 1^-} (2x - 1) = 2\cdot 1 - 1 = 1$$

Per la dreta:

$$\lim_{x\to 1^+} f(x) = \lim_{x\to 1^+} (-x^2 + 1) = -1^2 + 1 = 0$$

b) En $x = 2$.

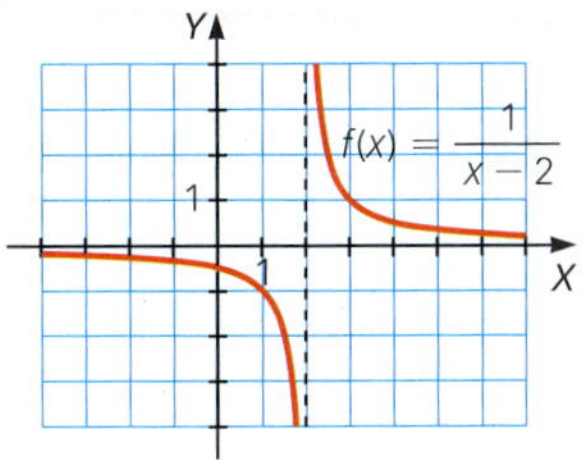


Quan $x$ pren valors molt pròxims a 2 i més petits que 2, els valors de $f(x)$ tendeixen a $-\infty$: $\lim_{x\to 2^-} f(x) = -\infty$

Quan $x$ pren valors molt pròxims a 2 i més grans que 2, els valors de $f(x)$ tendeixen a $+\infty$: $\lim_{x\to 2^+} f(x) = +\infty$

**ACTIVITATS**

**19** Observa la gràfica i calcula:

$\lim_{x\to 0^-} f(x)$ $\lim_{x\to 0^+} f(x)$

sent

$$f(x) = \begin{cases} -x + 1 & \text{si } x \leq 0 \\ x + 2 & \text{si } x > 0 \end{cases}$$

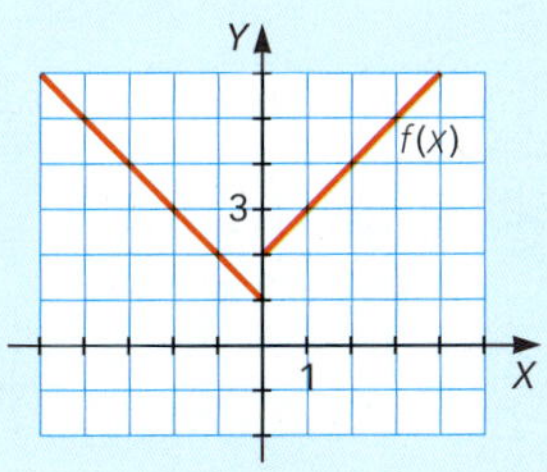


**20** Observa la gràfica i troba.

a) $\lim_{x\to -2^-} f(x)$ d) $\lim_{x\to 0^-} f(x)$

b) $\lim_{x\to -2^+} f(x)$ e) $\lim_{x\to 0^+} f(x)$

c) $\lim_{x->-4-} f(x)$ d) $\lim_{x->2+} f(x)$

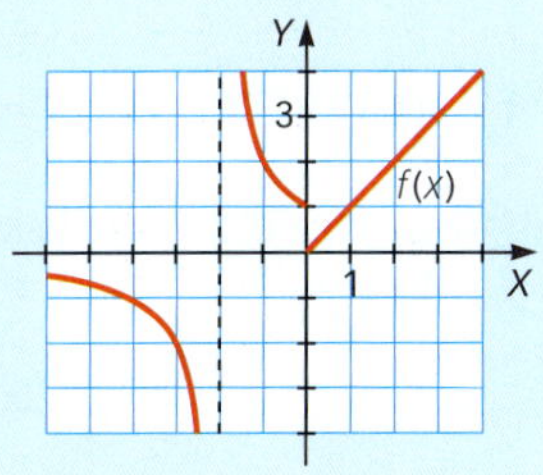

## 5.2. Límit d'una funció en un punt

El **límit d'una funció** $f(x)$ **quan** $x$ **tendeix a un punt** $c$ és un nombre real $L$, i s'escriu $\lim\limits_{x \to c} f(x) = L$, si:

$$\lim_{x \to c^-} f(x) = \lim_{x \to c^+} f(x) = L$$

- Si $\lim\limits_{x \to c^-} f(x) \neq \lim\limits_{x \to c^+} f(x)$, es diu que no existeix el límit de $f(x)$ quan $x$ tendeix a $c$.
- De la mateixa manera, $\lim\limits_{x \to c} f(x) = \infty$ quan els límits laterals són iguals a aquests valors.

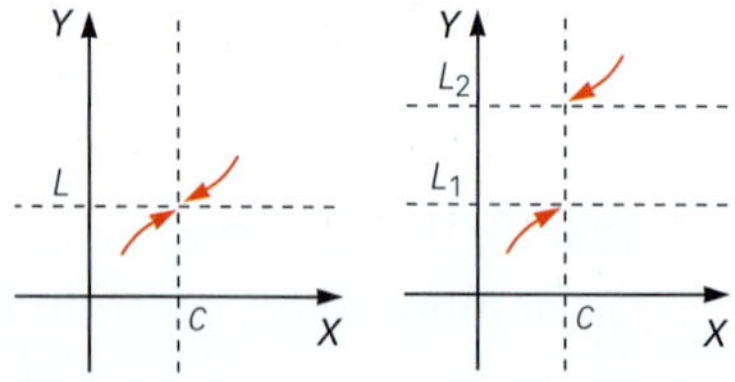


$\lim\limits_{x \to c} f(x) = L$ No existeix $\lim\limits_{x \to c} f(x)$.

**EXEMPLE**

10. Calcula els següents límits de funcions.

a) $\lim\limits_{x \to 3} (2\sqrt{x+1})$

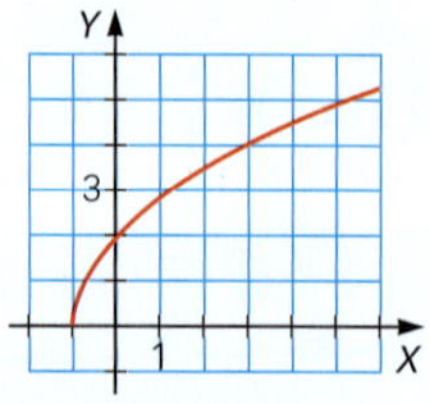


Se substitueix $x$ pel punt en el qual es vol calcular el límit.

$\lim\limits_{x \to 3} (2\sqrt{x+1}) = 2\sqrt{3+1} = 4$

Si el resultat és un nombre, el límit està resolt.

b) $\lim\limits_{x \to 3} \dfrac{x^2+1}{x-3}$

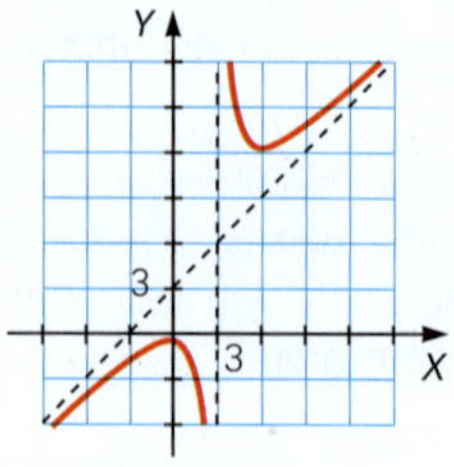


Se substitueix $x$ pel punt en el qual es vol calcular el límit:

$$\lim_{x \to 3} \frac{x^2+1}{x-3} = \frac{3^2+1}{3-3} = \frac{10}{0} = \infty$$

Si el resultat és $\infty$, es troba els límits laterals:

- Per la dreta. Es prenen valors més grans que 3 però pròxims a 3:

$$\text{Si } \frac{\overbrace{x^2+1}^{>0}}{\underbrace{x-3}_{>0}} > 0 \rightarrow \lim_{x \to 3^+} \frac{x^2+1}{x-3} = +\infty$$

- Per l'esquerra. Es prenen valors més petits que 3 però pròxims a 3:

$$\text{Si } \frac{\overbrace{x^2+1}^{>0}}{\underbrace{x-3}_{<0}} < 0 \rightarrow \lim_{x \to 3^-} \frac{x^2+1}{x-3} = -\infty$$

Per tant, resulta que:

$$\lim_{x \to 3^+} \frac{x^2+1}{x-3} \neq \lim_{x \to 3^-} \frac{x^2+1}{x-3} \longrightarrow \text{No existeix } \lim_{x \to 3} \frac{x^2+1}{x-3}.$$

**S'ESCRIU AIXÍ**

Es diu que $\lim\limits_{x \to c} f(x) = \infty$, significa que $\lim\limits_{x \to c} f(x)$ pot ser $+\infty$ o $-\infty$.

**FIXA-T'HI**

Per comprovar el signe dels límits laterals, se substitueix $x$ per valors molt pròxims al punt en el qual es vol calcular el límit, més grans i més petits que ell.

- Per la dreta. Si $x = 3{,}01$:

$$\frac{x^2+1}{x-3} = \frac{\overbrace{3{,}01^2+1}^{>0}}{\underbrace{3{,}01-3}_{>0}} > 0$$

- Per l'esquerra. Si $x = 2{,}99$:

$$\frac{x^2+1}{x-3} = \frac{\overbrace{2{,}99^2+1}^{>0}}{\underbrace{2{,}99-3}_{<0}} < 0$$

**ACTIVITATS**

21 Calcula el límit de la següent funció en $x = 3$ i $x = -2$.

$$f(x) = \frac{x^2-3}{x+2}$$

22 Determina el límit de la següent funció en el punt d'abscissa $x = 0$.

$$f(x) = \frac{1}{\sin x}$$

## 5.3. Indeterminació de tipus $\frac{0}{0}$

Aquestes indeterminacions solen aparèixer en calcular límits de quocients de funcions, $\frac{f(x)}{g(x)}$, en un punt $c$ on $f(c) = 0$ i $g(c) = 0$.

Per resoldre indeterminacions d'aquest tipus es fan transformacions en el numerador i en el denominador de la fracció amb la finalitat de simplificar la fracció.

### Resoldre els límits d'una funció en un punt que presenten una indeterminació de tipus $\frac{0}{0}$

GEOGEBRA

Calcula els límits següents.

a) $\lim_{x \to 2} \frac{x^2 - 4}{x^3 - 7x + 6}$

b) $\lim_{x \to 1} \frac{x^2 - 1}{\sqrt{x - 1}}$

**PRIMER.** Es determina que el límit presenta el tipus d'indeterminació $\frac{0}{0}$.

a) $\lim_{x \to 2} \frac{x^2 - 4}{x^3 - 7x + 6} = \lim_{x \to 2} \frac{2^2 - 4}{2^3 - 7 \cdot 2 + 6} \to \frac{0}{0}$

b) $\lim_{x \to 1} \frac{x^2 - 1}{\sqrt{x - 1}} = \lim_{x \to 1} \frac{1^2 - 1}{\sqrt{1 - 1}} \to \frac{0}{0}$

**SEGON.** Es factoritzen els polinomis del numerador i del denominador, si es pot, i se simplifica la fracció.

a) $\lim_{x \to 2} \frac{x^2 - 4}{x^3 - 7x + 6} = \lim_{x \to 2} \frac{(x + 2)\cancel{(x - 2)}}{(x - 1)\cancel{(x - 2)}(x + 3)} = \lim_{x \to 2} \frac{x + 2}{(x - 1)(x + 3)}$

Es factoritza.

b) $\lim_{x \to 1} \frac{x^2 - 1}{\sqrt{x - 1}} = \lim_{x \to 1} \frac{(x + 1)(x - 1)}{\sqrt{x - 1}} = \lim_{x \to 1} \frac{(x + 1)(x - 1)}{(x - 1)^{\frac{1}{2}}} = \lim_{x \to 1} (x + 1)(x - 1)^{\frac{1}{2}}$

Es factoritza.

**TERCER.** Es calcula el límit de l'expressió resultant.

a) $\lim_{x \to 2} \frac{x^2 - 4}{x^3 - 7x + 6} = \lim_{x \to 2} \frac{x + 2}{(x - 1)(x - 3)} = \frac{2 + 2}{(2 - 1)(2 + 3)} = -\frac{4}{5}$

b) $\lim_{x \to 1} \frac{x^2 - 1}{\sqrt{x - 1}} = \lim_{x \to 1} (x + 1)(x - 1)^{\frac{1}{2}} = \lim_{x \to 1} (x + 1)\sqrt{x - 1} = (1 + 1)\sqrt{1 - 1} = 0$

### ACTIVITATS

**23** Resol els límits següents.

a) $\lim_{x \to -1} \frac{x + 1}{3x + 3}$

b) $\lim_{x \to 0} \frac{2x^2 + 2x}{x^2 - 3x}$

c) $\lim_{x \to 3} \frac{x^2 - 9}{x - 3}$

d) $\lim_{x \to 2} \frac{x^2 - 5x + 6}{x^2 - 3x + 2}$

**24** Calcula aquests límits.

a) $\lim_{x \to 5} \frac{\sqrt{25 - x^2}}{x - 5}$

b) $\lim_{x \to 3} \frac{2x^2 - 18}{\sqrt{x^3 - 9}}$

c) $\lim_{x \to 1} \frac{x^2 - 1}{\sqrt{x - 1}}$

d) $\lim_{x \to 3} \frac{2\sqrt{x} - 2\sqrt{3}}{2x^2 - 18}$

# 6. Continuïtat d'una funció

## 6.1. Continuïtat d'una funció en un punt

Una **funció** $f(x)$ és **contínua en un punt** $x = x_0$ si es compleix que:

1r Existeix $f(x_0)$. 2n Existeix $\lim_{x \to x_0} f(x)$. 3r $f(x_0) = \lim_{x \to x_0} f(x)$

Si una funció no és contínua en un punt, es diu que la funció presenta una **discontinuïtat** en aquest punt.

### Determinar si una funció és contínua en un punt

Comprova si la funció $f(x) = \dfrac{x+5}{x-1}$ és contínua en $x = 0$ i $x = 1$.

**PRIMER.** Es calcula, si existeix, $f(x_0)$. Si no existeix, no és contínua en aquest punt.

$f(0) = \dfrac{0+5}{0-1} = -5 \rightarrow$ Existeix $f(0)$. $f(1) = \dfrac{1+5}{1-1} = \infty \rightarrow$ No existeix $f(1)$.
No és contínua en $x = 1$.

**SEGON.** Es calcula $\lim_{x \to x_0} f(x)$. Si no existeix, no és contínua en aquest punt.

$x = 0 \rightarrow \lim_{x \to 0} \dfrac{x+5}{x-1} = \dfrac{0+5}{0-1} = -5$

**TERCER.** Si existeixen $f(x_0)$ i $\lim_{x \to x_0} f(x)$, es comprova si són iguals.

$f(0) = \lim_{x \to 0} f(x) = -5 \rightarrow$ La funció és contínua en $x = 0$.

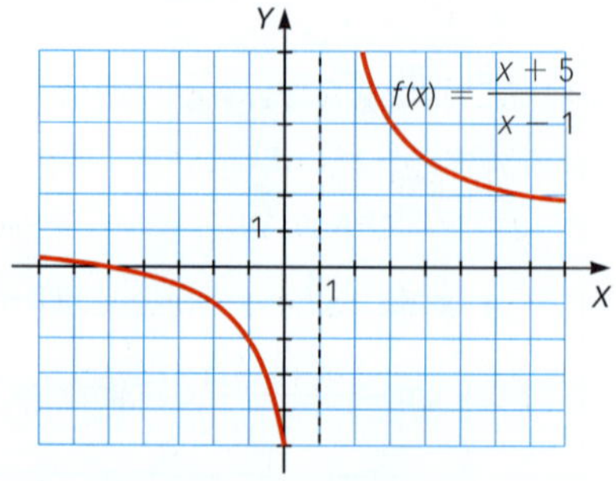


## 6.2. Tipus de discontinuïtat

### Discontinuïtat evitable

Es produeix quan existeix $\lim_{x \to x_0} f(x)$, però té lloc una d'aquestes condicions:

- No coincideix amb $f(x_0)$.

$$f(x_0) \neq \lim_{x \to x_0} f(x)$$

- La funció no està definida en el punt $x_0$.

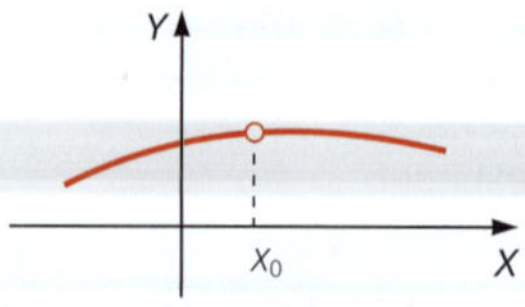


### Discontinuïtat de salt finit

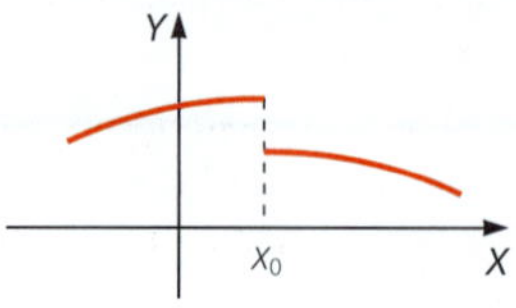


Es produeix quan no existeix $\lim_{x \to x_0} f(x)$ ja que els límits laterals són finits però no coincideixen.

$$\lim_{x \to x_0^-} f(x) \neq \lim_{x \to x_0^+} f(x)$$

### Discontinuïtat de salt infinit

Es produeix si un o els dos límits laterals són infinit.

$$\lim_{x \to x_0^-} f(x) = \infty \quad \text{o} \quad \lim_{x \to x_0^+} f(x) = \infty$$

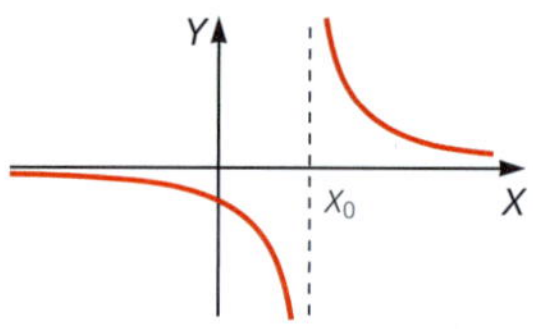


**FIXA-T'HI**

- La discontinuïtat evitable es denomina així perquè, redefinint el valor de la funció en aquest punt, la funció és contínua.
- La discontinuïtat de salt finit és freqüent en les funcions definides a trossos, en els punts on la funció en canvia l'expressió algebraica.

**ACTIVITATS**

25 Determina si la funció $f(x) = \dfrac{x+3}{x^2-4}$ és contínua en $x = -2$ i $x = 2$.

26 Troba si la funció $f(x) = |x - 3|$ és contínua en els punts $x = -3$ i $x = 0$.

## 6.3. Continuïtat d'una funció en un interval

Una **funció** $f(x)$ és **contínua en un interval** $(a, b)$ si és contínua en tots els punts de l'interval.

Les funcions elementals són contínues en els seus dominis de definició:

1. Les **funcions polinòmiques** són contínues en tot $\mathbb{R}$.
2. Les **funcions racionals** no són contínues en els punts que anul·len el denominador.
3. Les **funcions amb radicals** amb índex de l'arrel parell no existeixen en els valors que fan el radicand negatiu. Si l'índex és imparell, són contínues en tot $\mathbb{R}$.
4. Les **funcions exponencials** són contínues en tot $\mathbb{R}$.
5. Les **funcions logarítmiques** no són contínues en els punts on l'expressió d'aquella de la qual es vol trobar el logaritme és més petita o igual que zero.
6. De les **funcions trigonomètriques**, l'única funció que no és contínua és $f(x) = \text{tg}\, x$, que no està definida en $x = \dfrac{\pi}{2} + k\pi$, amb $k \in \mathbb{Z}$.

**NO TE N'OBLIDIS**

Si $f(x)$ i $g(x)$ són contínues, llavors:

- $f(x) + g(x)$ és contínua.
- $f(x) - g(x)$ és contínua.
- $f(x) \cdot g(x)$ és contínua.
- $f(x) \circ g(x)$ és contínua.

### Estudiar la continuïtat d'una funció definida a trossos

Estudia la continuïtat d'aquesta funció.

$$f(x) = \begin{cases} \dfrac{x+1}{x^2+x} & \text{si } x \leq 3 \\ \sqrt{x+1} & \text{si } x > 3 \end{cases}$$

**PRIMER.** S'estudia la continuïtat de les diferents funcions en l'interval en el qual estan definides.

- Si $x \leq 3 \rightarrow f(x) = \dfrac{x+1}{x^2+x}$

  No està definida quan el denominador s'anul·la: $x^2 + x = 0 \rightarrow x = -1, x = 0$

  La funció no és contínua en $x = -1$ i $x = 0$.

- Si $x > 3 \rightarrow f(x) = \sqrt{x+1}$

  No està definida quan el radicand és negatiu: $x + 1 < 0 \rightarrow x < -1$

  Com que $x > 3$, $f(x)$ és contínua en $(3, +\infty)$.

**SEGON.** S'estudia la continuïtat en els punts en els quals la funció passa d'una expressió algebraica a una altra.

Per a $x = 3 \rightarrow f(3) = \dfrac{3+1}{3^2+3} = \dfrac{1}{3}$

$$\lim_{x \to 3^-} f(x) = \lim_{x \to 3^-} \frac{x+1}{x^2+x} = \frac{3+1}{3^2+3} = \frac{1}{3}$$

$$\lim_{x \to 3^+} f(x) = \lim_{x \to 3^+} \sqrt{x+1} = \sqrt{3+1} = 2$$

$\lim_{x \to 3^-} f(x) \neq \lim_{x \to 3^+} f(x) \rightarrow f(x)$ no és contínua en $x = 3$.

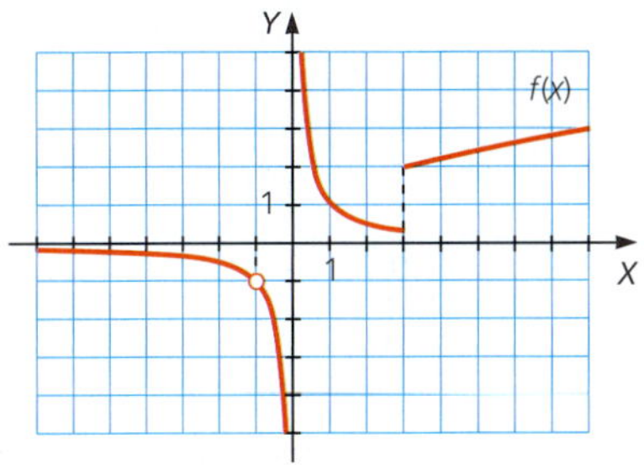


**FIXA-T'HI**

$$f(x) = \begin{cases} \dfrac{x+1}{x^2+x} & \text{si } x \leq 3 \\ \sqrt{x+1} & \text{si } x > 3 \end{cases}$$

Té una discontinuïtat evitable en $x = -1$.

No existeix $f(-1)$.

Té una discontinuïtat de salt infinit en $x = 0$.

$\lim_{x \to 0^-} f(x) = -\infty \quad \lim_{x \to 0^+} f(x) = +\infty$

Té una discontinuïtat de salt finit en $x = 3$.

$\lim_{x \to 3^-} f(x) = \dfrac{1}{3} \quad \lim_{x \to 3^+} f(x) = 2$

**ACTIVITATS**

**27** Determina si aquesta funció és contínua.

$$f(x) = \begin{cases} x+1 & \text{si } x \leq -1 \\ x^2 - 3 & \text{si } x > -1 \end{cases}$$

**28** Calcula $a$ perquè aquesta funció sigui contínua en tot $\mathbb{R}$.

$$f(x) = \begin{cases} \dfrac{x+1}{x} & \text{si } x \leq -2 \\ -x + a & \text{si } x > -2 \end{cases}$$

# 7. Teorema de Bolzano

GEOGEBRA

Si una funció $f(x)$ és contínua en un interval $[a, b]$ i el signe de $f(a)$ és diferent del signe de $f(b)$, llavors hi ha almenys un nombre $c \in (a, b)$ tal que $f(c) = 0$.

La demostració de manera gràfica d'aquest teorema és la següent:

Si $f(a)$ i $f(b)$ tenen diferent signe, els punts amb coordenades $(a, f(a))$ i $(b, f(b))$ estaran situats un per sota i un altre per sobre de l'eix $X$. Com que la funció és contínua en tot l'interval, $f(x)$ descriurà una corba que unirà els dos punts.

Per tant, aquesta corba ha de tallar, com a mínim una vegada, l'eix $X$, és a dir, la funció s'anul·la en un punt de l'interval.

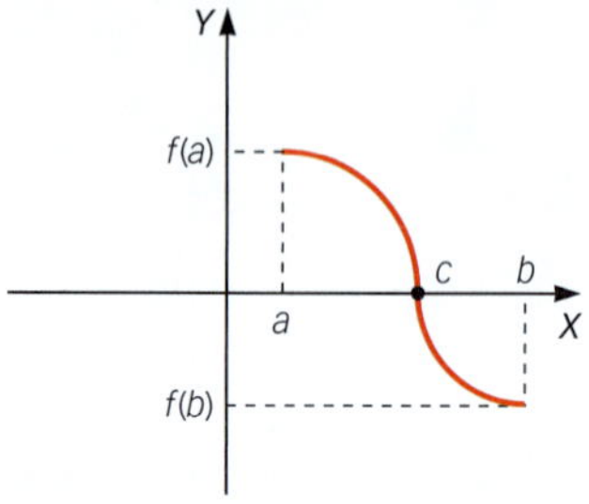


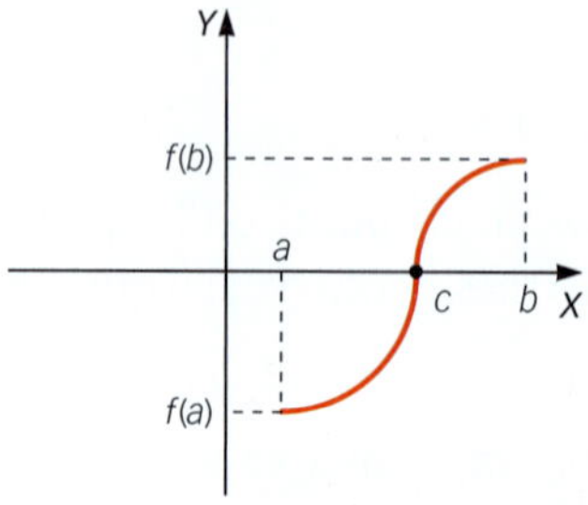


## Determinar si una funció s'anul·la en un punt d'un interval

Estudia si la funció $\dfrac{\sqrt{x+1}}{e^x} + \dfrac{\cos x}{x-1}$ s'anul·la en algun punt de l'interval (4, 6).

**PRIMER.** S'estudia la continuïtat de la funció en l'interval tancat.

$$\frac{\sqrt{x+1}}{e^x} \rightarrow \begin{cases} \sqrt{x+1} \text{ està definida en } [4, 6]. \\ e^x \text{ no s'anul·la en } [4, 6]. \end{cases} \rightarrow \text{És contínua en } [4, 6].$$

$$\frac{\cos x}{x-1} \rightarrow \begin{cases} \cos x \text{ està definida en } [4, 6]. \\ x-1 \text{ no s'anul·la en } [4, 6]. \end{cases} \rightarrow \text{És contínua en } [4, 6].$$

$$f(x) = \frac{\sqrt{x+1}}{e^x} + \frac{\cos x}{x-1} \rightarrow \begin{matrix} \text{És suma de funcions contínues en } [4, 6]. \\ \text{És contínua en } [4, 6]. \end{matrix}$$

**SEGON.** S'estudia el signe dels valors de la funció en els extrems.

$$f(4) = \frac{\sqrt{4+1}}{e^4} + \frac{\cos 4}{4-1} = -0{,}177 < 0$$

$$f(6) = \frac{\sqrt{6+1}}{e^6} + \frac{\cos 6}{6-1} = 0{,}199 > 0$$

**TERCER.** Si es compleixen les condicions, s'aplica el teorema de Bolzano.

$f(x)$ contínua en $[4, 6]$, $f(4) < 0$ i $f(6) > 0 \xrightarrow{\text{Bolzano}}$ Existeix $c \in (4, 6)$ tal que $f(c) = 0$.

És a dir, les funcions s'anul·len com a mínim en un punt de l'interval.

### TINGUES EN COMPTE

Si la funció no és contínua o no canvia de signe en els extrems de l'interval, no es pot aplicar el teorema de Bolzano, però això no significa que la funció no pugui tallar l'eix $X$.

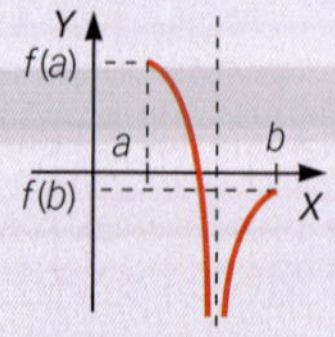


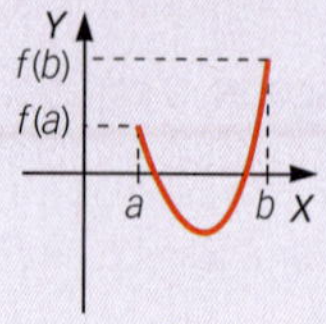


## ACTIVITATS

**29** Demostra que la funció:

$$f(x) = \sin x + \cos x$$

s'anul·la en algun punt de l'interval (0, 4).

**30** Donada la funció següent, troba si existeix algun punt $c$ en l'interval (0, 1) tal que $f(c) = 0$.

$$f(x) = \frac{\ln x + 2x}{x-2}$$

# 8. Teorema de Weierstrass



## Teorema dels valors intermedis (Darboux)

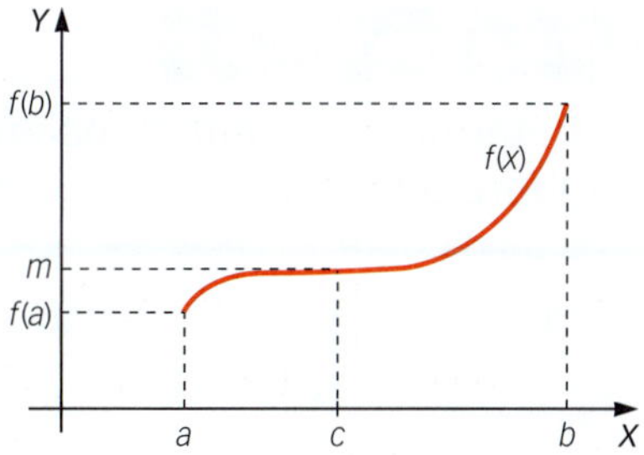


Si una funció $f(x)$ és contínua en un interval $[a, b]$, llavors en l'interval $(a, b)$ $f(x)$ pren tots els valors $m$ compresos entre $f(a)$ i $f(b)$. És a dir:

Si $f(a) < m < f(b)$, existeix un nombre $c \in (a, b)$ tal que $f(c) = m$.

Per ser $f(x)$ contínua en l'interval descriurà una corba que uneix els punts $(a, f(a))$ i $(b, f(b))$. Així, per a qualsevol valor intermedi $m$, comprès entre $f(a)$ i $f(b)$, existirà un valor $c \in (a, b)$ tal que la corba passi pel punt $(c, m)$.

### Aplicar el teorema dels valors intermedis a una funció

Donada la funció $f(x) = (1 - x^2)\cos(\pi x)$, demostra que existeix $c \in (1, 2)$ tal que $f(c) = -2$.

**PRIMER.** Es comprova que la funció és contínua en l'interval.

$f(x) = (1 - x^2)\cos(\pi x)$ És contínua perquè és producte d'una funció polinòmica i una altra de trigonomètrica contínues en $\mathbb{R}$.

**SEGON.** Es calcula el valor de la funció en els extrems de l'interval.

$f(1) = (1 - 1^2)\cos(\pi \cdot 1) = 0 \cdot (-1) = 0$

$f(2) = (1 - 2^2)\cos(\pi \cdot 2) = (-3) \cdot 1 = -3$

**TERCER.** S'aplica el teorema dels valors intermedis.

$$\left.\begin{array}{r} f(x) \text{ contínua en } [1, 2] \\ f(2) < -2 < f(1) \end{array}\right\} \xrightarrow[\text{intermedis}]{\text{Valors}} \text{Existeix un nombre } c \in (1, 2) \text{ tal que } f(c) = -2.$$

## Teorema de Weierstrass

GEOGEBRA

Si una funció $f(x)$ és contínua en un interval $[a, b]$, llavors $f(x)$ assoleix en aquest interval un màxim i un mínim absoluts.

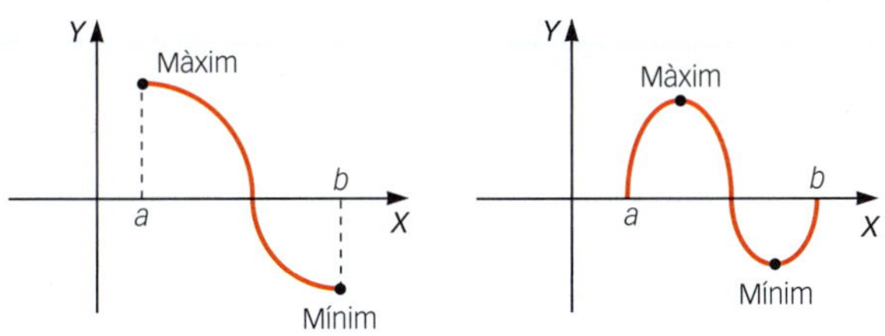


Per ser $f(x)$ contínua en l'interval descriurà una corba que unirà els punts $(a, f(a))$ i $(b, f(b))$.

Llavors hi ha almenys un punt on la funció aconsegueix el seu valor màxim absolut i un altre punt on pren el valor mínim absolut.

**RECORDA**

La funció $f(x)$ té un màxim absolut en $x = a$, quan:

$f(a) \geq f(x)$, $\forall x \in \text{Dom } f$

La funció $f(x)$ té un mínim absolut en $x = a$, quan:

$f(a) \leq f(x)$, $\forall x \in \text{Dom } f$

**ACTIVITATS**

31 Donada la funció següent:

$$f(x) = \sin x + \cos x$$

demostra que existeix un punt $c \in (0, 4)$ tal que $f(c) = -1$.

32 Donada la funció següent, demostra que assoleix un màxim absolut en un interval.

$$f(x) = \frac{\ln x + 2x}{x - 2}$$

# ACTIVITATS RESOLTES

## Límit d'una funció

### Determinar el límit d'una operació entre diferents valors d'una funció

**Calcula $\lim_{x \to +\infty} \left[x^2(f(x+2) - f(x))\right]$ sabent que $f(x) = \dfrac{3x}{2x+1}$.**

**PRIMER.** Es resol l'operació entre les imatges de la funció.

$$x^2(f(x+2) - f(x)) = x^2\left(\frac{3(x+2)}{2(x+2)+1} - \frac{3x}{2x+1}\right) =$$
$$= \frac{(3x^3+6x^2)(2x+1) - 3x^3(2x+5)}{(2x+5)(2x+1)} =$$
$$= \frac{6x^2}{4x^2+12x+5}$$

**SEGON.** Es calcula el límit de l'expressió obtinguda.

$$\lim_{x \to +\infty} \left[x^2(f(x+2) - f(x))\right] = \lim_{x \to +\infty} \frac{6x^2}{4x^2+12x+5} = \frac{3}{2}$$

**PRACTICA**

**33.** Considera la funció següent:

$$f(x) = \frac{2x}{x+1}$$

Calcula el valor de $\lim_{x \to +\infty} \left[x^2(f(x+1) - f(x))\right]$.

## Resolució d'indeterminacions

### Calcular el paràmetre d'una funció si està en un límit amb indeterminació $\infty - \infty$

**Determina el valor del paràmetre $a$ per al qual es verifica que $\lim_{x \to +\infty} \left(\sqrt{x^2+ax+2} - x - 1\right) = 3$.**

**PRIMER.** Es calcula el límit en funció del paràmetre i es comprova que s'obté la indeterminació $\infty - \infty$.

$$\lim_{x \to +\infty} \left(\sqrt{x^2+ax+2} - x - 1\right) \to \infty - \infty$$

**SEGON.** Es resol la indeterminació multiplicant i dividint pel conjugat.

$$\lim_{x \to +\infty} \frac{\left(\sqrt{x^2+ax+2} - (x+1)\right)\left(\sqrt{x^2+ax+2} + (x+1)\right)}{\left(\sqrt{x^2+ax+2} + (x+1)\right)} =$$
$$= \lim_{x \to +\infty} \frac{(a-2)x+1}{\sqrt{x^2+ax+2} + (x+1)} = \frac{a-2}{\sqrt{1}+1} = \frac{a-2}{2}$$

**TERCER.** S'iguala el resultat obtingut al de l'enunciat, i es buida el paràmetre.

$$\frac{a-2}{2} = 3 \to a = 8$$

**PRACTICA**

**34.** Troba $a$ perquè $\lim_{x \to +\infty} \left(\sqrt{x^2+ax+1} - x\right) = 2$.

## Resolució d'indeterminacions

### Calcular el paràmetre d'una funció si està en un límit amb indeterminació tipus $1^\infty$

**Calcula el valor del paràmetre $a$ per al qual es verifica la condició següent:**

$$\lim_{x \to +\infty} \left(\frac{x^3 - ax^2}{x^3+4}\right)^{\frac{x^2+2}{3x}} = \frac{1}{e}$$

**PRIMER.** Es comprova que s'obté la indeterminació de tipus $1^\infty$.

$$\lim_{x \to +\infty} \left(\frac{x^3 - ax^2}{x^3+4}\right)^{\frac{x^2+2}{3x}} \to 1^\infty$$

**SEGON.** Es calcula el límit en funció del paràmetre, aplicant la fórmula $\lim_{x \to a} f(x)^{g(x)} = e^{\lim_{x \to a} [f(x)-1] \cdot g(x)}$.

$$\lim_{x \to +\infty} \left(\frac{x^3 - ax^2}{x^3+4}\right)^{\frac{x^2+2}{3x}} = e^{\lim_{x \to +\infty} \left(\frac{x^3-ax^2}{x^3+4} - 1\right) \cdot \left(\frac{x^2+2}{3x}\right)} =$$
$$= e^{\lim_{x \to +\infty} \left(\frac{(-ax^2-4)(x^2+2)}{3x^4+12x}\right)} = e^{\lim_{x \to +\infty} \frac{-ax^4-2ax^2-4x^2-8}{3x^4+12x}} = e^{-\frac{a}{3}}$$

**TERCER.** S'iguala el resultat obtingut al resultat que dona l'enunciat, i es buida el paràmetre.

$$e^{-\frac{a}{3}} = \frac{1}{e} = e^{-1} \to -\frac{a}{3} = -1 \to a = 3$$

**PRACTICA**

**35.** Troba el valor del paràmetre $a$ per al qual es verifica $\lim_{x \to +\infty} \left(\dfrac{x^4 + ax^3}{2+x^4}\right)^{\frac{3x^3+1}{x^2-2}} = e^3$.

## Límit del quocient de dues funcions

### Calcular el límit del quocient de dues funcions exponencials

**Donada la funció $f(x) = \dfrac{e^{2x} - 5e^{-x}}{3e^{2x} - e^{-x}}$, determina:**

**a)** $\lim\limits_{x \to +\infty} f(x)$ **b)** $\lim\limits_{x \to -\infty} f(x)$

**PRIMER.** Es divideixen el numerador i el denominador entre la potència més gran o més petita de l'exponencial, segons $x \to +\infty$ o $x \to -\infty$.

a) $$\frac{e^{2x} - 5e^{-x}}{3e^{2x} - e^{-x}} = \frac{\dfrac{(e^{2x} - 5e^{-x})}{e^{2x}}}{\dfrac{(3e^{2x} - e^{-x})}{e^{2x}}} = \frac{1 - 5e^{-3x}}{3 - e^{-3x}}$$

b) $$\frac{e^{2x} - 5e^{-x}}{3e^{2x} - e^{-x}} = \frac{\dfrac{(e^{2x} - 5e^{-x})}{e^{-x}}}{\dfrac{(3e^{2x} - e^{-x})}{e^{-x}}} = \frac{e^{3x} - 5}{3e^{3x} - 1}$$

**SEGON.** Es troba el límit del resultat obtingut.

a) $\lim\limits_{x \to +\infty} \dfrac{1 - 5e^{-3x}}{3 - e^{-3x}} = \dfrac{1}{3}$ b) $\lim\limits_{x \to -\infty} \dfrac{e^{3x} - 5}{3e^{3x} - 1} = \dfrac{-5}{-1} = 5$

**PRACTICA**

**36.** Calcula $\lim\limits_{x \to +\infty} f(x)$ i $\lim\limits_{x \to -\infty} f(x)$, sabent que

$$f(x) = \frac{-e^{3x} + 7e^{-5x}}{2e^{-5x} - 4e^{3x}}.$$

## Límit d'una funció en un punt

### Determinar si existeix o no el límit d'una funció en un punt

**Calcula el valor de $\lim\limits_{x \to -\frac{3}{2}} 2^{\frac{1}{2x+3}}$.**

**PRIMER.** Se substitueix $x$ pel punt en el qual es vol calcular el límit.

$$\lim_{x \to -\frac{3}{2}} 2^{\frac{1}{2x+3}} = 2^{\frac{1}{2 \cdot (-3/2) + 3}} = 2^{\frac{1}{0}} = 2^{\infty} = \infty$$

**SEGON.** Si el resultat és $\infty$, es calculen els límits laterals.

Per la dreta:

$$\lim_{x \to -\frac{3}{2}^+} \frac{1}{2x+3} = +\infty \to \lim_{x \to -\frac{3}{2}^+} 2^{\frac{1}{2x+3}} = 2^{+\infty} = +\infty$$

Per l'esquerra:

$$\lim_{x \to -\frac{3}{2}^-} \frac{1}{2x+3} = -\infty \to \lim_{x \to -\frac{3}{2}^-} 2^{\frac{1}{2x+3}} = 2^{-\infty} = 0$$

$$\lim_{x \to -\frac{3}{2}^+} 2^{\frac{1}{2x+3}} \neq \lim_{x \to -\frac{3}{2}^-} 2^{\frac{1}{2x+3}}$$

Com que els límits laterals no coincideixen, no existeix el límit.

**PRACTICA**

**37.** Calcula el valor de $\lim\limits_{x \to -\frac{1}{5}} 2^{\frac{2x}{5x^2+x}}$.

## Límit del quocient de dues funcions

### Resoldre una indeterminació quan apareix una expressió del tipus $\sqrt{f(x)} \pm a$

**Calcula els límits següents.** **a)** $\lim\limits_{x \to -2} \dfrac{x+2}{\sqrt{3+x} - 1}$ **b)** $\lim\limits_{x \to -2} \dfrac{4 - x^2}{\sqrt{3+x} - 1}$

**PRIMER.** Es comprova que en resoldre el límit es presenta una indeterminació.

a) $\lim\limits_{x \to -2} \dfrac{x+2}{\sqrt{3+x} - 1} \to \dfrac{0}{0}$ b) $\lim\limits_{x \to -2} \dfrac{4 - x^2}{\sqrt{3+x} - 1} \to \dfrac{0}{0}$

**SEGON.** Es multipliquen el numerador i el denominador per l'element conjugat de l'expressió.

a) $$\frac{x+2}{\sqrt{3+x} - 1} \cdot \frac{\sqrt{3+x} + 1}{\sqrt{3+x} + 1} = \frac{(x+2)\left(\sqrt{3+x} + 1\right)}{2+x}$$

b) $$\frac{4 - x^2}{\sqrt{3+x} - 1} \cdot \frac{\sqrt{3+x} + 1}{\sqrt{3+x} + 1} = \frac{(2-x)(2+x)\left(\sqrt{3+x} + 1\right)}{2+x}$$

**TERCER.** Es calcula el límit de l'expressió resultant.

a) $$\lim_{x \to -2} \frac{\cancel{(x+2)}\left(\sqrt{3+x} + 1\right)}{\cancel{x+2}} = \lim_{x \to -2} \sqrt{3+x} + 1 = 2$$

b) $$\lim_{x \to -2} \frac{(2-x)\cancel{(2+x)}\left(\sqrt{3+x} + 1\right)}{\cancel{2+x}} = \lim_{x \to -2} (2-x)\left(\sqrt{3+x} + 1\right) = 8$$

**PRACTICA**

**38.** Calcula. a) $\lim\limits_{x \to 5} \dfrac{5x - 25}{\sqrt{x-1} - 2}$ b) $\lim\limits_{x \to 1} \dfrac{-x+1}{\sqrt{2-x} - 1}$ c) $\lim\limits_{x \to -1} \dfrac{x+1}{\sqrt{3-x} - 2}$ d) $\lim\limits_{x \to 5} \dfrac{2x - 10}{\sqrt{2x-6} - 2}$

# ACTIVITATS RESOLTES

## Límit d'una funció en un punt

### Calcular el paràmetre perquè existeixi el límit d'una funció en un punt

**Troba el valor de *a* perquè aquest límit sigui finit:**

$$\lim_{x \to -1} \frac{ax^3 + 3x^2 - 2x - 3}{x^2 + 3x + 2}$$

**Calcula el límit per al valor de *a* obtingut.**

**PRIMER.** Es calcula el límit demanat en funció del paràmetre.

$$\lim_{x \to -1} \frac{ax^3 + 3x^2 - 2x - 3}{x^2 + 3x + 2} = \frac{-a + 3 + 2 - 3}{0} = \frac{-a + 2}{0}$$

**SEGON.** S'estudien els resultats segons els valors del paràmetre.

- Si $a > 2$, llavors:

$$\frac{\overbrace{-a + 2}^{<0}}{\underbrace{0}_{<0}} \to +\infty$$

$$\frac{\overbrace{-a + 2}^{<0}}{\underbrace{0}_{>0}} \to -\infty$$

Els límits laterals no coincideixen → No existeix límit.

- Si $a < 2$, llavors:

$$\frac{\overbrace{-a + 2}^{>0}}{\underbrace{0}_{<0}} \to -\infty$$

$$\frac{\overbrace{-a + 2}^{>0}}{\underbrace{0}_{>0}} \to +\infty$$

Els límits laterals no coincideixen → No existeix límit.

- Si $a = 2$, llavors:

$$\lim_{x \to -1} \frac{2x^3 + 3x^2 - 2x - 3}{x^2 + 3x + 2} \to \frac{0}{0}$$

**TERCER.** Perquè existeixi el límit s'ha d'obtenir un nombre a partir de la indeterminació.

Per resoldre la indeterminació es factoritzen els polinomis.

$$\frac{2x^3 + 3x^2 - 2x - 3}{x^2 + 3x + 2} = \frac{(x + 1)(2x^2 + x - 3)}{(x + 1)(x + 2)}$$

$$\lim_{x \to -1} \frac{2x^3 + 3x^2 - 2x - 3}{x^2 + 3x + 2} = \lim_{x \to -1} \frac{(x + 1)(2x^2 + x - 3)}{(x + 1)(x + 2)} = -2$$

**PRACTICA**

**39.** Estudia per a quin valor del paràmetre *a* existeix el límit de la funció quan *x* tendeix a 2:

$$f(x) = \frac{x^3 - ax + 6}{x^3 - 4x^2 - 4x + 16}$$

Troba el límit quan existeixi.

## Continuïtat d'una funció

### Calcular els paràmetres perquè una funció sigui contínua

**Troba *a* i *b* perquè la funció següent sigui contínua en tot $\mathbb{R}$.**

$$f(x) = \begin{cases} -x^2 + 6a & \text{si } x \leq -2 \\ bx - 2a & \text{si } -2 < x < 1 \\ \dfrac{5b}{x + 2} & \text{si } x \geq 1 \end{cases}$$

**PRIMER.** S'estudia la continuïtat de les diferents funcions en els intervals en els quals estan definides.

- Si $x < -2 \to f(x) = -x^2 + 6a$

  Per ser una funció polinòmica, és contínua en $\mathbb{R}$ i, per tant, en l'interval $(-\infty, -2)$.

- Si $-2 < x < 1 \to f(x) = bx - 2a$

  Per ser una funció polinòmica, és contínua en $\mathbb{R}$ i, per tant, en l'interval $(-2, 1)$.

- Si $x > 1 \to f(x) = \dfrac{5b}{x + 2}$

  És una funció racional. No està definida en $x = -2$.

  És contínua en $(1, +\infty)$.

**SEGON.** S'estudia la continuïtat en els punts en els quals la funció passa d'una expressió algebraica a una altra.

- Per a $x = -2 \to f(-2) = -4 + 6a$

  $\lim_{x \to -2^-} f(x) = -4 + 6a$ $\qquad \lim_{x \to -2^+} f(x) = -2b - 2a$

- Per a $x = 1 \to f(1) = \dfrac{5b}{3}$

  $\lim_{x \to 1^-} f(x) = b - 2a$ $\qquad \lim_{x \to 1^+} f(x) = \dfrac{5b}{3}$

**TERCER.** S'imposa la condició de continuïtat en els punts on la funció canvia d'expressió algebraica.

- Per a $x = -2$:

  $f(-2) = \lim_{x \to -2^-} f(x) = \lim_{x \to -2^+} f(x)$

  $-4 + 6a = -2b - 2a \to 4a + b = 2$

- Per a $x = 1$:

  $f(1) = \lim_{x \to 1^-} f(x) = \lim_{x \to 1^+} f(x)$

  $b - 2a = \dfrac{5b}{3} \to b + 3a = 0$

**QUART.** Es resol el sistema resultant.

$$\left.\begin{aligned} 4a + b = 2 \\ 3a + b = 0 \end{aligned}\right\} \to a = 2, b = -6$$

**PRACTICA**

**40.** Determina els valors *a* i *b* perquè la funció següent resulti contínua en tots els punts.

$$f(x) = \begin{cases} ax^2 + b & \text{si } x < 0 \\ x - a & \text{si } 0 \leq x < 1 \\ \dfrac{a}{x} + b & \text{si } 1 \leq x \end{cases}$$

## Teorema de Bolzano

### Determinar si una equació té arrels reals

**Demostra que l'equació $\sin x + 2x = 1$ té almenys una solució real. Determina un interval de longitud 2 que la contingui.**

**PRIMER.** Es defineix una funció en què l'expressió algebraica sigui l'equació igualada a 0.

$\sin x + 2x = 1 \rightarrow \sin x + 2x - 1 = 0$

$f(x) = \sin x + 2x - 1$

**SEGON.** Es busca un interval amb la longitud demanada, tal que la funció als extrems tingui signes diferents.

$f(0) = -1 < 0$ $\qquad f(2) = \sin 2 + 3 > 0$

Es pot agafar l'interval [0, 2].

**TERCER.** S'estudia si $f(x)$ compleix les condicions del teorema de Bolzano en l'interval calculat.

- $f(x)$ és contínua en l'interval, per ser composició de dues funcions contínues en ell.
- El signe de $f(0)$ és diferent del signe de $f(2)$.

**QUART.** Si es verifiquen les condicions del teorema de Bolzano, s'aplica el teorema.

$$\left.\begin{array}{l} f(x) \text{ contínua en } [0, 2] \\ f(0) < 0 \text{ i } f(2) > 0 \end{array}\right\} \rightarrow \text{Existeix } c \in (0, 2) \text{ tal que: } f(c) = \sin c + 2c - 1 = 0$$

És a dir, l'equació $\sin x + 2x = 1$ té almenys una solució real.

**PRACTICA**

**41.** Demostra que $f(x) = 2\cos x + 1$ té almenys una arrel real en $[0, \pi]$.

## Teorema dels valors intermedis

### Determinar si dues corbes es tallen

**Demostra que les funcions $f(x)$ i $g(x)$ es tallen almenys en un punt en l'interval $[-2, 0]$.**

$$f(x) = 2\sqrt{x+2} \qquad g(x) = 2^{-x}$$

**PRIMER.** Es comprova que les dues funcions són contínues en l'interval.

$f(x) = 2\sqrt{x+2} \rightarrow$ Contínua en $[-2, +\infty)$

$g(x) = 2^{-x} \rightarrow$ Contínua en $\mathbb{R}$

Totes dues són contínues en l'interval $[-2, 0]$.

**SEGON.** Es calcula el valor de les funcions als extrems de l'interval.

$f(-2) = 0$ $\qquad f(0) = 2\sqrt{2}$

$g(-2) = 4$ $\qquad g(0) = 1$

**TERCER.** Es comprova que $f(a) < g(a)$ i que $f(b) > g(b)$.

$f(-2) = 0 < g(-2) = 4$ $\qquad f(0) = 2\sqrt{2} > g(0) = 1$

**QUART.** S'aplica el teorema dels valors intermedis.

Pel teorema dels valors intermedis, totes dues funcions prenen tots els valors compresos entre $f(-2)$ i $f(0)$, i $g(-2)$ i $g(0)$, respectivament.

Per tant, les funcions $f(x)$ i $g(x)$ es tallaran en un punt de l'interval.

**PRACTICA**

**42.** Comprova que les funcions $f(x)$ i $g(x)$ es tallen almenys en un punt de l'interval [0, 1].

$$f(x) = 2^{x+1} - 1 \qquad g(x) = 2\sqrt{x+1}$$

## Teorema de Bolzano

### Decidir si una funció pren un valor determinat

**Demostra que existeix un punt $x = x_0$ en el qual la funció $f(x) = x \cdot 3^x + 1$ pren el valor 3. Situa el punt dins d'un interval de longitud 1.**

**PRIMER.** Es defineix una funció en què l'expressió algebraica sigui l'equació igualada a 0.

$x \cdot 3^x + 1 - 3 = 0 \rightarrow h(x) = x \cdot 3^x - 2 = 0$

**SEGON.** Es busca un interval $[x_1, x_2]$ de longitud 1 tal que els valors de la funció als extrems tinguin diferent signe.

Es considera l'interval [0, 1].

$h(0) = 0 \cdot 3^0 - 2 = -2 < 0$ $\qquad h(1) = 1 \cdot 3^1 - 2 = 1 > 0$

**TERCER.** S'estudia si es compleixen les condicions del teorema de Bolzano.

$h(x)$ és contínua en [0, 1] per ser una composició de funcions contínues. A més, el signe de $f(0)$ és diferent del signe de $f(1)$.

**QUART.** Si es verifiquen les condicions del teorema de Bolzano, s'aplica el teorema.

$$\left.\begin{array}{l} h(x) \text{ contínua en } [0, 1] \\ h(0) < 0 \text{ i } h(1) > 0 \end{array}\right\} \rightarrow \text{Existeix } x_0 \in (0, 1) \text{ tal que: } h(x_0) = x_0 \cdot 3^{x_0} + 1 - 3 = 0 \rightarrow x_0 \cdot 3^{x_0} + 1 = 3$$

**PRACTICA**

**43.** Donada la funció $f(x) = 3^{-x+2} - 4$, demostra que existeix un punt $x_0$ per al qual la funció val 1.

# ACTIVITATS FINALS

## 1. Interpreta i calcula el límit d'una funció

### Límits de funcions

**ACTIVITATS FLAIX**

**44** A partir de les gràfiques de les funcions següents, determina els límits indicats.

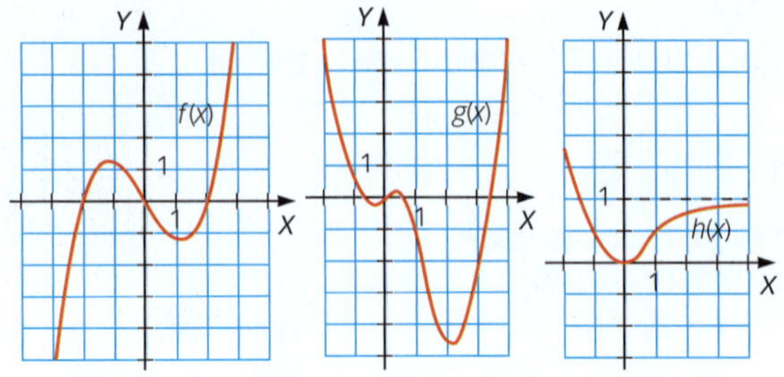


a) $\lim\limits_{x \to +\infty} f(x)$ c) $\lim\limits_{x \to +\infty} g(x)$ e) $\lim\limits_{x \to +\infty} h(x)$

b) $\lim\limits_{x \to -\infty} f(x)$ d) $\lim\limits_{x \to -\infty} g(x)$ f) $\lim\limits_{x \to -\infty} h(x)$

**45** Troba aquests límits de funcions.

a) $\lim\limits_{x \to +\infty} x^5$ c) $\lim\limits_{x \to +\infty} \dfrac{1}{x^4}$ e) $\lim\limits_{x \to +\infty} \left(\dfrac{1}{3}\right)^x$

b) $\lim\limits_{x \to +\infty} \sqrt[3]{x^2}$ d) $\lim\limits_{x \to +\infty} 5^x$ f) $\lim\limits_{x \to +\infty} 4^{x^2}$

**46** Calcula els següents límits de funcions.

a) $\lim\limits_{x \to +\infty} \dfrac{x^2+1}{x-3}$ d) $\lim\limits_{x \to +\infty} \dfrac{1-x^4}{-x^4+2x^2-5}$

b) $\lim\limits_{x \to -\infty} \dfrac{x^2+1}{x-3}$ e) $\lim\limits_{x \to -\infty} \dfrac{1-x^4}{-x^4+2x^2-5}$

c) $\lim\limits_{x \to +\infty} \dfrac{x^2+1}{3x^2}$ f) $\lim\limits_{x \to +\infty} \dfrac{x^2-2x+3}{-x^3-3x^2-5}$

**47** **INVENTA.** Escriu una funció amb cada límit.

a) $\lim\limits_{x \to +\infty} f(x) = 2$ b) $\lim\limits_{x \to -\infty} f(x) = 0$ c) $\lim\limits_{x \to -\infty} f(x) = -1$

**48** Calcula $\lim\limits_{x \to +\infty} f(x)$ i $\lim\limits_{x \to -\infty} f(x)$ per a:

a) $f(x) = \dfrac{4x+3}{2x^2+1}$ b) $f(x) = \dfrac{4x^2+3}{2x^2+1}$

**49** Calcula $\lim\limits_{x \to +\infty} \dfrac{\sqrt{x^2+x-1} - \sqrt{x^2-x+2}}{\dfrac{1}{2}}$.

**50** Calcula el valor d'aquests límits de les funcions següents.

a) $\lim\limits_{x \to +\infty} (0{,}7)^{3x+2}$ c) $\lim\limits_{x \to +\infty} (3x-7)^{2-x}$

b) $\lim\limits_{x \to +\infty} (2x - 0{,}01x^2)$ d) $\lim\limits_{x \to +\infty} ((x-2)^2 - x^2)$

**51** **INVESTIGA.** Calcula $\lim\limits_{x \to -\infty} f(x)$ i $\lim\limits_{x \to +\infty} f(x)$ si:

a) $f(x) = a_n x^n + \dots + a_1 x + a_0$

b) $f(x) = be^x$

c) $f(x) = \sqrt{cx}$

**52** Resol els següents límits amb radicals.

a) $\lim\limits_{x \to +\infty} (x - \sqrt{x^2-6x})$ c) $\lim\limits_{x \to +\infty} (x^2 - \sqrt{x^2-6x})$

b) $\lim\limits_{x \to -\infty} (x - \sqrt{x^2-6x})$ d) $\lim\limits_{x \to -\infty} (x^2 - \sqrt{x^2-6x})$

**53** Resol aquests límits.

a) $\lim\limits_{x \to +\infty} \left(1 + \dfrac{3}{x}\right)^{x-1}$ c) $\lim\limits_{x \to -\infty} \left(1 + \dfrac{3}{x}\right)^{1-x}$

**54** Calcula el límit: $\lim\limits_{x \to +\infty} f(x) \dfrac{\sqrt{x^2-2x} - (x-2)}{x-2}$.

**55** Calcula: $\lim\limits_{x \to +\infty} \left(\sqrt{x^4+3x^2-2} - x^2 + 3\right)$

**56** Calcula el límit: $\lim\limits_{x \to +\infty} \dfrac{\sqrt{x-1} + \sqrt{x-1}}{\sqrt{x+2} - \sqrt{x-2}}$

**57** Troba el límit: $\lim\limits_{x \to +\infty} \left(\dfrac{\sqrt{x^2+1}}{x} - \dfrac{2x^4+3x}{x^2-1}\right)$

**58** Determina el valor del límit següent.

$$\lim_{x \to +\infty} \frac{\sqrt{x^2-3x+2} - \sqrt{x^2+x}}{2}$$

**59** **REPTE.** Troba el valor de $m$ tal que:

$$\lim_{x \to +\infty} \left(\sqrt{x^2+3x-8} - \sqrt{x^2+mx+7}\right) = -1$$

**60** Troba els límits següents.

a) $\lim\limits_{x \to +\infty} \left(\dfrac{2-5x}{1+5x}\right)^{2x-12}$ b) $\lim\limits_{x \to +\infty} \left(\dfrac{x^2-3x+2}{x^2+3x}\right)^{\frac{x}{2}}$

**61** **MATEMÀTIQUES I... ECONOMIA.** En una empresa els guanys, en milers d'euros, d'un determinat lloc de treball, venen donats per la funció

$f(t) = \left(\dfrac{t+4}{t+2}\right)^t$, on $t$ és

el temps en mesos. Què passa amb els guanys quan transcorre el temps?

**62** Troba el resultat d'aquests límits.

a) $\lim\limits_{x \to +\infty} \dfrac{3^x+10}{3^{x+1}}$ b) $\lim\limits_{x \to +\infty} \dfrac{3^{x+1}}{3^x+10}$

**63** Expressa les funcions següents com a funcions definides a trossos i, després, troba'n els límits quan $x$ tendeix a $-\infty$ i a $+\infty$.

a) $f(x) = |x+2| - |x-2|$ b) $f(x) = \left|\dfrac{2x+3}{x-2}\right|$

**64** **MATEMÀTIQUES I... MEDI AMBIENT.** Al mar hi ha una taca produïda per una erupció submarina. La superfície afectada, en quilòmetres quadrats, ve donada per la funció $f(t) = \sqrt{t^2+5t} - t$, sent $t$ el temps transcorregut des que comencem a observar-la.

a) Quina és la superfície afectada inicialment?

b) Creixerà la taca indefinidament?

65 **MATEMÀTIQUES I... ECOSISTEMES.** La profunditat de la capa de sorra en una platja es veurà afectada per la construcció d'un dic. La profunditat, en metres, vindrà donada per la funció següent:

$$P(t) = \begin{cases} 2 + \sqrt{t} & \text{si } 0 \leq t \leq \\ \dfrac{8t - 2}{2t} & \text{si } t > 1 \end{cases}$$

on $t$ és el temps en anys des de l'inici de l'obra.

a) Quina serà la profunditat de la capa de sorra en passar 2 anys des de l'inici de la construcció?

b) Si la profunditat arribés a superar 4 m, s'hauria d'elevar l'altura del passeig marítim. Caldrà fer-ho?

## Límit d'una funció en un punt

**ACTIVITATS FLAIX**

66 La representació següent és la gràfica de la funció $f(x)$. Dona un valor aproximat a aquests límits.

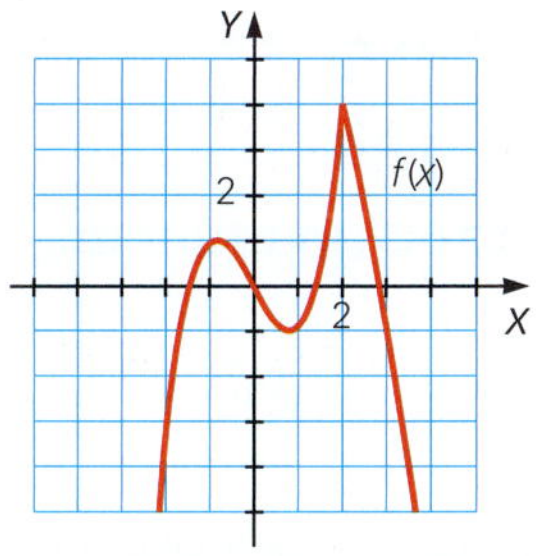


a) $\lim\limits_{x \to 1} f(x)$

b) $\lim\limits_{x \to 0} f(x)$

c) $\lim\limits_{x \to 2} f(x)$

d) $\lim\limits_{x \to 3} f(x)$

e) $\lim\limits_{x \to +\infty} f(x)$

f) $\lim\limits_{x \to -\infty} f(x)$

67 Calcula aquests límits si $f(x) = 2^{\ln x}$ i $g(x) = 3^{\ln(x-1)}$.

a) $\lim\limits_{x \to 1} f(x)$ c) $\lim\limits_{x \to \frac{1}{e}} f(x)$ e) $\lim\limits_{x \to e+1} g(x)$

b) $\lim\limits_{x \to e} f(x)$ d) $\lim\limits_{x \to 2} g(x)$ f) $\lim\limits_{x \to \frac{e+1}{e}} g(x)$

68 Aquesta és la gràfica de la funció $g(x)$. Dona un valor aproximat dels límits següents.

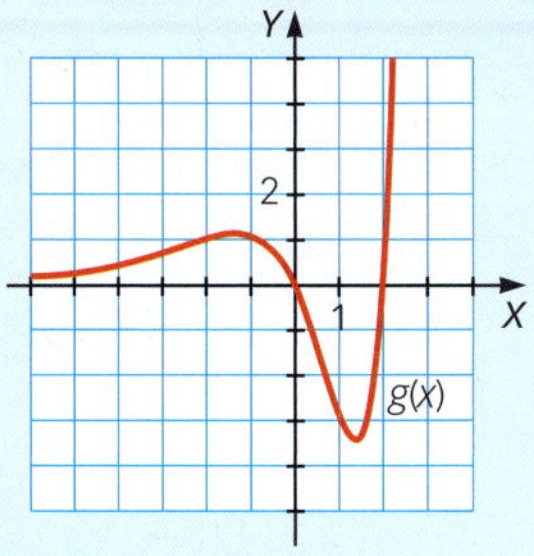


a) $\lim\limits_{x \to -3} g(x)$

b) $\lim\limits_{x \to 0} g(x)$

c) $\lim\limits_{x \to 1} g(x)$

d) $\lim\limits_{x \to 2} g(x)$

e) $\lim\limits_{x \to +\infty} g(x)$

f) $\lim\limits_{x \to -\infty} g(x)$

69 **INVENTA.** Escriu una funció amb cada límit.

a) $\lim\limits_{x \to 1} f(x) = 2$ c) $\lim\limits_{x \to -1} f(x) = 5$

b) $\lim\limits_{x \to 0} f(x) = -1$ d) $\lim\limits_{x \to -2} f(x) = 0$

70 Si $f(x) = \dfrac{3x}{\sqrt{x^2 + 1}}$, calcula aquests límits.

a) $\lim\limits_{x \to 3} f(x)$ b) $\lim\limits_{x \to -1} f(x)$ c) $\lim\limits_{x \to 0} f(x)$

71 Si $f(x) = \log_2(x - 3) + 1$, resol aquests límits.

a) $\lim\limits_{x \to 4} f(x)$ b) $\lim\limits_{x \to 17} f(x)$ c) $\lim\limits_{x \to \frac{7}{2}} f(x)$

72 **MATEMÀTIQUES I... ECONOMIA.** El valor, en milers d'euros, d'una empresa en funció del temps $t$, en anys, ve donat per la funció:

$$f(t) = \begin{cases} -4t^2 + 60t - 16 & \text{si } 0 \leq t \leq 6 \\ 250 - \dfrac{25}{3}t & \text{si } t > 6 \end{cases}$$

Escriu com a límits laterals d'una funció en un punt i respon.

a) Quin serà el valor just en acabar el sisè any? I just en començar el següent?

b) Creus que l'empresa es veurà obligada a tancar amb el temps?

73 Troba aquests límits sabent que $g(x) = \dfrac{1}{x - 2} + \log_{1/2} x$.

a) $\lim\limits_{x \to \frac{1}{4}} g(x)$ b) $\lim\limits_{x \to 8} g(x)$

74 Si tenim la funció $f(x) = \dfrac{6x - 12}{x^2 - 3x - 4}$, quins seran els límits quan $x$ tendeixi a 0, −1, 1 i 4?

75 Si sabem que $\lim\limits_{x \to 5} m(x) = 4$, $\lim\limits_{x \to 5} n(x) = 0$ i $\lim\limits_{x \to 5} p(x) = +\infty$, calcula, si és possible, el límit quan $x$ tendeix a 5 de les funcions.

a) $m(x) + n(x) + p(x)$ e) $\dfrac{m(x)}{n(x)}$ i) $(m(x))^{n(x)}$

b) $m(x) \cdot n(x) - p(x)$ f) $n(x) \cdot p(x)$ j) $(m(x))^{p(x)}$

c) $m(x) \cdot p(x)$ g) $\dfrac{p(x)}{m(x)}$ k) $(n(x))^{p(x)}$

d) $\dfrac{n(x)}{m(x)}$ h) $\dfrac{n(x)}{p(x)}$ l) $(p(x))^{n(x)}$

76 Calcula els límits d'aquestes funcions racionals.

a) $\lim\limits_{x \to -1} \dfrac{x^2 + 3x + 2}{x^2 + 2x + 1}$ d) $\lim\limits_{x \to 3} \dfrac{x^2 - 9}{(x - 3)^2}$

b) $\lim\limits_{x \to \frac{1}{2}} \dfrac{2x - 1}{4x^2 - 4x + 1}$ e) $\lim\limits_{x \to \frac{5}{3}} \dfrac{3x^2 + x - 10}{9x^2 - 30x + 25}$

c) $\lim\limits_{x \to -1} \dfrac{x^2 + 3x + 2}{x^2 + 4x + 3}$ f) $\lim\limits_{x \to 3} \dfrac{9 - x^2}{x^2 - x - 6}$

77 Opera i troba el límit en cada cas.

a) $\lim\limits_{x \to 2} \dfrac{x^2 - 2x}{x^2 - 5x + 6}$ c) $\lim\limits_{x \to 0} \dfrac{\dfrac{1}{2 + x} - \dfrac{1}{2}}{x}$

b) $\lim\limits_{x \to 0} \dfrac{(x - 1)^2 - 1}{x^2}$ d) $\lim\limits_{x \to 2} \left( \dfrac{1}{x - 2} \cdot \dfrac{x^2 - 4}{x^3 - 3} \right)$

78 Calcula cada límit en els punts indicats.

a) $\lim\limits_{x \to 1} \dfrac{\sqrt{x} - 1}{3x - 3}$ c) $\lim\limits_{x \to 0} \dfrac{2 - \sqrt{4 - x}}{x}$

b) $\lim\limits_{x \to 2} \dfrac{x - 2}{\sqrt{x + 2} - 2}$ d) $\lim\limits_{x \to 3} \dfrac{2x - 6}{\sqrt{x} - \sqrt{3}}$

**79** Determina el valor dels límits següents.

a) $\lim_{x\to 4} \frac{x^2-16}{\sqrt{2x+1}-3}$

b) $\lim_{x\to +\infty} \frac{5x+5}{8x-\sqrt{9x^2+1}}$

c) $\lim_{x\to 4} \frac{1-\sqrt{x-3}}{x^2-16}$

d) $\lim_{x\to -1} \frac{1-x^2}{\sqrt{x+1}}$

e) $\lim_{x\to 0} \frac{\sqrt{1-x}-\sqrt{1+x}}{x}$

f) $\lim_{x\to 2} \frac{\sqrt{x+2}-2}{\sqrt{2x+5}-3}$

g) $\lim_{x\to -3} \frac{\sqrt{13-4x}-\sqrt{28+x}}{\sqrt{x+3}}$

h) $\lim_{x\to 2} \left(\frac{1}{\sqrt{x-2}} \cdot \frac{\sqrt{x^2-4}}{x}\right)$

**80** Considera la funció i resol els límits.

$$f(x) = \frac{2x^3-3x^2-11x+6}{x^3+x^2-8x-12}$$

a) $\lim_{x\to 1} f(x)$

b) $\lim_{x\to -1} f(x)$

c) $\lim_{x\to -2} f(x)$

d) $\lim_{x\to 3} f(x)$

e) $\lim_{x\to +\infty} f(x)$

f) $\lim_{x\to -\infty} f(x)$

**81** Calcula el valor dels límits següents, sabent que:

$$f(x) = \frac{x^3-x}{\sqrt{x^2+3}-2x^2}$$

a) $\lim_{x\to -1} f(x)$

b) $\lim_{x\to 1} f(x)$

c) $\lim_{x\to 0} f(x)$

d) $\lim_{x\to 2} f(x)$

e) $\lim_{x\to +\infty} f(x)$

f) $\lim_{x\to -\infty} f(x)$

**82** Obtingues els resultats d'aquests límits.

a) $\lim_{x\to 0} \frac{\sqrt{x}}{\sqrt[3]{x}}$

b) $\lim_{x\to 0} \frac{\sqrt[3]{x}}{\sqrt{x}}$

c) $\lim_{x\to 2} \frac{\sqrt{x-2}}{\sqrt[3]{x^2-3x+2}}$

d) $\lim_{x\to 2} \frac{\sqrt{x}-2}{x-4}$

e) $\lim_{x\to 4} \frac{\sqrt{x}-2}{x-4}$

f) $\lim_{x\to 9} \frac{x-9}{\sqrt{x}-3}$

**83** Determina el valor dels límits següents.

a) $\lim_{x\to 0} \left(2+\frac{1}{x^4}\right)$

b) $\lim_{x\to 2} \left(\frac{x+2}{x-1}\right)^{x-3}$

c) $\lim_{x\to +\infty} \left(\frac{4x-2}{4x-3}\right)^{4x^2-1}$

d) $\lim_{x\to +\infty} \left(\frac{4x+3}{3x}\right)^{3x}$

**84** Resol.

a) $\lim_{x\to 0} (\cos^2 x)^{\frac{1}{\sin x}}$

b) $\lim_{x\to 0} (2x+1)^{\frac{1}{x}}$

**85** Sabent que $\lim_{x\to 3} \frac{x^2-ax+3}{x-3}$ és un límit finit, determina el valor de $a$ i obtingues el límit.

**86** Determina el valor de $m$ perquè es compleixin les igualtats següents.

a) $\lim_{x\to 3} \left(\frac{1+2x}{x+4}\right)^{\frac{m}{3-x}} = e$

b) $\lim_{x\to 2} \left(\frac{x^2-2}{3x-4}\right)^{\frac{m}{x-2}} = e^2$

**87** Troba el valor de $a$ perquè es compleixi:

$$\lim_{x\to +\infty} \left(\sqrt{x^2-ax}-\sqrt{x^2+2}\right) = 3$$

**88** Si $g(x) = \begin{cases} x^2-1 & \text{si } x < 3 \\ \frac{3}{x+5} & \text{si } x \geq 3 \end{cases}$, determina els límits:

a) $\lim_{x\to -1} g(x)$

b) $\lim_{x\to 3} g(x)$

c) $\lim_{x\to +\infty} g(x)$

**89** **REPTE.** Sabent que $\lim_{x\to 0} \frac{x}{\sin x} = 1$, troba:

a) $\lim_{x\to 0} \frac{\text{tg } x}{x}$

b) $\lim_{x\to 0} \frac{1-\cos^2 x}{x^2}$

c) $\lim_{x\to 0} \frac{1-\cos x}{x^2}$

d) $\lim_{x\to 0} \frac{1-\cos x}{x}$

**90** Considera la funció i calcula aquests límits.

$$f(x) = \begin{cases} \frac{x^2-4}{-x^2+x+2} & \text{si } x \neq 2 \\ -\frac{4}{3} & \text{si } x = 2 \end{cases}$$

a) $\lim_{x\to -\infty} f(x)$

b) $\lim_{x\to -1} f(x)$

c) $\lim_{x\to 0} f(x)$

d) $\lim_{x\to 2} f(x)$

e) $\lim_{x\to 3} f(x)$

f) $\lim_{x\to +\infty} f(x)$

**91** **INVENTA.** Dibuixa la gràfica aproximada d'una funció que compleixi simultàniament les condicions que s'indiquen a continuació.

a) $\lim_{x\to 3} f(x) = 2$

b) $\lim_{x\to +\infty} f(x) = -\infty$

c) $\lim_{x\to -1} f(x) = 0$

d) $\lim_{x\to -\infty} f(x) = 0$

## 2. Determina la continuïtat d'una funció utilitzant límits

### ACTIVITATS FLAIX

**92** Decideix si les funcions següents són contínues en els punts que s'indiquen. En cas de no ser-ho, determina el tipus de discontinuïtat existent.

a) En $x = 0$ i $x = 2$.

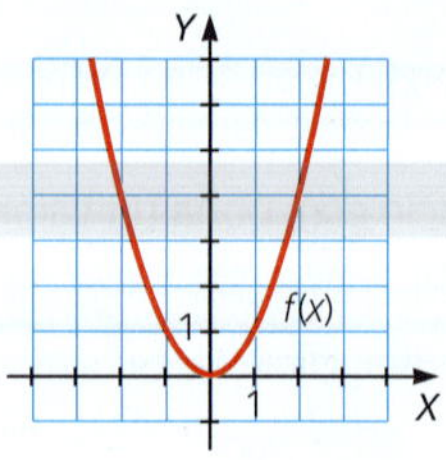


b) En $x = 0$ i $x = 2$.

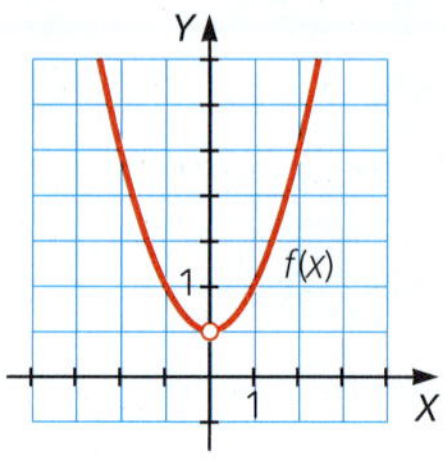


c) En $x = 1$.

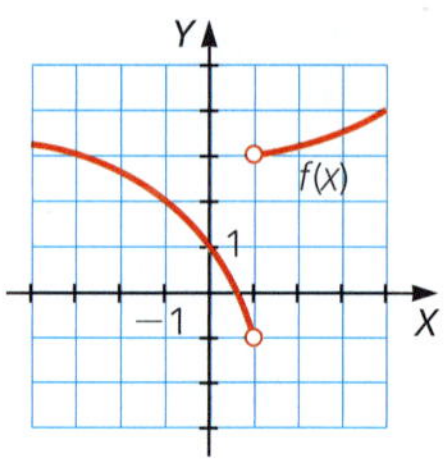


d) En $x = -1$ i $x = 2$.

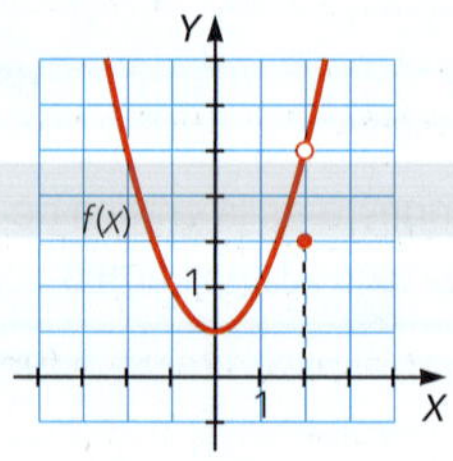


e) En $x = -2$ i $x = 2$.

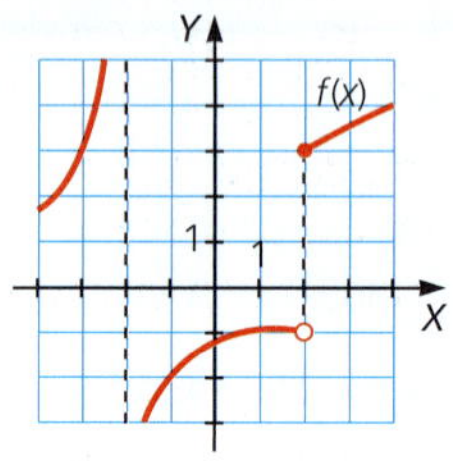


f) En $x = 1$.

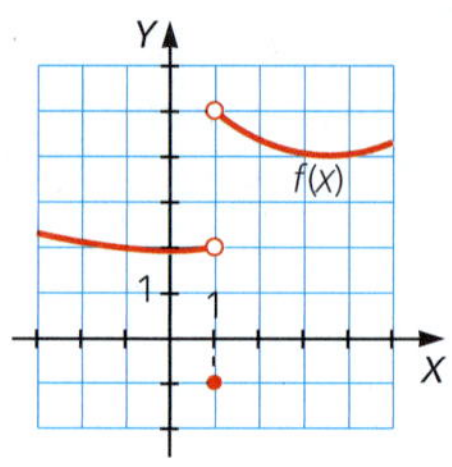

**93** Estudia la continuïtat de les funcions que apareixen a continuació.

a) $y = x^2 - 5x + 6$
b) $y = \dfrac{1}{x^2 - 5x + 6}$
c) $y = \sqrt{x^2 - 4}$
d) $y = \sqrt{4 - x^2}$
e) $y = \ln|x|$
f) $y = \log(2 - x)$
g) $y = 2|x - 1|$
h) $y = |x - 3| + |x + 3|$

**94** En quins punts presenten una discontinuïtat aquestes funcions i de quin tipus són?

a) $y = \dfrac{5}{x - 2}$
b) $y = \dfrac{6x}{x^2 - 2x + 3}$
c) $y = \dfrac{3x - 6}{x^2 - 2x + 1}$
d) $y = \dfrac{2x + 2}{x^2 - 2x - 3}$
e) $y = \dfrac{x^2 - x}{2x^2 + 4x - 6}$
f) $y = \dfrac{2x^2 + 4x + 6}{x^2 - x}$

**95** Donada la funció $f(x) = \dfrac{x^2 - x - 2}{2 - x}$:

a) Determina els punts en els quals la funció $f(x)$ és discontínua i indica el tipus de discontinuïtat que presenta.
b) Defineix una nova funció que contingui $f(x)$ i sigui contínua per a tots els valors de $x$.

**96** Considera la funció $f(x) = \dfrac{18 - 6\sqrt{x + 5}}{x - 4}$.

a) Per a quin valor de $x$ la funció no és contínua? Indica el tipus de discontinuïtat que presenta.
b) Defineix una nova funció que contingui $f(x)$ i sigui contínua en $\mathbb{R}$.

**97** Considera la funció $f(x) = \dfrac{3x^3 - 2x^2 + x}{4x}$.

a) Indica si presenta algun tipus de discontinuïtat i en quins punts.
b) Defineix una nova funció que contingui $f(x)$ i sigui contínua per a qualsevol valor de $x$.

**98** Quines són les diferències entre les funcions $y = 2x - 1$ i $y = \dfrac{(2x - 1)(x + 2)}{x + 2}$? Són les dues funcions contínues? Si tenen alguna discontinuïtat, decideix de quin tipus és. Escriu, si és possible, la segona funció com a funció definida a trossos utilitzant la primera.

**99** Estudia la continuïtat en $x = -1$, $x = 0$ i $x = 3$ de les funcions següents i classifica els tipus de discontinuïtat.

a) $f(x) = \begin{cases} -x & \text{si } x < 0 \\ x + 2 & \text{si } 0 \le x < 3 \\ 5 & \text{si } x > 3 \end{cases}$

b) $f(x) = \begin{cases} 5x + 2 & \text{si } x \le -1 \\ \dfrac{x + 6}{x^2} & \text{si } -1 < x < 3 \\ x^2 - 2x - 2 & \text{si } x \ge 3 \end{cases}$

**100** La funció $f(x) = \dfrac{\sqrt{x + 1} - 1}{x}$ no està definida per a $x = 0$. Defineix $f(0)$ de manera que $f(x)$ sigui una funció contínua en aquest punt.

**101** Estudia la continuïtat en $x = 2$ de la funció següent.

$$f(x) = \begin{cases} \dfrac{\sqrt{x^2 + 5} - 3}{2 - x} & \text{si } x \ne 2 \\ -\dfrac{2}{3} & \text{si } x = 2 \end{cases}$$

Classifica el tipus de discontinuïtat que presenta.

**102** Estudia la continuïtat en $x = -1$ i $x = 2$ de la funció següent i classifica els tipus de discontinuïtat.

$$f(x) = \begin{cases} 3x - 2 & \text{si } x < -1 \\ x^2 + 4x - 1 & \text{si } -1 \le x \le 2 \\ 11 + \ln(x - 1) & \text{si } x > 2 \end{cases}$$

**103** Analitza la continuïtat d'aquesta funció i indica els tipus de discontinuïtats que presenta.

$$f(x) = \begin{cases} x - 1 & \text{si } x < 0 \\ e^x & \text{si } 0 \le x < 2 \\ \dfrac{2}{3 - x} & \text{si } x \ge 2 \end{cases}$$

**104** Expressa aquestes funcions com a funcions definides a trossos, i estudia'n la continuïtat.

a) $y = |x|$
b) $y = |x + 5|$
c) $y = |3 - 2x|$
d) $y = |x^2 - x - 6|$
e) $y = |6 - x^2|$

**105** **INVESTIGA.** Sigui $f(x)$ una funció $f(x) = \left|\dfrac{P(x)}{x - a}\right|$, on $P(x)$ de la forma és un polinomi. On és contínua aquesta funció? Quins tipus de discontinuïtat pot presentar?

**106** Per a cada funció, calcula els valors de $a$ i $b$ per als quals aquestes funcions són contínues.

a) $f(x) = \begin{cases} x^2 + 2x - 1 & \text{si } x < 0 \\ ax + b & \text{si } 0 \le x < 3 \\ 1 & \text{si } x \ge 3 \end{cases}$

b) $f(x) = \begin{cases} ax^2 + 3x & \text{si } x \le -1 \\ x^3 - a & \text{si } -1 < x \le 2 \\ bx - 3 & \text{si } x > 2 \end{cases}$

**107** Completa la funció perquè sigui contínua en $x = 2$.

$$f(x) = \begin{cases} x^2 - 2x - 1 & \text{si } x < 2 \\ \square & \text{si } x = 2 \\ \dfrac{1}{x - 3} & \text{si } x > 2 \end{cases}$$

**108** Calcula $a$ i $b$ perquè aquestes funcions siguin contínues.

a) $f(x) = \begin{cases} a - x + 3 & \text{si } x \leq -2 \\ ax + b & \text{si } -2 < x \leq 1 \\ \dfrac{2}{2 - x} & \text{si } x > 1 \end{cases}$

b) $f(x) = \begin{cases} ax + 3 & \text{si } x \leq -1 \\ bx^2 + 5 & \text{si } -1 < x \leq 1 \\ 2\sqrt{x + 3} + a & \text{si } x > 1 \end{cases}$

c) $f(x) = \begin{cases} x^3 + 2x + 3 & \text{si } x \leq 0 \\ a \cdot \sin x + b & \text{si } 0 < x \leq \pi \\ (x - \pi)^2 + a & \text{si } x > \pi \end{cases}$

**109** Troba el valor de $a$ en cada cas, perquè cadascuna d'aquestes funcions sigui contínua.

a) $f(x) = \begin{cases} x^2 - 4 & \text{si } x \leq 4 \\ x + a & \text{si } x > 4 \end{cases}$

b) $f(x) = \begin{cases} 2 + a \cdot \ln x & \text{si } x > 1 \\ 3 - ax & \text{si } x \leq 1 \end{cases}$

c) $f(x) = \begin{cases} \sqrt{2 - x} & \text{si } x \leq -2 \\ x^2 - 3x + a & \text{si } x > -2 \end{cases}$

d) $f(x) = \begin{cases} \dfrac{a}{x} & \text{si } x \leq -1 \\ x^2 + 1 & \text{si } x > -1 \end{cases}$

e) $f(x) = \begin{cases} 3 \cdot a^x & \text{si } x \leq 2 \\ \dfrac{12}{x - 1} & \text{si } x > 2 \end{cases}$

f) $f(x) = \begin{cases} 2^x + 1 & \text{si } x \leq a \\ 5 & \text{si } x > a \end{cases}$

g) $f(x) = \begin{cases} 2 + a \cdot \cos x & \text{si } x \leq 0 \\ 2^{-x} + 6x - 3 & \text{si } x > 0 \end{cases}$

h) $f(x) = \begin{cases} \cos(x - 4) & \text{si } x \leq 4 \\ 2^{x - 2a} & \text{si } x > 4 \end{cases}$

## 3. Aplica i interpreta els teoremes de Bolzano i dels valors intermedis

**110** Per a cadascuna de les funcions següents, demostra que $f(x) = 0$ per a algun valor de l'interval [0, 3]. Esmenta els resultats teòrics en els quals et bases per fer les teves afirmacions.

a) $f(x) = x^7 - 2x^6 + 2x^2 + x - 1$

b) $f(x) = \begin{cases} \log_2(x + 1) + x - 2 & \text{si } x \geq 1 \\ 2x^2 - 3x + 1 & \text{si } x < 1 \end{cases}$

c) $f(x) = \ln(x + 1) - 2x + 3$

d) $f(x) = \sin\left(x - \dfrac{\pi}{2}\right) + x$

e) $f(x) = \begin{cases} 2x - 2 & \text{si } x \leq 1 \\ x^2 - 1 & \text{si } x > 1 \end{cases}$

f) $f(x) = \begin{cases} x^3 + x - 2 & \text{si } x \leq 1 \\ 2x^2 - 2 & \text{si } x > 1 \end{cases}$

g) $f(x) = \dfrac{x^3 - x^2 - 3}{2x + 1}$

**111** Donada la funció $f(x) = \sqrt{x} + \ln x - 2$, demostra que existeix $a$ tal que $(a, 0)$ és un punt de la funció.

**112** Es considera la funció $f(x) = e^{x-2} + x - 5$. Demostra que s'anul·la per a algun valor de $x$ i troba'l en un interval de longitud $\dfrac{1}{2}$.

**113** Prova que l'equació $x^3 + 6x^2 + 12x + 9 = 0$ té almenys una arrel real. Troba un interval de longitud 2 que la contingui.

**114** Demostra que l'equació $x^3 + 3x^2 + x = 0$ té almenys una arrel real en l'interval $[-3, -2]$. Troba una aproximació d'aquesta arrel amb un error més petit que una dècima.

**115** **MATEMÀTIQUES I... DOPATGE.** Per detectar l'ús de substàncies dopants se'n calcula la concentració a la sang. En la majoria dels casos, la seva presència en sang va disminuint amb el temps i de vegades es torna indetectable.

La presència d'una substància en sang es calcula amb la funció $f(t) = C \cdot e^{-0{,}025t}$ on $C$ és la quantitat consumida i $t$ és el temps en hores. Es fa indetectable quan la concentració és inferior a 0,01 mg/l.

Si s'han consumit 2,5 mg d'una substància dopant:

a) La prova en sang donaria positiu passats dos dies?

b) Quants dies haurien de passar sense consumir per donar negatiu en el test en sang?

## 4. Utilitza el concepte de límit i la continuïtat d'una funció per resoldre problemes

INTERNET

**116** **MATEMÀTIQUES I... PRÉSTECS BANCARIS.** La taxa anual equivalent (TAE) és l'interès efectiu que es paga en un préstec i es calcula amb l'expressió:

$\text{TAE} = \left(1 + \dfrac{i}{p}\right)^p - 1$ on $p$ és el nombre de vegades l'any que es fa la liquidació i $i = \dfrac{r}{100}$, sent $r$ el rèdit.

Quan els períodes d'amortització són molt curts, per exemple, hores, es parla d'interès continu, en aquest cas es pot suposar que el nombre de vegades que es liquida tendeix a infinit. Quina és la fórmula per calcular la TAE en el cas d'interès continu?

**117** **MATEMÀTIQUES I... MEDICINA.** Per conèixer el comportament d'un virus es cultiva en un laboratori i se n'anota l'evolució cada cert temps. Amb aquestes dades es construeix un model matemàtic.

Per a cert virus s'ha elaborat un model de creixement al llarg del temps en hores amb la funció següent:

$$f(x) = \frac{1}{x + 8e^{1-5x}}$$

a) Quants virus hi haurà al cap de 2, 6 i 8 hores?

b) Com es comportarà aquest virus a llarg termini?

**118** Comprova, mitjançant el teorema de Bolzano, que l'equació següent té, almenys, dues arrels reals.

$$2x^2 - 3x^4 + 3 = x(\sin x + \cos x) + \cos x - \sin x$$

INTERNET

**119** **MATEMÀTIQUES I... INFORMÀTICA.** Per calcular la millora de rendiment en un ordinador quan se'n modifica un dels components s'utilitza la llei d'Amdahl que diu:

$$\textit{Speedup} \text{ (guany de velocitat)} = \frac{1}{F + \dfrac{(1 - F)}{N}}$$

On $F$ és la fracció del codi que no es pot dividir en parts més petites per ser executades en paral·lel i $N$ és el nombre de processadors.

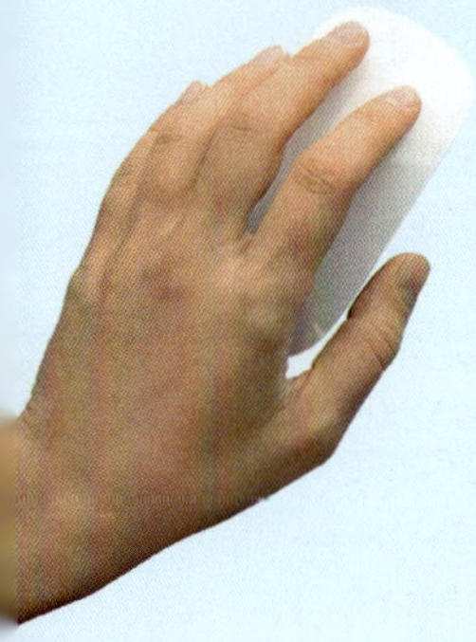

En un ordinador d'un sol processador, el 10% del codi no es pot executar de manera paral·lela.

a) Si muntem 2 processadors a l'equip, quin és el guany de velocitat?

b) Quin és el màxim guany de velocitat que podríem aconseguir muntant processadors?

c) Quan creus que augmentar el nombre de processadors no millora substancialment el guany de velocitat?

**120** Demostra que la funció $f(x) = x + 1$ té, almenys, un punt de tall amb aquestes funcions.

a) $e^{x-1}$ b) $x^3 + 3x$ c) $\ln x + 3$

**121** Donades les funcions $f(x) = 2 \sin x$ i $g(x) = -3x + 1$, demostra que es tallen almenys en un punt i determina un interval més petit que $\frac{\pi}{2}$ en el qual es trobi.

**122** **REPTE.** Donada la funció $f(x) = e^{x^3 - 5x + 1}$, demostra que existeixen valors en l'interval [2, 3] on aquesta funció pren els valors $e, e^2, e^3, \ldots, e^{10}$.

**123** **MATEMÀTIQUES I... ECONOMIA.** Els ingressos d'una empresa venen donats per la funció $I(t) = \sqrt{t^2 + 1} - 2$, on $t$ és el temps en anys, i les despeses venen donades per la funció $G(t) = -\log(t^4 + 1) + 5$, durant els 8 primers anys. Demostra que en algun moment no hi va haver beneficis (ni positius ni negatius).

**124** Demostra que $f(x) = \begin{cases} \sqrt{x} + 1 & \text{si } x < 1 \\ \ln x + 2 & \text{si } x \geq 1 \end{cases}$ aconsegueix un màxim i un mínim absoluts en l'interval [0, 5].

**125** **REPTE.** Donada la funció $f(x) = x \sin\left(\frac{\pi}{4}x\right)$, demostra que existeix $\alpha \in (0, 4)$ tal que $f(\alpha) = f(\alpha + 1)$. Esmenta els resultats teòrics que utilitzis.

## PROBLEMES APARENTMENT DIFERENTS

CAP A LA UNIVERSITAT

**126** Considera la funció:

$$h(t) = \frac{t}{100}(20 - 2t)$$

a) Calcula $h(2)$.

b) Troba $a > 0$, si $h(a) = 0$.

**127** La funció $h(t) = \frac{t}{100}(20 - 2t)$, mesura l'altura de la inflor que produeix la picada d'un insecte, sent $t$ els dies que dura la inflor.

a) Quina altura té la inflor als 2 dies?

b) Quant dura el període d'inflor, des que pica l'insecte fins que desapareix?

**128** A partir de la funció següent:

$$f(x) = \frac{11x + 17}{2x + 12}$$

on $x \geq 1$, resol.

a) $\lim\limits_{x \to 1} f(x)$.

b) Calcula $a$ si $\lim\limits_{x \to a} f(x) = 5$

c) $\lim\limits_{x \to +\infty} f(x)$

**129** El nombre de muntatges diaris fets per un treballador d'una empresa depèn dels dies treballats segons la funció $M(t) = \frac{11t + 17}{2t + 12}$, amb $t \geq 1$, on $t$ és el nombre de dies treballats.

a) Quants muntatges haurà fet en acabar el primer dia?

b) Quants dies necessitarà per fer cinc muntatges diaris?

c) Què passarà amb el nombre de muntatges diaris amb el temps?

**130** Considera la funció següent.

$$f(x) = \frac{x^3}{4} - \frac{3x^2}{2} + 6$$

a) Calcula el valor de $f(0)$ i $f(4)$.

b) Demostra que la funció talla almenys en un punt l'eix d'abscisses en l'interval [0, 4].

**131** Un mascarell divisa un peix i el capturarà seguint la trajectòria $f(t) = \frac{t^3}{4} - \frac{3t^2}{2} + 6$, on $t$ és el temps en segons transcorreguts des que l'albira i $f(t)$ és l'altura en metres respecte al nivell de la mar.

a) A quina altura es troba quan veu el peix? I en l'instant $t = 4$ s?

b) Demostra que hi ha un moment en el qual l'ocell es troba sobre la superfície de l'aigua.

## MATEMÀTIQUES EN EL MÓN REAL

### Explicar com recorrem distàncies completes

Al principi de la unitat parlàvem sobre una cursa de 100 m, i de com el fet que un atleta arribi al final del recorregut sembla que incompleix les regles de les matemàtiques que hem estudiat.

El que passa és el que s'anomena una paradoxa. Segur que has escoltat aquesta paraula en més d'una ocasió.

Una paradoxa és un raonament que aparentment és correcte, però que és clar que no pot passar a la realitat. En el nostre cas, segons el nostre raonament matemàtic, l'atleta no hauria d'arribar a la meta, però és una evidència que sí que ho fa.

Aquest mateix problema se'l van plantejar els antics grecs fa aproximadament 2 500 anys, i després el van explicar amb l'aparició de la teoria de límits i la van combinar amb la teoria de sèries convergents.

Una sèrie és convergent quan la suma de tots els seus termes és un nombre. En canvi, serà divergent quan la suma valgui infinit.

En el nostre cas els termes de la sèrie serien la meitat de 100; la meitat de la meitat de 100... És a dir, la sèrie numèrica seria:

$$a_n \rightarrow 50; 25; 12{,}5; 6{,}25; \dots$$

així fins als infinits valors que podem obtenir dividint el nombre anterior en la successió entre dos.

| Meitat | Distància restant | Distància recorreguda |
|---|---|---|
| 1 | 50 m | 50 m |
| 2 | 25 m | 50 + 25 = 75 m |
| 3 | 12,5 m | 50 + 25 + 12,5 = 87,5 m |
| 4 | 6,25 m | 50 + 25 + 12,5 + 6,25 = 93,75 m |
| ... | ... | ... |

La teoria de límits demostra que la suma dels infinits elements de $a_n$, que és la mateixa que la distància recorreguda, és convergent i que a més és 100. Sembla molt curiós que la suma d'infinits sumands sigui en realitat un resultat finit, però és una cosa que és molt senzilla de demostrar amb unes matemàtiques lleugerament més complexes que les que s'estudien en aquest curs.

Així doncs, queda matemàticament demostrada l'evidència: els atletes arriben a la meta.

**LLEGEIX I COMPRÈN**

1. La suma d'infinits nombres és sempre un valor infinit? Raona la resposta i intenta buscar un contraexemple, és a dir, algun cas en el qual això no passi.

**INTERPRETA**

2. L'exemple del qual parlem és d'un recorregut de 100 m. Aquest raonament seria el mateix per a qualsevol distància amb la qual estiguem treballant?

**REFLEXIONA**

3. Es pot considerar que els càlculs fets ens porten al concepte de límit o més aviat al concepte de límit lateral?

   Raona la resposta.

**APLICA**

4. Troba el terme general de la successió que formen les diferents distàncies recorregudes. A què tendeix el seu límit?